今すぐ使える かんたんEx

Word

2019/2016/2013/365 対応版

GIHYO SELECTION

プロ技 BEST セレクション

Professional Skills

PREMIUM

門脇 香奈子 著

技術評論社

本書の使い方

セクションごとに機能を順番に解説しています。
セクション名は具体的な作業を示しています。
セクションの解説内容のまとめを表しています。
章が探しやすいようにセクションの分類を表示しています。
第1章　これだけは知っておきたい！ Word基本のテクニック
SECTION 002 基本操作
Backstageビューの画面を知る
ファイルを開いたり保存したりするなど、ファイルに関する基本的な操作は、Backstageビューという画面を表示して行います。文書を作る画面とBackstageビューの画面の切り替え方を知っておきましょう。また、Backstageビューの画面構成も確認します。
Backstageビューに切り替える
❶ <ファイル>タブをクリックします。
❷ Backstage ビューが表示されます。をクリックすると、元の画面に戻ります。
MEMO Backstageビュー
Backstageビューでは、左側にメニューが表示されます。メニューの項目を選択すると、右の画面が切り替わります。
COLUMN
ショートカットキー
Backstageビューの指定した項目の画面を表示するには、次のようなショートカットキーを使う方法があります。
ショートカットキー　表示される画面
Alt + F キー　Backstage ビューに切り替えます。
Ctrl + O キー　Backstage ビューの<開く>を表示します。
Shift + F12 キー　Backstage ビューの<名前を付けて保存>を表示します。(Office にサインインしている場合は<このファイルを保存>画面を表示／既に文書が保存されている場合は、上書き保存)
Ctrl + P キー　Backstage ビューの<印刷>を表示します。
021
基本操作 第1章
第2章
第3章
第4章
第5章
操作内容の見出しです。
重要な補足説明を解説しています。
読者が抱く小さな疑問を予測して解説しています！
番号付きの記述で操作の順番が一目瞭然です。

サンプルダウンロード

本書の解説内で使用しているサンプルファイルは、以下のURLのサポートページからダウンロードできます。ダウンロードしたときは圧縮ファイルの状態なので、展開してからご利用ください。

https://gihyo.jp/book/2020/978-4-297-11444-2 /support

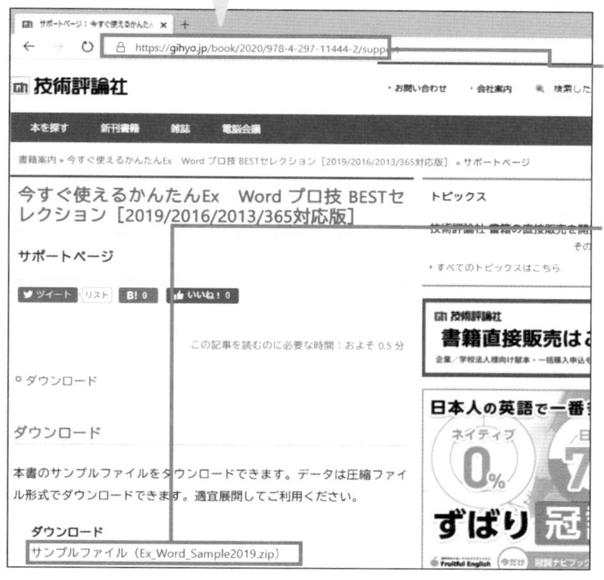

手順解説

❶ ブラウザー（画面はMicrosoft Edgeの例）を起動し、アドレス欄に上記のURLを入力して、Enter キーを押します。

❷ ＜ダウンロード＞にあるサンプルファイルのファイル名をクリックします。

MEMO Internet Explorerの場合は、サンプルファイル名をクリックした後、＜名前を付けて保存＞をクリックして保存場所を指定し、ファイルを保存します。

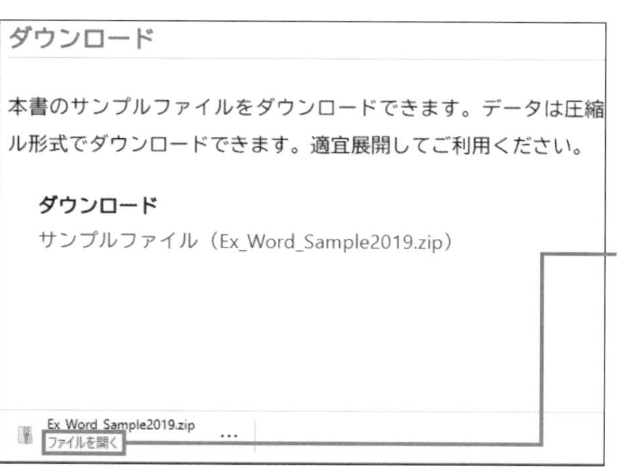

❸ ダウンロードが完了したら、＜ファイルを開く＞をクリックします。

❹ エクスプローラーが表示されるので、＜展開＞タブの＜すべて展開＞をクリックします。

目次

第1章 これだけは知っておきたい! Word基本のテクニック

第2章 押さえておきたい！ 文字入力と選択便利テクニック

目次

第3章 見せたい部分を目立たせる! 書式設定即効テクニック

第4章 文章が見やすくなる! 段落書式必須テクニック

目次

第6章 Wordの機能を使いこなす! 長文作成時短テクニック

目次

第7章 ここで差がつく! 画像と図形技ありテクニック

第8章 一目で伝わる！表とグラフ演出テクニック

目次

第9章 ミスを事前に防ぐ! 文書校正効率UPテクニック

第10章 イメージ通りに結果を出す! 印刷と差し込み印刷攻略テクニック

目次

第11章 もう迷わない! はがきとラベル自由自在テクニック

第12章 これで安心! ファイル操作実用テクニック

ご注意 ご購入・ご利用の前に必ずお読みください

本書に記載された内容は、情報の提供のみを目的としています。したがって、本書を用いた運用は、必ずお客様自身の責任と判断によって行ってください。これらの情報の運用の結果について、技術評論社および著者はいかなる責任も負いません。

■ソフトウェアに関する記述は、特に断りのない限り、2020年7月現在での最新バージョンをもとにしています。ソフトウェアはバージョンアップされる場合があり、本書での説明とは機能内容や画面図などが異なってしまうこともあり得ます。あらかじめご了承ください。

■本書は、Windows 10およびWord 2019の画面で解説を行っています。これ以外のバージョンでは、画面や操作手順が異なる場合があります。

■インターネットの情報については、URLや画面などが変更されている可能性があります。ご注意ください。

以上の注意事項をご承諾いただいた上で、本書をご利用願います。これらの注意事項をお読みいただかずに、お問い合わせいただいても、技術評論社は対応しかねます。あらかじめご承知おきください。

第1章

これだけは知っておきたい!
Word基本のテクニック

Wordの画面構成を知る

Wordの画面構成を確認しておきましょう。ここでは、白紙の文書が表示された状態で紹介します。操作をするときは、主に、上部に並ぶタブを選択し、下のリボンに表示されるボタンを使用します。タブを選択するとリボンの内容が切り替わるしくみです。

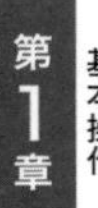

Wordの画面構成を確認する

	名称	機能
❶	クイックアクセスツールバー	よく使うコマンドがまとめて表示されます。表示されるボタンを追加することもできます。
❷	タイトルバー	作業中の文書の名前が表示されます。
❸	タブ	タブをクリックすると、リボンの内容が切り替わります。
❹	リボン	操作を行うボタンが並びます。ボタンは、グループごとにまとまって表示されます。グループの名前はリボンの下に表示されています。
❺	文書ウィンドウ	文書を作成するところです。
❻	ステータスバー	操作に応じたメッセージが表示されます。
❼	閲覧モード	文書を閲覧するのに適した表示モードに切り替えます。
❽	印刷レイアウト	文書を編集するときに使う標準的な表示モードに切り替えます。
❾	Web レイアウト	Web ページのレイアウトで文書を見る表示モードに切り替えます。
❿	ズーム	文書を拡大／縮小して表示します（P.033 参照）。

SECTION 002 基本操作

Backstageビューの画面を知る

ファイルを開いたり保存したりするなど、ファイルに関する基本的な操作は、Backstageビューという画面を表示して行います。文書を作る画面とBackstageビューの画面の切り替え方を知っておきましょう。また、Backstageビューの画面構成も確認します。

Backstageビューに切り替える

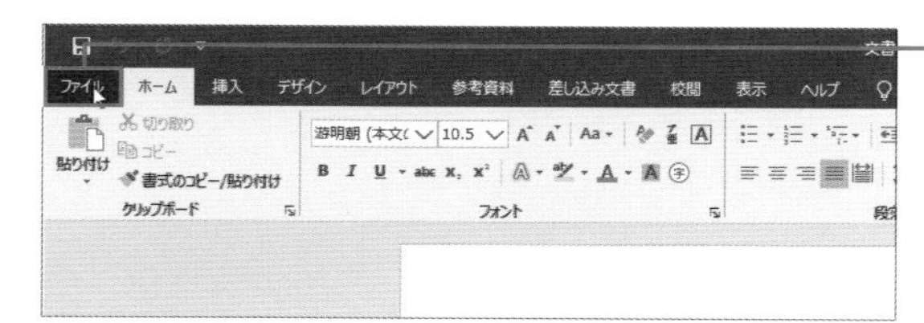

❶ <ファイル>タブをクリックします。

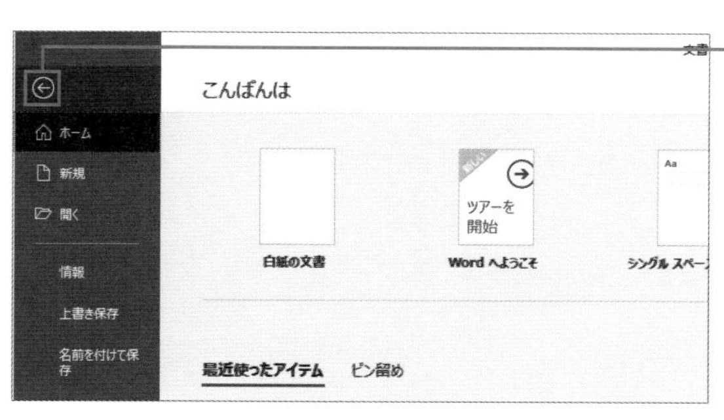

❷ Backstage ビューが表示されます。⊖をクリックすると、元の画面に戻ります。

MEMO Backstageビュー

Backstageビューでは、左側にメニューが表示されます。メニューの項目を選択すると、右の画面が切り替わります。

COLUMN

ショートカットキー

Backstageビューの指定した項目の画面を表示するには、次のようなショートカットキーを使う方法があります。

ショートカットキー	表示される画面
Alt ＋ F キー	Backstage ビューに切り替えます。
Ctrl ＋ O キー	Backstage ビューの<開く>を表示します。
Shift ＋ F12 キー	Backstage ビューの<名前を付けて保存>を表示します。 (Office にサインインしている場合は<このファイルを保存>画面を表示／既に文書が保存されている場合は、上書き保存)
Ctrl ＋ P キー	Backstage ビューの<印刷>を表示します。

SECTION 003 基本操作

Word全体の設定画面を知る

Word全体の設定を変更したりWordの画面に表示する内容を変更したりするには、<Wordのオプション>画面を表示します。<Wordのオプション>画面は、Backstageビューから表示します。<Wordのオプション>画面の表示方法を知っておきましょう。

<Wordのオプション>画面を表示する

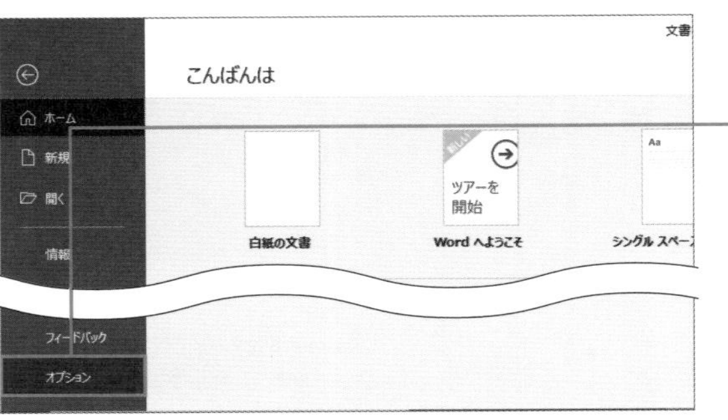

❶ P.021の方法で、Backstageビューを表示します。

❷ <オプション>をクリックします。

❸ <Wordのオプション>画面が表示されます。

❹ ここでは、×をクリックして画面を閉じます。

MEMO 設定を変更する

<Wordのオプション>画面で設定を変更して<OK>をクリックすると、設定が反映されます。<キャンセル>をクリックすると、設定を反映せずに<Wordのオプション>画面が閉じます。

COLUMN

ヘルプの表示

<Wordのオプション>画面で、左側のメニューから項目を選択し、画面右上の?をクリックすると、設定項目に関するヘルプ画面が表示されます。

SECTION 004 基本操作

タブやリボンの表示方法を変更する

タブやリボンの内容は、表示するかどうかを切り替えられます。文書ウィンドウを大きく表示してより多くの情報を見るには、タブやリボンを隠して表示します。表示の切り替え方を知っていれば、間違ってタブやリボンを非表示にしてしまった場合も、慌てずに対応できます。

タブやリボンを非表示にする

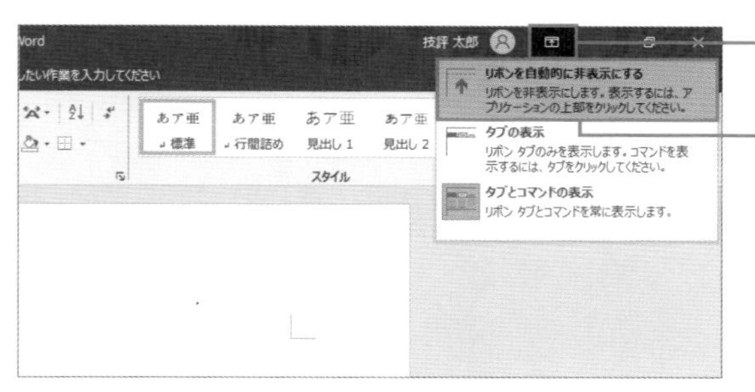

❶ ＜リボンの表示オプション＞をクリックします。

❷ ＜リボンを自動的に非表示にする＞をクリックします。

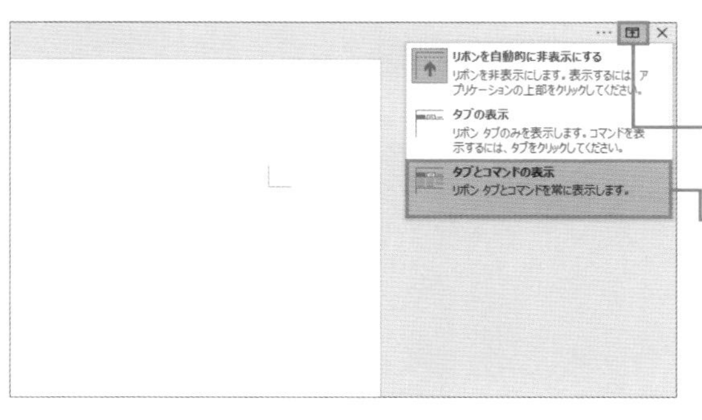

❸ タブやリボンが非表示になります。

❹ ＜リボンの表示オプション＞をクリックします。

❺ ＜タブとコマンドの表示＞をクリックします。

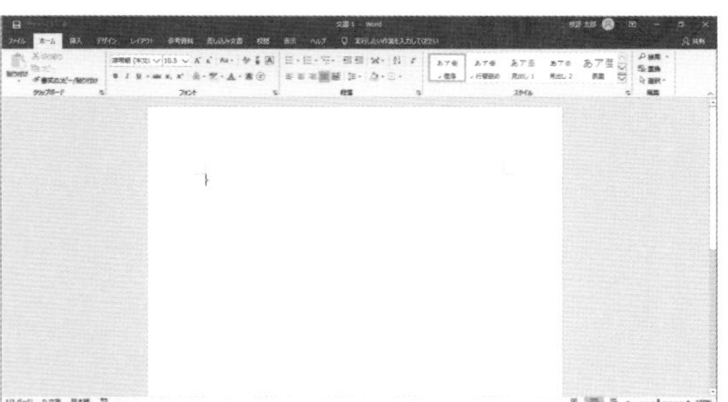

❻ 元の画面に戻ります。

MEMO ダブルクリックで切り替える

タブをダブルクリックすると、リボンの表示／非表示を切り替えられます。リボンを非表示にしているときでも、タブをクリックするとリボンが表示されます。

タブやリボンの使い方を知る

Wordで文書を編集するときは、タブやリボンを使って操作を指定します。タブやリボンを使ってみましょう。ここでは、<挿入>タブにある<表>ボタンを使って、文書に表を追加します。操作に応じて表示されるコンテキストタブについても知りましょう。

タブやリボンを操作する

❶<ホーム>タブが表示されている状態から操作します。

❷<挿入>タブをクリックします。

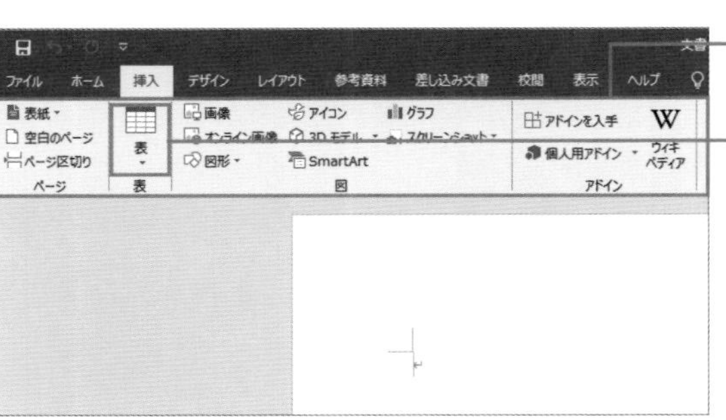

❸<挿入>タブが選択されてリボンの内容が変わります。

❹<表>にマウスポインターを移動します。

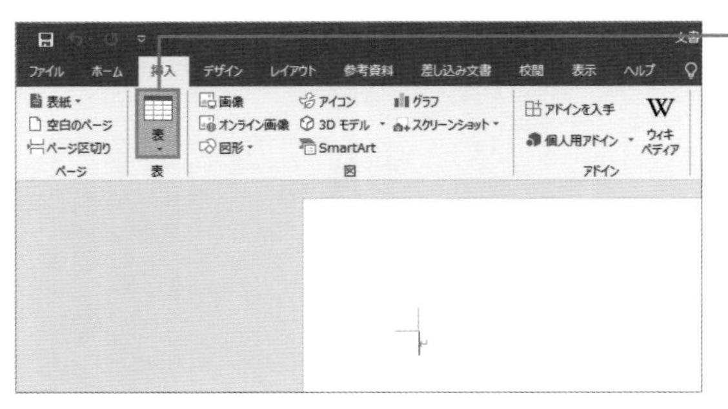

❺選択しようとしているボタンがグレーになります。

操作を選択する

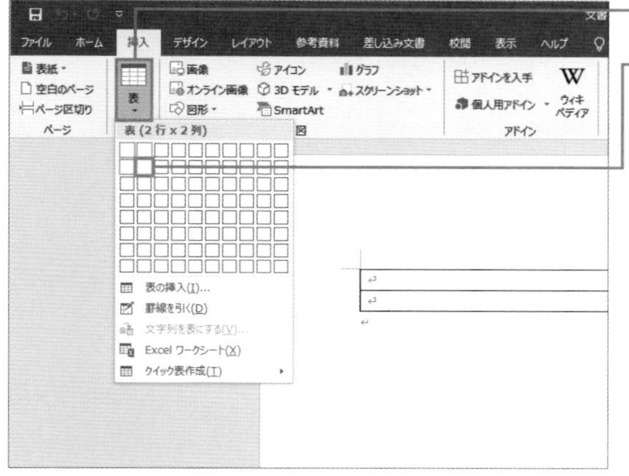

❶ ＜表＞をクリックします。

❷ 左から２列目、上から２行目のマス目をクリックします。

❸ 文字カーソルの位置に２列２行の表が追加されます。

❹ 表内をクリックすると、＜表ツール＞のコンテキストタブが表示されます。

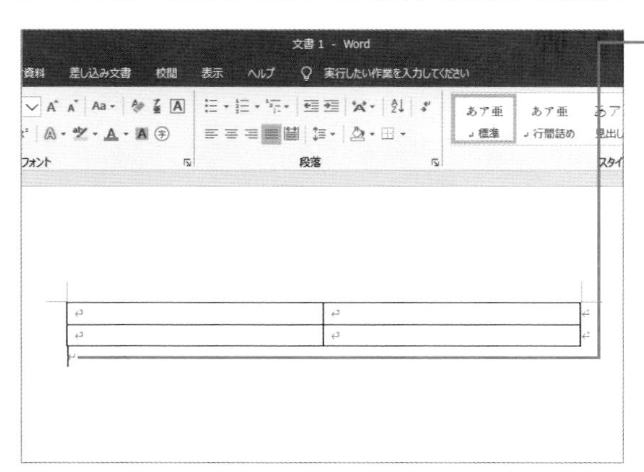

❺ 表以外をクリックします。

❻ ＜表ツール＞のコンテキストタブが消えます。

> **MEMO コンテキストタブ**
>
> 文書編集中に、操作に応じて表示されるタブをコンテキストタブと言います。コンテキストタブは、「○○ツール」（表示されない場合もあります）というコンテキストツールの表示の中にまとまって表示されます。

SECTION 006 基本操作

<描画>タブを表示する

<描画>タブを表示すると、手書きのメモを書けます。タッチパネル対応の画面を使っている場合は、画面を指でなぞってイラストを描いたりメモを書いたりできます。また、ペンタブレットを接続している場合は、ペンで文字を書く要領でメモを書いたりできます。

表示されていないタブを表示する

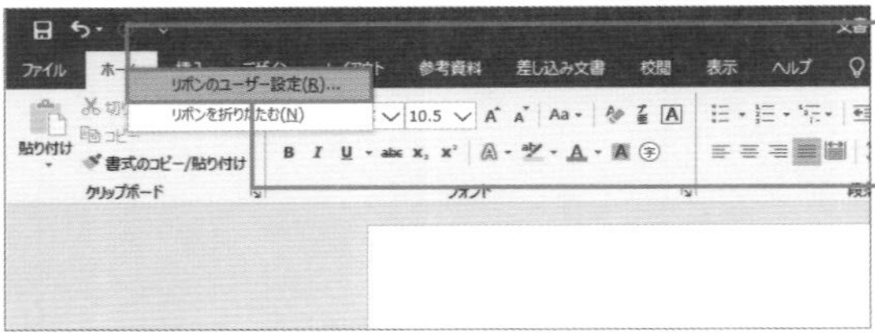

❶ <描画>タブが表示されていない場合は、いずれかのタブの上で右クリックします。

❷ <リボンのユーザー設定>をクリックします。

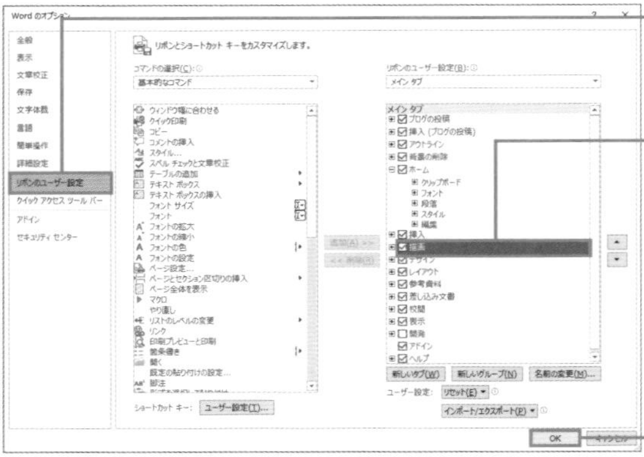

❸ < Wordのオプション>画面が表示され、<リボンのユーザー設定>が選択されます。

❹ <描画>タブの項目をクリックしてチェックをオンにします。

❺ < OK >をクリックします。

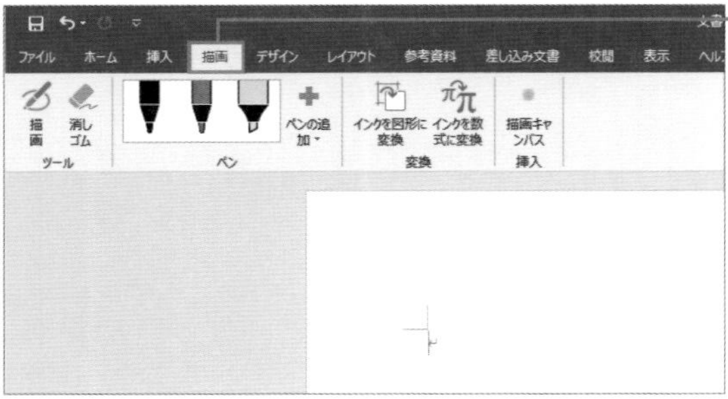

❻ <描画>タブが表示されます。

MEMO タッチ対応ディスプレイの場合

タッチ対応ディスプレイを搭載したパソコンの場合、<描画>タブが自動的に表示されていることがあります。

＜描画＞タブを使って手書きメモを追加する

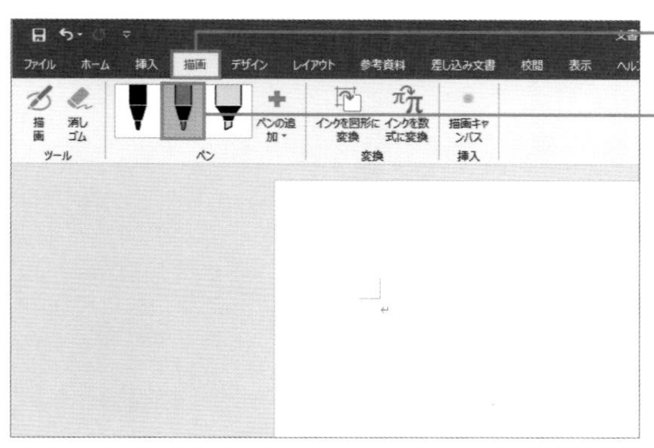

❶ ＜描画＞タブをクリックします。

❷ ペンの種類を選びクリックします。

❸ 文書ウィンドウ内をドラッグしてメモを書きます。

❹ ＜消しゴム＞をクリックします。

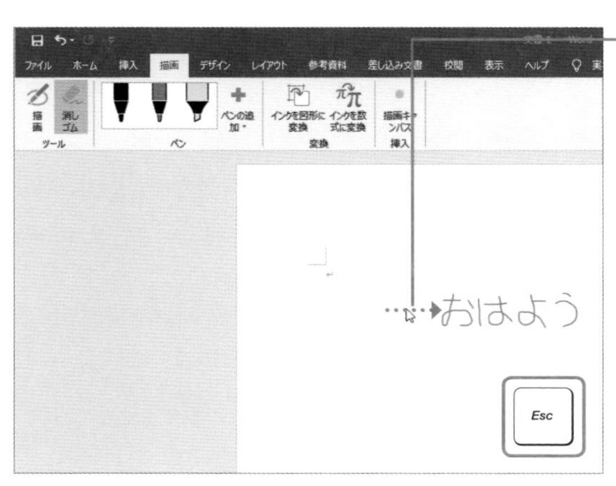

❺ 書いたメモをドラッグすると、書いたメモが消えます。

❻ Esc キーを押します。すると、文字を入力する通常のモードに戻ります。

MEMO 他のタブ

お使いのパソコンによっては、他のタブが表示されている場合もあります。また、画面の大きさなどによって、リボンに表示されるボタンの配置などは異なります。

SECTION 007 基本操作

タブやリボンを カスタマイズする

タブやリボンの表示内容は、カスタマイズして使えます。ここでは、「図形操作」という名前のタブを追加して矢印の図形を描くボタンを表示します。ボタンは、グループごとにまとめて表示します。タブを追加したあとにグループを作り、そのグループにボタンを追加します。

タブを追加する

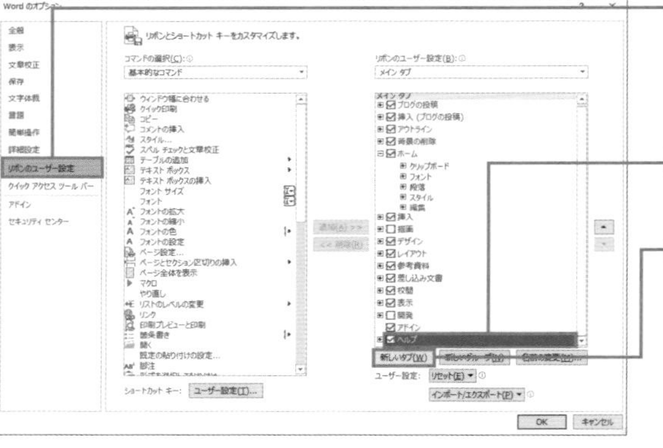

❶P.022の方法で、＜Wordのオプション＞画面を表示して、＜リボンのユーザー設定＞をクリックします。

❷＜ヘルプ＞のタブをクリックして選択しておきます。

❸＜新しいタブ＞をクリックします。

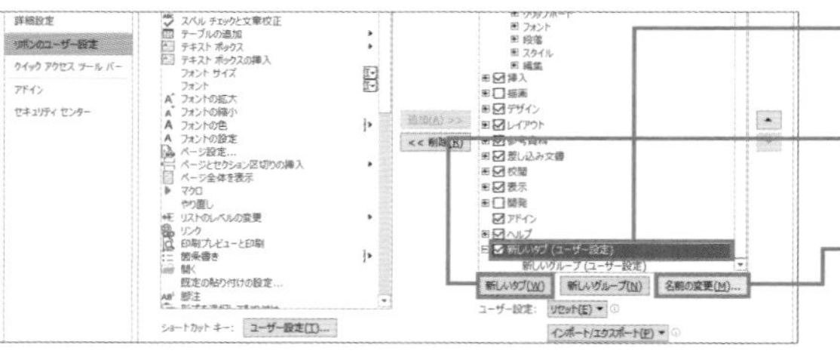

❹選択していたタブの下にタブが追加されます。

❺＜新しいタブ＞をクリックします。

❻＜名前の変更＞をクリックします。

名前の変更　?　×
表示名:　図形操作
OK　キャンセル

❼新しいタブの名前を入力します。

❽＜OK＞をクリックします。

MEMO　タブの表示順を変更する

タブの表示順を変更するには、変更するタブの項目をクリックして選択し、画面右端の ▲ ▼ をクリックします。

グループの名前を変更する

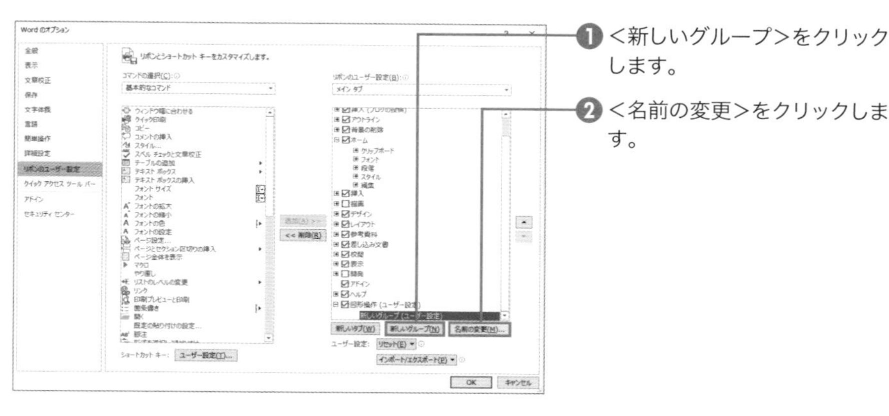

❶ <新しいグループ>をクリックします。

❷ <名前の変更>をクリックします。

❸ グループの名前を入力します。

❹ < OK >をクリックします。

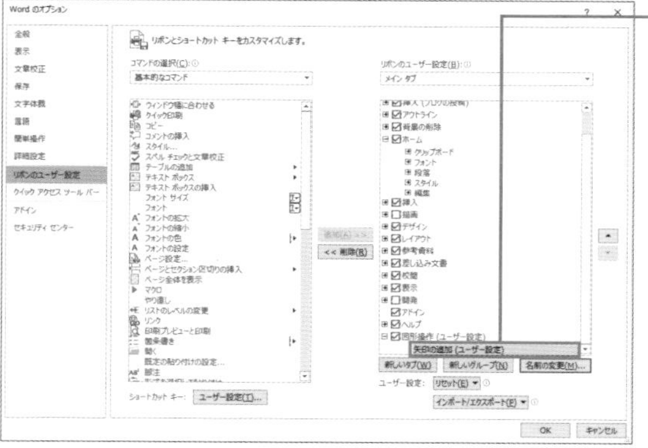

❺ グループの名前が変わりました。

MEMO グループを追加する

新しいグループを追加するには、追加先のグループの上のグループを選択して<新しいグループ>をクリックします。

第1章 基本操作

第2章

第3章

第4章

第5章

タブにボタンを追加する

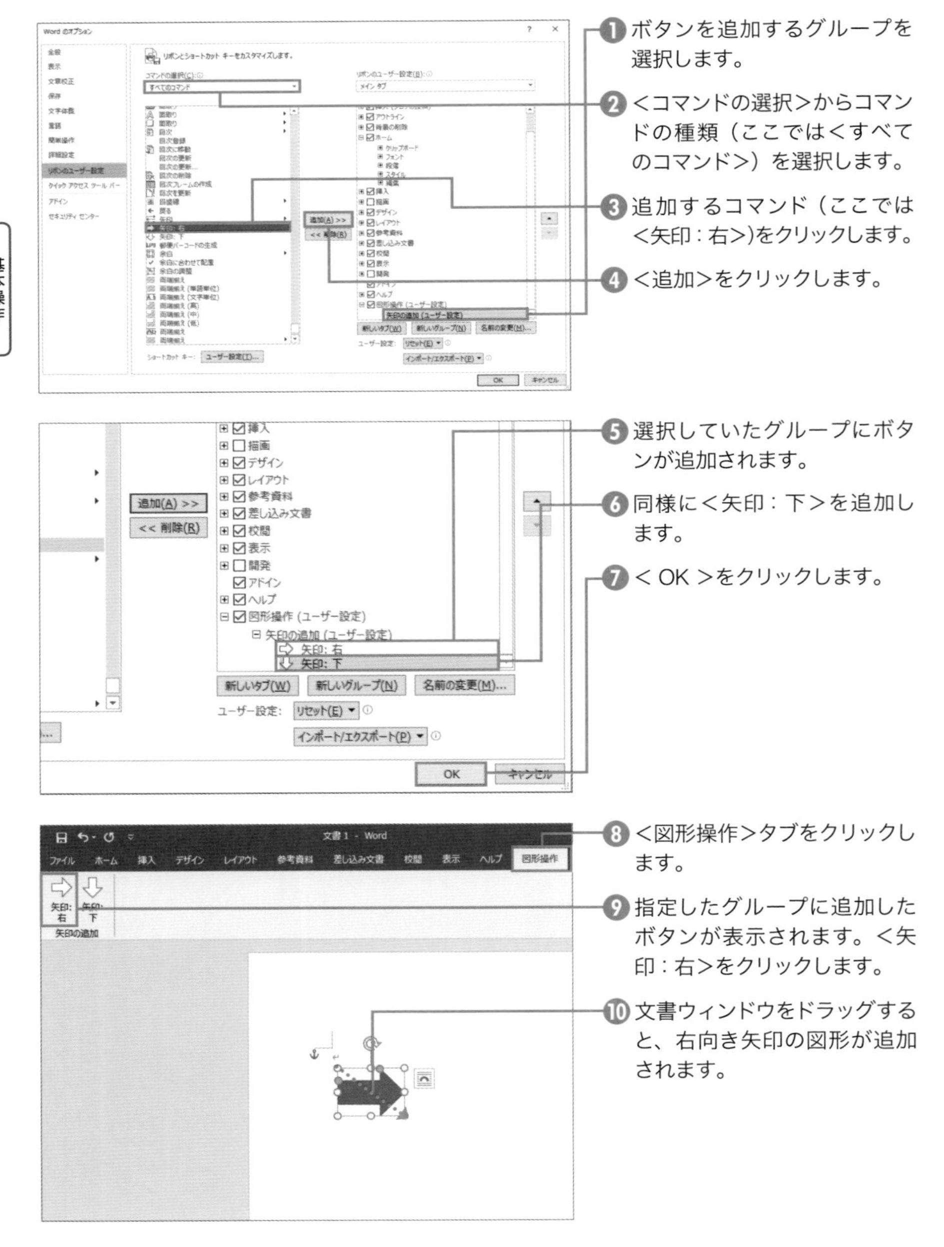

❶ボタンを追加するグループを選択します。

❷<コマンドの選択>からコマンドの種類（ここでは<すべてのコマンド>）を選択します。

❸追加するコマンド（ここでは<矢印：右>)をクリックします。

❹<追加>をクリックします。

❺選択していたグループにボタンが追加されます。

❻同様に<矢印：下>を追加します。

❼< OK >をクリックします。

❽<図形操作>タブをクリックします。

❾指定したグループに追加したボタンが表示されます。<矢印：右>をクリックします。

❿文書ウィンドウをドラッグすると、右向き矢印の図形が追加されます。

タブをリセットして元に戻す

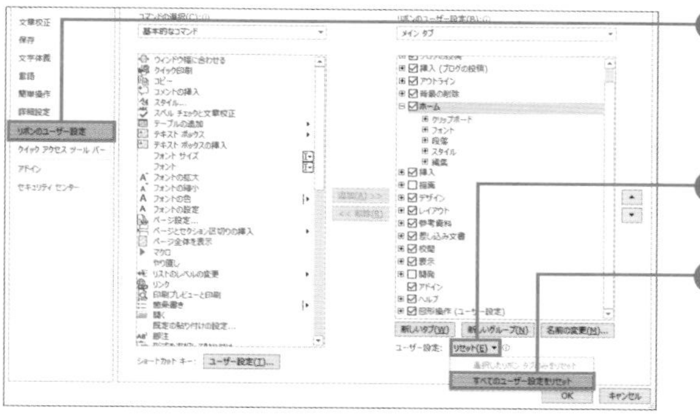

1 P.022の方法で、<Wordのオプション>画面を表示して、<リボンのユーザー設定>を選択します。

2 <ユーザー設定>の<リセット>をクリックします。

3 <すべてのユーザー設定をリセット>をクリックします。

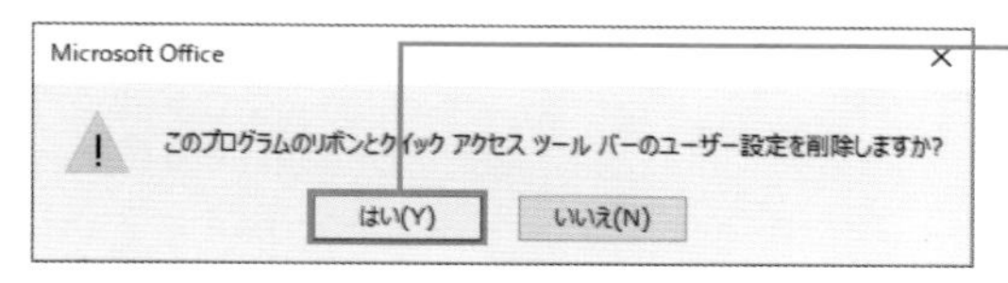

4 <はい>をクリックします。

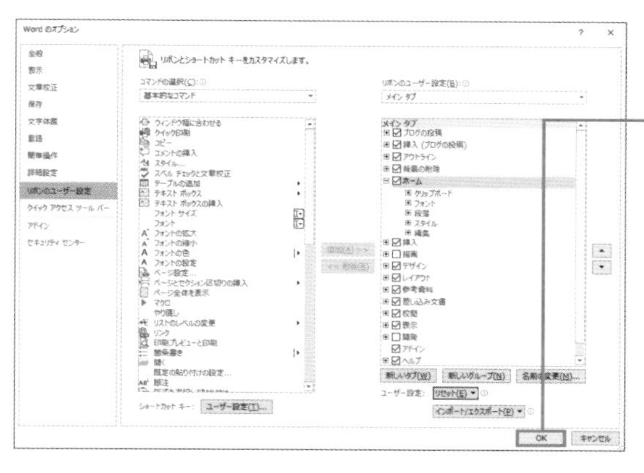

5 リボンのカスタマイズ内容がリセットされます。

6 < OK >をクリックします。

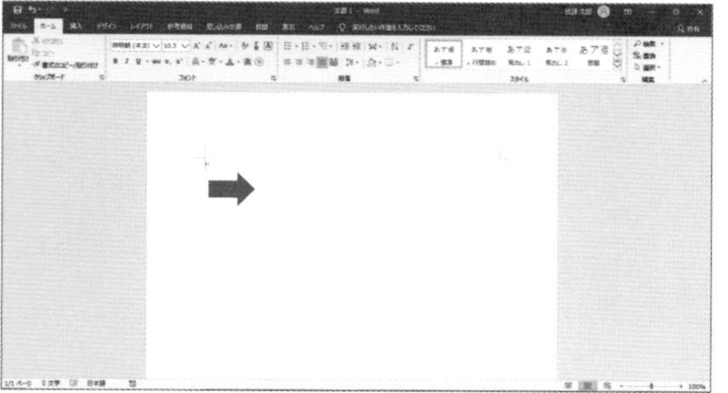

7 元の画面に戻ります。

MEMO 選択したタブのみリセットする

既存のタブに新しいグループを追加してボタンを追加した場合などは、変更したタブのみをリセットできます。その場合は、変更したタブをクリックして、手順2の次に<選択したリボン タブのみをリセット>をクリックします。

SECTION 008 基本操作

ダイアログボックスを表示する

文書の編集中には、ダイアログボックスという設定画面を表示して設定を行うことが多くあります。ダイアログボックスには、さまざまな種類があります。リボンのグループの右の<ダイアログボックス起動ツール>のボタンなどから起動できます。

<フォント>ダイアログボックスを表示する

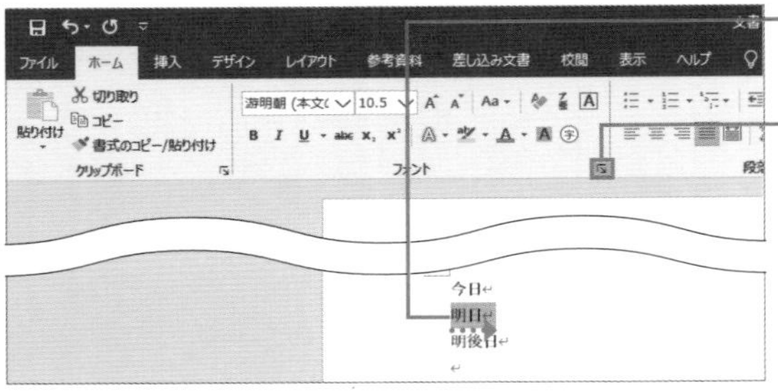

❶ 文字の書式を変更する文字をドラッグして選択します。

❷ <ホーム>タブの<フォント>の横の<ダイアログボックス起動ツール>をクリックします。

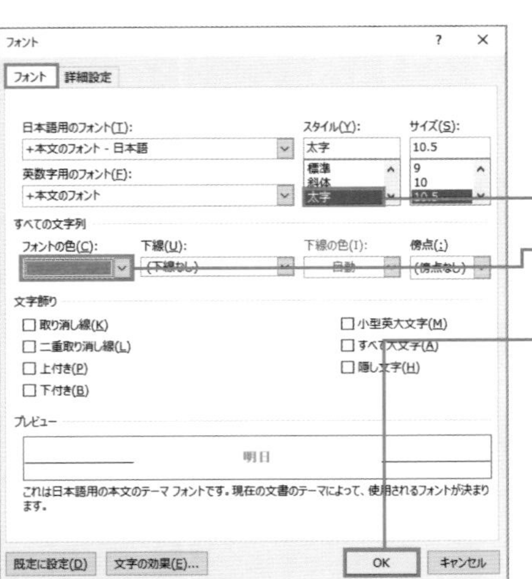

❸ <ホーム>タブの<フォント>グループで設定する内容がまとまった<フォント>ダイアログボックスが表示されます。

❹ <太字>をクリックします。

❺ <フォントの色>をクリックして文字の色を選択します。

❻ < OK >をクリックすると、ダイアログボックスが閉じます。

❼ 選択していた文字が赤い太字になりました。

MEMO ショートカットキー

Ctrl + D キーを押しても、<フォント>ダイアログボックスを表示できます。

SECTION 009 基本操作

画面を拡大／縮小表示する

編集中の文書を拡大／縮小して表示する方法を知っておきましょう。細かい箇所が見づらい場合は、画面を拡大すると見やすくなります。複数ページを同時に表示して全体を確認したりするときは縮小して表示します。特に指定しない場合は、100%の倍率で表示されます。

画面を拡大／縮小する

❶ステータスバーのズームの＜＋＞をクリックします。クリックするたびに10%ずつ大きく表示されます。

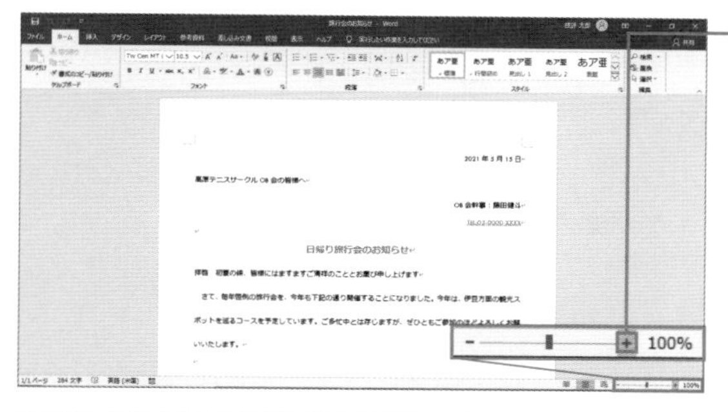

❷＜－＞をクリックするたびに10%ずつ小さく表示されます。

MEMO 複数ページを横に並べる

画面を縮小して表示するとき、複数ページを横に並べて表示するには、＜表示＞タブの＜複数ページ＞をクリックします。

❸＜＋＞と＜－＞マイナスをクリックして表示倍率を100%にすると、表示が元に戻ります。

MEMO マウス操作で拡大／縮小する

Ctrl キーを押しながらマウスのホイールを奥に回転すると画面が拡大表示されます。Ctrl キーを押しながらマウスのホイールを手前に回転すると画面が縮小表示されます。

直前に行った操作を元に戻す／やり直す

間違った操作をしてしまった場合、ほとんどの操作は元に戻すことができます。また、元に戻しすぎてしまった場合は、元に戻す前の状態に戻せます。ここでは、例として、文字に書式を設定します。その後、設定を元に戻します。

第1章 基本操作
第2章
第3章
第4章
第5章

書式の設定の操作を元に戻す

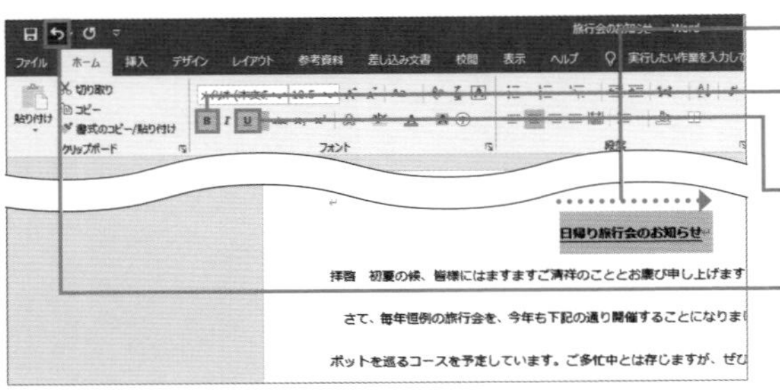

❶ 文字を選択します。

❷ ＜ホーム＞タブの＜太字＞をクリックします。

❸ ＜ホーム＞タブの＜下線＞をクリックします。

❹ ＜元に戻す＞をクリックします。

❺ 文字に下線を表示した操作が元に戻ります。

❻ ＜やり直す＞をクリックすると、下線の指定が復活します。

MEMO　消したデータを戻す

文字や写真を間違って消してしまった場合なども、操作の直後であれば、元に戻せます。間違った操作をしてしまった場合は、慌てずに操作を元に戻しましょう。

COLUMN

何度か前に戻す

＜元に戻す＞をクリックしたあと、さらに前の状態に戻すには、＜元に戻す＞を何度もクリックします。または、＜元に戻す＞の横の＜▼＞をクリックして元に戻すところまでの項目をクリックします。

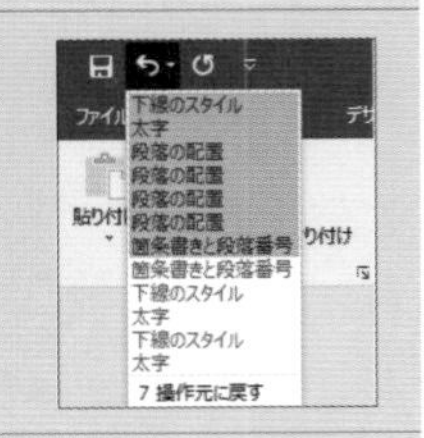

最近使った文書を手早く開く

ファイルを開く画面には、最近使った文書の一覧が表示されます。一覧に開く文書が表示されている場合は、クリックするだけで簡単に文書を開けます。ワードを起動する前に、最近使った文書を選んで開くこともできます。

最近使った文書の一覧を表示する

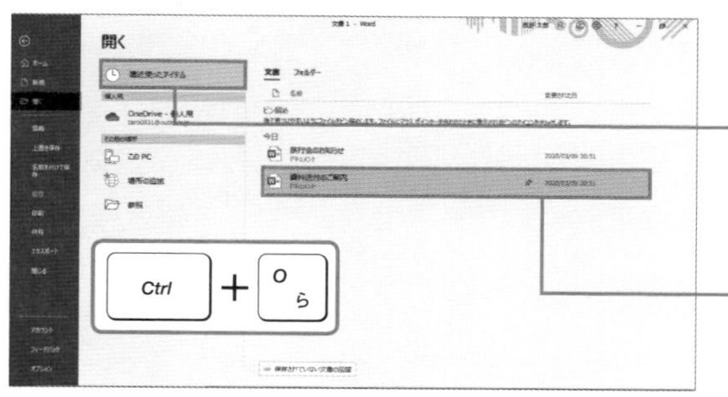

❶ 文書を編集する画面で Ctrl + O キーを押します。

❷ Backstage ビューが表示されて「開く」メニューの＜最近使ったアイテム＞が選択されます。

❸ ＜最近使ったアイテム＞の一覧から開く文書のファイル名をクリックします。

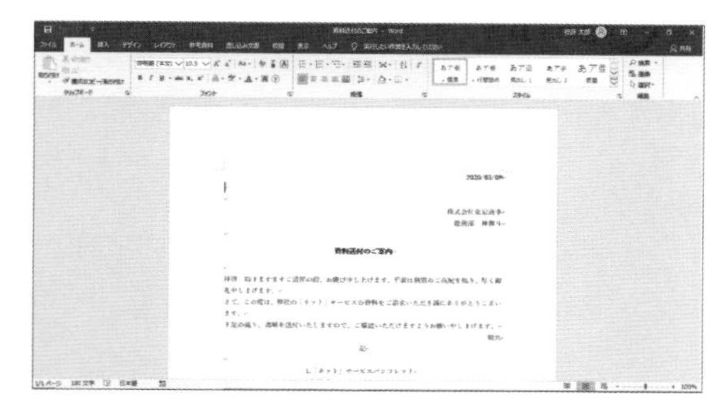

❹ 選択した文書が開きます。

COLUMN

スタートメニューから開く

スタートメニューからWordを起動するとき、Wordの項目を右クリックすると、最近使ったファイルの一覧が表示されます。表示されたファイル名をクリックするとファイルが開きます。

よく使うファイルや保存先の表示を固定する

定期的に使用する文書などは、ファイルを開く画面に常に表示されるように表示を固定しておくと便利です。表示を固定すると、ファイルの保存先を選択してファイルを探したりする必要はありません。かんたんにファイルを開けるようになります。

ファイルの表示を固定する

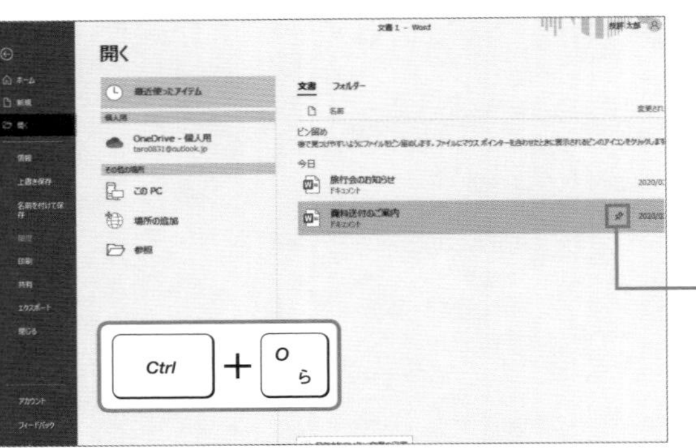

1. 文書を編集する画面で Ctrl ＋ O キーを押します。
2. Backstage ビューが表示されて「開く」メニューの＜最近使ったアイテム＞が選択されます。
3. ＜最近使ったアイテム＞の一覧に固定するファイルのピンのアイコンをクリックします。
4. ファイルが固定表示されます。ファイル名をクリックすると、ファイルが開きます。

MEMO ピン留めを外す

表示を固定した項目のピン留めを外すには、表示を固定した項目のピンのアイコンをクリックします。

COLUMN

保存するフォルダーをピン留めする

ファイルを保存する画面でよく使うフォルダーを簡単に選択できるようにするには、表示を固定するフォルダーの＜このアイテムが一覧に常に表示されるように設定します＞をクリックします。

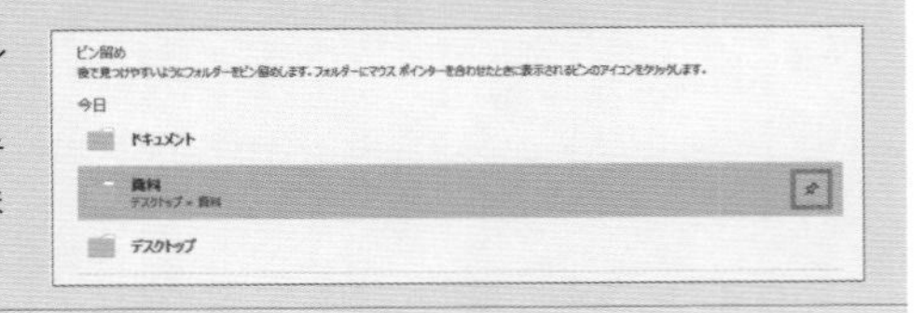

SECTION 013 基本操作

よく使う機能のボタンの表示を固定する

クイックアクセスツールバーには、よく使う機能のボタンを追加できます。クイックアクセスツールバーは、どのタブが選択されていても常に表示されているため、目的の操作を素早く実行できて便利です。ここでは例として、矢印の図形を描くボタンを追加します。

矢印の図形を描くボタンを追加する

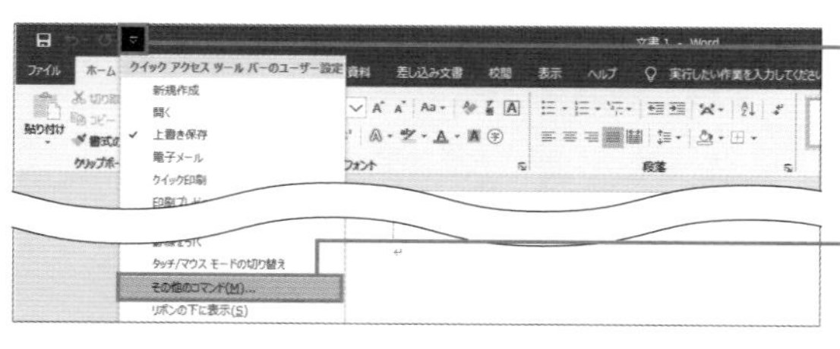

❶クイックアクセスツールバーの<クイックアクセスツールバーのユーザー設定>をクリックします。

❷<その他のコマンド>をクリックします。

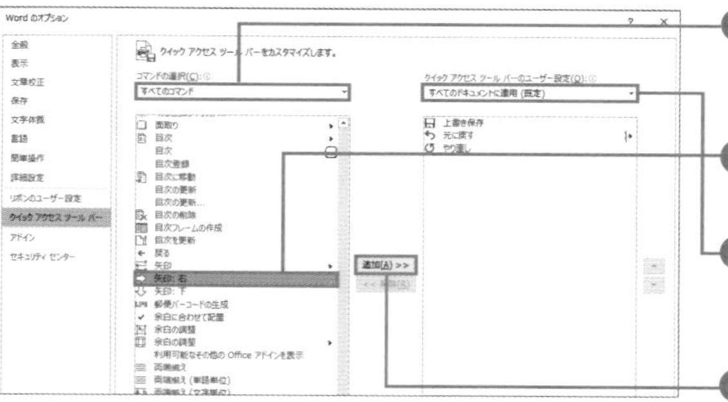

❸追加するコマンドの種類（ここでは<すべてのコマンド>）を選びます。

❹追加するボタン（ここでは<矢印：右>）をクリックします。

❺すべての文書で表示するか、表示している文書でのみ表示するか選択します。

❻<追加>をクリックします。

❼ボタンが追加されます。

❽< OK >をクリックします。

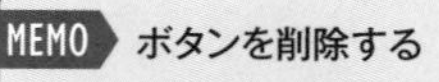

MEMO ボタンを削除する

追加したボタンを右クリックし、<クイックアクセスツールバーから削除>をクリックします。

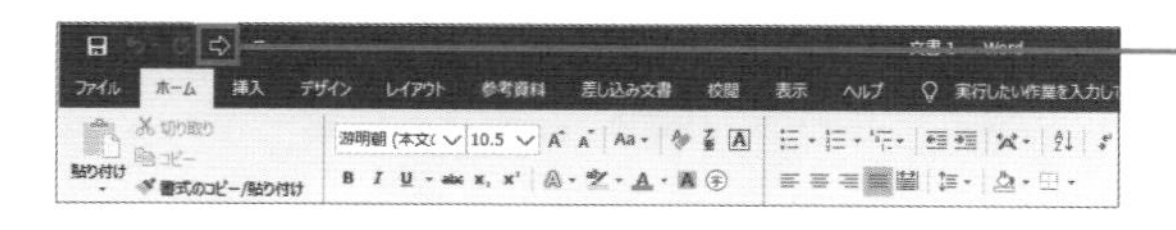

❾ボタンが追加されます。

SECTION 014 基本操作

タスクバーから素早くWordを起動できるようにする

タスクバーにWordを起動するためのボタンを追加すると、ボタンをクリックするだけでかんたんにWordが起動できるようになります。ボタンを右クリックすると、最近使った文書を素早く開くこともできます。文書をピン留めして表示を固定することもできます。

タスクバーにWordのアイコンを表示する

❶スタートメニューを表示し、Wordの項目を右クリックします。

❷＜その他＞の＜タスクバーにピン留めする＞をクリックします。

❸タスクバーに追加したボタンをクリックするとWordが起動します。

COLUMN

ファイルをピン留めする

タスクバーに追加したWordを起動するボタンを右クリックすると、最近使ったファイルの一覧が表示されます。項目をクリックすると、ファイルが開きます。また、ファイルの横の＜一覧にピン留めする＞をクリックすると、ファイルの表示が上部に固定されます。Wordのアイコンを右クリックすると表示されるメニューから簡単に開けるようになります。

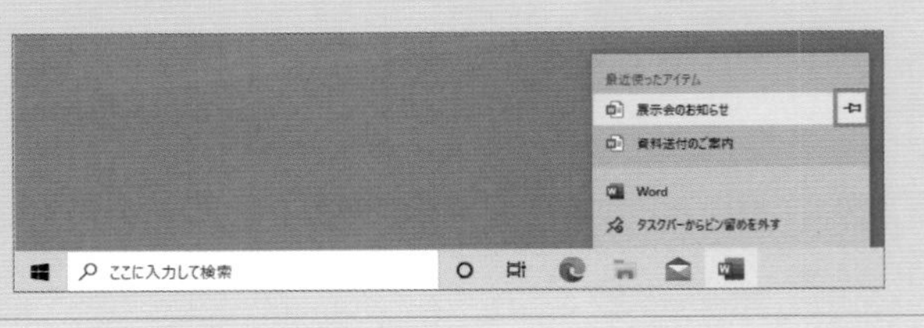

SECTION 015 基本操作

ショートカットキーで操作する

頻繁に行う操作は、ショートカットキーで実行できるようにショートカットキーを覚えておくと便利です。ここでは、例として、ファイルを上書き保存する操作と、ファイルの印刷イメージを表示する画面に切り替える操作をキー操作で行います。

上書き保存をして印刷画面を表示する

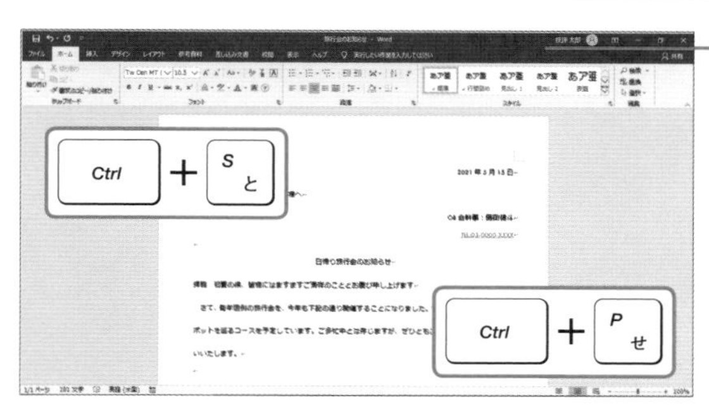

❶文書が表示されている状態で Ctrl + S キーを押します。

❷画面は何も変わりませんが、これで上書き保存が実行されました。

❸文書が表示されている状態で Ctrl + P キーを押します。

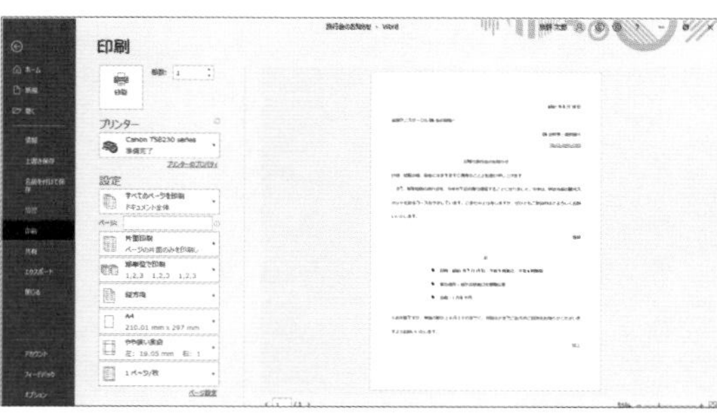

❹Backstage ビューが表示されて、「印刷」が選択された画面に切り替わります。

MEMO 上書き保存

文書が一度も保存されていない場合は、Ctrl + S を押すと<名前を付けて保存>の画面が表示されます。また、Officeにサインインしている場合は<このファイルを保存>画面が表示されます。

COLUMN

キーで操作する

Alt キーを押すと、タブやボタンにアルファベットが表示されます。表示されているアルファベットのキーを押すと、タブを選択したりボタンを選択したりできます。

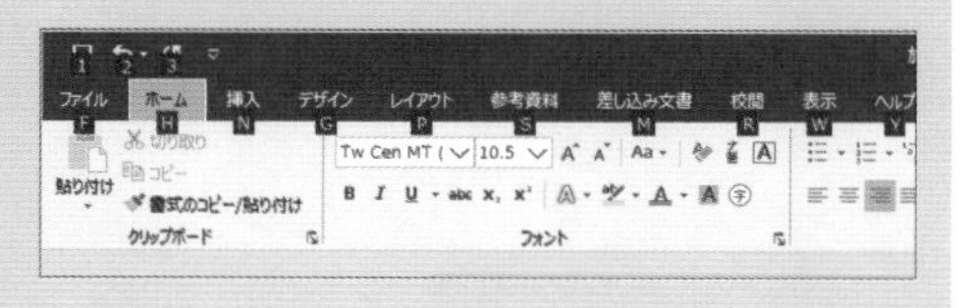

▶ COLUMN

Officeにサインインする

MicrosoftアカウントでOfficeにサインインすると、WordからOneDriveというインターネット上のファイル保存スペースを簡単に利用できるようになります。OneDriveに保存したファイルを直接開いたり、文書をOneDriveに保存したりできます。
Officeにサインインするには、次のように操作します。なお、MicrosoftアカウントはWebページ「https://signup.live.com/」から無料で取得できます。

1 <サインイン>をクリックします。

2 Microsoft アカウントを入力して画面を進め、画面の指示に従ってサインインします。

3 サインインすると、Microsoft アカウントの名前が表示されます。

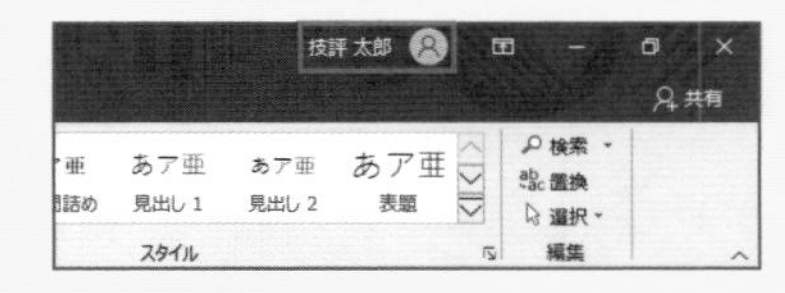

第2章

押さえておきたい!
文字入力と選択
便利テクニック

SECTION 016 基本

元々ある文字を上書きして書き換える

文章の途中に文字を入力すると、通常は、文字カーソルの位置に文字が追加されて右にあった文字が右にずれます。この状態を挿入モードと言います。既存の文字を消しながら文字を上書きして修正するには、上書きモードに切り替えて文字を入力します。

上書きモードにする

開催日は、２５日です。↵

Insert

❶ 文字を入力する位置をクリックして文字カーソルを移動します。

❷ Insert キーを押します。

開催日は、３０日です。↵

❸ 文字を入力すると、文字が上書きされます。

MEMO　ステータスバー

ステータスバーに、現在の状態が上書きモードか挿入モードかを表示するには、ステータスバーを右クリックし、<上書き入力>をクリックしてチェックをオンにします。ステータスバーに表示される<上書きモード>や<挿入モード>をクリックすると、上書きモードと挿入モードを切り替えられます。

COLUMN

Insert キーで切り替わらないようにする

Insert キーで上書きモードと挿入モードを切り替えられないようにするには、<Wordのオプション>画面（P.022参照）を表示し、<詳細設定>で<上書き入力モードの切り替えに Ins キーを使用する>のチェックをオフにします。また、上書き入力モードの状態に固定したい場合は、<上書き入力モードで入力する>のチェックをオンにします。

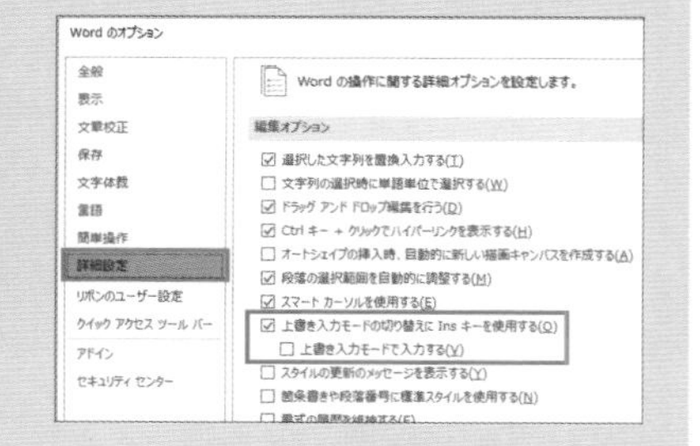

SECTION 017 変換

変換対象の文字列の区切りを変更する

文字を入力するときは、単語単位ではなくある程度、複数の文節や短い文章の単位で入力すると効率的です。思うように変換されない場合は、変換対象の文節を移動したり、文節の区切りを変更したりしながら入力します。文字入力の基本を覚えておきましょう。

変換対象の文節の長さを指定する

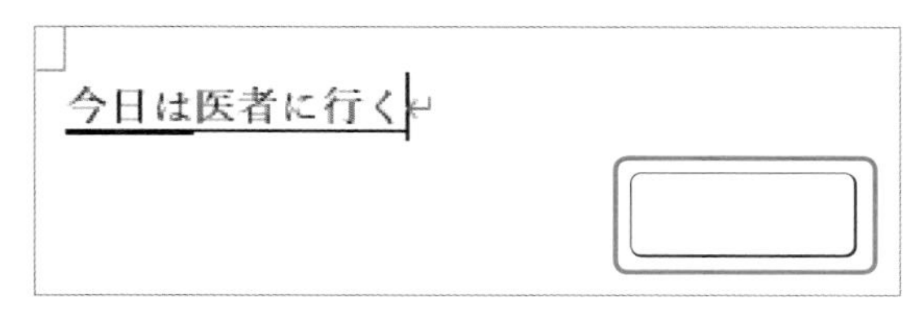

❶「きょうはいしゃにいく」と入力して スペース キーで変換します。ここでは、「今日は医者に行く」と変換されました。現在変換対象の文節の下に太い線が表示されます。

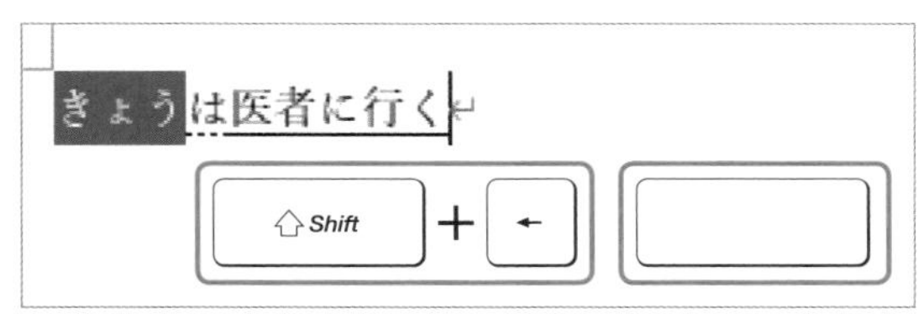

❷ Shift ＋ ← キーを押して変換対象の文節の区切りを短くします。変換対象が1文字短くなりました。

❸ スペース キーを押します。

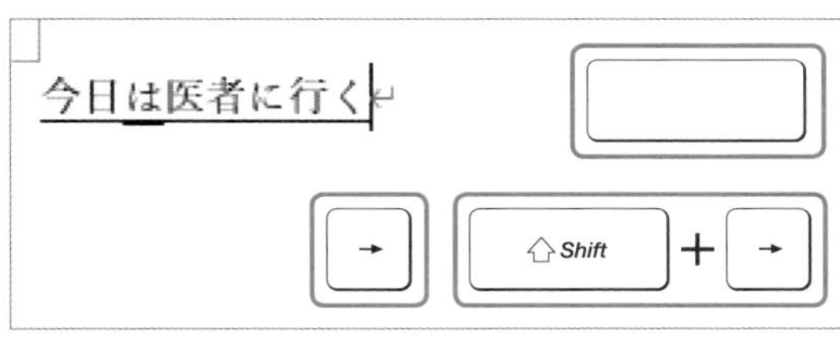

❹何度か スペース キーを押して「今日」に変換します。

❺ → キーを押して変換対象を移動します。

❻ Shift キーを押しながら → キーを2回押します。

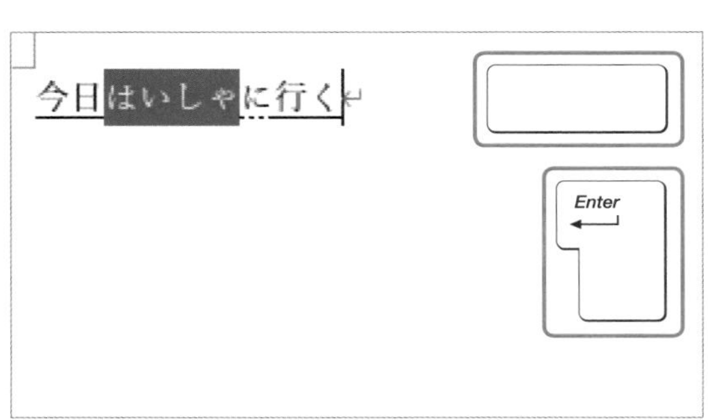

❼ スペース キーを押して「歯医者」に変換し、 Enter キーを押して決定します。

MEMO 変換対象の文節を移動する

他の文節の文字を変換するには、→や←キーを押します。すると、変換対象の文節を示す太い線が移動します。

SECTION 018 変換

間違って入力した文字を再変換する

間違って入力した文字を修正する時、よみがなが正しい場合は、文字を入力し直す必要はありません。再変換して正しい文字を選びましょう。キー操作で再変換する方法の他、マウスで修正することもできます。場合によって使い分けましょう。

再変換するときの漢字の候補を表示する

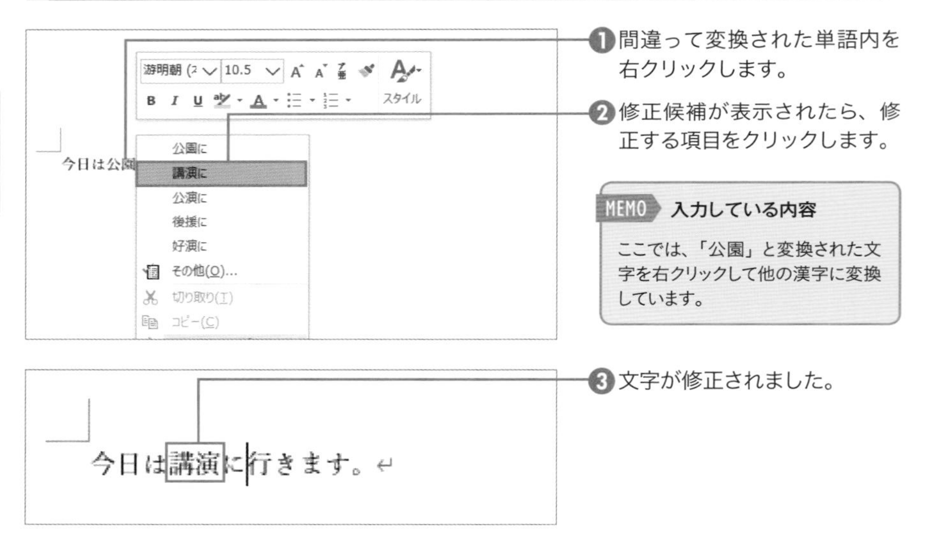

❶間違って変換された単語内を右クリックします。

❷修正候補が表示されたら、修正する項目をクリックします。

❸文字が修正されました。

MEMO 入力している内容

ここでは、「公園」と変換された文字を右クリックして他の漢字に変換しています。

COLUMN

変換キーを使う

キーボードを操作している場合は、修正したい文字内に文字カーソルを移動して変換キーを押します。表示される変換候補から修正する項目を選択します。

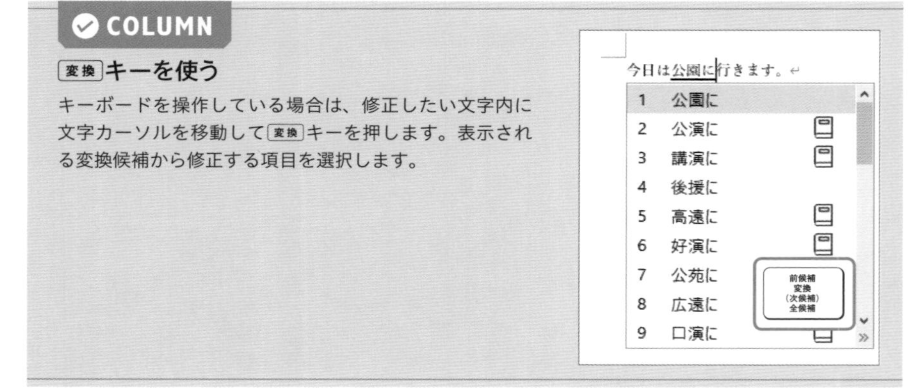

よく使う記号を入力する

キーボードに表示されていない記号を入力するとき、記号の読み方を知っていれば簡単に入力できます。読みが分からない場合は、「きごう」の読みで変換する方法もあります。一覧から選択する方法は、P.048で紹介しています。

「ほし」を変換して「★」の記号を入力する

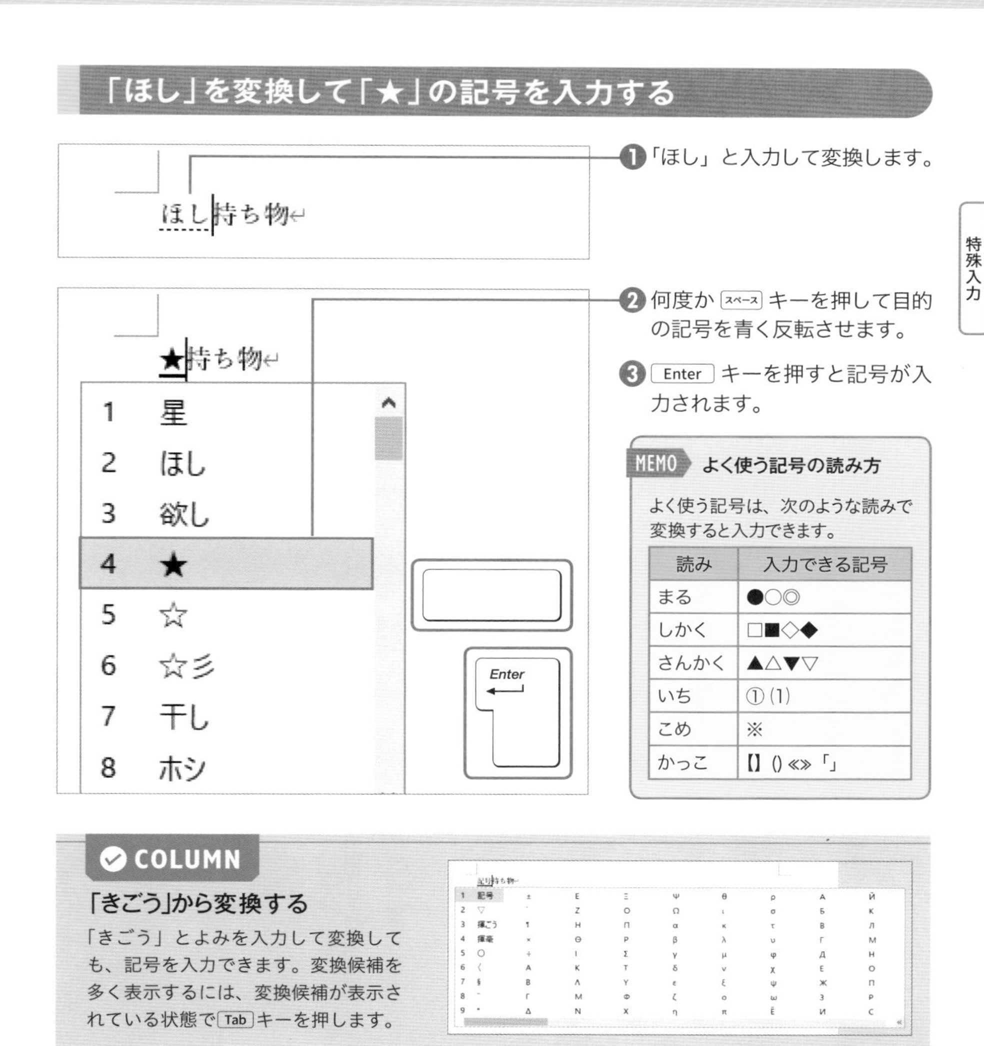

❶「ほし」と入力して変換します。

❷何度か スペース キーを押して目的の記号を青く反転させます。

❸ Enter キーを押すと記号が入力されます。

MEMO よく使う記号の読み方

よく使う記号は、次のような読みで変換すると入力できます。

読み	入力できる記号
まる	●○◎
しかく	□■◇◆
さんかく	▲△▼▽
いち	① (1)
こめ	※
かっこ	【】 () «» 「」

COLUMN

「きごう」から変換する

「きごう」とよみを入力して変換しても、記号を入力できます。変換候補を多く表示するには、変換候補が表示されている状態で Tab キーを押します。

SECTION 020 特殊入力

読み方がわからない漢字を入力する

読み方がわからない漢字を入力するには、IMEパッドというツールを使って入力しましょう。マウスで漢字を書いて漢字を探して入力したり、漢字の画数や部首などを指定して漢字を探して入力したりする方法があります。ここでは、「菫」の文字を入力します。

第1章 第2章 特殊入力 第3章 第4章 第5章

手書きで書いた文字から漢字を探す

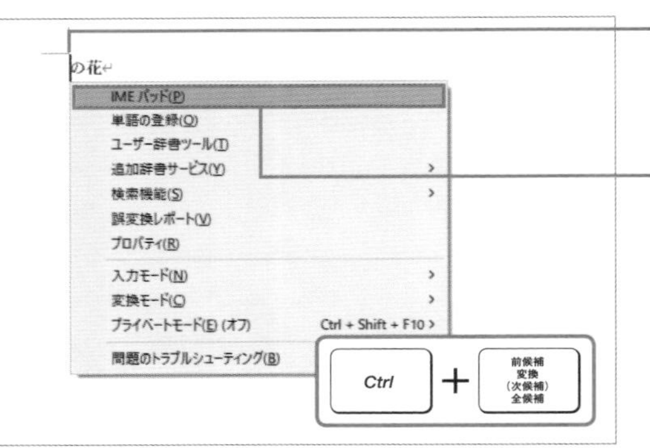

❶ 文字の入力箇所に文字カーソルを移動します。

❷ Ctrl ＋ 変換 キーを押します。

❸ ＜IMEパッド＞をクリックします。

> **MEMO タスクバー**
>
> タスクバーの入力モードアイコンを右クリックし、<IMEパッド>をクリックしても、IMEパッドを起動できます。

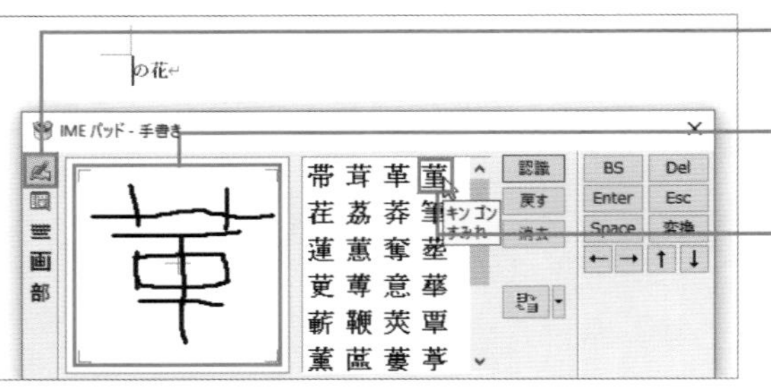

❹ ＜手書き＞が選択されていることを確認します。

❺ 入力したい漢字をマウスでドラッグして書きます。

❻ 表示された漢字をクリックすると、文字カーソルの位置に漢字が入力されます。

> **COLUMN**
>
> ### 画数から検索する
>
> 漢字の画数から漢字を探すには、＜総画数＞を選択して画数ごとに表示された漢字を探してクリックします。また、＜部首＞を選択して漢字を探すには、＜部首＞をクリックして部首を選択して漢字を探してクリックします。

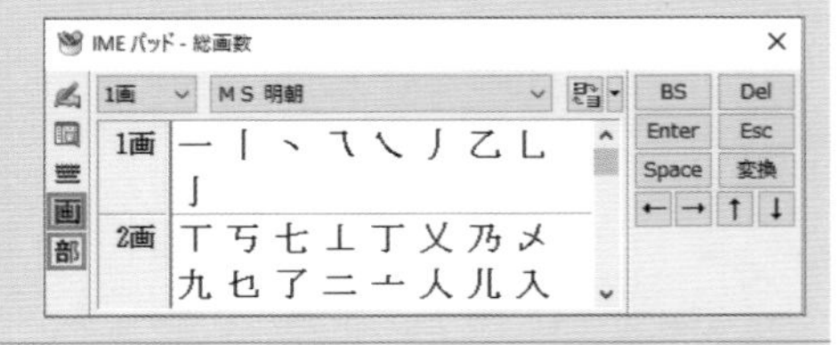

SECTION 021 特殊入力

大文字小文字、全角半角を統一する

大文字や小文字、半角や全角が混在してしまった文書で、大文字や小文字を統一するには、文字種の変換機能を使う方法があります。この方法を使うと、選択した範囲内の文字の種類を統一できます。ひらがなをカタカタに、カタカナをひらがなに変換することもできます。

文字を半角文字に統一する

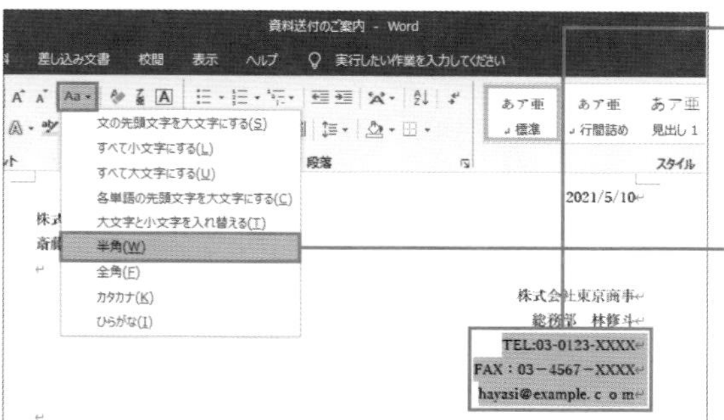

❶ 半角と全角が混在している箇所の範囲を選択します。

❷ ＜ホーム＞タブの＜文字種の変換＞をクリックし、＜半角＞をクリックします。

2021/5/10
株式会社山田商事
斎藤　一郎様
株式会社東京商事
総務部　林修斗
TEL:03-0123-XXXX
FAX:03-4567-XXXX
hayasi@example.com

❸ 全角文字が半角文字に変換されました。

COLUMN 再変換で変換する

全角や半角の切り替え、ひらがなとカタカタの変換は、変換対象の単語を右クリックすると表示される変換候補から変換することもできます。変換する単語に文字カーソルを移動して[変換]キーで変換することもできます（P.044参照）。

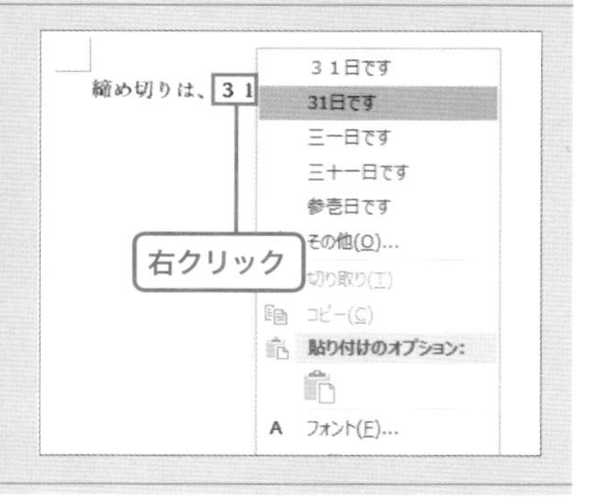

SECTION 022 特殊入力

®や™などの特殊文字を入力する

登録商標マークの「® 」、商標マークの「™」、コピーライトマークの「©」などの記号は、記号と特殊文字の一覧から選んで入力できます。また、文字を自動的に変換するオートコレクト機能（P.060参照）や、ショートカットキーで入力する方法もあります。

第1章
第2章 特殊入力
第3章
第4章
第5章

特殊文字の一覧から入力する文字を選ぶ

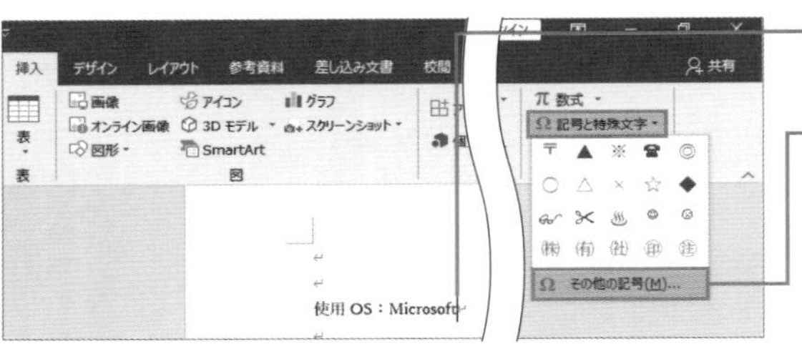

❶記号を入力する箇所に文字カーソルを移動します。

❷＜挿入＞タブの＜記号と特殊文字＞をクリックし、＜その他の記号＞をクリックします。

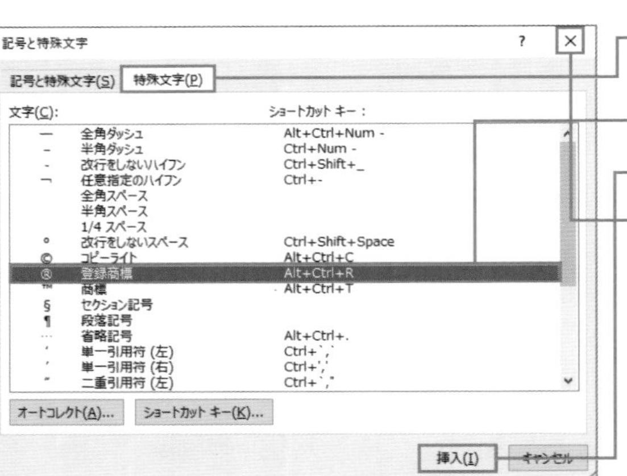

❸＜特殊文字＞タブをクリックします。

❹入力する記号をクリックします。

❺＜挿入＞をクリックします。

❻＜閉じる＞をクリックします。

MEMO オートコレクト

半角文字で「(c)」と入力すると「©」、「(r)」と入力すると「 ®」、「(tm)」と入力すると「™」と変換されます（P.060参照）。

使用 OS：Microsoft®

❼記号が入力されます。

MEMO ショートカットキー

Alt＋Ctrl＋Cキーを押すと「©」、Alt＋Ctrl＋Rキーを押すと「 ®」、Alt＋Ctrl＋Tキーを押すと「™」が入力されます。

SECTION 023 特殊入力

数式ツールで数式を入力する

円の面積や二次方程式の解の公式など、複雑な数式を入力するには、数式ツールを使って入力する方法があります。入力した数式の内容は、編集できます。また、数式を手書きで書いて入力する方法も用意されています。

数式の種類を選んで数式を入力する

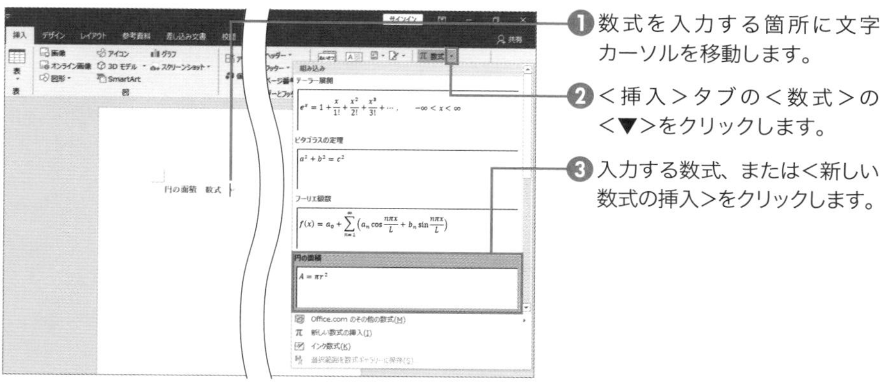

❶数式を入力する箇所に文字カーソルを移動します。

❷<挿入>タブの<数式>の<▼>をクリックします。

❸入力する数式、または<新しい数式の挿入>をクリックします。

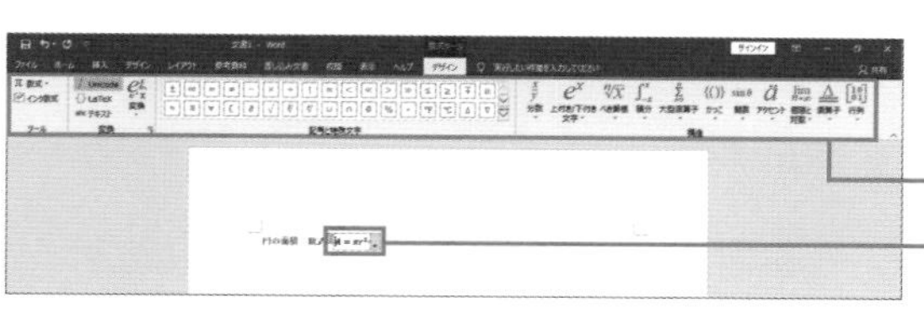

❹数式が入力されます。数式をクリックします。

❺<数式ツール>の<デザイン>タブが表示され、数式を編集できます。

COLUMN 手書きで入力する

手順❷の次に<インク数式>をクリックすると、手書きで数式を入力する画面が表示されます。数式を入力して<挿入>をクリックすると、数式が入力されます。

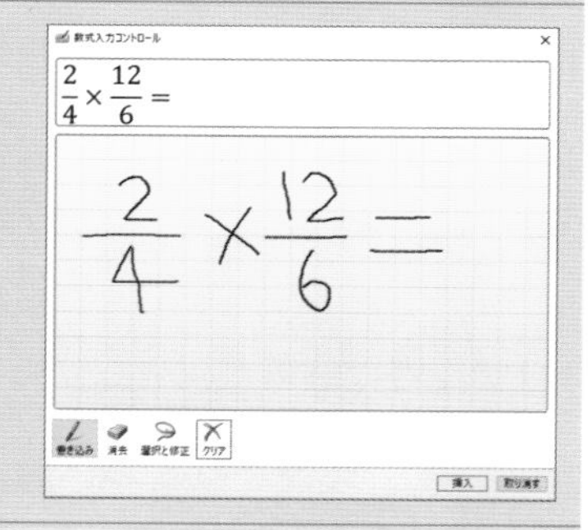

SECTION 024 自動入力

今日の日付を手早く入力する

パソコンに設定されている今日の日付をかんたんに入力するには、今日の西暦や元号を入力する方法があります。日付の表示形式を選択する場合は、日付と時刻の一覧を表示して入力しましょう。文書を開いている日の日付を入力する方法は、P.055で紹介しています。

西暦の年から今日の日付を入力する

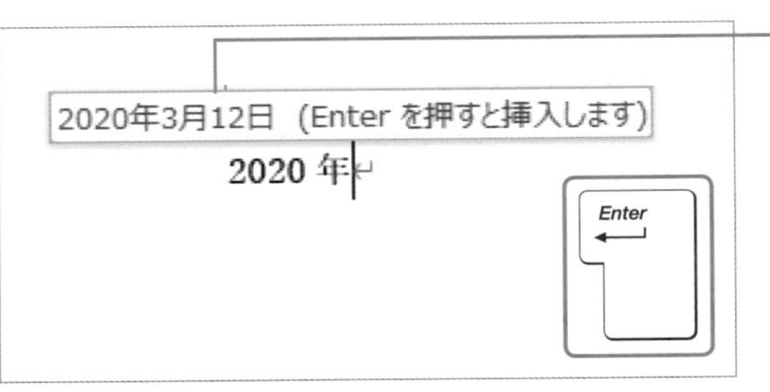

❶「2020年」や「令和」など、今日の西暦の年や元号を入力すると、今日の日付が表示されます。

❷ Enter キーを押します。

❸ 今日の日付が入力されます。

COLUMN 一覧から選択する

＜挿入＞タブの＜日付と時刻＞をクリックすると、＜日付と時刻＞ダイアログボックスが表示されます。日付の表示方法を選択して＜OK＞をクリックすると、日付が入力されます。

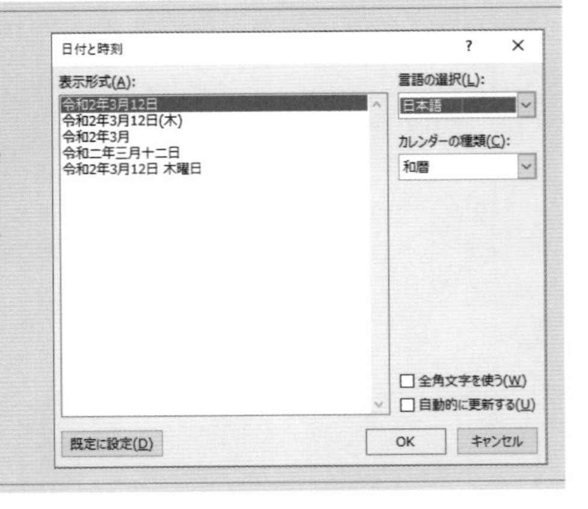

SECTION 025 自動入力

よく使う単語を登録して使う

頻繁に入力する会社名や商品名などの単語を短い読み方でかんたんに入力するには、あらかじめ単語を登録しておきましょう。ここでは、「SPRINGショッピングモール」という単語を「はる」の読み方で変換できるように単語を登録します。

長い文字列を単語として登録する

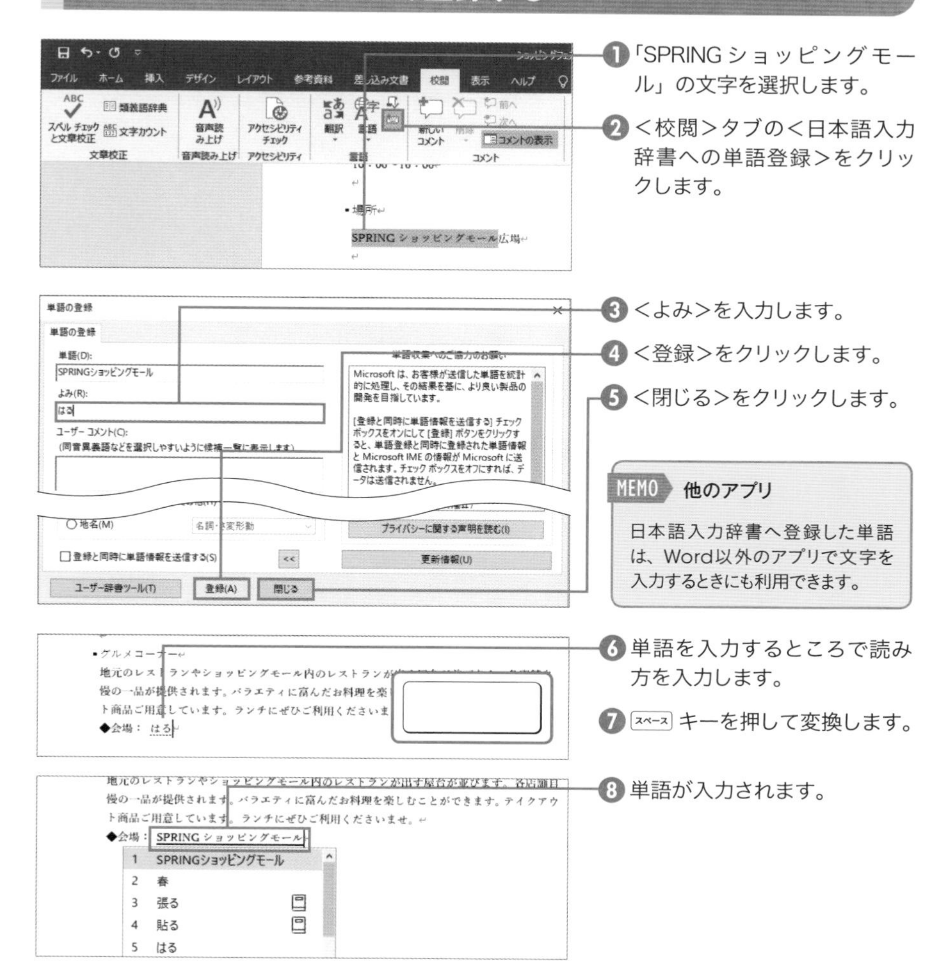

❶「SPRINGショッピングモール」の文字を選択します。

❷＜校閲＞タブの＜日本語入力辞書への単語登録＞をクリックします。

❸＜よみ＞を入力します。

❹＜登録＞をクリックします。

❺＜閉じる＞をクリックします。

❻単語を入力するところで読み方を入力します。

❼ スペース キーを押して変換します。

❽単語が入力されます。

MEMO 他のアプリ

日本語入力辞書へ登録した単語は、Word以外のアプリで文字を入力するときにも利用できます。

SECTION 026 自動入力

よく使う署名や文章などを登録して使う

複数の行にわたる署名や文章などのまとまりを登録してかんたんに呼び出せるようにするには、内容を定型句として登録する方法があります。登録する内容は文字だけではなく、文字に設定された書式やロゴなどの画像、表などを含めることもできます。

ひとまとまりの文章などを定型句に登録する

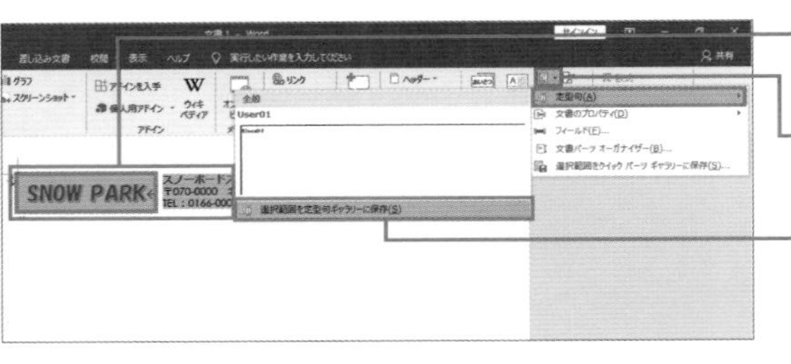

❶登録する内容を選択しておきます。

❷＜挿入＞タブの＜クイックパーツの表示＞をクリックし、

❸＜定型句＞の＜選択範囲を定型句ギャラリーに保存＞をクリックします。

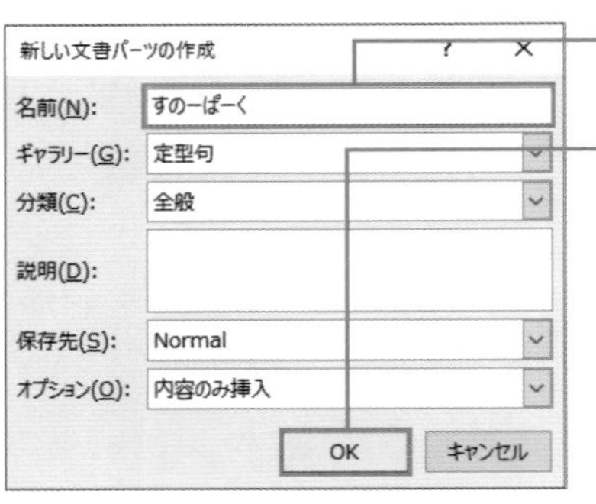

❹定型句を入力するときの名前を入力します。

❺＜OK＞をクリックします。

COLUMN

定型句を入力する

定型句を入力する箇所に文字カーソルを移動し、定型句の名前を入力します。定型句のヒントが表示されます。F3キーまたはEnterキーを押すと、定型句が入力されます。

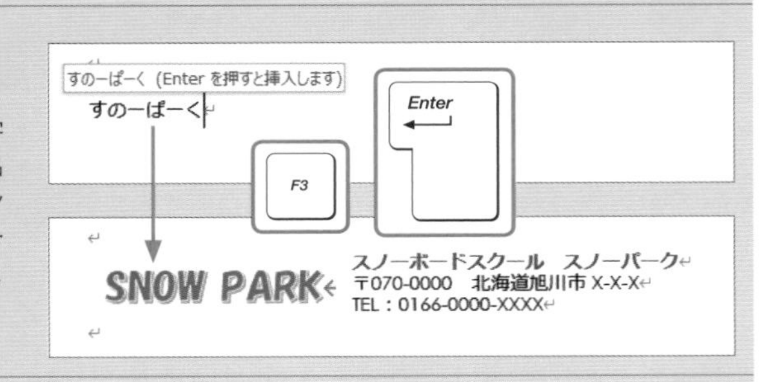

SECTION 027

自動入力

登録した文章を修正する

定型句に登録した内容を修正するには、修正したい内容を選択し、同じ名前で定型句を登録し直します。また、登録した名前を変更したい場合は、文書パーツの一覧の画面を表示して修正する方法があります。

定型句の登録内容を修正する

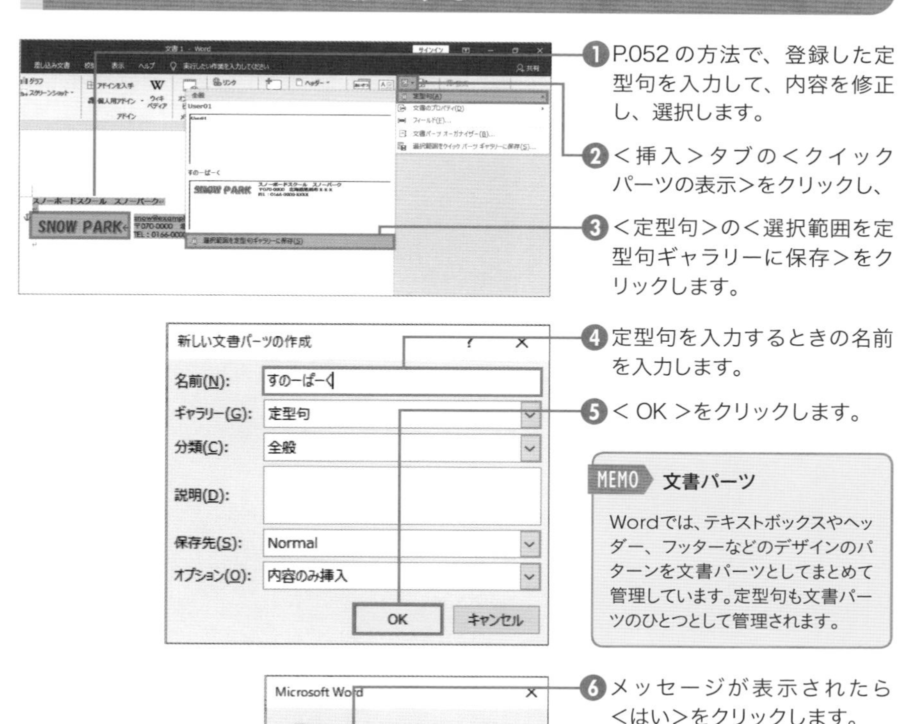

❶ P.052の方法で、登録した定型句を入力して、内容を修正し、選択します。

❷ ＜挿入＞タブの＜クイックパーツの表示＞をクリックし、

❸ ＜定型句＞の＜選択範囲を定型句ギャラリーに保存＞をクリックします。

❹ 定型句を入力するときの名前を入力します。

❺ ＜OK＞をクリックします。

❻ メッセージが表示されたら＜はい＞をクリックします。

MEMO 文書パーツ

Wordでは、テキストボックスやヘッダー、フッターなどのデザインのパターンを文書パーツとしてまとめて管理しています。定型句も文書パーツのひとつとして管理されます。

MEMO 登録名の変更

定型句の登録名を変更するには、手順❷で＜文書パーツオーガナイザー＞をクリックします。表示される画面で変更する定型句を選択して＜プロパティの編集＞をクリックします。表示される画面で＜名前＞を変更します。

SECTION 028

自動入力

ファイル名や作成者の情報を自動入力する

ファイルには、作成日や作成者など、プロパティというさまざまな情報が保存されています。それらのプロパティ情報は、文書に自動的に追加できます。プロパティの内容、また、文書に追加したプロパティ情報を変更すると、互いに変更が反映されます。

第1章
第2章 自動入力
第3章
第4章
第5章

文書のプロパティ情報の「作成者」を入力する

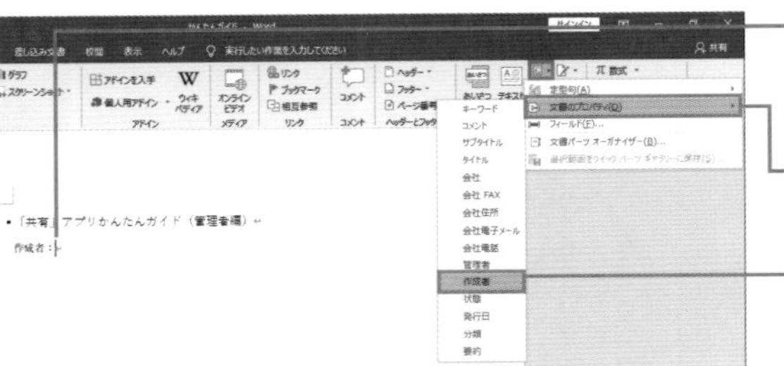

❶ プロパティ情報を追加する場所に文字カーソルを移動します。

❷ ＜挿入＞タブの＜クイックパーツの表示＞をクリックし、

❸ ＜文書のプロパティ＞から追加するプロパティの項目をクリックします。

❹ プロパティの内容が表示されます。

MEMO 項目名

プロパティの内容を選択したときなどに表示される、「作成者」などのプロパティの項目名は、印刷されません。

COLUMN

プロパティ情報

ファイルのプロパティ情報は、Backstageビューの＜情報＞で確認、設定を行えます。

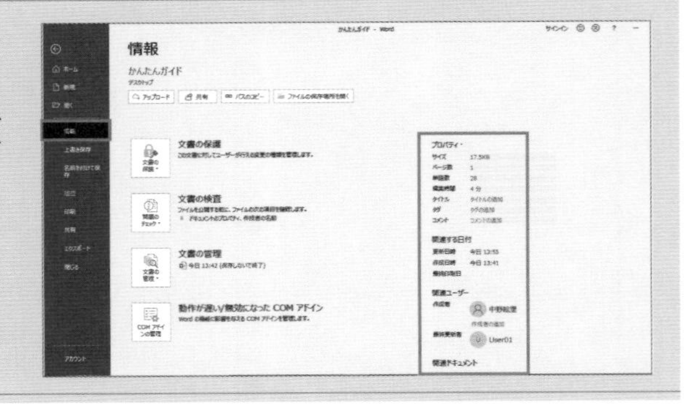

SECTION 029

自動入力

常に今日の日付を自動表示する

今日の日付やファイルのプロパティ情報などを自動的に入力するには、「○○の情報を表示しなさい」という命令文を入力する方法があります。Wordでは、このような命令文をフィールドと言います。フィールドの内容が変更された場合は、新しい内容に更新できます。

フィールドを追加して今日の日付を表示する

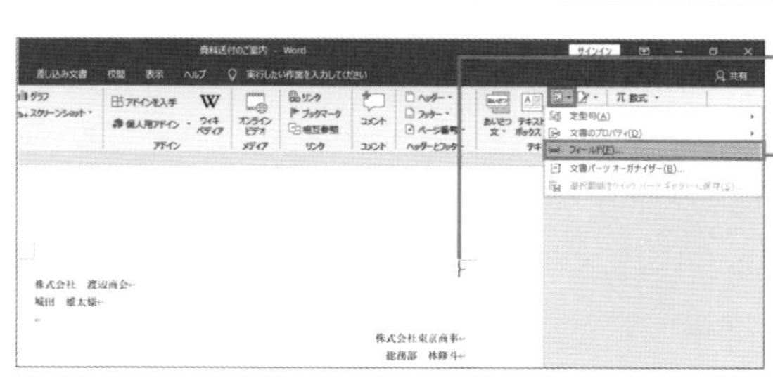

1 フィールドを追加する場所に文字カーソルを移動します。

2 ＜挿入＞タブの＜クイックパーツの表示＞をクリックし、＜フィールド＞をクリックします。

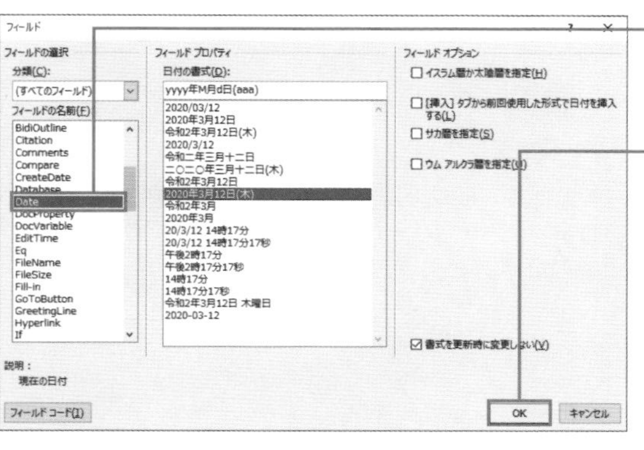

3 フィールドの内容（ここでは日付を示す＜Date＞）を選択します。

4 ＜OK＞をクリックします。

MEMO　コードの表示

フィールドを追加すると、フィールドのデータが表示されます。フィールドコードという命令文と実際のデータの表示を切り替えるには、Alt＋F9キーを押します。

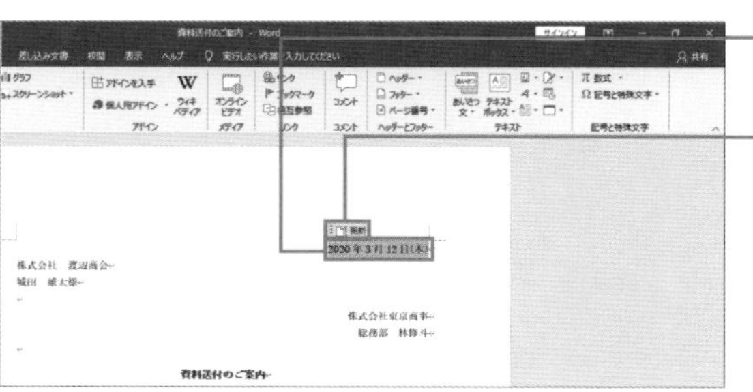

5 フィールドが追加されて今日の日付が表示されます。

6 フィールドの内容を更新するには、フィールドをクリックして＜更新＞をクリックします。

SECTION 030 自動入力

ダミーの文章を入力する

文書のレイアウトを決めるときに、実際の文章がまだできていない場合は、ダミーの文章があると助かります。ここでは、適当な文章を用意したいときに知っておくと便利なワザを紹介します。入力する段落の数や、文の数なども指定できます。

指定した数の段落が含まれる文章を追加する

操作説明書
=rand(7)

❶文章を入力したい行の行頭に文字カーソルを移動し、「=rand(7)」と入力して Enter キーを押します。

操作説明書
ビデオを使うと、伝えたい内容を明確に表現できます。[オンライン ビデオ] をクリックすると、追加したいビデオを、それに応じた埋め込みコードの形式で貼り付けできるようになります。キーワードを入力して、文書に最適なビデオをオンラインで検索することもできます。
Word に用意されているヘッダー、フッター、表紙、テキスト ボックス デザインを組み合わせると、プロのようなできばえの文書を作成できます。たとえば、一致する表紙、ヘッダー、サイドバーを追加できます。[挿入] をクリックしてから、それぞれのギャラリーで目的の要素を選んでください。
テーマとスタイルを使って、文書全体の統一感を出すこともできます。[デザイン] をクリックし新しいテーマを選ぶと、図やグラフ、SmartArt グラフィックが新しいテーマに合わせて変わります。スタイルを適用すると、新しいテーマに適合するように見出しが変更されます。
Word では、必要に応じてその場に新しいボタンが表示されるため、効率よく操作を進めることができます。文書内に写真をレイアウトする方法を変更するには、写真をクリックすると、隣にレイアウト オプションのボタンが表示されます。表で作業している場合は、行または列を追加する場所をクリックして、プラス記号をクリックします。
新しい閲覧ビューが導入され、閲覧もさらに便利になりました。文書の一部を折りたたんで、

❷7つの段落の文章が入力されます。

MEMO 段落の数

「=rand()」の「()」の中には、入力する文章の段落の数を指定します。数を指定しない場合は、5つの段落を含む文章が入力されます。

COLUMN

段落と文の数を指定する

1つの段落に含まれる文の数を指定するには、「=rand(3,2)」のように、段落の指定の後に文の数を指定します。「=rand(3,2)」の場合は、3つの段落を含む文章が追加されます。各段落には、2つの文が入ります。

操作説明書
ビデオを使うと、伝えたい内容を明確に表現できます。[オンライン ビデオ] をクリックすると、追加したいビデオを、それに応じた埋め込みコードの形式で貼り付けできるようになります。
キーワードを入力して、文書に最適なビデオをオンラインで検索することもできます。Word に用意されているヘッダー、フッター、表紙、テキスト ボックス デザインを組み合わせると、プロのようなできばえの文書を作成できます。
たとえば、一致する表紙、ヘッダー、サイドバーを追加できます。[挿入] をクリックしてから、それぞれのギャラリーで目的の要素を選んでください。

SECTION 031

自動入力

よく使うあいさつ文を自動入力する

ビジネス文書を作成するときに、定番のあいさつ文を入力する場合は、あいさつ文を一覧から選んで入力する方法があります。また、月を選択して時候のあいさつを入力することもできます。時候のあいさつ、安否のあいさつ、感謝のあいさつを自動的に入力します。

12月の時候のあいさつなどを入力する

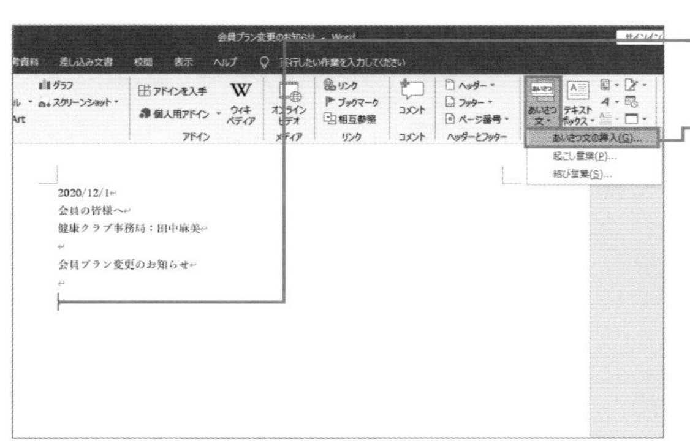

❶ あいさつ文を入力する箇所に文字カーソルを移動します。

❷ ＜挿入＞タブの＜あいさつ文＞－＜あいさつ文の挿入＞をクリックします。

MEMO　起こし言葉

手順❷で＜起こし言葉＞や＜結び言葉＞を選択すると、手紙の冒頭や末尾に書く文章を選んで入力できます。

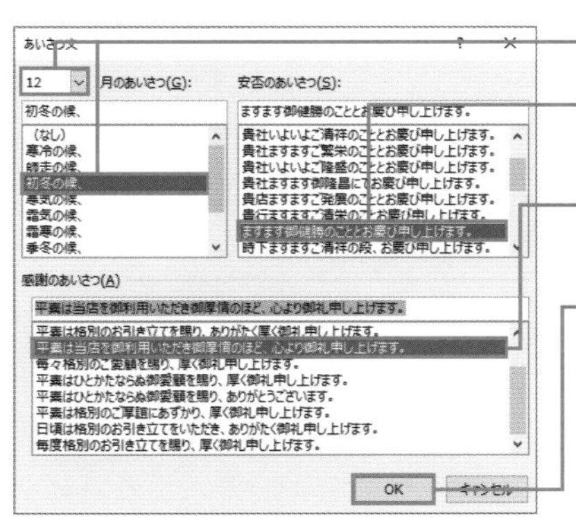

❸ 月とあいさつを選択します。

❹ ＜安否のあいさつ＞を選択します。

❺ ＜感謝のあいさつ＞を選択します。

❻ ＜ OK ＞をクリックします。

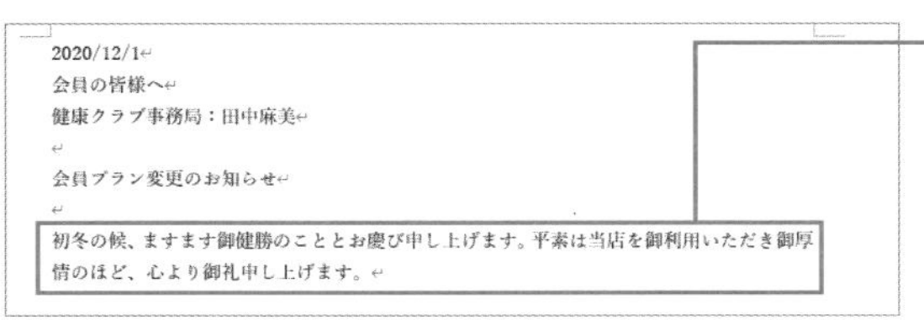
2020/12/1
会員の皆様へ
健康クラブ事務局：田中麻美

会員プラン変更のお知らせ

初冬の候、ますます御健勝のこととお慶び申し上げます。平素は当店を御利用いただき御厚情のほど、心より御礼申し上げます。

❼ あいさつ文が入力されます。

SECTION 032

自動入力

自動で入力される内容について知る

文字の入力中には、操作に応じてさまざまな入力支援機能が自動的に働きます。それらの機能の中でも、ここでは入力オートフォーマットについて紹介します。この機能を知っておくと、突然、文字が入力されてしまった場合なども、慌てずに対処できます。

入力オートフォーマットとは？

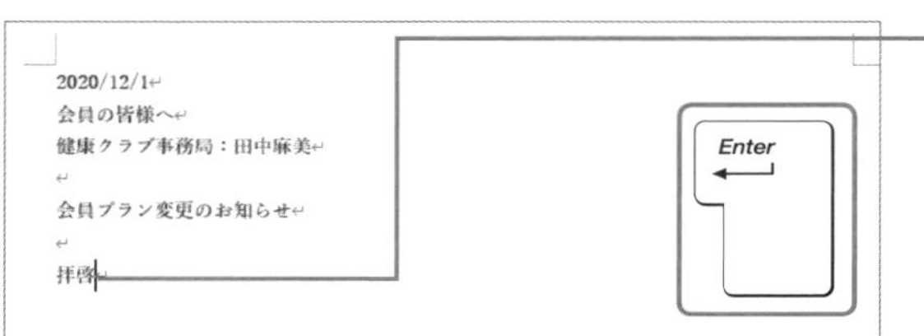

❶行の冒頭で「拝啓」と入力し、Enter キーを押します。

2020/12/1
会員の皆様へ
健康クラブ事務局：田中麻美
会員プラン変更のお知らせ
拝啓
敬具

❷「敬具」の文字が自動的に入力されます。

MEMO　元に戻す

入力オートフォーマット機能が働いたときに、元の状態に戻すには、クイックアクセスツールバーの<元に戻す>をクリックします。

COLUMN

入力オートフォーマット

入力オートフォーマット機能には、次のようなものがあります。

入力例	表示される内容	説明
1.+（文字列）+ Enter キー	2.	箇条書きで項目を入力して Enter キーを押すと、次の行の行頭の記号や番号が表示されます。
test@example.com	test@example.com	URL やメールアドレスにリンクが設定されます。
記 + Enter キー	「以上」の文字が右揃えで表示される	「記」に対応する「以上」が自動的に入力されます。
「拝啓」+ Enter キー	「敬具」の文字が右揃えで表示される	頭語に対応する結語が自動的に入力されます。

SECTION 033
自動入力

自動で入力される内容を指定する

入力オートフォーマットによって自動で入力される機能が不要な場合は、機能をオフにすることができます。どのような機能が不要なのか細かく設定できます。ここでは、頭語を入力して「Enter」キーを押したときに、結語が表示されないようにします。

入力オートフォーマットの設定を確認する

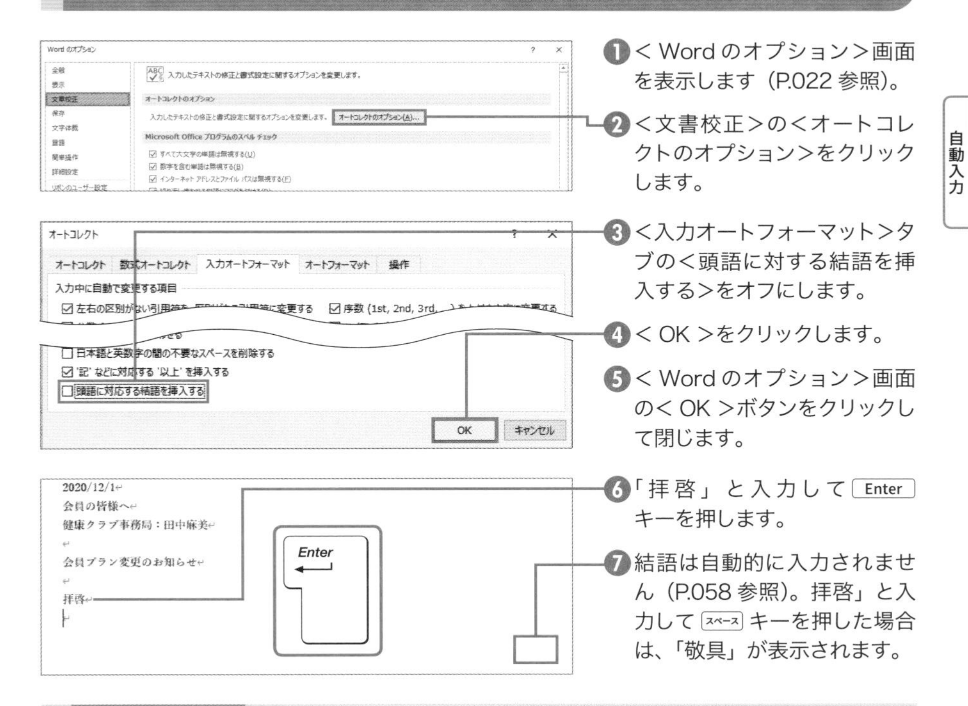

1. ＜Wordのオプション＞画面を表示します（P.022参照）。
2. ＜文書校正＞の＜オートコレクトのオプション＞をクリックします。
3. ＜入力オートフォーマット＞タブの＜頭語に対応する結語を挿入する＞をオフにします。
4. ＜OK＞をクリックします。
5. ＜Wordのオプション＞画面の＜OK＞ボタンをクリックして閉じます。
6. 「拝啓」と入力して Enter キーを押します。
7. 結語は自動的に入力されません（P.058参照）。拝啓」と入力して スペース キーを押した場合は、「敬具」が表示されます。

COLUMN

＜オートフォーマット＞タブ

＜オートフォーマット＞タブにも＜入力オートフォーマット＞と似たような項目が並んでいます。＜入力オートフォーマット＞タブで指定するのは、入力中に自動的に文字を入力したりするときに使う機能です。＜オートフォーマット＞は、＜オートフォーマットを今すぐ実行＞の機能を実行すると適用される内容です。＜オートフォーマットを今すぐ実行＞機能は、クイックアクセスツールバーなどにボタンを追加して実行できます（P.037参照）。

SECTION 034 修正

自動で修正される内容について知る

文字の入力中に、スペルミスや入力ミスなどが発生すると、自動的に修正する機能が働く場合があります。この機能をオートコレクトと言います。オートコレクトの中には、指定した記号を連続して入力することで、特殊な記号を入力するものもあります。

オートコレクトとは？

こんにちわ

❶行の冒頭で「こんにちわ」と入力します。

こんにちは

❷「こんにちは」と自動的に修正されます。

COLUMN

オートコレクト

オートコレクト機能で自動的に文字が修正されるものには、次のようなものがあります。

入力例	表示される内容	説明
monday + スペース キー	Monday	曜日を入力し、スペース キーを押すと、先頭文字が大文字になります。
(c)	©	指定した文字を入力すると、自動的に文字を変換します
abbout	about	スペルミスと思われる単語を、自動的に修正します。
こんにちわ	こんにちは	入力ミスと思われる単語を、自動的に修正します。

SECTION 035 修正

自動で修正される内容を指定する

オートコレクト機能では、文字を自動的に修正する機能を利用するか選択できます。ここでは、英語を入力したときに、先頭文字が大文字に変換されないように設定を変更してみます。また、オートコレクト機能を利用して入力できる記号についても知りましょう。

オートコレクトの設定を確認する

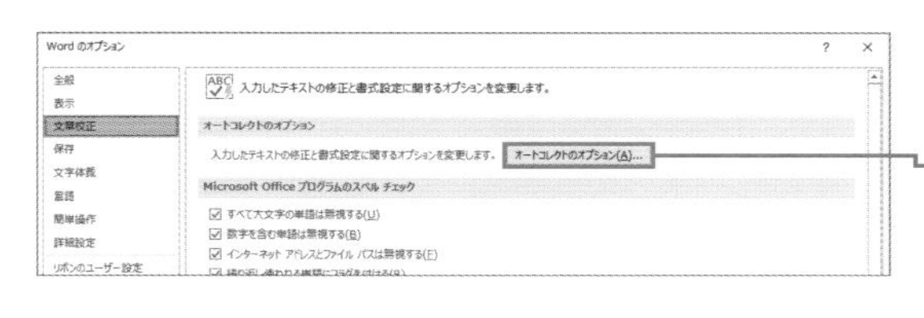

❶ ＜ Word のオプション＞画面を表示します（P.022）。

❷ ＜文書校正＞の＜オートコレクトのオプション＞をクリックします。

❸ ＜オートコレクト＞タブの＜文の先頭文字を大文字にする＞をオフにします。

❹ ＜ OK ＞をクリックします。

MEMO 記号の入力

<オートコレクト>ダイアログボックスの<オートコレクト>タブでは、入力中に自動修正する内容の一覧が表示されます。たとえば、「(c)」と入力すると「©」と入力されることがわかります。入力中に自動修正する内容は、追加したり削除したりもできます。

❺ 文の先頭に「my name is・・・」と入力します。通常、先頭文字が大文字になりますが、設定を変更したため大文字にはなりません。

MEMO 元に戻す

設定を元に戻すには、<Wordのオプション>画面を表示して、手順❸で<文の先頭文字を大文字にする>をオンにします。

SECTION
036 複数個所を同時に選択する

選択

離れた位置にある複数の文章に同じ書式を設定したい場合などは、対象の文章を同時に選択して書式を設定すると一度にまとめて設定を行えます。編集作業を効率よく進められるように、複数個所の選択方法を知っておきましょう。

3つの場所を同時に選択する

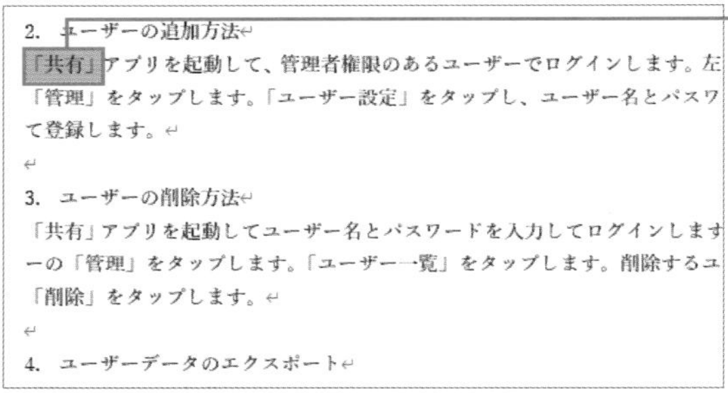

2. ユーザーの追加方法
「共有」アプリを起動して、管理者権限のあるユーザーでログインします。左
「管理」をタップします。「ユーザー設定」をタップし、ユーザー名とパスワ
て登録します。

3. ユーザーの削除方法
「共有」アプリを起動してユーザー名とパスワードを入力してログインします
ーの「管理」をタップします。「ユーザー一覧」をタップします。削除するユ
「削除」をタップします。

4. ユーザーデータのエクスポート

❶ 文字をドラッグして選択します。

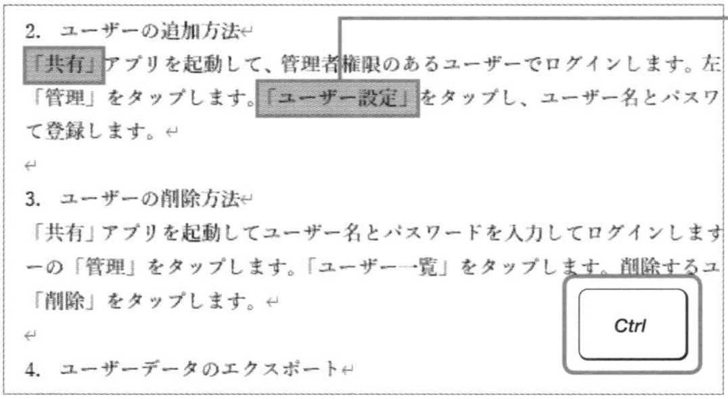

2. ユーザーの追加方法
「共有」アプリを起動して、管理者権限のあるユーザーでログインします。左
「管理」をタップします。「ユーザー設定」をタップし、ユーザー名とパスワ
て登録します。

3. ユーザーの削除方法
「共有」アプリを起動してユーザー名とパスワードを入力してログインします
ーの「管理」をタップします。「ユーザー一覧」をタップします。削除するユ
「削除」をタップします。

4. ユーザーデータのエクスポート

Ctrl

❷ Ctrl キーを押しながら、同時に選択する文字をドラッグします。

2. ユーザーの追加方法
「共有」アプリを起動して、管理者権限のあるユーザーでログインします。左
「管理」をタップします。「ユーザー設定」をタップし、ユーザー名とパスワ
て登録します。

3. ユーザーの削除方法
「共有」アプリを起動してユーザー名とパスワードを入力してログインします
ーの「管理」をタップします。「ユーザー一覧」をタップします。削除するユ
「削除」をタップします。

4. ユーザーデータのエクスポート

Ctrl

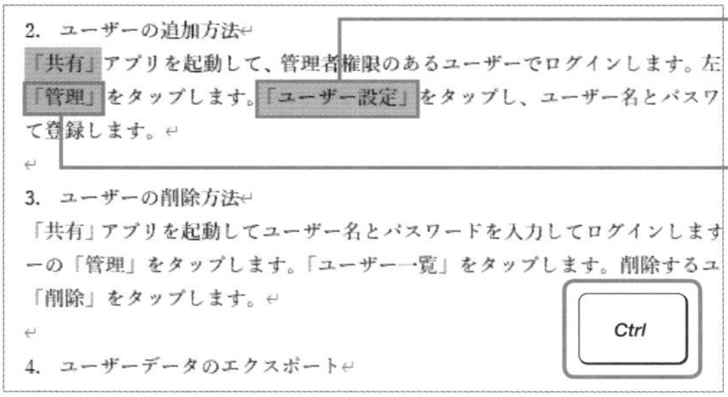

❸ 2つの箇所が選択されます。

❹ Ctrl キーを押しながら、同時に選択する文字をドラッグします。複数の文章が同時に選択されました。

SECTION 037 選択

行や段落を瞬時に選択する

行や段落を選択するとき、毎回文字列をドラッグ操作する必要はありません。単語や行、段落、文書全体などを瞬時に選択するコツを知っておきましょう。また、キー操作とマウス操作を組み合わせて広い範囲の文字を選択する方法などを覚えましょう。

行全体や単語を選択する

2020年11月16日
街歩きツアーのご案内
行全体が選択された
では、下記の日程で街歩きツアー
わせの上、ぜひご参加ください。参加希望の方は、受付
参加費：500円（ワンドリンク付き）

❶選択する行の左端をクリックします。

❷行全体が選択されます。

MEMO 段落や文書全体

選択する段落のいずれかの行の左端をダブルクリックすると、段落全体が選択されます。いずれかの行の左端をトリプルクリックすると、文書全体が選択されます。

2020年11月16日
街歩きツアーのご案内
町内カルチャーセンターでは、下記の日程で街歩きツア
わせの上、ぜひご参加ください。参加希望の方は、受付
単語が選択された
参加費：500円（ワンドリンク付き）

❸選択したい単語をダブルクリックします。

❹単語が選択されます。

MEMO 段落の選択

選択したい段落内でトリプルクリックすると、段落全体が選択されます。

COLUMN

指定した範囲の選択

指定した範囲の文章を選択するには、選択範囲の最初の場所をクリックして文字カーソルを移動します。続いて、選択範囲の最後の場所を Shift キーを押しながらクリックする方法があります。

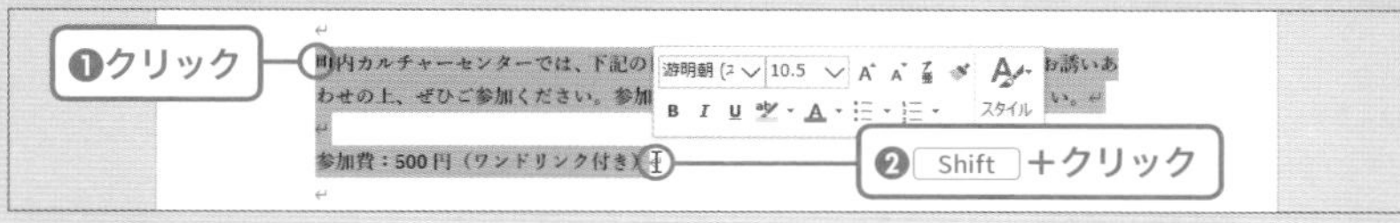

SECTION 038 選択

文書の一部を四角形の形で選択する

文字に書式を設定するときは、事前に文字を選択します。このとき、箇条書きの左端の項目名のみ選択したりするには、四角形の形で文字を選択する方法があります。この方法を知っておくと、Ctrl キーを押しながら複数の文字列を選択したりする手間が省けます。

四角形の範囲内の文字を選択する

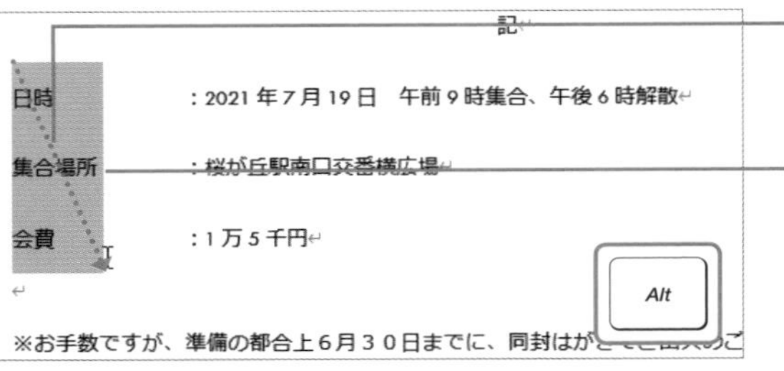

❶ Alt キーを押しながら左上から右下に向かってドラッグします。

❷ ドラッグした範囲が選択されます。

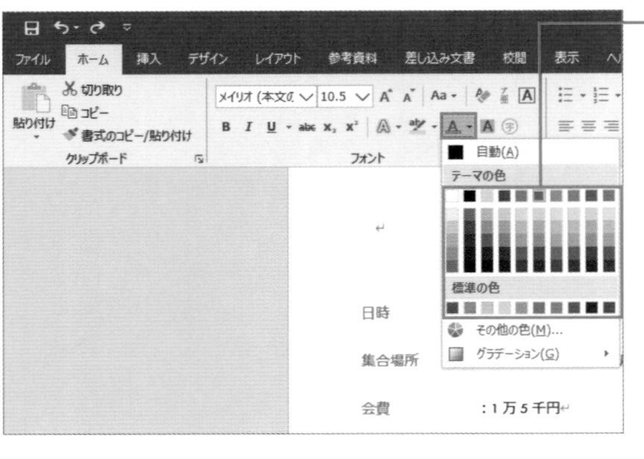

❸ ＜ホーム＞タブの＜文字の色＞をクリックして色を指定します。

記

日時　:2021年7月19日　午前9時集合、午後6時解散

集合場所　:桜が丘駅南口交番横広場

会費　:1万5千円

※お手数ですが、準備の都合上6月30日までに、同封はがきでご出欠のご

❹ 選択した範囲の文字に色が付きます。

SECTION 039

コピー／貼り付け

文字をコピーして使う

文字の入力中は、文字やデータを移動／コピーしたりしながら文字を入力します。その方法は複数あります。近くの場所に移動／コピーするにはマウス操作が便利です。遠くの場所に移動／コピーするときはショートカットキーが便利です。場合によって使い分けます。

ドラッグ操作で文字をコピーする

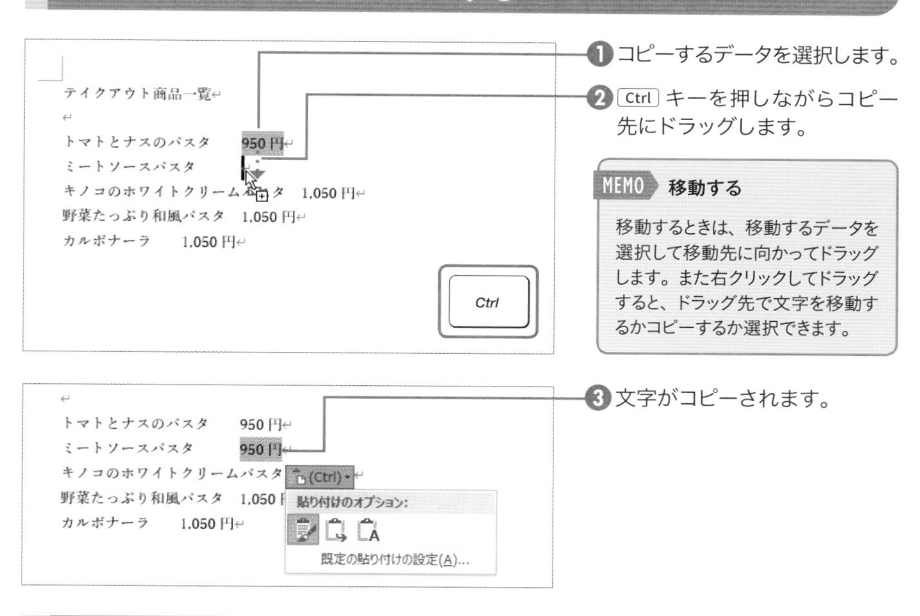

MEMO 移動する

移動するときは、移動するデータを選択して移動先に向かってドラッグします。また右クリックしてドラッグすると、ドラッグ先で文字を移動するかコピーするか選択できます。

COLUMN

その他の方法

文字やデータを移動したりコピーしたりするには、次のような方法があります。離れた位置に文字を移動したりコピーしたりするときは、ショートカットキーやボタンで操作すれば、失敗なく行えます。たとえば、ショートカットキーを使って文字を移動する場合、文字を選択して Ctrl + X キーを押します。移動先を選択して Ctrl + V キーを押します。

内容	操作
切り取り	Ctrl + X キー <ホーム>タブの<切り取り>ボタン
コピー	Ctrl + C キー <ホーム>タブの<コピー>ボタン
貼り付け	Ctrl + V キー <ホーム>タブの<貼り付け>ボタン

SECTION 040 コピー／貼り付け

何度か前にコピーしたデータを貼り付ける

過去に切り取ったりコピーしたデータを複数貯めておき、複数の箇所にそれぞれ別の内容を貼り付けたりするには、Officeクリップボードを利用します。まずは、Officeクリップボードを表示します。24個までのデータを貯めておくことができます。

Officeクリップボードを表示する

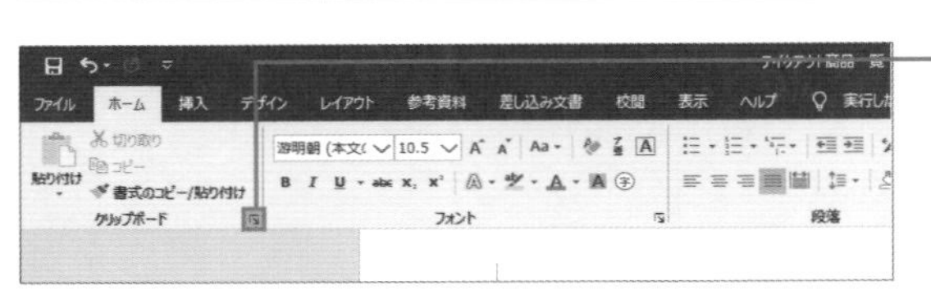

❶ ＜ホーム＞タブの＜クリップボード＞の＜ダイアログボックス起動ツール＞をクリックします。

❷ Office クリップボードが表示されます。

❸ コピーするデータを選択します。

❹ ＜ホーム＞タブの＜コピー＞をクリックします。

MEMO ショートカットキー

データを選択して Ctrl ＋ C キーを押しても、コピーできます。

❺ 同様の操作で、複数のデータをコピーしておきます。

❻ 貼り付け先をクリックします。

❼ 貼りつける内容をクリックすると、データが貼りつきます。

MEMO 切り取り

文字やデータを選択して＜ホーム＞タブの＜切り取り＞をクリック、また、Ctrl ＋ X キーを押しても、選択したデータがOfficeクリップボードに貼りつきます。

SECTION 041 コピー／貼り付け

コピーしたデータの貼り付け方法を指定する

文字やデータをコピーして貼り付けると、通常は、元の書式の情報を保ったまま文字やデータが貼りつきます。このとき、書式情報が不要な場合は、文字だけを貼りつけることも可能です。この方法を覚えておけば、不要な書式を削除する手間を省けます。

データの文字情報のみをコピーする

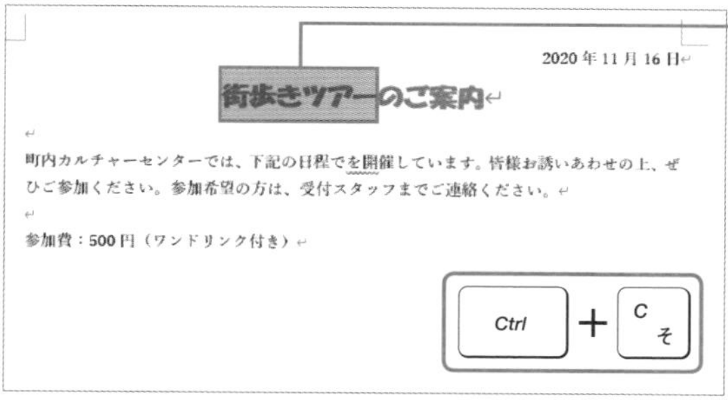

❶ コピーする文字を選択します。

❷ Ctrl ＋ C キーを押します。

MEMO ＜ホーム＞タブ

文字を選択後、＜ホーム＞タブの＜コピー＞をクリックしても、文字をコピーできます。

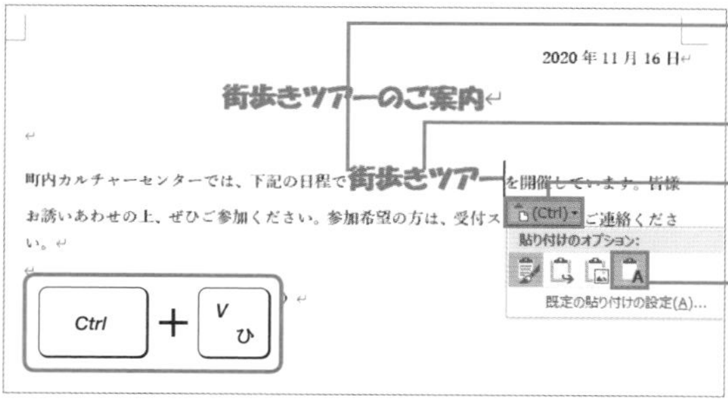

❸ 貼り付け先をクリックして、Ctrl ＋ V キーを押します。

❹ 文字が貼り付けられます。

❺ ＜貼り付けのオプション＞をクリックします。

❻ ＜テキストのみ保持＞をクリックします。

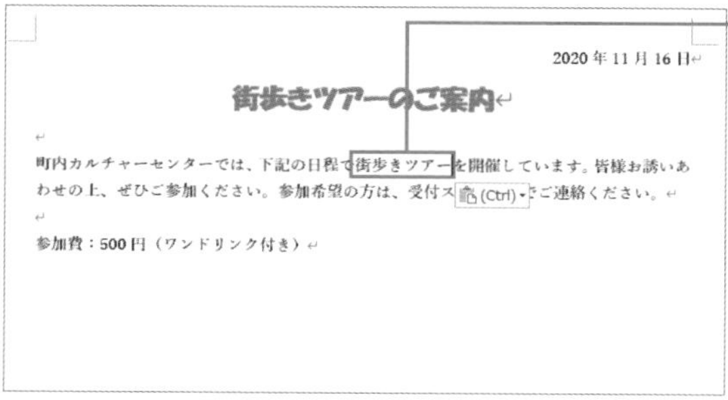

❼ 文字情報だけが貼りつきました。

▶ COLUMN

スペース や 変換 キー以外でも変換できる

ひらがなや漢字、カタカナ、英語が混在した日本語を入力するときは、カタカナや英語の単語は 変換 キーで変換できます。たとえば、「おれんじ」と入力して変換すると「オレンジ」や「Orange」に変換できます。

しかし、日本語入力モードがオンの状態でうっかり英単語を入力してしまったり、一般的にあまり知られていない外国の地名を入力したりした場合は、変換 キーではうまく変換できないことがあります。その場合は、次のキーを使って変換するとよいでしょう。半角や全角の英字、カタカナなどに瞬時に変換できます。

1 日本語入力モードがオンのままで TOKYO キーを押します。「ときょ」と表示されます。F10 キーを押します。

2 F10 キーを押すごとに「tokyo」「TOKYO」「Tokyo」の順に変換されます。

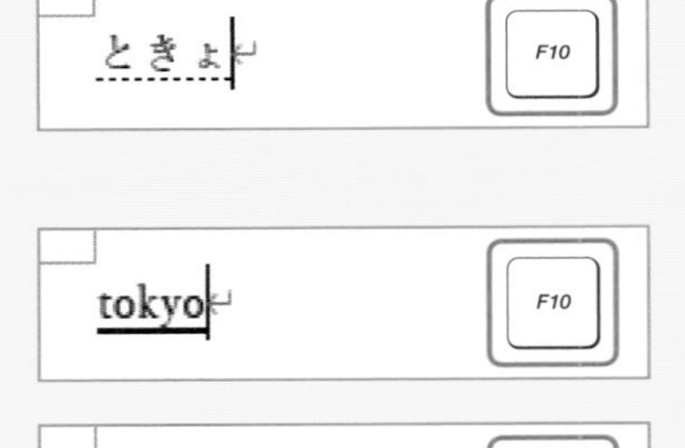

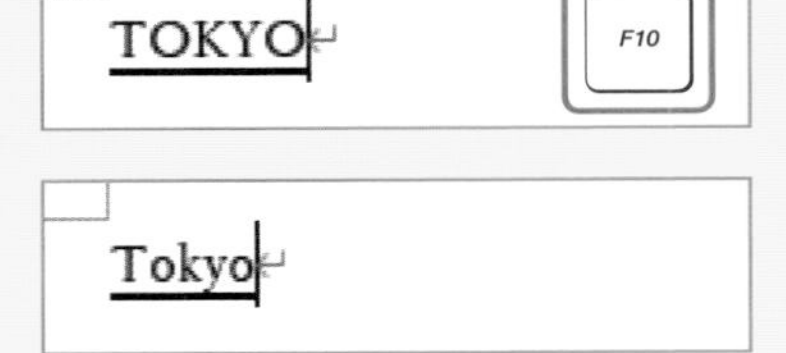

変換キー	変換される文字	変換される内容
F6 キー	ひらがな変換	「ときょ」「トきょ」「トキょ」の順に変換されます。
F7 キー	カタカナ変換	「トキョ」「トキょ」「トきょ」の順に変換されます。
F8 キー	半角カタカナ変換	「ﾄｷｮ」「ﾄｷょ」「ﾄきょ」の順に変換されます。
F9 キー	全角英字変換	「ｔｏｋｙｏ」「ＴＯＫＹＯ」「Ｔｏｋｙｏ」の順に変換されます。
F10 キー	半角英字変換	「tokyo」「TOKYO」「Tokyo」の順に変換されます。

第3章

見せたい部分を目立たせる!
書式設定即効テクニック

SECTION 042 文字設定

文字の大きさやフォントを変更する

タイトルや重要項目などを目立たせるには、文字の大きさやフォントを変更したり、文字に飾りを付けたりする方法があります。文字に飾りを付けるときは、対象の文字を選択してから文字の飾りの種類を指定します。

文字の大きさを変更する

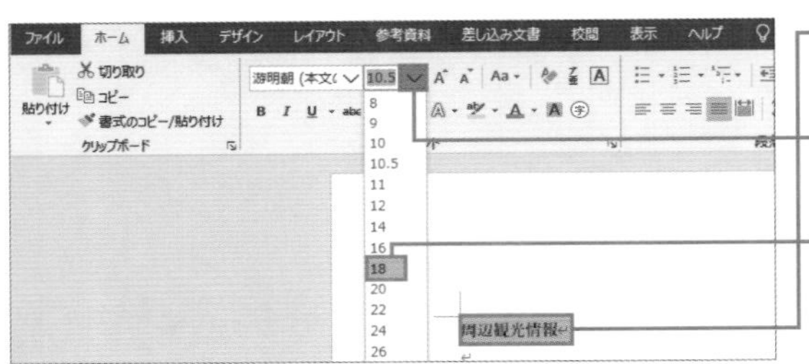

❶大きさを変更する文字を選択します。

❷＜ホーム＞タブの＜フォントサイズ＞のここをクリックします。

❸文字の大きさを選択します。

❹文字が大きくなります。

周辺観光情報

春

緑山では、毎年 GW くらいまでは、春スキーを楽しむことができます。スキー場に隣接

MEMO ショートカットキー

文字を選択して Ctrl ＋ Shift ＋ P キーや Ctrl ＋ Shift ＋ F キーを押すと＜フォント＞ダイアログボックスが開きます。＜フォント＞タブが選択されていると、それぞれ、文字サイズ、フォントサイズを変更できる状態で開きます。

MEMO フォントの変更

文字のフォントを変更するには、＜ホーム＞タブの＜フォント＞からフォントを選択します。

COLUMN

少しずつ変更する

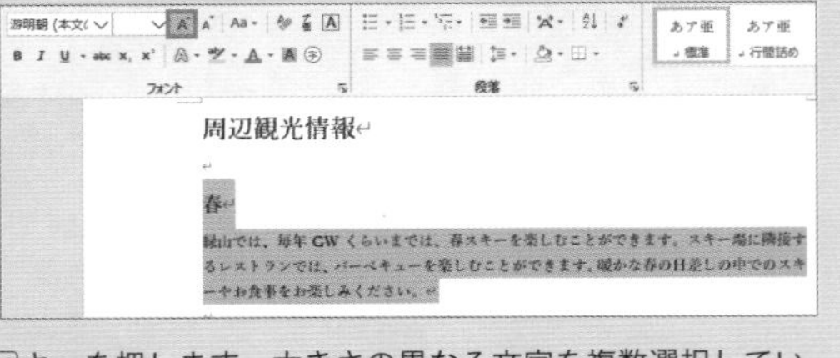

文字を少しずつ大きくするには、＜ホーム＞タブの＜フォントサイズの拡大＞をクリックするか Ctrl ＋ Shift ＋ > キーを押します。小さくするには、＜フォントサイズの縮小＞をクリックするか Ctrl ＋ Shift ＋ < キーを押します。大きさの異なる文字を複数選択している場合は、文字の大きさの違いを保ったまま文字の大きさが変わります。

行の高さを変えずに文字を大きく表示する

文字の大きさを変更すると、行の高さが調整されて文字が大きく表示されます。行の高さが変わることで文書全体の配置が崩れてしまう場合は、文字の幅を広くして大きく見せる方法を試してみましょう。この場合、行の高さは、変更されません。

文字の幅を1.5倍にする

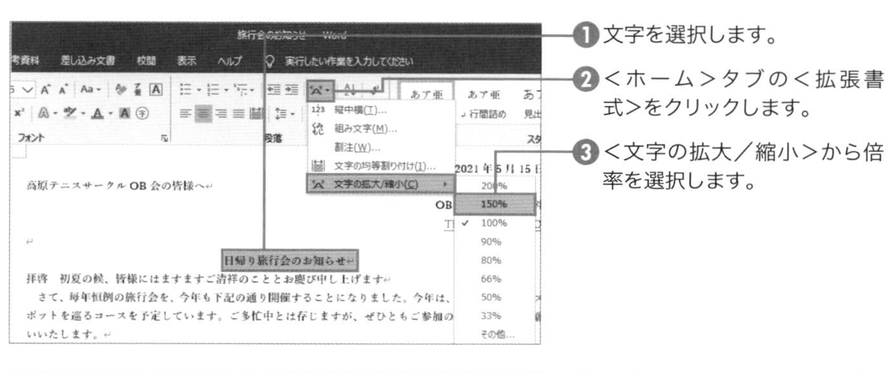

❶文字を選択します。

❷＜ホーム＞タブの＜拡張書式＞をクリックします。

❸＜文字の拡大／縮小＞から倍率を選択します。

❹文字の幅が広がって文字が大きく見えます。

COLUMN

文字の間隔や表示位置の上下を変える

文字と文字の間隔を大きくするには、手順❷の＜文字の拡大／縮小＞から＜その他＞をクリックします。＜文字間隔＞と＜間隔＞を指定します。文字の下の位置を上げたり下げたりするには、＜位置＞を選び＜間隔＞を指定します。

SECTION 044 文字設定

文字に太字などの基本的な飾りを付ける

文字に太字や下線などの基本的な飾りを付けます。よく使う飾りを設定するショートカットキーを覚えておくと便利です。Bold（ボールド）の「B」、Italic（イタリック）の「I」、Underline（アンダーライン）の「U」と覚えましょう。

太字や下線の飾りを付ける

CHALLENGE EVENT↵
新商品「ライフ」の販売を記念して、スポーツジム「SKY」と協賛の EV
EVENT に参加していただいた方には、「ライフ」割引券のプレゼン
↵
公式サイト：https://www.example.com↵

❶文字を選択します。

❷ Ctrl ＋ B キーを押します。

MEMO <ホーム>タブ

<ホーム>タブの<太字><斜体><下線>をクリックしても文字に飾りを付けられます。

CHALLENGE EVENT↵
新商品「ライフ」の販売を記念して、スポーツジム「SKY」と協賛の EV
EVENT に参加していただいた方には、**「ライフ」割引券**のプレゼン
↵
公式サイト：https://www.example.com↵

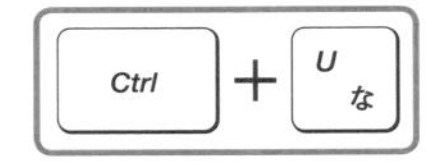

❸太字が設定されます。

❹ Ctrl ＋ U キーを押します。

CHALLENGE EVENT↵
新商品「ライフ」の販売を記念して、スポーツジム「SKY」と協賛の EV
EVENT に参加していただいた方には、**「ライフ」割引券**のプレゼン
↵
公式サイト：https://www.example.com↵

❺下線が付きます。

MEMO ショートカットキー

太字の飾りを付けるには Ctrl ＋ B キー、斜体にするには Ctrl ＋ I キー、下線を付けるには Ctrl ＋ U キーを押します。

SECTION 045 文字設定

文字の色を一覧以外から選ぶ

文字の色は、一覧から選択できます。テーマの配色から選ぶには、<テーマの色>欄にある色を選びます。<テーマの色>欄の色を選んだ場合、テーマを変更すると文字の色も変わります。テーマを変えても文字の色を変えたくない場合は、<標準の色>欄の色を選びます。

テーマの色の一覧から色を選ぶ

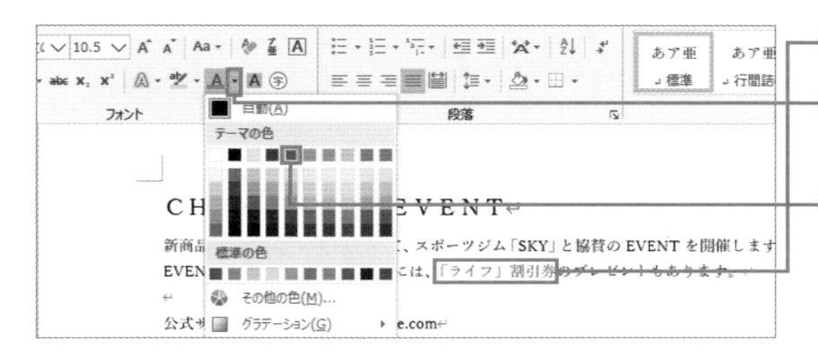

❶ 文字を選択します。

❷ <文字の色>の<▼>をクリックします。

❸「テーマの色」から色を選びます。

CHALLENGE EVENT
新商品「ライフ」の販売を記念して、スポーツジム「SKY」と協賛のEV
EVENTに参加していただいた方には、「ライフ」割引券のプレゼン

❹ 文字の色が変わります。

MEMO　標準の色

文字の色をテーマの配色とは関係ない色にするには、<標準>欄の色や<その他の色>から色を選びます。

MEMO　同じ色の設定

文字の色を変更すると、<ホーム>タブの<文字の色>のボタンの下の色が変わります。次に文字の色を設定するとき、同じ色を設定するときは、<文字の色>ボタンをクリックするだけで同じ色がつきます。

COLUMN

グラデーション

タイトルなどの大きな文字に色を付けるとき、徐々に文字の色を濃くしたり薄くしたりするには、文字の色を変更した後に、さらに手順❷の次に<グラデーション>を選びます。続いて、グラデーションの種類を選びます。

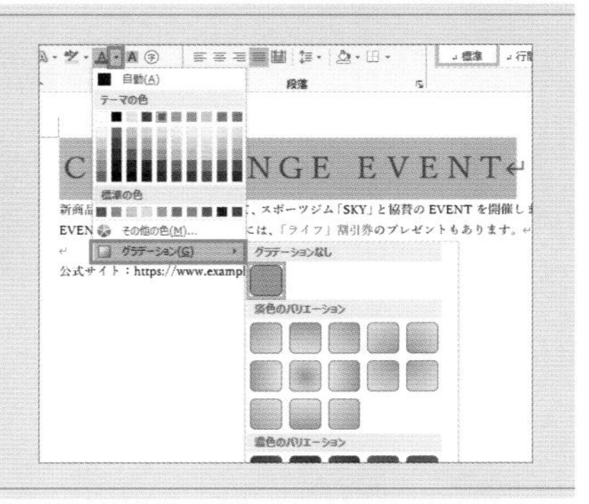

SECTION 046 文字設定

下線の種類や色を表示する

文字を強調するときに下線を付けるとき、線の種類を二重線や波線にすることもできます。なお、文字の色を変えると、下線の色も文字と同じ色に自動的に変わります。文字と下線を別々の色にするには、下線の色を指定します。

文字に二重下線を表示する

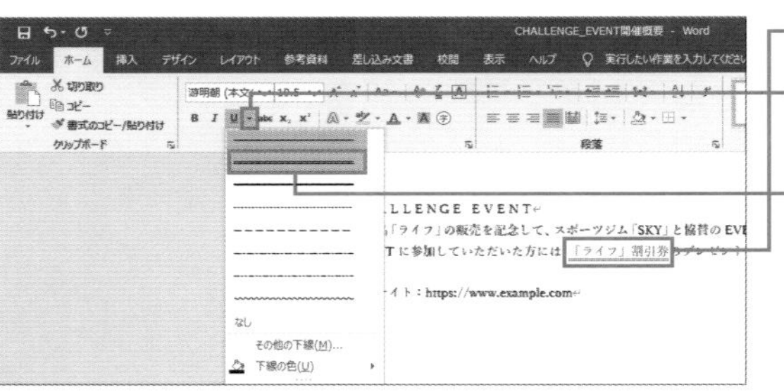

❶文字を選択します。

❷＜ホーム＞タブの＜下線＞の＜▼＞をクリックします。

❸下線の種類を選びます。

❹下線の種類が変わります。

❺＜ホーム＞タブの＜下線＞の＜▼＞をクリックします。

❻下線の色を選びます。

❼下線の色が変わります。

MEMO その他の下線

下線の種類をさらに多くの中から選ぶには、手順❷で<その他の下線>をクリックします。表示される画面の<下線>から下線の種類を選びます。

MEMO 文字と同じ色

下線の色を文字と同じ色にするには、下線の色の一覧から<自動>を選択しておきます。

SECTION 047 文字設定

文字に傍点を付ける

文字を強調するのに、文字の上に点を付ける傍点を表示します。傍点を付けると、指定した文字の上にそれぞれ「.」や「､」の点が付きます。スペースキーなどで入力した空白に点は表示されません。また、文字の色を変更すると、傍点の色も同じ色に変わります。

選択した文字に傍点を付ける

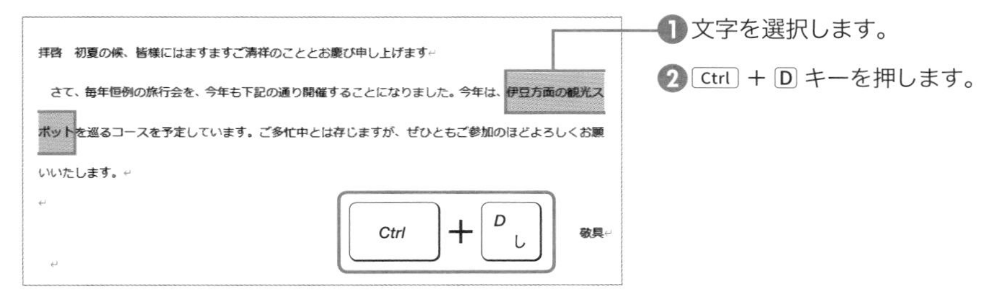
拝啓　初夏の候、皆様にはますますご清祥のこととお慶び申し上げます
　さて、毎年恒例の旅行会を、今年も下記の通り開催することになりました。今年は、伊豆方面の観光スポットを巡るコースを予定しています。ご多忙中とは存じますが、ぜひともご参加のほどよろしくお願いいたします。
敬具

❶文字を選択します。

❷Ctrl＋Dキーを押します。

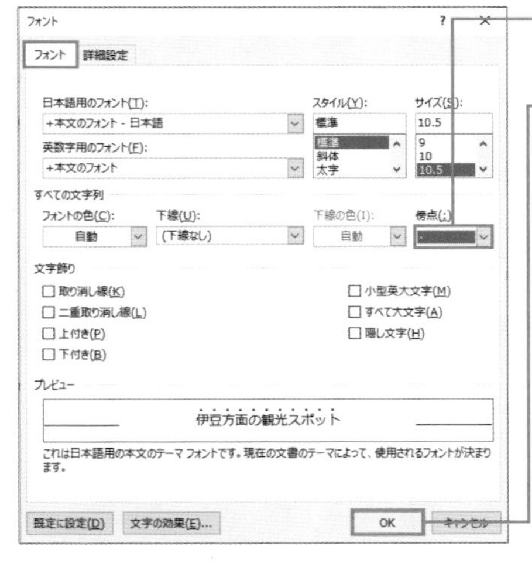

❸＜傍点＞から傍点の種類を選びます。

❹＜ OK ＞をクリックします。

MEMO　＜ホーム＞タブ

＜ホーム＞タブの＜フォント＞グループの＜ダイアログボックス起動ツール＞をクリックしても、＜フォント＞ダイアログボックスを起動できます。

拝啓　初夏の候、皆様にはますますご清祥のこととお慶び申し上げます
　さて、毎年恒例の旅行会を、今年も下記の通り開催することになりました。今年は、伊豆方面の観光スポットを巡るコースを予定しています。ご多忙中とは存じますが、ぜひともご参加のほどよろしくお願いいたします。

❺傍点が表示されます。

SECTION 048

文字設定

文字に取り消し線を引く

修正した文字の上に取り消し線を引くと、修正箇所が強調されてわかりやすくなります。取り消し線は、一重線や二重線の線を引けます。文字の色を赤字にした場合などは、取り消し線の色も文字と同じ赤に変わります。

選択した文字に取り消し線を引く

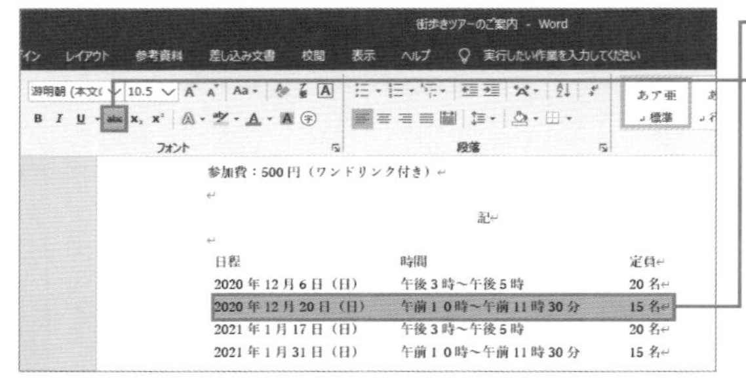

❶文字を選択します。

❷＜ホーム＞タブの＜取り消し線＞をクリックします。

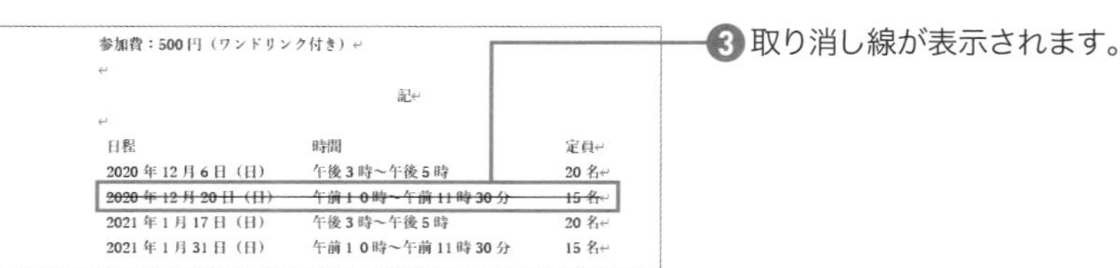

❸取り消し線が表示されます。

COLUMN

二重線にする

取り消し線を二重線にするには、文字を選択してCtrl＋Dを押すか、＜ホーム＞タブの＜フォント＞グループの＜ダイアログボックス起動ツール＞をクリックします。表示される画面で＜二重取り消し線＞にチェックを付けます。

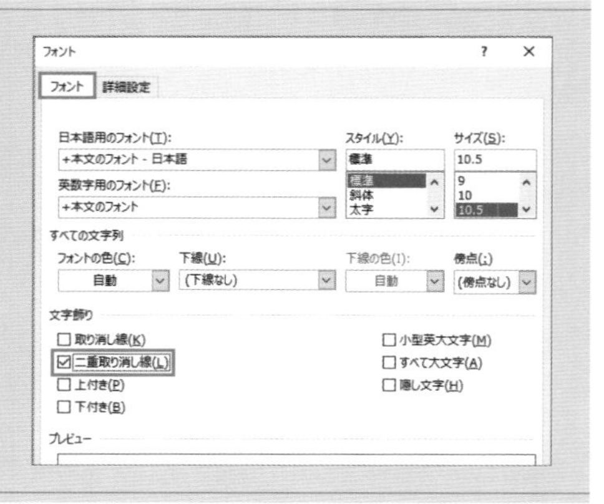

SECTION 049 文字設定

上付き／下付き文字を表示する

H_2OやCO_2の化学式や、3^2の数式などを入力するときは、上付き文字や下付き文字を指定して配置を整えます。実際の文字の大きさは変わりません。上付き文字や下付き文字を含む文字列の大きさを変えると、大きさの違いを保ったまま文字の大きさが変わります。

下付き文字を設定する

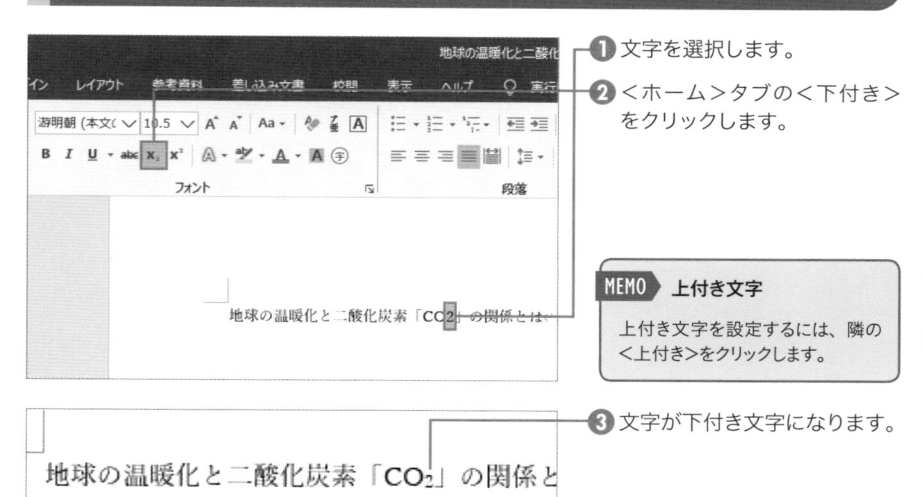

❶文字を選択します。

❷＜ホーム＞タブの＜下付き＞をクリックします。

❸文字が下付き文字になります。

MEMO 上付き文字

上付き文字を設定するには、隣の＜上付き＞をクリックします。

第1章 第2章 文字設定 第3章 第4章 第5章

COLUMN

数式や脚注の入力

数式を入力するとき、単純なべき乗の計算式などは、上付き文字や下付き文字を指定して表示できますが、分数やルートの計算、さまざまな方程式など、より複雑な計算式を表示するには、数式ツールを使って入力する方法があります（P.049参照）。また、文中に「1」や「※」などの印を表示して脚注を入れるときは、上付き文字や下付き文字を指定するのではなく、脚注を挿入する機能を使うとよいでしょう（P.157参照）。脚注の記号と内容を連動させて効率よく管理できます。

SECTION 050 文字設定

文字にふりがなを振る

漢字の読み方がわかるようにふりがなを表示するには、対象の文字列を選択してふりがなの設定をします。ふりがなの内容や配置方法、文字の大きさなどを指定します。ふりがなを設定すると、漢字の読み仮名を表示しなさいという命令文が指定されます。

漢字によみがなを表示する

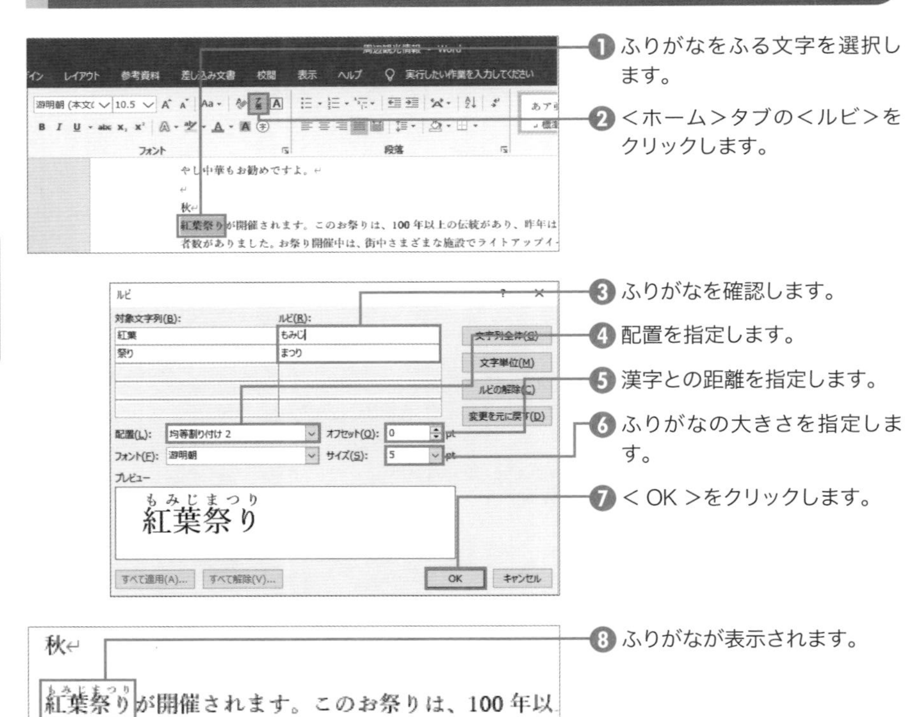

MEMO 文字の配置

単語にふりがなを振るときは、対象の文字列の幅を基準にふりがなが表示されます。文字ごとにふりがなを振るには、<ルビ>ダイアログボックスの<文字単位>をクリックします。また、<配置>欄でふりがなの配置を指定できます。<ルビ>ダイアログボックスの<プレビュー>欄で配置イメージを確認しながら指定します。

MEMO ふりがなの解除

ふりがなを解除するには、ふりがなが設定されている文字を選択して、手順❷の方法で設定画面を表示して<ルビの解除>をクリックします。

SECTION 051 文字設定

同じ単語にふりがなをまとめて振る

読み方が分かりづらい単語や人名などに同じふりがなを表示するときは、ひとつひとつふりがなを設定する必要はありません。同じ単語にまとめてふりがなを振る機能を使いましょう。ふりがなを振る単語をひとつひとつ確認しながら設定することもできます。

同じ漢字に同じふりがなを振る

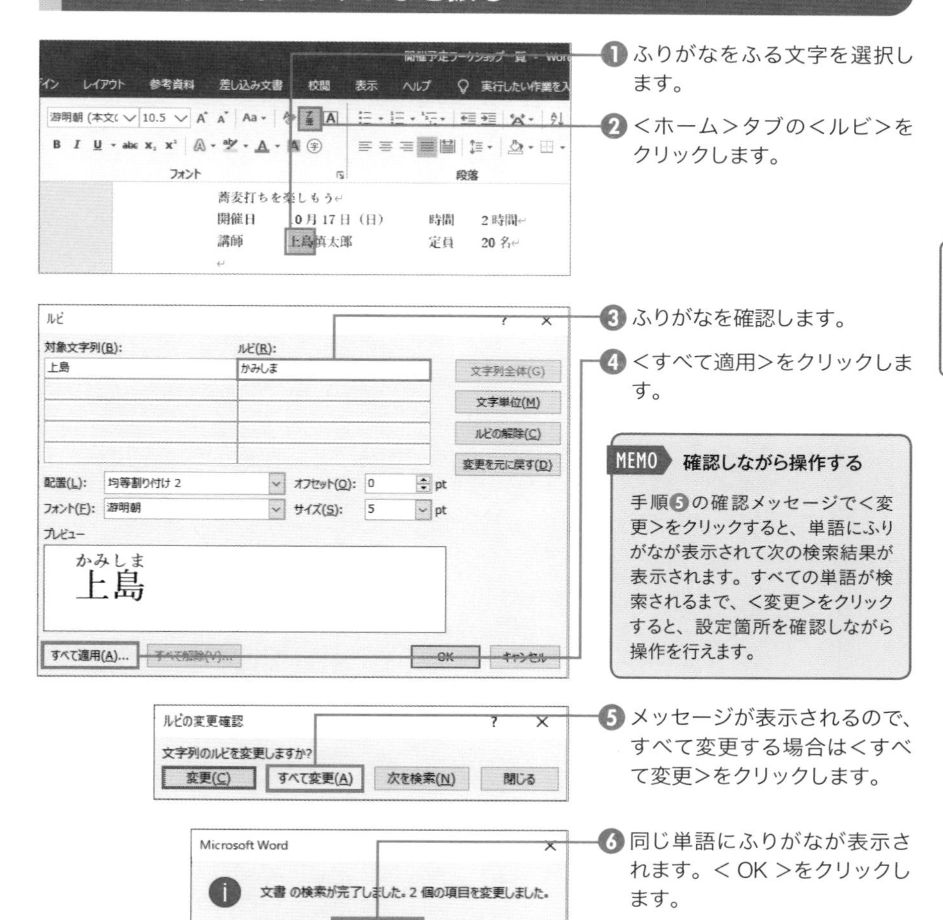

❶ ふりがなをふる文字を選択します。

❷ <ホーム>タブの<ルビ>をクリックします。

❸ ふりがなを確認します。

❹ <すべて適用>をクリックします。

❺ メッセージが表示されるので、すべて変更する場合は<すべて変更>をクリックします。

❻ 同じ単語にふりがなが表示されます。< OK >をクリックします。

MEMO　確認しながら操作する

手順❺の確認メッセージで<変更>をクリックすると、単語にふりがなが表示されて次の検索結果が表示されます。すべての単語が検索されるまで、<変更>をクリックすると、設定箇所を確認しながら操作を行えます。

SECTION 052 文字設定

㊞や㊟のように文字を○や□で囲む

文字を○や□などで囲って強調するには、囲い文字を設定する方法があります。なお、㊞や㊟、①②③などは、囲い文字ではなく、「ちゅう」や「いん」「1」などの文字を変換して記号として入力できます。記号として入力できる場合は、その方が手軽に扱えます。

選択した文字を○で囲む

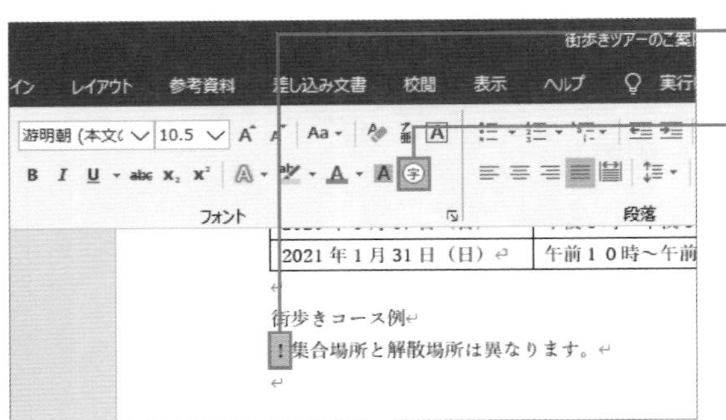

❶囲い文字を設定する文字を選択します。

❷＜ホーム＞タブの＜囲い文字＞をクリックします。

MEMO 文字を挿入する

囲い文字を挿入するには、挿入位置をクリックして選択し、手順❸の次に文字を選択します。

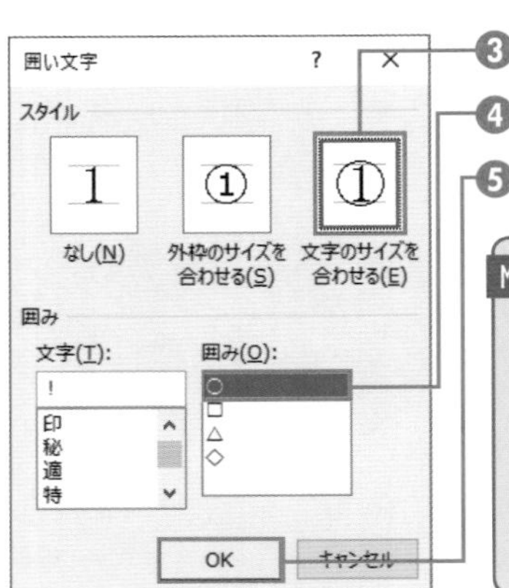

❸スタイルを選択します。

❹囲み記号を選択します。

❺＜OK＞をクリックします。

MEMO スタイル

囲い文字のスタイルを設定するとき、＜文字のサイズを合わせる＞をクリックすると、囲い文字が若干大きくなります。この場合、文字の大きさを後から変更すると、文字と記号のバランスが崩れてしまうことがあるので注意します。

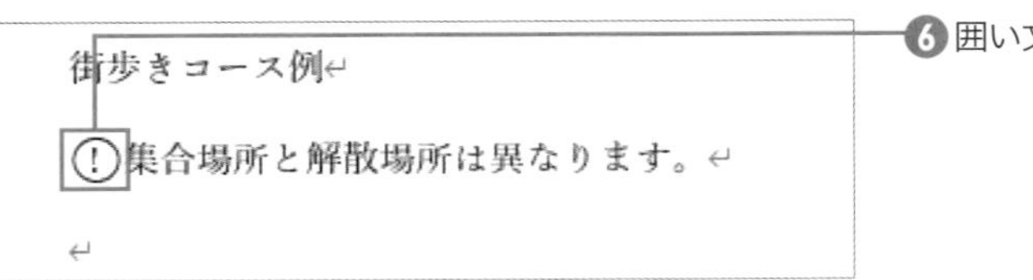

❻囲い文字が表示されます。

SECTION 053 文字設定

㍿、㌖のように1文字で複数文字を表示する

最大6文字までの文字を1文字分の大きさで表示するには、組み文字にする方法があります。なお、㍿の文字や㌖などの単位は、「かぶしき」や「キロメートル」の文字を変換して記号として入力できます。記号として入力できる場合は、その方が手軽に扱えます。

選択した文字を1文字分で表示する

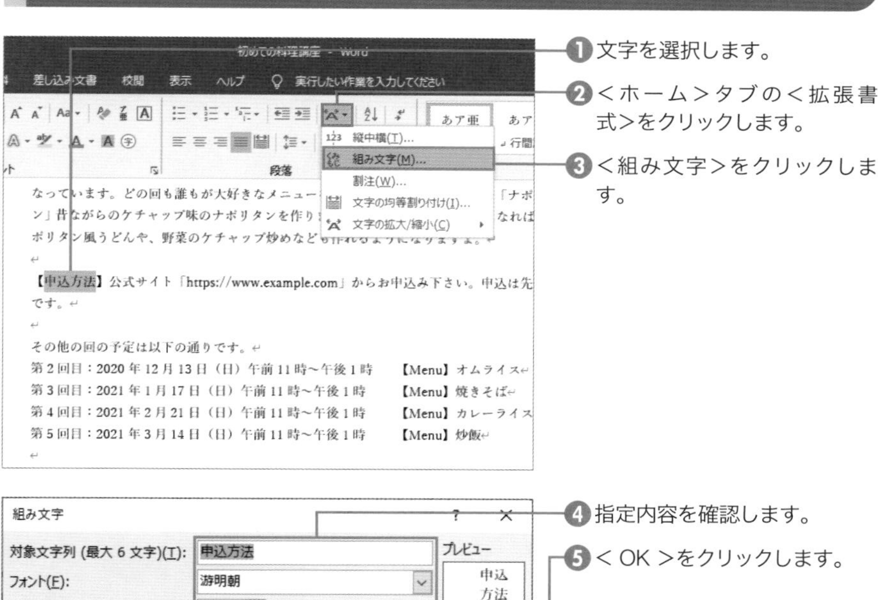

❶文字を選択します。

❷＜ホーム＞タブの＜拡張書式＞をクリックします。

❸＜組み文字＞をクリックします。

❹指定内容を確認します。

❺＜ OK ＞をクリックします。

❻文字が1文字で表示されます。

ポリタン風うどんや、野菜のケチャップ炒め

【申込方法】公式サイト「https://www.example.cc

その他の回の予定は以下の通りです。

MEMO 組み文字の解除

組み文字を解除するには、組み文字を選択して手順❸の方法で＜組み文字＞ダイアログボックスを表示し、＜解除＞をクリックします。

SECTION 054 文字設定

1行に2行分の説明を割注で表示する

短い補足説明などを入力するとき、割注を指定すると、1行に2行分の文字を入力できます。1行で長い文字列を表示するよりも、体裁よく文字を収められる場合があります。割注を指定するときは、文字列を括弧で囲むかどうか選択できます。

1行分に2行分の文字を表示する

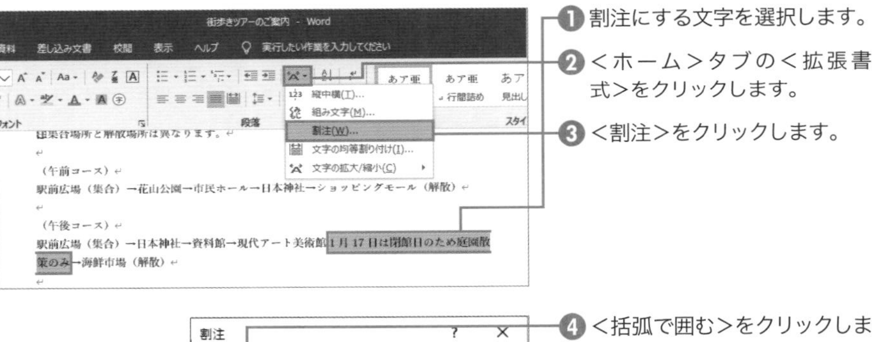

❶割注にする文字を選択します。

❷＜ホーム＞タブの＜拡張書式＞をクリックします。

❸＜割注＞をクリックします。

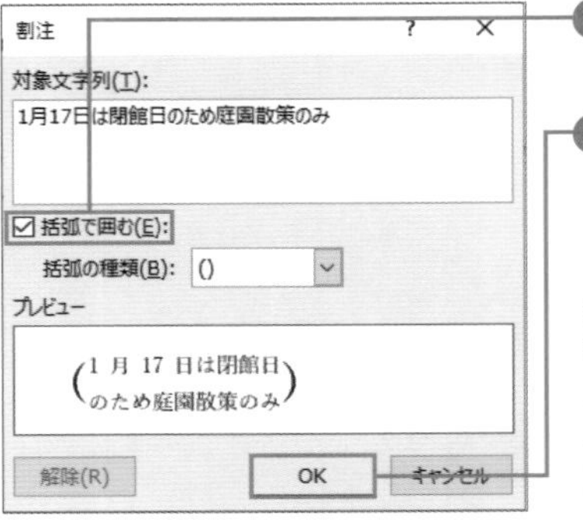

❹＜括弧で囲む＞をクリックします。

❺＜ OK ＞をクリックします。

MEMO 割注の解除

割注を解除するには、割注の文字を選択して手順❸の次に表示される画面で＜解除＞をクリックします。

→市民ホール→日本神社→ショッピングモール（解散）

→資料館→現代アート美術館(1月17日は閉館日のため庭園散策のみ)→海鮮市場（解散）

以上

❻割注の文字が表示されます。

SECTION 055 文字設定

文字の輪郭に色を付ける

タイトルなどの大きな文字を派手に目立たせる方法は複数あります。ここでは、文字のフチの色を変更する方法を紹介します。フチの色以外にも、フチの枠線の太さや線の種類を選べます。文字の効果から設定します。

文字に縁取りの飾りを付ける

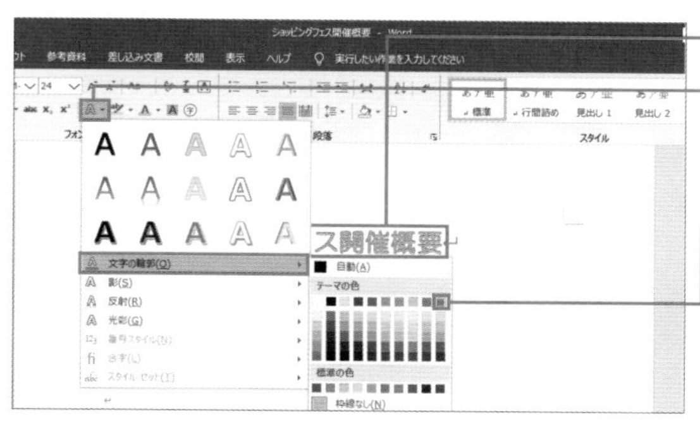

❶ 文字を選択します。

❷ <ホーム>タブの<文字の効果>をクリックします。

❸ <文字の輪郭>からフチの色を選びます。

MEMO　フチの色を消す

文字のフチの色を消すには、色の一覧から<枠線なし>を選びます。

ショッピングフェス開催概要

日時

❹ 文字の輪郭に色が付きました。

COLUMN

太さや線の種類を変更する

文字のフチの太さを変更するには、手順❷で<太さ>から選択します。線の種類は、<実線/点線>から選択します。

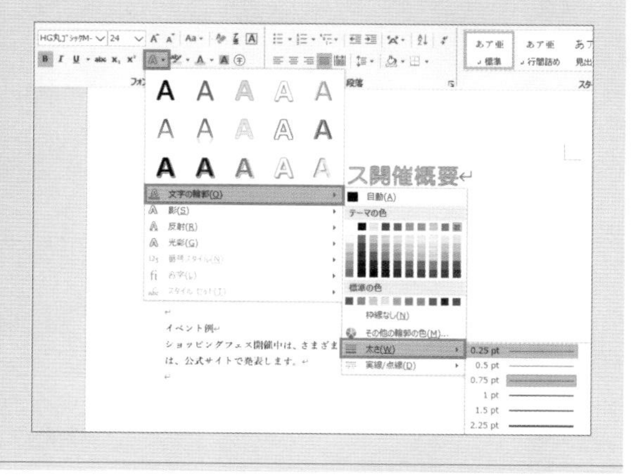

SECTION
056
文字設定

文字に影や光彩を付ける

文字に影を付けたり、文字を輝かせるような色を表示したりするには、文字の効果から飾りを指定します。これらの飾りは組み合わせて指定することもできます。タイトルなどの文字をかんたんに目立たせたいときに利用すると便利です。

光彩の飾りで文字の周囲に色を表示する

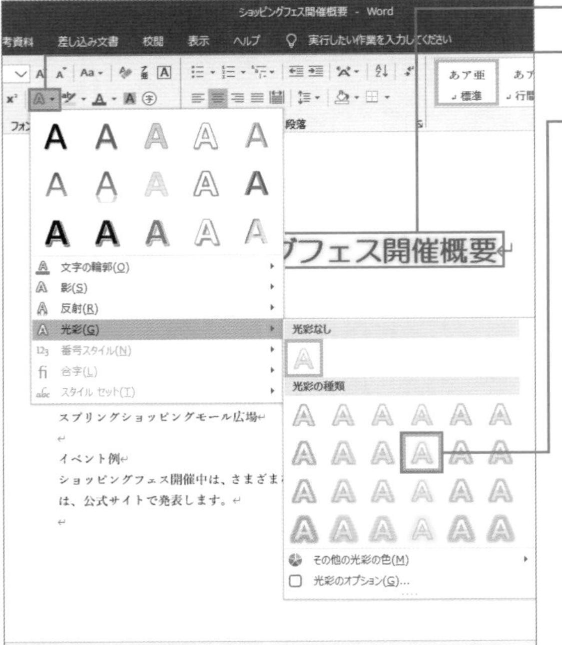

❶ 文字を選択します。

❷ ＜ホーム＞タブの＜文字の効果＞をクリックします。

❸ ＜光彩＞から光彩の種類を選びます。

MEMO 反射

文字に反射の効果を設定するには、手順❸で＜反射＞を選択して反射の種類を選びます。

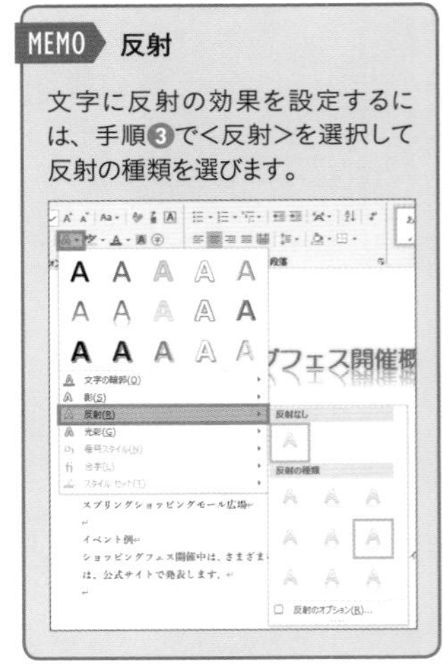

ショッピングフェス開催概要
2月20（土）～2021年2月26日（金）
～16：00

❹ 文字に光彩の飾りがつきました。

SECTION 057 文字設定

文字の背景に色を付ける

文字の背景に色を付けて目立たせる方法は、複数あります。単純にグレーの網掛けを設定する場合は、<ホーム>タブの<網掛け>で指定できます。指定した色を設定するには、塗りつぶしの機能を使って文字の背景の色を選択します。

文字の背景部分に色をつける

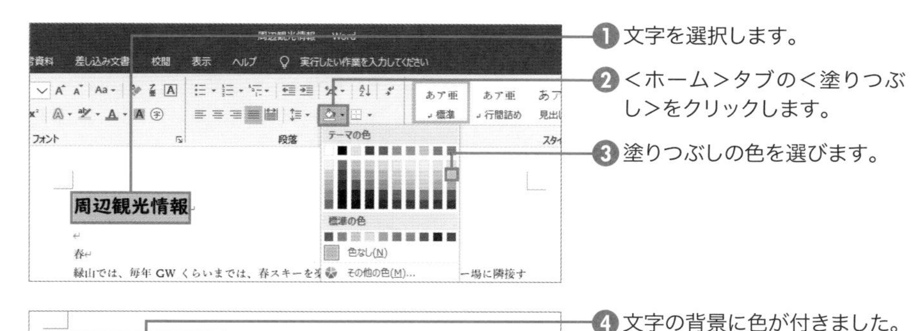

❶文字を選択します。

❷<ホーム>タブの<塗りつぶし>をクリックします。

❸塗りつぶしの色を選びます。

周辺観光情報
春

❹文字の背景に色が付きました。

MEMO 行全体に色を付ける

行全体に塗りつぶしの色を付けるには、<線種とページ罫線と網掛けの設定>ダイアログボックスで指定する方法があります(P.086参照)。

MEMO 網掛けの飾り

<ホーム>タブの<網掛け>をクリックすると、選択している文字にグレーの網掛けをかんたんに設定できます。

COLUMN

蛍光ペンで色を付ける

文字の背景に色を付けるには、蛍光ペンを使う方法もあります。蛍光ペンのついた箇所は、検索機能で順に確認したり、蛍光ペンを印刷するか指定したりできます。文書の見出しを目立たせるなど文書全体の見た目を整える場合は塗りつぶしの色、文書内の気になる箇所に印を付ける場合は蛍光ペンを指定するといった使い分けができます。蛍光ペンについては、P.262で紹介しています。

周辺観光情報
春
縁山では、毎年 GW くらいまでは、春スキーを楽しむことができます。スキー場に隣接するレストランでは、バーベキューを楽しむことができます。暖かな春の日差しの中でのスキーやお食事をお楽しみください。

SECTION 058 文字設定

文字や文書を枠線で囲む

文字や段落に枠線を付けて飾るには、＜線種とページ罫線と網掛けの設定＞ダイアログボックスで指定します。設定の対象を文字にするか段落にするか確認して操作します。また、ページ全体を枠線で囲む方法は、P.147を参照してください。

選択した文字の周囲を線で囲む

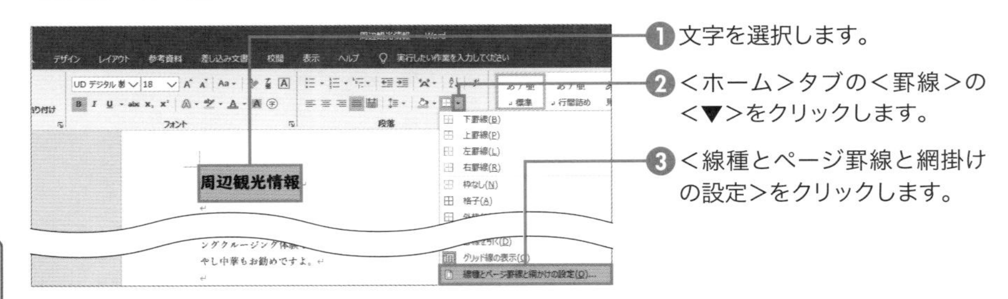

❶文字を選択します。

❷＜ホーム＞タブの＜罫線＞の＜▼＞をクリックします。

❸＜線種とページ罫線と網掛けの設定＞をクリックします。

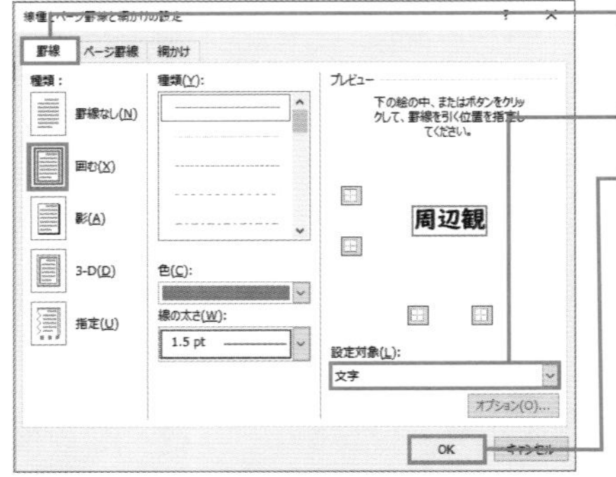

❹＜罫線＞タブで線の位置や種類、色や太さを選択します。

❺＜設定対象＞を確認します。

❻＜ OK ＞をクリックすると、文字に枠線が表示されます。

MEMO 網掛けの飾り

＜ホーム＞タブの＜囲み線＞をクリックすると、選択している文字を囲む線をかんたんに設定できます。

MEMO 行や段落全体に枠線や色を付ける

行や段落全体に枠線を付けるには、＜線種とページ罫線と網掛けの設定＞ダイアログボックスで右下の＜設定対象＞を＜段落＞にして設定を行います。また、行や段落全体に塗りつぶしの色を付けるには、行や段落を選択して＜線種とページ罫線と網掛けの設定＞ダイアログボックスを表示して＜網掛け＞タブをクリックします。右下の設定対象を＜段落＞にして、＜背景の色＞や＜網掛け＞の種類や色を指定します。

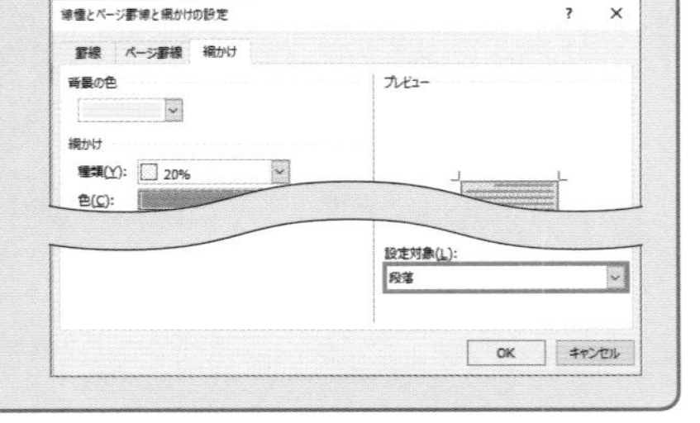

SECTION 059 文字設定

用意されたスタイルから書式を設定する

文字や段落に設定する飾りの組み合わせは、スタイルとして管理されています。スタイルには、さまざまな種類があります。ここでは、あらかじめ登録されているスタイルから文字に書式を設定する方法を紹介します。

組み込みのスタイルを適用する

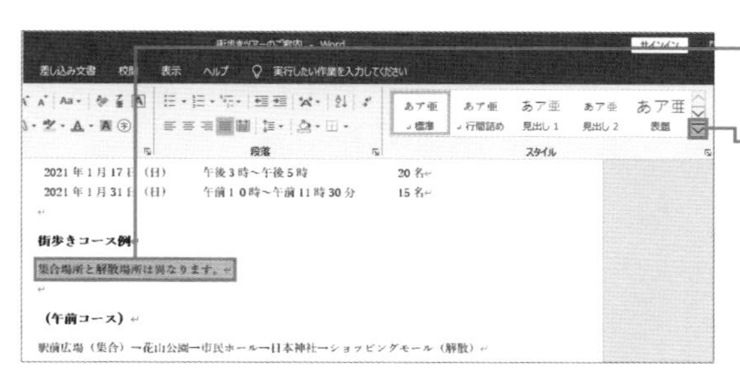

❶スタイルを適用する文字を選択します。

❷＜ホーム＞タブの＜スタイル＞の＜その他＞をクリックします。

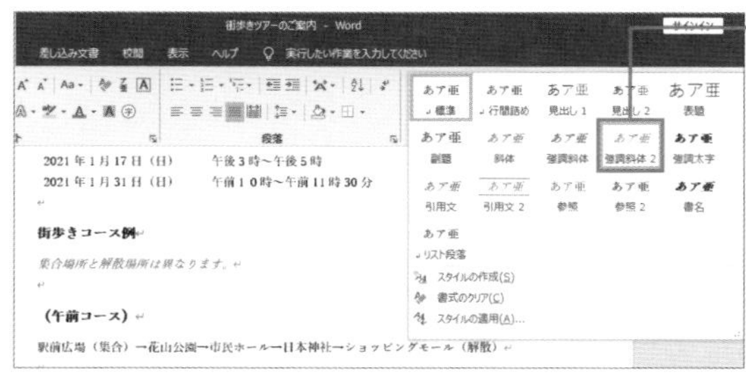

❸スタイルを選択します。

2021 年 1 月 17 日（日）　午後 3 時～午後 5 時
2021 年 1 月 31 日（日）　午前 1 0 時～午前 11 時 30 分

街歩きコース例

集合場所と解散場所は異なります。

（午前コース）

駅前広場（集合）→花山公園→市民ホール→日本神社→ショッ

❹指定したスタイルの書式が設定されます。

MEMO　見出しスタイル

見出しのスタイルは、長文を作成するときに利用すると便利なスタイルです（P.150参照）。

第1章　第2章　文字設定 第3章　第4章　第5章

SECTION 060

文字設定

新しいスタイルを登録する

文字や段落に指定した書式を登録して使いまわせるようにするには、書式をスタイルに登録して利用する方法があります。ここでは、文字に設定した文字飾りの組み合わせを「ポイント」という名前を付けてスタイルに登録します。

独自のスタイルを作成する

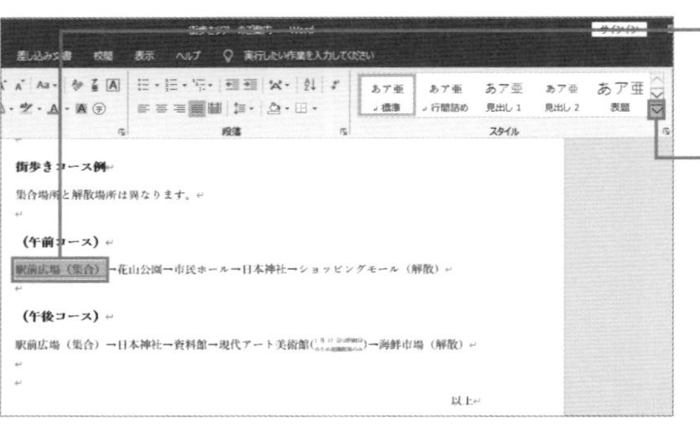

❶スタイルに登録する書式が設定されている文字を選択します。

❷<ホーム>タブの<スタイル>の<その他>をクリックします。

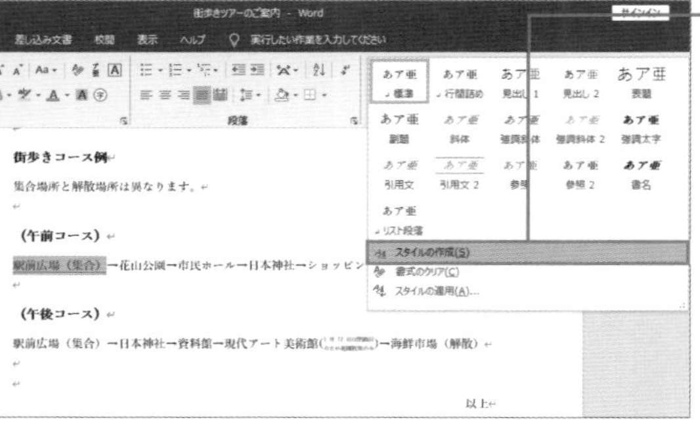

❸<スタイルの作成>をクリックします。

MEMO スタイルを変更する

スタイルに登録した書式を変更する方法は、P.151で紹介しています。

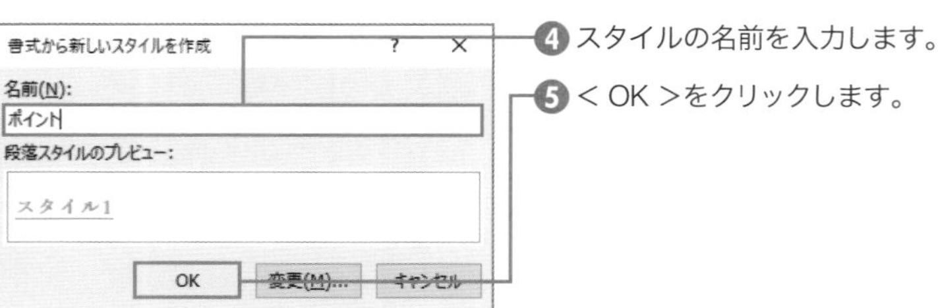

❹スタイルの名前を入力します。

❺< OK >をクリックします。

登録したスタイルを適用する

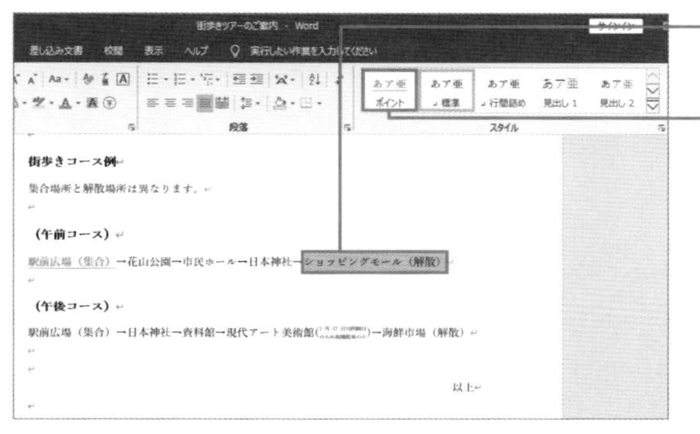

❶登録したスタイルを適用する文字を選択します。

❷＜ホーム＞タブの＜スタイル＞から適用するスタイルをクリックします。

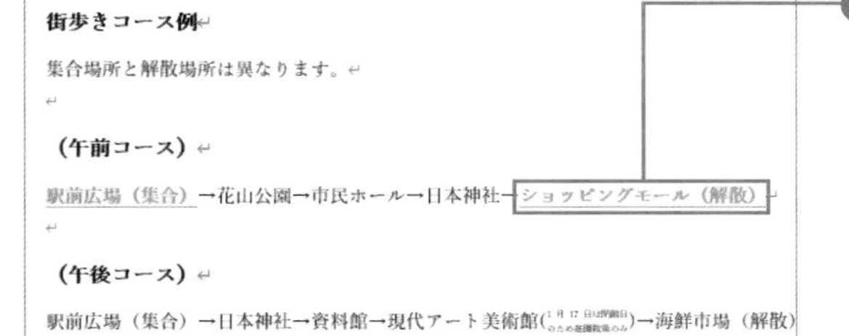

❸文字にスタイルが適用されます。

MEMO **スタイルの詳細を指定する**

スタイルには、いくつかの種類があります。たとえば、文字単位に指定する文字書式を登録する文字スタイル、段落単位に指定する段落書式と文字書式を登録できる段落スタイル、段落書式と文字書式を登録できるリンク（段落と文字）などがあります。特に指定しない場合は、＜リンク（段落と文字）＞が指定されます。＜リンク（段落と文字）＞の場合、文字を選択してスタイルを設定すると文字の書式、段落を選択してスタイルを適用すると段落の書式が適用される柔軟なスタイルとして機能します。スタイルの種類などを細かく指定するには、スタイルを作成する画面で＜変更＞をクリックすると表示される画面で指定します。

第1章
第2章
文字設定 第3章
第4章
第5章

SECTION
061
文字設定

文字は残して書式だけをクリアする

文字に設定した複数の飾りなどの書式を削除するとき、ひとつずつ飾りを解除する必要はありません。複数の飾りの組み合わせをまとめて削除できます。書式を解除すると、＜標準＞スタイルが適用された状態の文字に戻ります。

書式をクリアして元の文字の状態に戻す

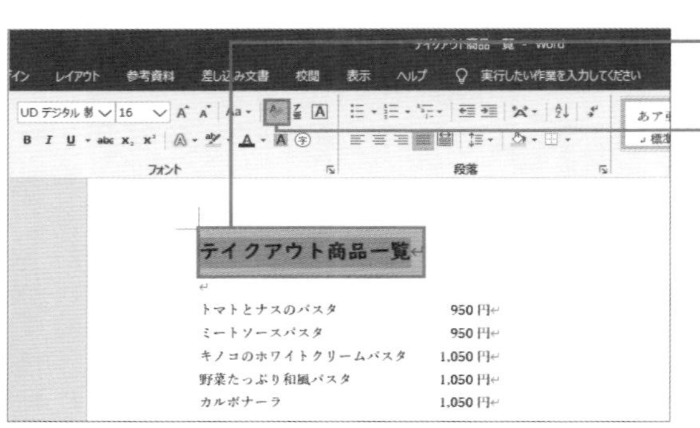

❶書式を削除する文字を選択します。

❷＜ホーム＞タブの＜すべての書式をクリア＞をクリックします。

テイクアウト商品一覧
トマトとナスのパスタ 950円
ミートソースパスタ 950円
キノコのホワイトクリームパスタ 1,050円
野菜たっぷり和風パスタ 1,050円
カルボナーラ 1,050円

❸文字の書式が解除されます。

COLUMN

文字書式や段落書式だけを解除する

選択している文字列に文字書式と段落書式の両方を設定しているとき、文字書式、また段落書式のみ解除するには、次のショートカットキーを使うと便利です。たとえば、段落の配置などはそのままにして文字の飾りのみ解除したりできます。

ショートカットキー	内容
Ctrl ＋ Space	選択している文字の文字書式を解除します。
Ctrl ＋ Q キー	選択している段落の段落書式を解除します。
Ctrl ＋ Shift ＋ N キー	文字に＜標準＞スタイルを適用して元の状態に戻します。

SECTION 062 文字設定

文字は残して書式のみをコピーする

文字の内容は変えずに、文字の書式や段落の配置などの書式情報のみをコピーするには、書式のコピー機能を使います。書式のコピーを連続して行う場合は、書式のコピーのモードを継続するワザを使って効率よく作業を進めましょう。

書式情報だけを他の文字にコピーする

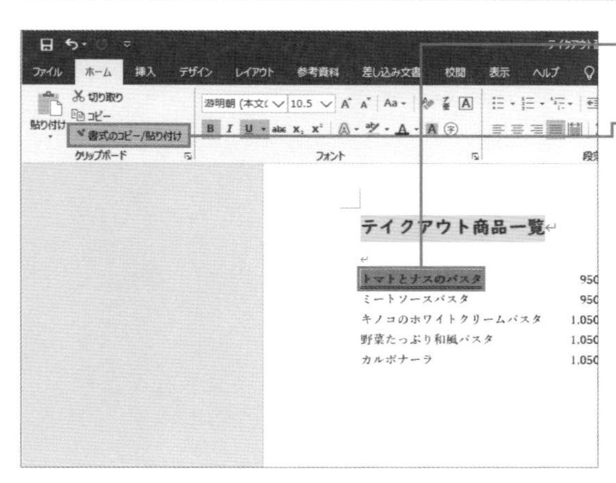

❶ コピーしたい書式が設定されている文字を選択します。

❷ ＜ホーム＞タブの＜書式のコピー / 貼り付け＞をダブルクリックします。

MEMO 1か所にだけコピーする

書式をコピーする箇所が1か所の場合は、＜書式のコピー / 貼り付け＞をクリックしてコピー先を選択します。書式コピーが終わると、書式をコピーするモードが自動的に解除されます。

❸ マウスポインターの形が変わり、書式をコピーするモードになります。書式をコピーしたい箇所をドラッグします。

❹ 続いて次のコピー先をドラッグします。

❺ 書式コピーの操作を終了するには、Esc キーを押します。マウスポインターの形が元に戻ります。

SECTION 063 ワードアート

ワードアートを追加する

チラシや広告などの文書を作るとき、派手な文字を文書内に散りばめて表示するには、ワードアートを利用すると便利です。文字にさまざまな飾りを設定する手順を省き、目立つ文字をかんたんに表示できます。ドラッグ操作で配置を整えられます。

ワードアートで派手な文字を追加する

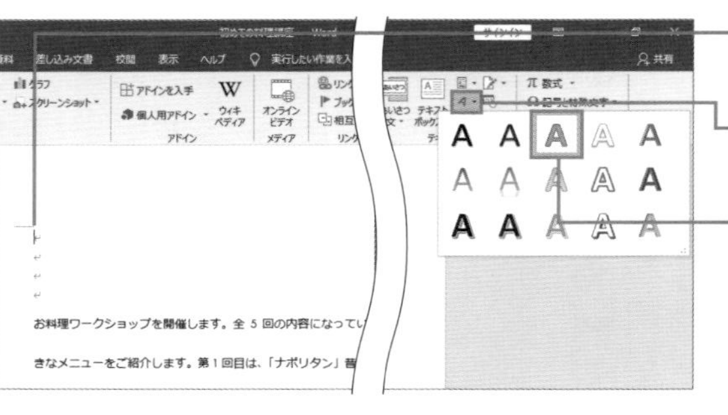

❶ワードアートを追加する場所をクリックします。

❷＜挿入＞タブの＜ワードアートの挿入＞をクリックします。

❸文字のデザインを選択します。

初めてのクッキング
お料理ワークショップを開催します。全 5 回の内容になっています。どの回も誰もが大
きなメニューをご紹介します。第 1 回目は、「ナポリタン」昔ながらのケチャップ味のナ
リタンを作りましょう。これが作れるようになれば、ナポリタン風うどんや、野菜のケチ
ップ炒めなども作れるようになりますよ。

❹表示する文字を入力すると、ワードアートが追加されます。

MEMO ワードアートの移動

ワードアートの外枠をドラッグすると、ワードアートを移動できます。うまく配置できない場合は、レイアウトオプションの設定が必要です(P.183参照)。

COLUMN

既存の文字をワードアートにする

入力済みの文字をワードアートにするには、対象の文字を選択して＜挿入＞タブの＜ワードアートの追加＞をクリックして文字のデザインを選択します。

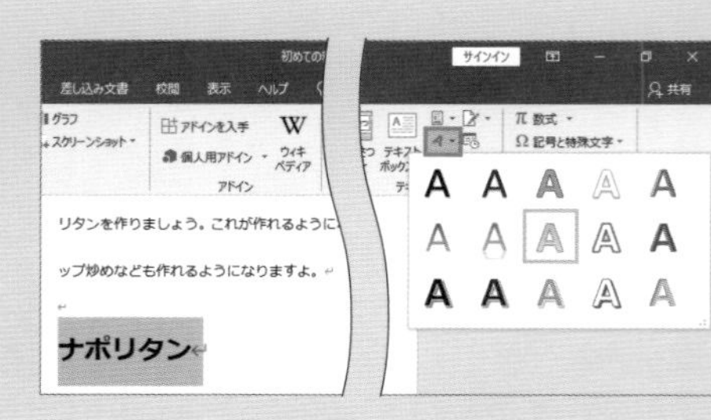

SECTION 064
ワードアート

ワードアートの文字を変形する

ワードアートの文字列の形状などはあとから変更できます。円形に文字を配置したり、波線上に文字を配置したりしてみましょう。また、文字に影や光彩を表示すると、文字をさらに強調できます。文字をデザインしましょう。

ワードアートの文字を半円状に配置する

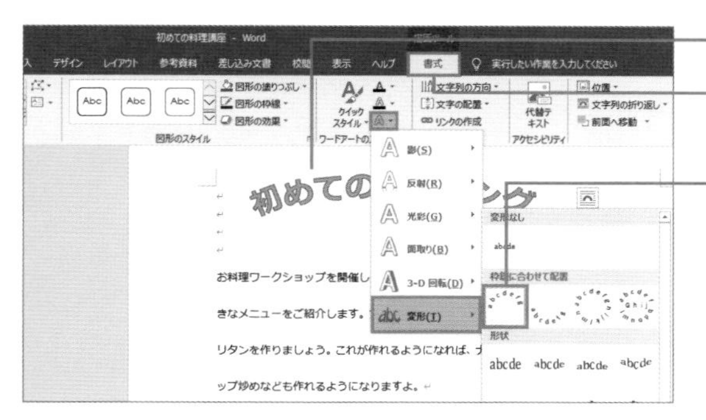

❶ワードアートを選択します。

❷＜描画ツール＞の＜書式＞タブをクリックします。

❸＜文字の効果＞の＜変形＞をクリックして、文字の配置を選択します。

❹文字が変形されました。

MEMO 文字の大きさ

ワードアートの文字の大きさを変更するには、ワードアートの外枠をクリックしてワードアートを選択します。続いて、＜ホーム＞タブの＜フォントサイズ＞から大きさを選びます。

COLUMN 文字の色や輪郭を変更する

ワードアートの文字の色や輪郭の色などを変更するには、ワードアートを選択して、＜描画ツール＞の＜書式＞タブの＜文字の塗りつぶし＞や＜文字の輪郭＞をクリックして指定します。

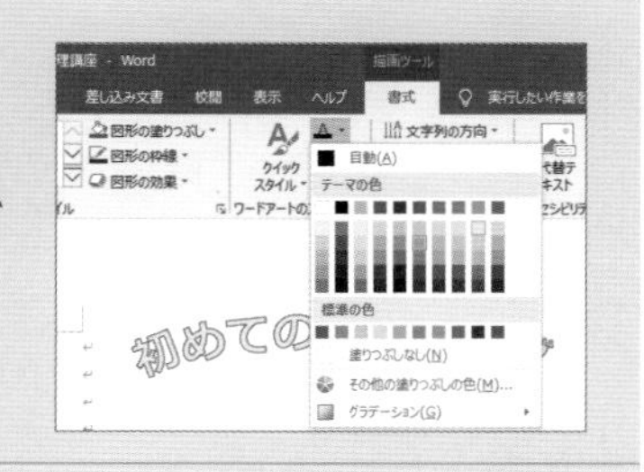

▶ COLUMN

書式設定の単位を知っておこう

書式とは、文書の見た目を整えるために設定するものです。書式を設定するときの単位には、たとえば、「文字」「段落」「セクション」があります。この章では、文字に設定する文字書式について主に紹介しました。次の章では、段落に設定する段落書式について主に紹介します。書式設定の単位によって設定できる内容は異なります。書式を設定する時は、何に対して書式を設定しようとしているのか意識すると、Wordをより深く理解することができるでしょう。

1「文字」
文字単位に設定する書式を文字書式と言います。

2「段落」
段落とは、↵から↵までのまとまりのことです。段落単位に設定する書式を段落書式と言います。

3「セクション」
セクションとは、文書を構成するひとつの単位です。セクションの区切りは自由に作成できます。

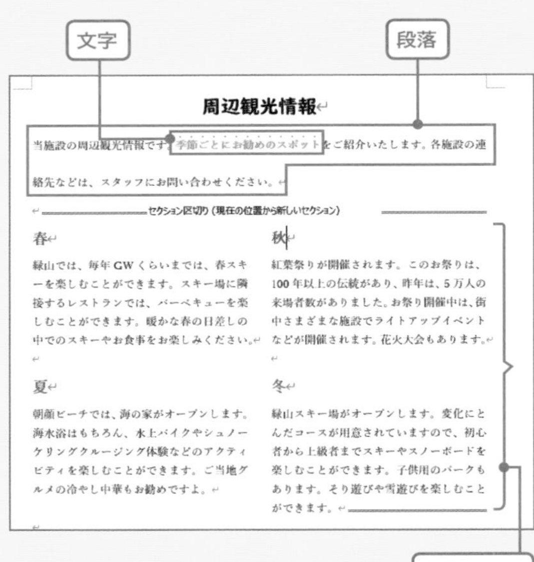

設定できる書式の例

単位	書式
文字	文字の大きさや太字、斜体などの飾り。文字の色、上付き文字や下付き文字など。
段落	段落の配置、段落の前後の間隔、行間など。
セクション	段組みのレイアウト、印刷の向き、用紙サイズ、ヘッダー／フッターの設定など。

第 4 章

文章が見やすくなる!
段落書式必須テクニック

SECTION 065 文字

文字を行の右、左、中央に揃える

文字の配置は、段落ごとに指定できます。日付や差出人を右に揃えたり、タイトルを中央に揃えたりして全体のバランスを整えましょう。文字の入力中に配置も調整する場合は、ショートカットキーを覚えておくとかんたんです。

文字の入力中に配置を指定する

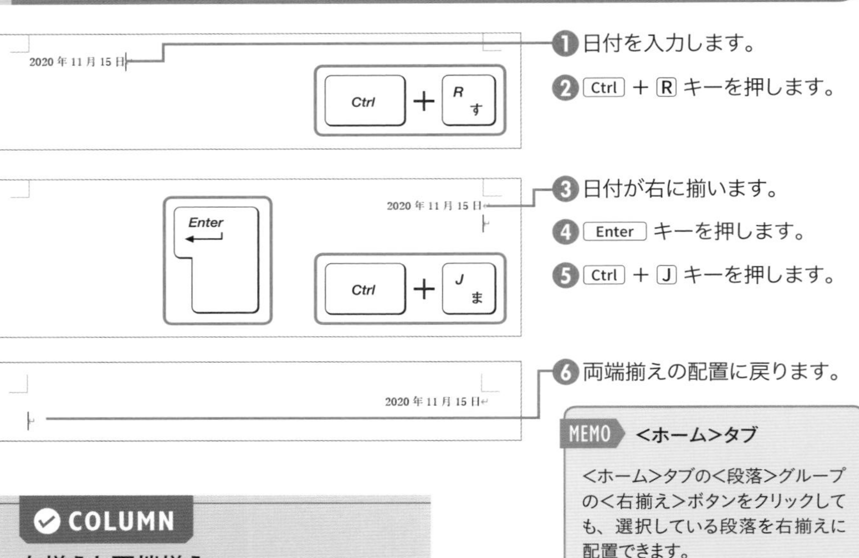

❶日付を入力します。

❷ Ctrl ＋ R キーを押します。

❸日付が右に揃います。

❹ Enter キーを押します。

❺ Ctrl ＋ J キーを押します。

❻両端揃えの配置に戻ります。

MEMO ＜ホーム＞タブ

＜ホーム＞タブの＜段落＞グループの＜右揃え＞ボタンをクリックしても、選択している段落を右揃えに配置できます。

COLUMN

左揃えと両端揃え

段落の配置の既定値は、両端揃えです。左揃えの場合、右端の位置は揃いませんが、両端揃えの場合は、文字に空白などが入って左端と右端が揃います。均等割り付けは、タイトルなどを行の幅いっぱいに割り付けて表示するときなどに利用できます。

両端揃えの例
緑山では、毎年GWくらいまでは、春スキーを楽しむことができます。スキー場に隣接するレストランでは、バーベキューを楽しむことができます。暖かな春の日差しの中でのスキーやお食事をお楽しみください。

左揃えの例
緑山では、毎年GWくらいまでは、春スキーを楽しむことができます。スキー場に隣接するレストランでは、バーベキューを楽しむことができます。暖かな春の日差しの中でのスキーやお食事をお楽しみください。

MEMO ショートカットキー

段落の配置は、以下のショートカットキーで指定できます。

ショートカットキー	配置
Ctrl ＋ L キー	左揃え
Ctrl ＋ E キー	中央揃え
Ctrl ＋ R キー	右揃え
Ctrl ＋ J キー	両端揃え
Ctrl ＋ Shift ＋ J キー	均等割り付け

SECTION 066 文字

日付や場所の項目を均等に割り付ける

別記事項の日付や場所、参加費などの項目をそれぞれ4文字分の領域に均等に配置するには、文字の均等割り付けの機能を使います。文字は、0.5文字単位で調整できます。配置を整えたい複数の文字列を選択して操作しましょう。

「日時」や「集合場所」などの項目を均等に割り付ける

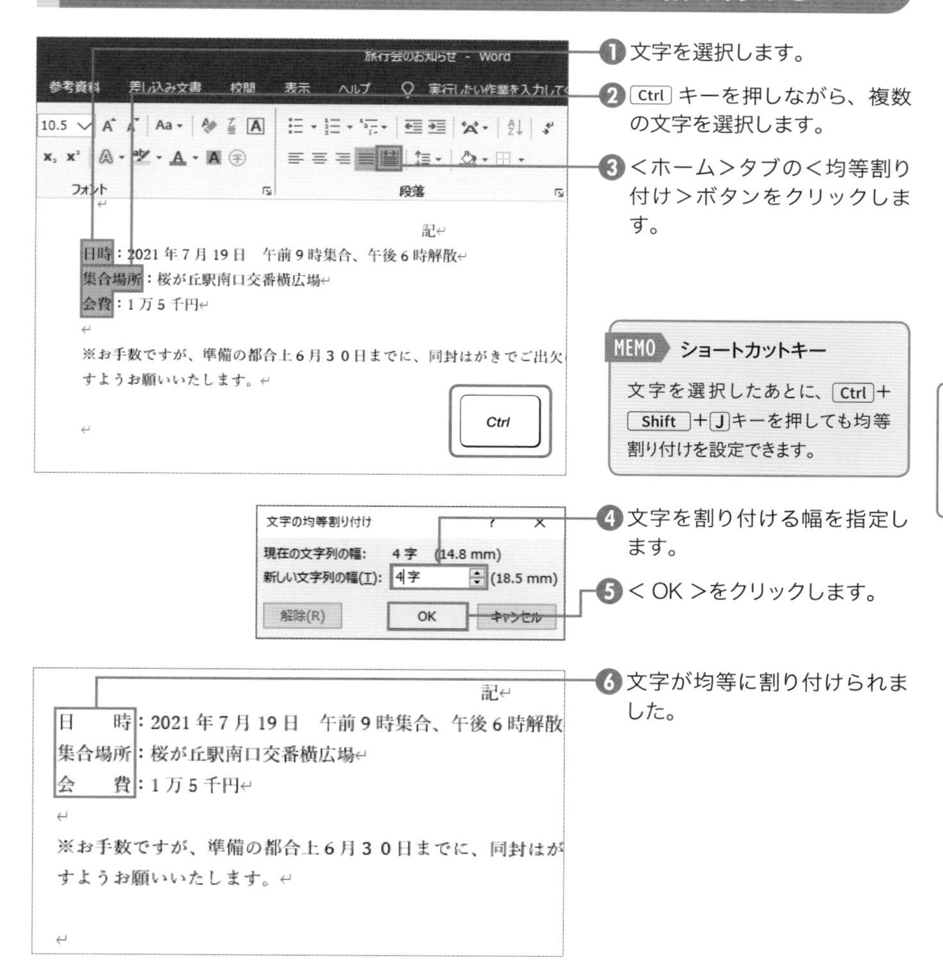

❶ 文字を選択します。

❷ Ctrl キーを押しながら、複数の文字を選択します。

❸ <ホーム>タブの<均等割り付け>ボタンをクリックします。

❹ 文字を割り付ける幅を指定します。

❺ <OK>をクリックします。

❻ 文字が均等に割り付けられました。

MEMO ショートカットキー

文字を選択したあとに、Ctrl + Shift + J キーを押しても均等割り付けを設定できます。

SECTION 067 箇条書き

箇条書きの行頭文字を指定する

箇条書きで項目を列記するときは、箇条書きの書式を設定するとよいでしょう。行頭に記号が付くので、項目の数や違いがわかりやすくなります。箇条書きの行頭の記号をまとめて変更したりすることもできます。

行頭に記号を表示する箇条書きの書式を設定する

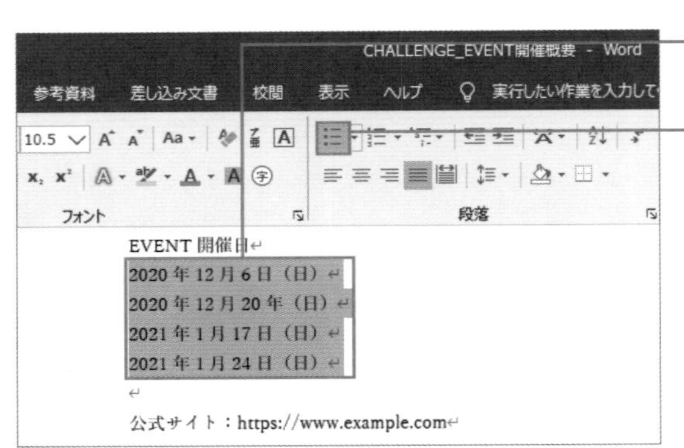

❶ 箇条書きを設定する項目を選択します。

❷ ＜ホーム＞タブの＜箇条書き＞をクリックします。

MEMO 他の記号

<ホーム>タブの<箇条書き>の横の<▼>をクリックすると、行頭の記号を選択できます。

EVENT 開催日
- 2020 年 12 月 6 日（日）
- 2020 年 12 月 20 年（日）
- 2021 年 1 月 17 日（日）
- 2021 年 1 月 24 日（日）

公式サイト：https://www.example.com

❸ 行頭に記号が付きました。

COLUMN

改行時に行頭の記号を削除する

箇条書きの項目の末尾で[Enter]キーを押すと、次の行の行頭にも箇条書きの記号が付きます。記号が不要な場合は、行頭に記号が付いた状態でもう一度[Enter]キーを押します。

EVENT 開催日
- 2020 年 12 月 6 日（日）
- 2020 年 12 月 20 年（日）
- 2021 年 1 月 17 日（日）
- 2021 年 1 月 24 日（日）
-

公式サイト：https://www.example.com

[Enter]キーを押す

SECTION 068 箇条書き

行頭の記号の位置を調整する

箇条書きの行頭の記号の位置を少し右にずらすには、＜インデントを増やす＞ボタンを使うと手軽に設定できます。行頭の記号の位置、項目の文字の位置を細かく指定する場合は、ルーラーに表示されるインデントマーカーを使って調整するとよいでしょう。

箇条書き項目の行頭の位置を右にずらす

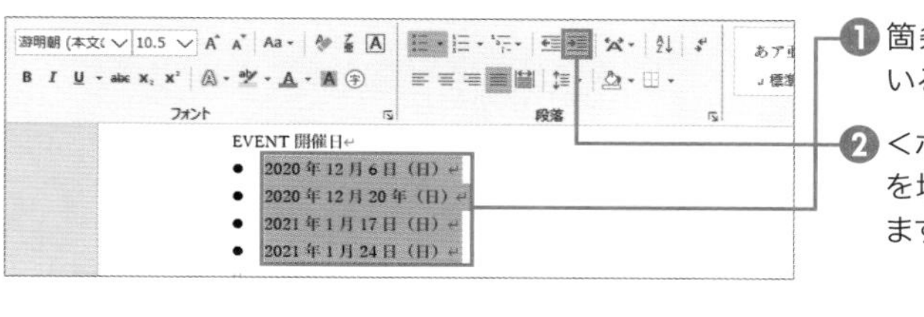

❶ 箇条書きの書式が設定されている項目を選択します。

❷ ＜ホーム＞タブの＜インデントを増やす＞ボタンをクリックします。

EVENT 開催日
- 2020 年 12 月 6 日（日）
- 2020 年 12 月 20 年（日）
- 2021 年 1 月 17 日（日）
- 2021 年 1 月 24 日（日）

公式サイト：https://www.example.com

❸ 項目が右にずれます。

MEMO 行頭を右にずらす

＜インデントを増やす＞をクリックするたびに文字が右へ、＜インデントを減らす＞をクリックするたびに左にずれます。

COLUMN

記号や文字の位置を調整する

箇条書き書式の行頭の記号や文字の位置を調整するには、インデントマーカーを使います。＜表示＞タブの＜ルーラー＞をクリックして画面にルーラーを表示します。箇条書きの項目を選択して＜1行目のインデント＞＜ぶら下げインデント＞＜左インデント＞をドラッグします。

マーカー	内容
1行目のインデント	箇条書きの行頭の記号の左位置を指定します。
ぶら下げインデント	箇条書きの文字の左位置を指定します。
左インデント	＜1行目のインデント＞と＜ぶら下げインデント＞の間隔を保ったまま＜1行目のインデント＞と＜ぶら下げインデント＞の位置をずらします。

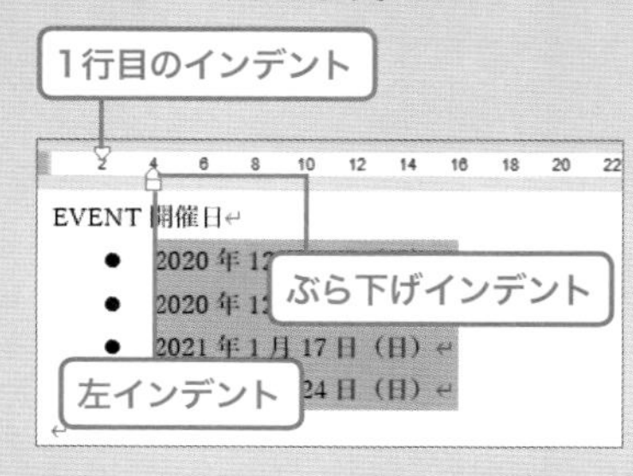

SECTION 069 箇条書き

行頭の記号を付けずに改行する

箇条書きの書式を設定して行頭に記号を表示すると、行末で改行すると、次の行の行頭にも記号がつきます。行頭の記号を消すには、箇条書きの書式を解除するか、同じ段落の中で強制的に改行する方法があります。

第1章 第2章 第3章 第4章 箇条書き 第5章

箇条書きの項目の途中で改行する

EVENT 開催日↵
- 2020年12月6日（日）↵
- ↵
- 2020年12月20年（日）↵
- 2021年1月17日（日）↵
- 2021年1月24日（日）↵

↵
公式サイト：https://www.example.com↵

Enter

❶箇条書きの項目の行末で Enter キーを押します。

❷行頭に記号が付きます。

EVENT 開催日↵
- 2020年12月6日（日）↵

↵
- 2020年12月20年（日）↵
- 2021年1月17日（日）↵
- 2021年1月24日（日）↵

↵
公式サイト：https://www.example.com↵

Back space

❸ Back space キーを押します。

❹箇条書きの書式が解除されて記号が消えます。

COLUMN

強制的に改行する

箇条書きの項目の途中で、Shift + Enter キーを押すと、段落内で改行されます。すると行区切りの指示が入って強制的に改行されます。この場合、次に Enter キーで改行するまでは、同じ段落のままとみなされます。

EVENT 開催日↵
- 2020年12月6日（日）↓
  ↵
- 2020年12月20年（日）↵
- 2021年1月17日（日）↵
- 2021年1月24日（日）↵

↵
公式サイト：https://www.example.com↵

SECTION 070 箇条書き

箇条書きに連番を振る

箇条書きの項目に番号を振るには、段落番号の書式を設定します。番号の書式は「1.2.3.…」「①②③・・・」などの中から選択できます。段落番号の書式を設定しておくと、項目を後から追加したり削除したりした場合も、番号が自動的に調整されます。

箇条書きの項目に番号を振る

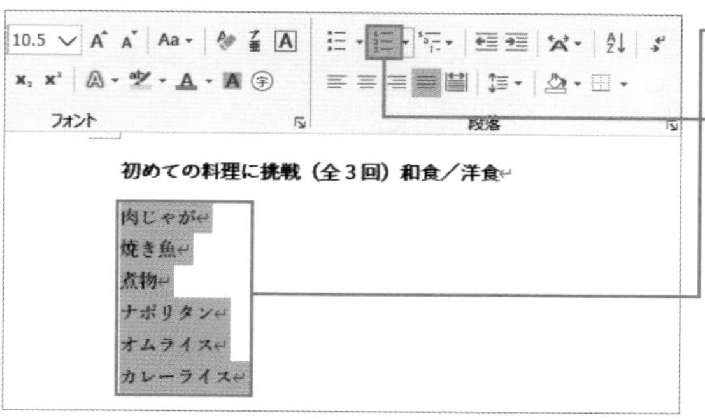

❶段落番号を設定する項目を選択します。

❷＜ホーム＞タブの＜段落番号＞をクリックします。

MEMO 他の記号

＜ホーム＞タブの＜段落番号＞の横の＜▼＞をクリックすると、行頭の記号を選択できます。

初めての料理に挑戦（全3回）和食／洋食

1. 肉じゃが
2. 焼き魚
3. 煮物
4. ナポリタン
5. オムライス
6. カレーライス

❸行頭に番号が付きました。

COLUMN

改行時に行頭の番号を削除する

箇条書きの項目の末尾で Enter キーを押すと、次の行の行頭にも番号が付きます。番号が不要な場合は、行頭に番号が付いた状態でもう一度 Enter キーを押します。

初めての料理に挑戦（全3回）和食／洋食

1. 肉じゃが
2. 焼き魚
3. 煮物
4. ナポリタン
5. オムライス
6. カレーライス
7.

Enter キーを押す

第1章 第2章 第3章 第4章 箇条書き 第5章

SECTION 071 段落番号

段落番号を1から降り直す

段落番号の書式を設定すると、通常は1から順に番号が振られます。途中の項目から番号を1から降り直すには、対象の項目の番号を右クリックして指示します。また、番号の設定を変更後、連番に戻すには、自動的に番号を振る設定にします。

箇条書きの項目の番号を1から降り直す

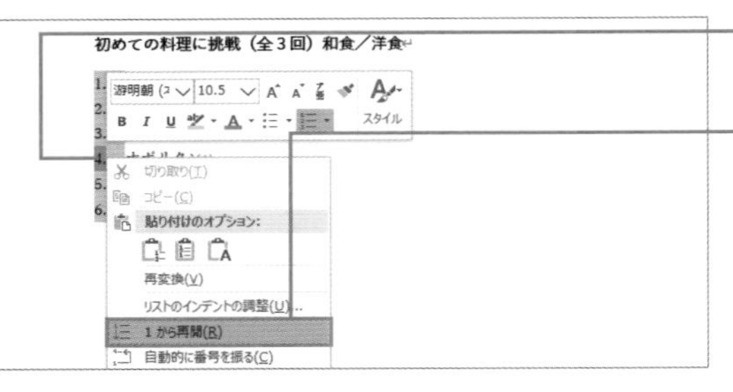

❶「1」を表示する項目の行頭の番号を右クリックします。

❷「1から再開」をクリックします。

初めての料理に挑戦（全3回）和食／洋食

1. 肉じゃが
2. 焼き魚
3. 煮物
1. ナポリタン
2. オムライス
3. カレーライス

❸番号が1から降り直されます。

COLUMN 段落内で番号を振る

段落番号の書式を設定するとき、項目を階層ごとに分類するには、「1」「1-1」「1-2」、「2」「2-1」「2-3」のように番号を振る方法があります。その場合は、段落番号を振る前に、まず、下のレベルの項目にインデントを設定し（P.104参照）ます。続いて、項目全体を選択して＜ホーム＞タブの＜段落番号＞をクリックしたあと、＜アウトライン＞の＜▼＞から番号の表示方法を指定します。また、長文を作成して「1章」「2章」など番号を表示する場合は、見出しスタイルを設定してアウトラインを作成します（P.154参照）。

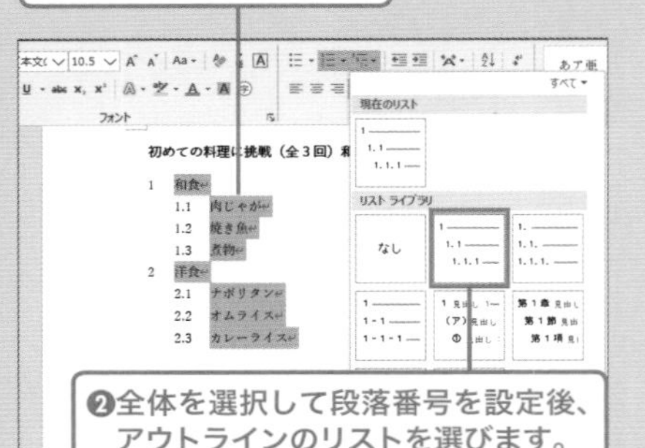

SECTION 072 段落番号

段落番号を指定の番号から振り直す

段落番号の書式を設定して行末で Enter キーを押すと、同じリスト内で連続した番号が振られます。項目の途中から、指定の番号から順に番号を振り直すには、番号の設定を変更します。新しいリストを追加して、最初の番号を指定します。

箇条書きの項目の先頭の番号を指定する

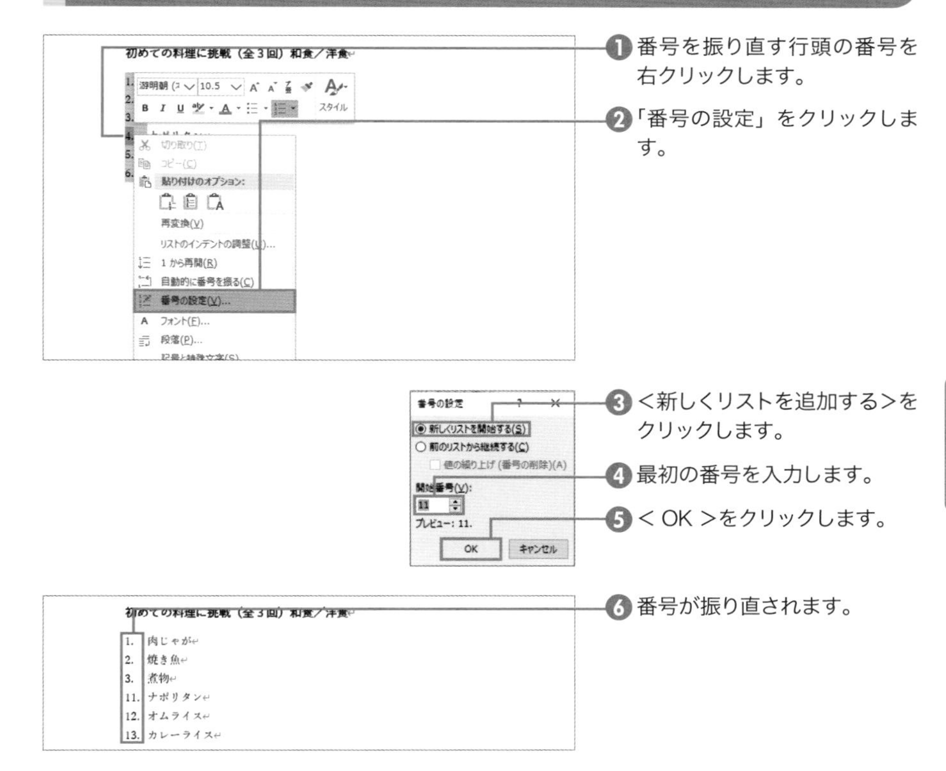

1 番号を振り直す行頭の番号を右クリックします。

2「番号の設定」をクリックします。

3 <新しくリストを追加する>をクリックします。

4 最初の番号を入力します。

5 < OK >をクリックします。

6 番号が振り直されます。

MEMO 指定した番号まで表示する

行頭の番号を、指定した番号の項目まで増やすには、<前のリストから継続する>をクリックして、<値>の繰り上げ（番号の削除）のチェックをオンにして、何番までの項目を表示するか指定します。

MEMO 元に戻す

番号を設定後、自動的に番号が振られるように設定を戻すには、変更した行頭の番号を右クリックして<自動的に番号を振る>をクリックします。

SECTION 073 インデント

文字の先頭位置を少し右にずらす

文字の先頭位置を右にずらすには、インデントの設定をします。＜ホーム＞タブの＜インデントを増やす＞を使うと、1文字ずつ文字を右にずらすことができます。右にずらした位置を左に戻すには、＜インデントを戻す＞を使います。

段落の先頭行の位置を1文字ずつずらす

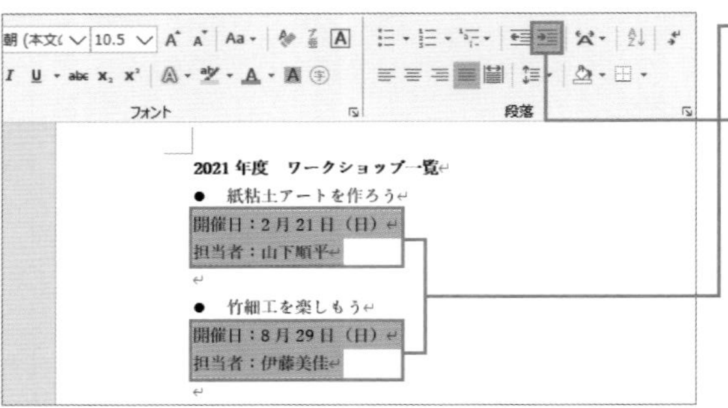

❶インデントを設定する段落を選択します。

❷＜ホーム＞タブの＜インデントを増やす＞を何度かクリックします。

MEMO さらに右にずらす

＜インデントを増やす＞をクリックすると、1文字ずつ文字が右にずれます。

2021年度　ワークショップ一覧
● 紙粘土アートを作ろう
開催日：2月21日（日）
担当者：山下順平
● 竹細工を楽しもう
開催日：8月29日（日）
担当者：伊藤美佳

❸字下げが指定されました。

❹＜インデントを減らす＞をクリックします。

2021年度　ワークショップ一覧
● 紙粘土アートを作ろう
開催日：2月21日（日）
担当者：山下順平
● 竹細工を楽しもう
開催日：8月29日（日）
担当者：伊藤美佳

❺字下げが元の位置に戻ります。

SECTION
074 段落の左右の幅の位置を指定する

インデント

段落内の文字の左端と右端の位置を調整するには、インデントを設定します。インデントにはいくつかの種類があります。段落の左端の位置を調整するには左インデント、右端の位置は右インデントの位置を調整します。

段落の左右の幅を指定する

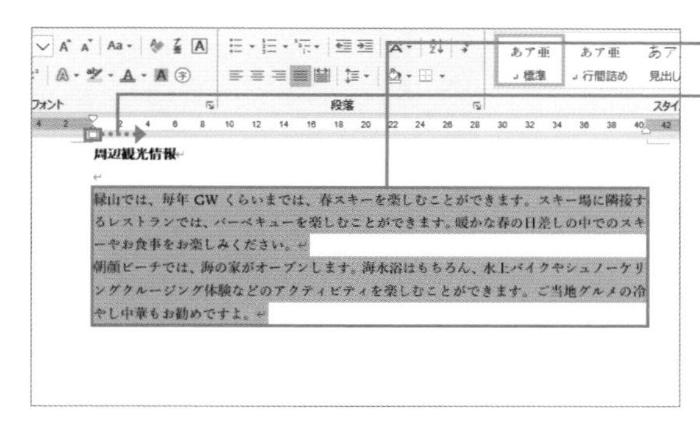

❶段落を選択します。

❷左インデントマーカーをドラッグします。

> **MEMO ルーラー**
>
> 文書ウィンドウの上のルーラーには、タブやインデントの設定などが表示されます。ルーラーを表示するには、＜表示＞タブの＜ルーラー＞をクリックします。

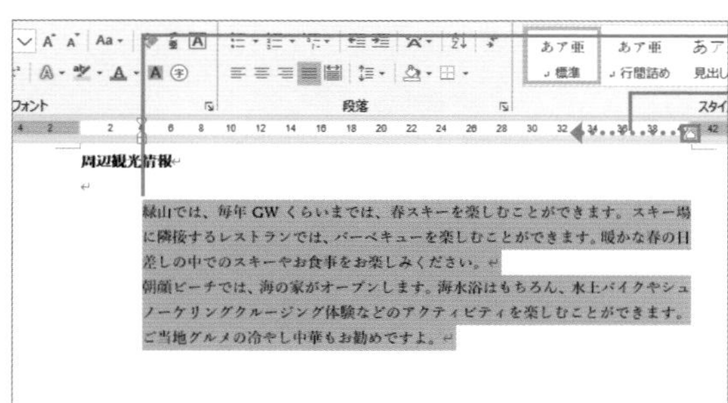

❸文字の左の位置が変わります。

❹右インデントマーカーをドラッグします。

周辺観光情報

緑山では、毎年GWくらいまでは、春スキーを楽しむことができます。スキー場に隣接するレストランでは、バーベキューを楽しむことができます。暖かな春の日差しの中でのスキーやお食事をお楽しみください。
朝顔ビーチでは、海の家がオープンします。海水浴はもちろん、水上バイクやシュノーケリングクルージング体験などのアクティビティを楽しむことができます。ご当地グルメの冷やし中華もお勧めですよ。

❺文字の右の位置が変わります。

> **MEMO 余白位置**
>
> ルーラーの端のグレーの領域は、ページの余白を示しています。

SECTION 075 インデント

1行目だけ字下げする

複数行にわたる段落で、1行目の冒頭の文字の位置と、2行目以降の文字の位置を調整するには、インデントの設定を行います。ここでは、1行目のみ先頭文字を字下げします。<1行目のインデントマーカー>を操作します。

段落の先頭行のみ1文字分字下げする

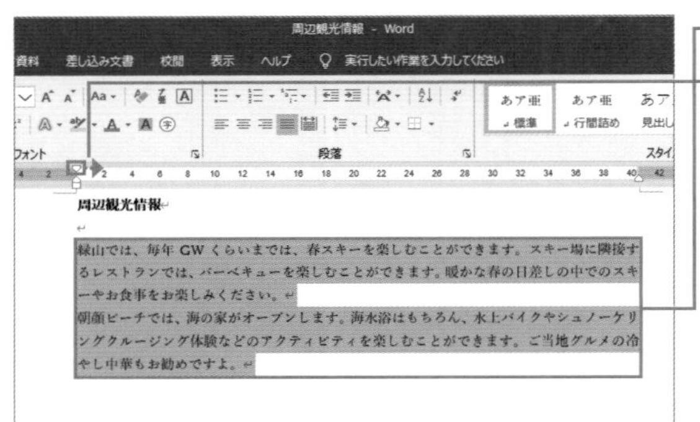

❶ 段落を選択します。

❷ 1行目のインデントマーカーをドラッグします。

❸ 1行目の左端の文字の位置が変わります。

MEMO 左インデントマーカー

<1行目のインデントマーカー>と<ぶら下げインデントマーカー>の間隔を保ったまま2つのマーカーの位置を変更するには、<左インデントマーカー>をドラッグします（P.99参照）。

COLUMN

スペースで字下げする

入力オートフォーマットの設定（P.058参照）で、<行の始まりのスペースを字下げに変更する>がオンになっていると、1行目の冒頭でスペースキーを押して空白を入れて文字を入力して Enter キーを押すと、1行目の左端にインデントが設定されます。1行目のインデントが自動的に設定されます。

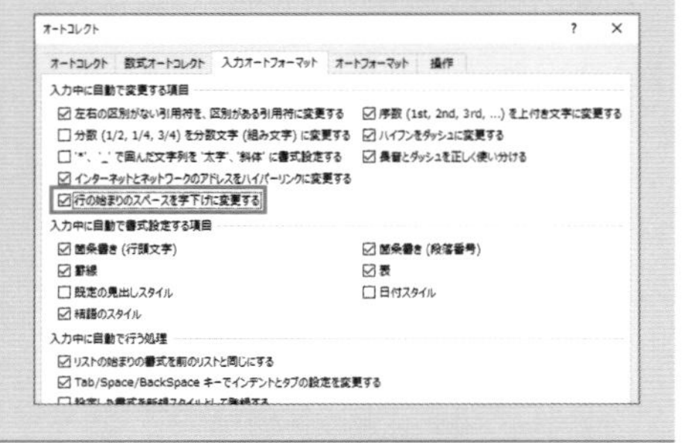

SECTION 076 インデント

2行目以降を字下げする

段落の2行目以降の文字の左位置を調整するには、ぶら下げインデントを設定します。箇条書きの書式を設定した場合などに、行頭文字を強調するため2行目以降の左位置を下げるときなどに使用します。段落を選択して操作します。

段落の2行目以降の行頭の位置を指定する

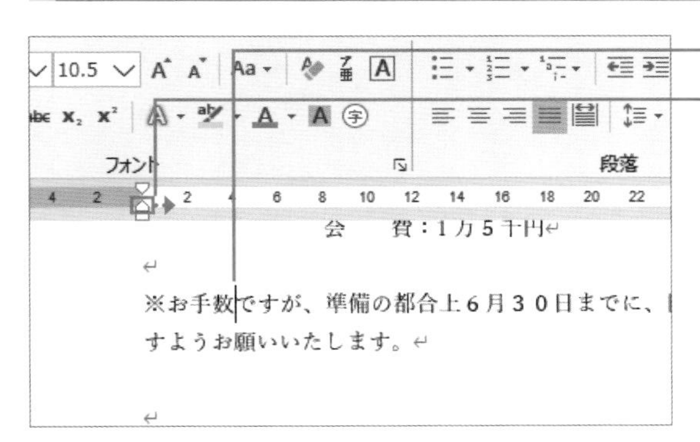

❶段落を選択します。

❷ぶら下げインデントマーカーをドラッグします。

❸2行目以降の文字の位置が変わります。

MEMO 微妙に調整する

Alt キーを押しながらインデントマーカーをドラッグすると、文字数の目安の数字が表示されます。数字を見ながら位置を微妙に調整できます。

MEMO ルーラーの表示単位

ルーラーの目盛の単位を文字数ではなく、センチやミリに変更するには、<Wordのオプション>画面の<詳細設定>の<表示>欄で<単位に文字幅を指定する>のチェックを外して<使用する単位>から表示する単位を選択します。

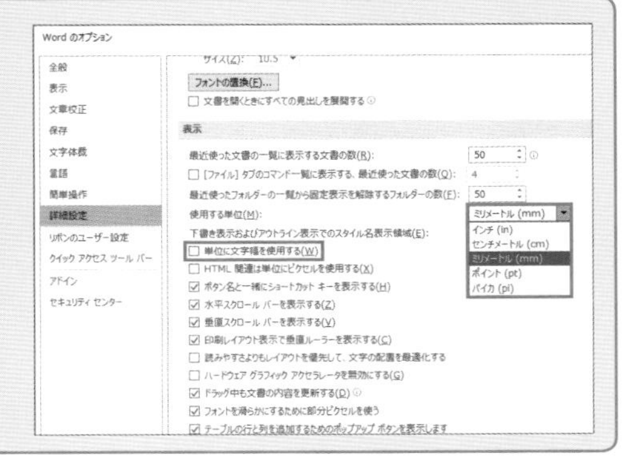

第1章 第2章 第3章 第4章 インデント 第5章

SECTION 077 行

行の間隔を指定する

Wordでは、行の下端から次の行の下端までの長さを行間と言います。特に指定しない場合は、行間は「1行」という設定になっています。行間が狭かったり広かったりする場合は、変更できます。数値で指定することもできます。

行と行の間隔を変更する

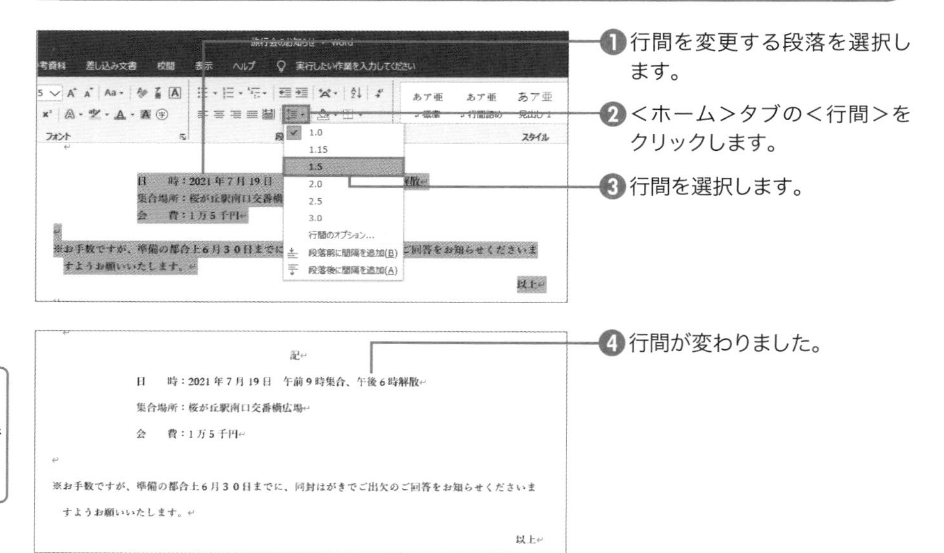

COLUMN

全体の行の間隔を調整する

一部の段落の行間ではなく、文書全体の行の間隔を変更するには、用紙内の行数を変更する方法があります。＜ページ設定＞ダイアログボックスで指定します（P.124参照）。

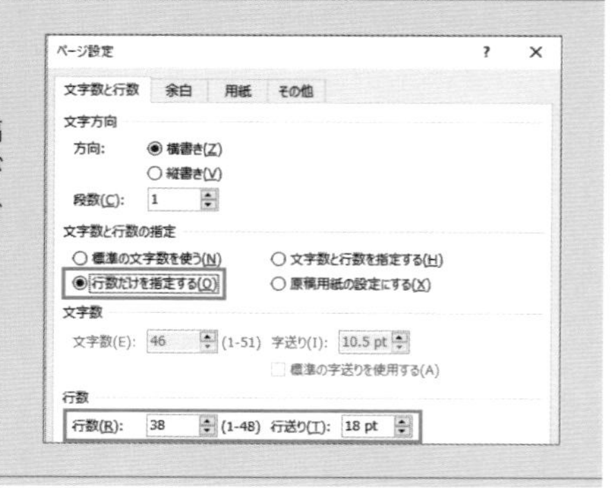

SECTION 078 行

行間の位置を細かく指定する

段落内の行間の位置を細かく調整するには、段落に関する設定をする<段落>ダイアログボックスで行います。ここでは、指定した段落の行間を元の行間より25%狭い大きさに変更します。行間を倍数で指定します。

行間の大きさを調整して狭くする

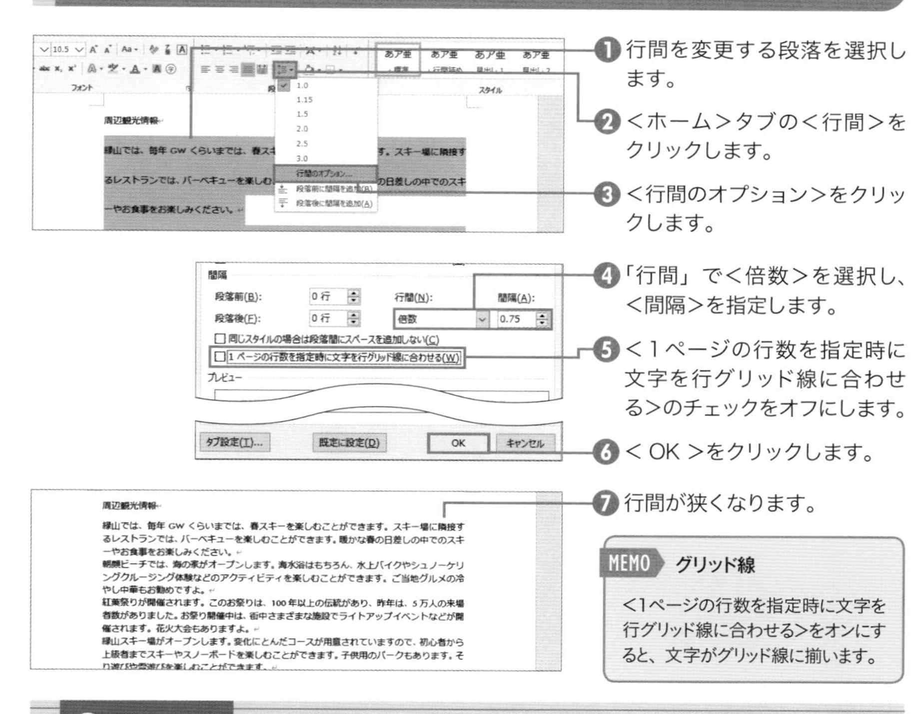

❶ 行間を変更する段落を選択します。

❷ <ホーム>タブの<行間>をクリックします。

❸ <行間のオプション>をクリックします。

❹「行間」で<倍数>を選択し、<間隔>を指定します。

❺ <1ページの行数を指定時に文字を行グリッド線に合わせる>のチェックをオフにします。

❻ < OK >をクリックします。

❼ 行間が狭くなります。

MEMO グリッド線

<1ページの行数を指定時に文字を行グリッド線に合わせる>をオンにすると、文字がグリッド線に揃います。

COLUMN

詳細を指定する

手順❹では、行間の大きさを次の項目から指定できます。「1行」は、既定値です。「1.5行」は1行の1.5倍、「2行は」1行の2倍です。「最小値」は<間隔>で間隔を指定します。行内の最大の文字が収まるように自動調整されます。「固定値」は<間隔>欄で間隔を指定します。文字の大きさによる調整は行われません。「倍数」は<間隔>欄で数値を指定します。「1行」を基準に、「1.25行」「1.5行」など「0.25」単位で指定できます。

SECTION 079 行

段落の前後の間隔を指定する

段落という文字のまとまりの上（前）や下（後）に適度な空白を入れて配置のバランスを整えるには、段落の前後の間隔を指定します。段落の前や後のいずれかに空白を入れることもできます。間隔の大きさは、行やポイント単位で指定できます。

段落の後に空間を表示する

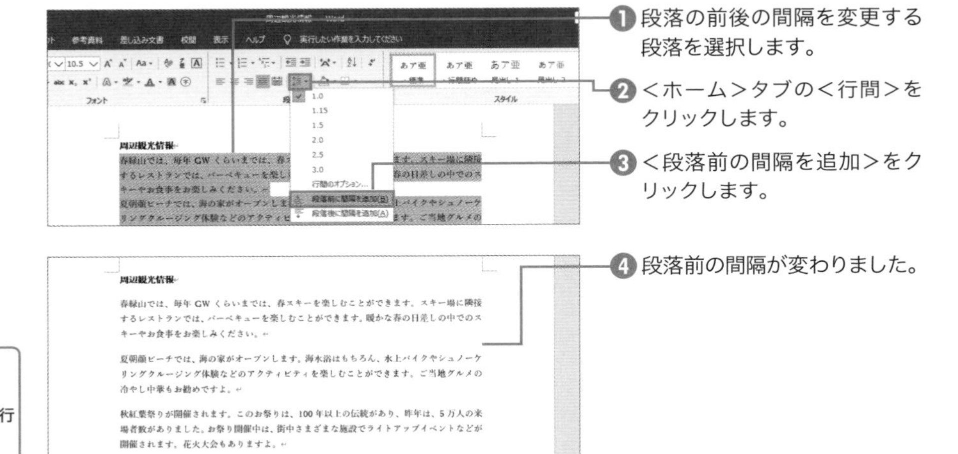

❶ 段落の前後の間隔を変更する段落を選択します。

❷ ＜ホーム＞タブの＜行間＞をクリックします。

❸ ＜段落前の間隔を追加＞をクリックします。

❹ 段落前の間隔が変わりました。

COLUMN

段落前や後の間隔を数値で指定する

段落前や段落後の間隔を細かく指定するには、手順❷で＜行間のオプション＞をクリックします。表示される画面で段落前や段落後の間隔を指定します。

インデントと行間隔　改ページと改行　体裁
全般
配置(G): 両端揃え
アウトライン レベル(O): 本文　既定で折りたたみ(E)
インデント
左(L): 0 字　最初の行(S): 幅(Y):
右(R): 0 字　(なし)
見開きページのインデント幅を設定する(M)
1 行の文字数を指定時に右のインデント幅を自動調整する(D)
間隔
段落前(B): 12 pt　行間(N): 間隔(A):
段落後(F): 0 行　1 行
同じスタイルの場合は段落間にスペースを追加しない(C)
1 ページの行数を指定時に文字を行グリッド線に合わせる(W)

SECTION 080 タブ

文字を行の途中から揃えて入力する

文字の位置を揃えるには、インデント以外にタブを使用する方法があります。Tabキーを押すと、通常4文字分文字カーソルが移動します。段落にタブを設定すると、Tabキーを押したときに、指定した箇所まで文字カーソルが移動します。

Tabキーで文字の位置を揃えながら文字を入力する

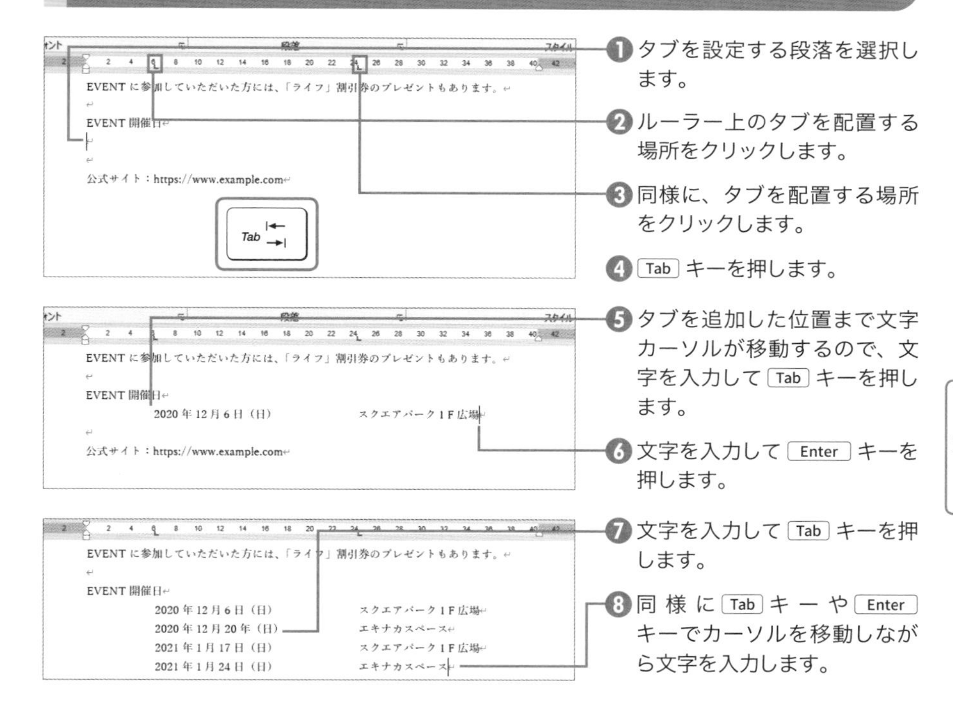

❶ タブを設定する段落を選択します。

❷ ルーラー上のタブを配置する場所をクリックします。

❸ 同様に、タブを配置する場所をクリックします。

❹ Tab キーを押します。

❺ タブを追加した位置まで文字カーソルが移動するので、文字を入力して Tab キーを押します。

❻ 文字を入力して Enter キーを押します。

❼ 文字を入力して Tab キーを押します。

❽ 同様に Tab キーや Enter キーでカーソルを移動しながら文字を入力します。

COLUMN

<タブとリーダー>ダイアログボックス

<ホーム>タブの<段落>の<ダイアログボックス起動ツール>をクリックし、<段落>ダイアログボックスの<タブ設定>をクリックすると、<タブとリーダー>ダイアログボックスが表示されます（P.113参照）。<タブとリーダー>ダイアログボックスでは、選択している段落に設定されているタブを確認できます。タブを追加したりタブ位置を変更したりもできます。

SECTION 081 タブ

文字の表示位置を表のように揃える

文字を決まったパターンで配置するには表を使うと便利ですが、タブを使って表のように文字の配置を整えることもできます。この場合、タブの使い方を知る必要がありますが、数行程度であれば、表を作成する手間を省き文字の配置をかんたんに整えられます。

タブを設定して文字の位置を揃える

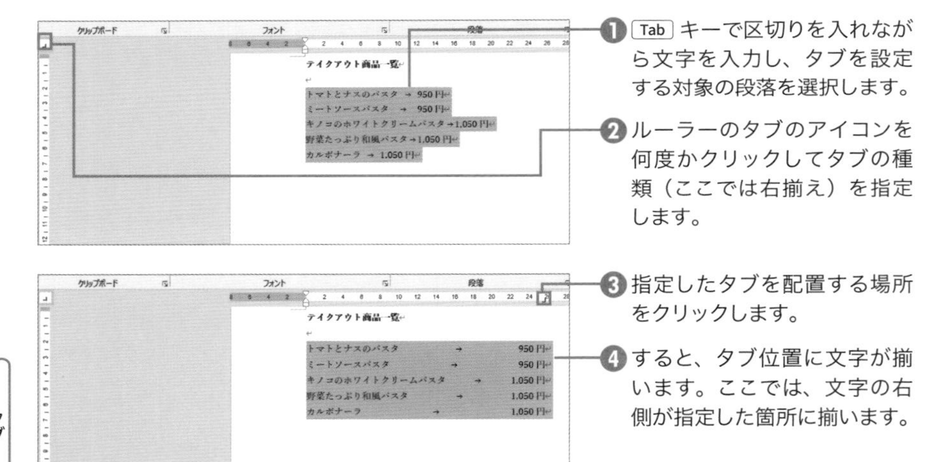

❶ Tab キーで区切りを入れながら文字を入力し、タブを設定する対象の段落を選択します。

❷ ルーラーのタブのアイコンを何度かクリックしてタブの種類（ここでは右揃え）を指定します。

❸ 指定したタブを配置する場所をクリックします。

❹ すると、タブ位置に文字が揃います。ここでは、文字の右側が指定した箇所に揃います。

COLUMN

タブの種類

タブには、次のような種類があります。ルーラーの左端のタブの印をクリックすると、タブの種類が変わります。タブの種類を指定後、ルーラー上をクリックすると指定したタブが追加されます。

タブ		内容
左揃え	∟	既定のタブ。文字の先頭位置を揃えます。
中央揃え	⊥	文字列の中心位置を揃えます。
右揃え	┘	文字列の右端の位置を揃えます。
小数点揃え	⊥.	文字列内に小数点がある場合、小数点の位置を揃えます。
縦棒	|	文字の配置を揃える目的ではなく、文字列を区切る線を表示するときに使います。

SECTION 082 タブ

文字の末尾と文字の先頭位置を点線でつなぐ

タブ位置までの空白の箇所を点線で結ぶには、タブにリーダーを設定します。タブやリーダーの設定を確認する＜タブとリーダー＞ダイアログボックスを表示して設定します。点線を表示する場所のタブ位置を選択して指定します。

次のタブ位置まで点線を表示する

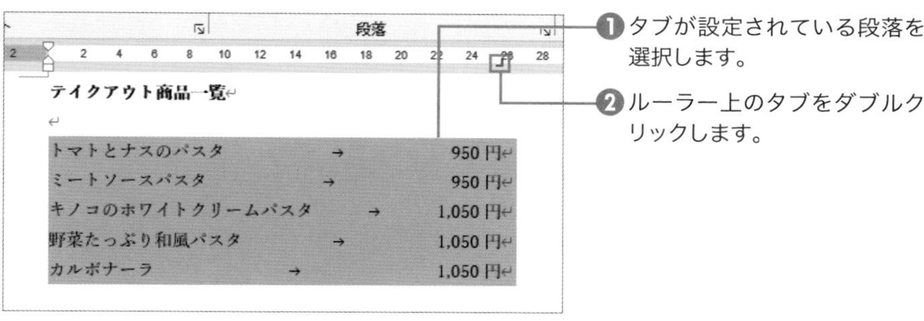

❶タブが設定されている段落を選択します。

❷ルーラー上のタブをダブルクリックします。

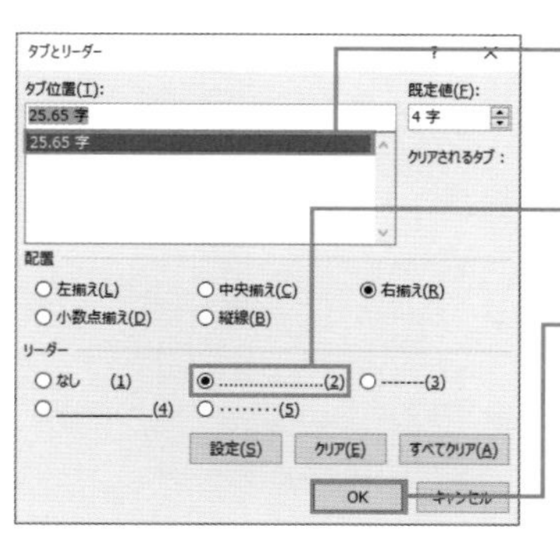

❸選択している段落に設定されているタブ一覧が表示されるので、タブ位置を選択します。

❹リーダー＞から線の種類を選びます。

❺＜ OK ＞をクリックします。

テイクアウト商品一覧

トマトとナスのパスタ ....950 円

ミートソースパスタ ....950 円

キノコのホワイトクリームパスタ ....1,050 円

野菜たっぷり和風パスタ ....1,050 円

カルボナーラ ....1,050 円

❻タブまでの位置に線が表示されます。

SECTION 083 段落

ページの途中から文字を入力する

ページの途中から文字を入力したい場合、Enterキーを何度も押して改行する必要はありません。文字を入力する箇所でダブルクリックして文字カーソルを移動します。マウスポインターの形に注意して操作します。

ダブルクリックで文字カーソルを移動する

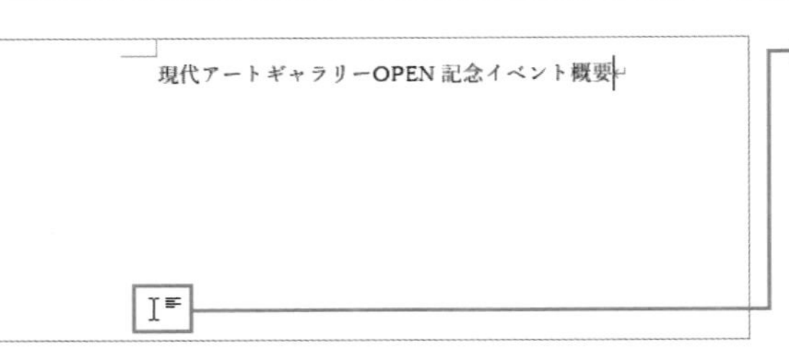

❶ 文字を入力したい箇所にマウスポインターを移動し、マウスポインターの形を確認し、ダブルクリックします。

現代アートギャラリーOPEN 記念イベント概要

❷ 文字カーソルが移動します。

COLUMN

マウスポインターの形

文字カーソルを表示するときに文書内をダブルクリックするときは、マウスポインターの形に注意します。ダブルクリックした位置に応じて文字の配置などが変わります。

マウスポインター	内容
	1行目のインデントがずれた形になります。
	左揃えのタブが入ります。
	中央揃えになります。
	右揃えになります。
	写真や表の横などに移動するとき、文字を左側に配置して折り返して表示します。
	写真や表の横などに移動するとき、文字を右側に配置して折り返して表示します。

SECTION 084 段落

段落の途中でページが分かれないようにする

段落の途中でページが分かれてしまうのを防ぐには、文章が増減した場合でも、改ページ位置が自動的に調整される機能を使って設定します。同じ段落内で改ページされないようにしたり、次の段落と別れないようにしたり設定できます。

段落の途中で改ページされないようにする

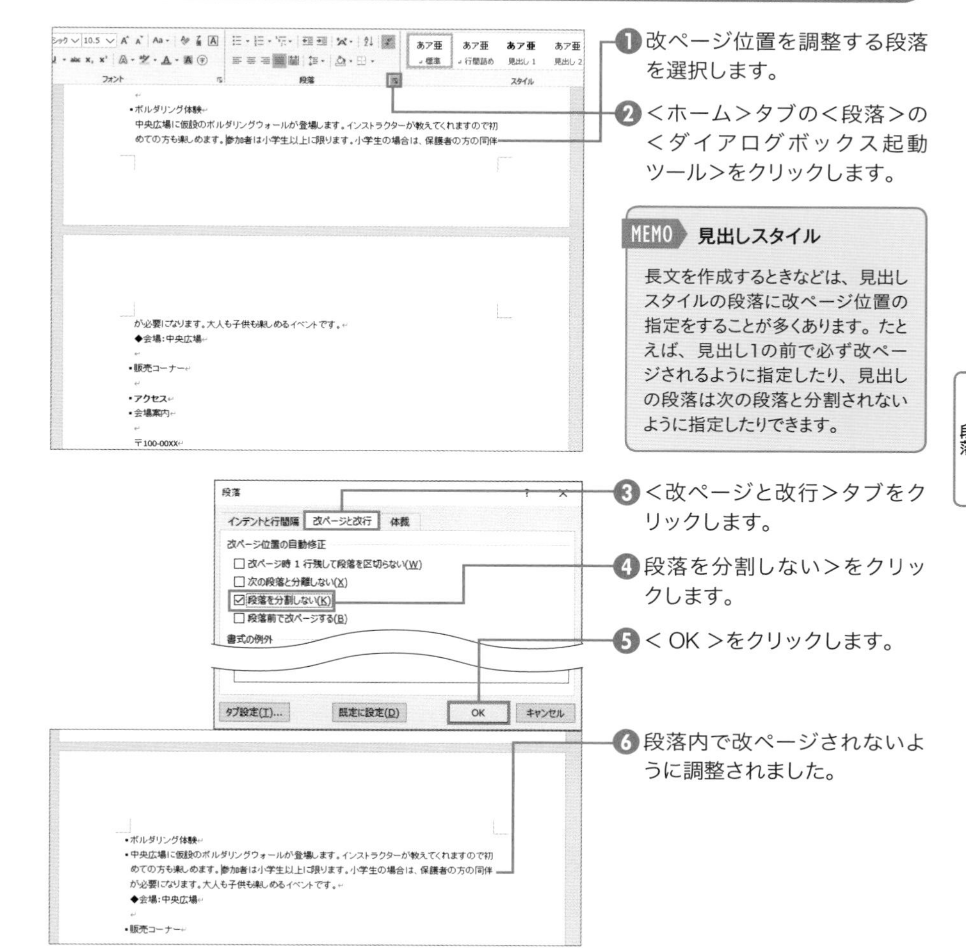

❶ 改ページ位置を調整する段落を選択します。

❷ <ホーム>タブの<段落>の<ダイアログボックス起動ツール>をクリックします。

❸ <改ページと改行>タブをクリックします。

❹ 段落を分割しない>をクリックします。

❺ < OK >をクリックします。

❻ 段落内で改ページされないように調整されました。

MEMO 見出しスタイル

長文を作成するときなどは、見出しスタイルの段落に改ページ位置の指定をすることが多くあります。たとえば、見出し1の前で必ず改ページされるように指定したり、見出しの段落は次の段落と分割されないように指定したりできます。

行頭の記号の前の半端なスペースを消す

行頭に「【」などの記号を表示すると、ほかの行と比べて、文字の左位置が右にずれて見えることがあります。文字の左端の位置を他の行と揃って見えるようにするには、行頭の記号の幅を半分にします。段落の設定で指定できます。

行頭の記号を半分のスペースで表示する

❶ 対象の段落を選択します。

❷ ＜ホーム＞タブの＜段落＞の＜ダイアログボックス起動ツール＞をクリックします。

❸ ＜体裁＞タブをクリックします。

❹ ＜行頭の記号を 1/2 の幅にする＞をクリックします。

❺ ＜ OK ＞をクリックします。

❻ 記号の幅が 1/2 になり、左端の位置が揃います。

1文字目を複数行にわたって大きく表示する

雑誌やチラシなどでは、文章の先頭文字を複数行にわたって大きく配置して目立たせるレイアウトを見かけることがあります。このような配置をドロップキャップと言います。Wordでも簡単にドロップキャップを設定できます。<印刷レイアウト>モードで操作します。

先頭行の1つ目の文字を大きくして配置する

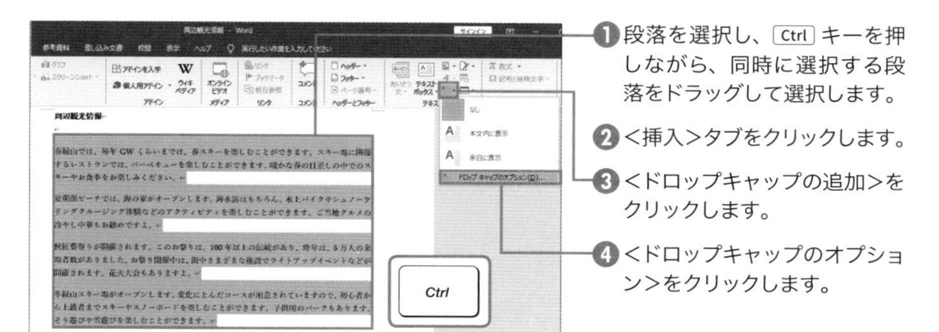

1. 段落を選択し、Ctrl キーを押しながら、同時に選択する段落をドラッグして選択します。
2. <挿入>タブをクリックします。
3. <ドロップキャップの追加>をクリックします。
4. <ドロップキャップのオプション>をクリックします。

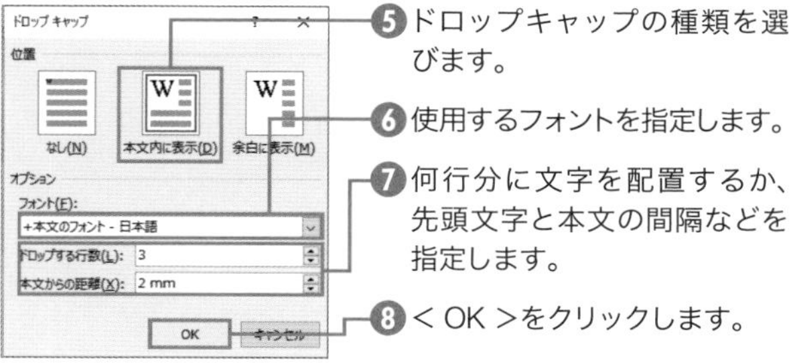

5. ドロップキャップの種類を選びます。
6. 使用するフォントを指定します。
7. 何行分に文字を配置するか、先頭文字と本文の間隔などを指定します。
8. < OK >をクリックします。

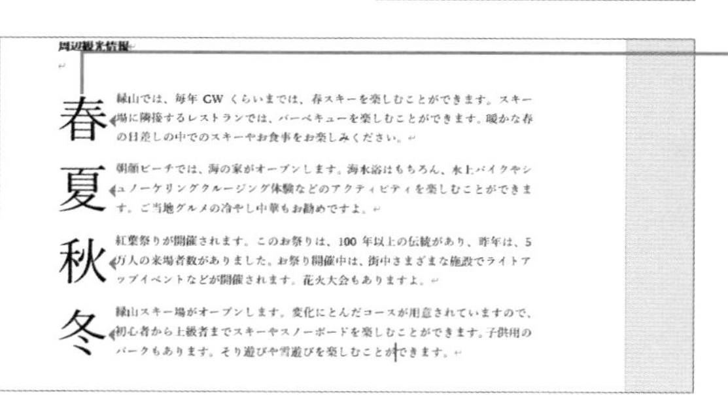

9. 文字の配置が変わります。

MEMO 複数の段落を選択

ドロップキャップを複数の段落に設定するときは、Ctrl キーを押しながらそれぞれの段落を選択します。ひとまとめに文書範囲を選択した場合うまくいかないので注意します。

▶ COLUMN

行と段落と段落記号

文字の配置などの書式は、段落に対して設定する「段落書式」です。段落とは、段落記号（改行マーク）から段落記号までで区切られたひとつのまとまりのことです。段落書式を設定するとき、ひとつの段落に対して設定を行うときは、段落内の文字すべてを選択する必要はありません。段落内をクリックすると、その段落を選択することになりますので、そのまま段落書式を設定できます。複数の段落に対して設定をするときは、変更するそれぞれの段落の一部またはすべてを選択しておく必要があります。

勘違いをしやすいのですが、Wordでは、行と段落は、厳密に言うと異なります。行とは1行ごとの文字列のことです。文字列が1行だけの段落の場合は特に意識する必要はありませんが、複数行にわたる段落の場合、行を選択して文字の配置を変更しても、その行を含む段落の書式が変更されることに注意してください。「行」と「段落」という単位の違いを知り、何に対して設定をしようとしているか意識しながら操作しましょう。

1つの段落を選択している状態

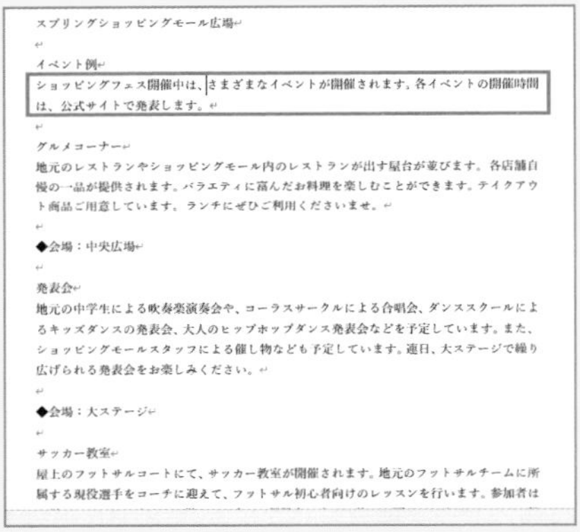

スプリングショッピングモール広場

イベント例
ショッピングフェス開催中は、さまざまなイベントが開催されます。各イベントの開催時間は、公式サイトで発表します。

グルメコーナー
地元のレストランやショッピングモール内のレストランが出す屋台が並びます。各店舗自慢の一品が提供されます。バラエティに富んだお料理を楽しむことができます。テイクアウト商品ご用意しています。ランチにぜひご利用くださいませ。

◆会場：中央広場

発表会
地元の中学生による吹奏楽演奏会や、コーラスサークルによる合唱会、ダンススクールによるキッズダンスの発表会、大人のヒップホップダンス発表会などを予定しています。また、ショッピングモールスタッフによる催し物なども予定しています。連日、大ステージで繰り広げられる発表会をお楽しみください。

◆会場：大ステージ

サッカー教室
屋上のフットサルコートにて、サッカー教室が開催されます。地元のフットサルチームに所属する現役選手をコーチに迎えて、フットサル初心者向けのレッスンを行います。参加者は

複数の段落を選択している状態

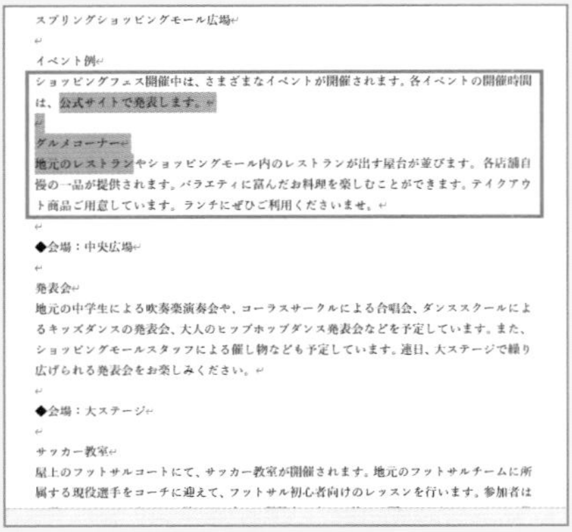

スプリングショッピングモール広場

イベント例
ショッピングフェス開催中は、さまざまなイベントが開催されます。各イベントの開催時間は、公式サイトで発表します。

グルメコーナー
地元のレストランやショッピングモール内のレストランが出す屋台が並びます。各店舗自慢の一品が提供されます。バラエティに富んだお料理を楽しむことができます。テイクアウト商品ご用意しています。ランチにぜひご利用くださいませ。

◆会場：中央広場

発表会
地元の中学生による吹奏楽演奏会や、コーラスサークルによる合唱会、ダンススクールによるキッズダンスの発表会、大人のヒップホップダンス発表会などを予定しています。また、ショッピングモールスタッフによる催し物なども予定しています。連日、大ステージで繰り広げられる発表会をお楽しみください。

◆会場：大ステージ

サッカー教室
屋上のフットサルコートにて、サッカー教室が開催されます。地元のフットサルチームに所属する現役選手をコーチに迎えて、フットサル初心者向けのレッスンを行います。参加者は

第5章

思い通りに整理する!
レイアウト設定快適テクニック

SECTION 087

余白

ページの余白を変更する

用紙の余白の大きさは、「狭い」「広い」などの中から選択できます。また、上下左右の余白の大きさを数値で指定することもできます。文書の内容が用紙に収まらない場合、余白の位置を狭くすると、きれいに収められることもあります。

余白の大きさを一覧から選択する

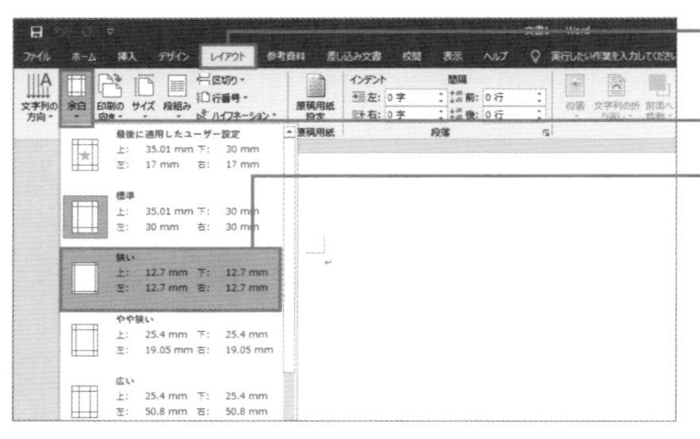

❶ <レイアウト>タブをクリックします。

❷ <余白>をクリックします。

❸ 余白の大きさを選択します。

❹ 余白の大きさが変わります。

COLUMN

見開きページでとじしろの位置を指定する

手順❸で<ユーザー設定の余白>を選ぶと、<ページ設定>ダイアログボックスが表示されます。<余白>タブでは余白の大きさを細かく指定できます。たとえば、複数ページ印刷するときに、両面印刷をしてページを綴じるときは、<印刷の形式>で<見開きページ>を選択し、<とじしろ>を指定すると、ページの内側に空白ができるため、見開きページの内側の文字が読みやすくなります。

SECTION 088
文書の向き

文書の向きやサイズを変更する

ビジネス文書を印刷するときは、A4用紙を縦にして印刷することが多いでしょう。用紙の向きやサイズは変更できます。写真を印刷したりはがきに印刷したりする場合などは、用紙の大きさを変更して文書を作成します。

用紙の向きやサイズを選択する

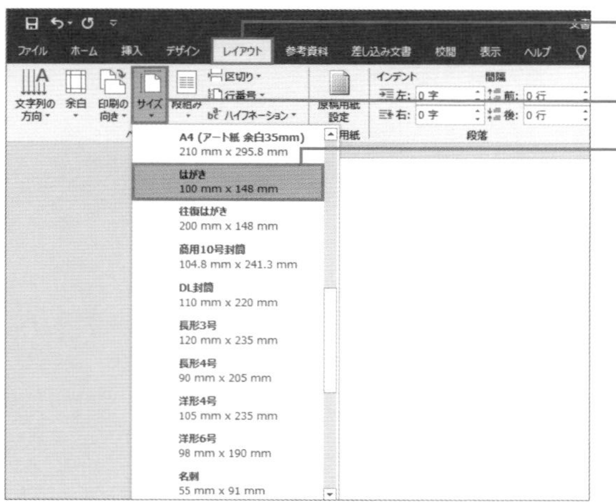

❶ <レイアウト>タブをクリックします。

❷ <サイズ>をクリックします。

❸ 用紙のサイズを指定します。

> **MEMO　指定したページだけサイズや向きを変える**
>
> 用紙のサイズや向きは、セクション（P.132参照）ごとに指定できます。複数ページにわたる文書で指定したページだけ用紙のサイズや向きを変えるには、セクションを分けてから指定したセクションの用紙のサイズや向きを変更します。

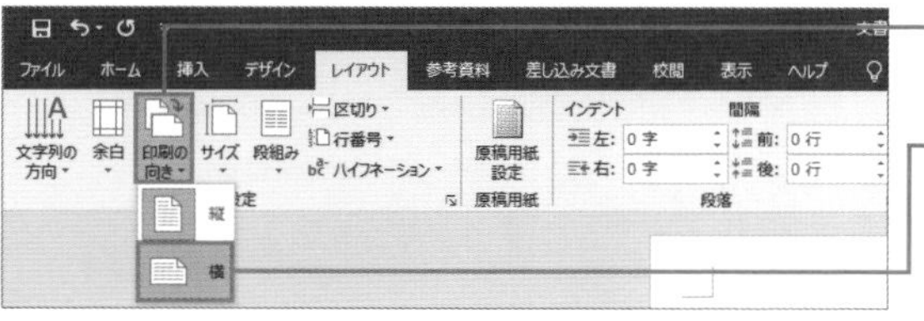

❹ 印刷の向き>をクリックします。

❺ 紙の向きを選択します。

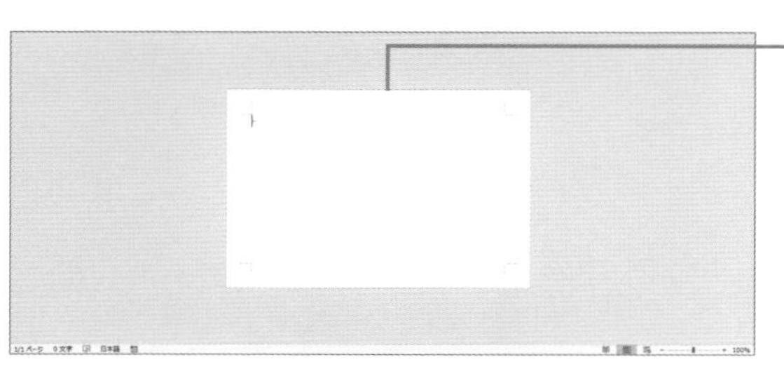

❻ 紙のサイズや向きが変わりました。

SECTION 089 文書の向き

縦書きと横書きを切り替える

縦書きの文書を作成するときは、文字列の方向を変更します。なお、縦書きの文書では、英字が縦に並んだり、半角の英字や数字などが横向きになります。英字や数字を横に並べて表示する方法は、P.123で紹介しています。

横書きの文書を縦書きに変更する

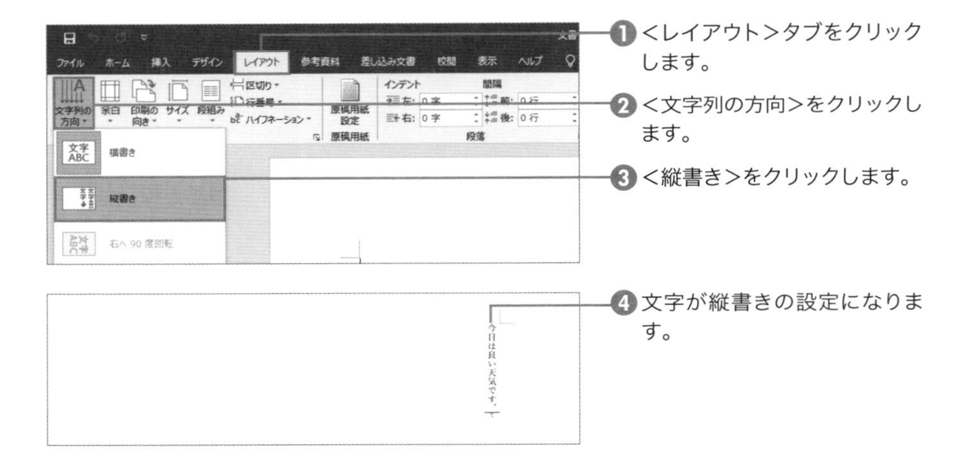

❶ <レイアウト>タブをクリックします。

❷ <文字列の方向>をクリックします。

❸ <縦書き>をクリックします。

❹ 文字が縦書きの設定になります。

COLUMN

縦書きの原稿用紙を使う

縦書きの原稿用紙を用意して文書を作成するには、<レイアウト>タブの<原稿用紙設定>をクリックします。<スタイル>や<文字数×行数>などを指定し、<印刷の向き>を<横>にして<OK>をクリックすると、縦書きの原稿用紙が用意されます。

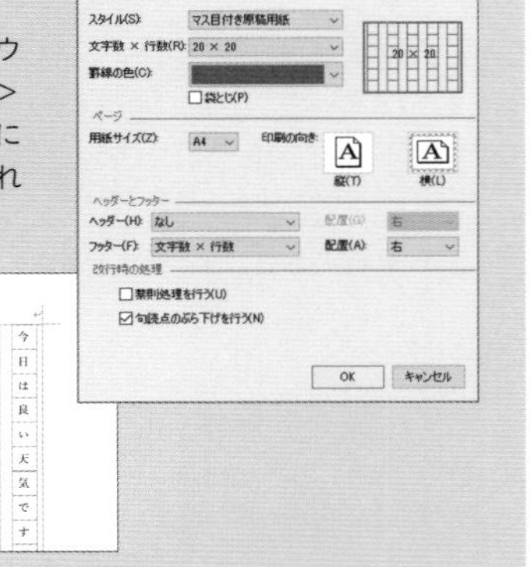

SECTION 090

文書の向き

縦書きの文書で数字を横に並べる

縦書きの文書では、全角の英字や数字が縦に並び、半角の英字や数字は横向きになってしまいます。縦に並んだ英字や数字を横に並べたり、半角の英字や数字の向きを変えて横に並べたりするには、文字を縦中横の設定に変更します。

縦書き文書で読みづらい数字の配置を整える

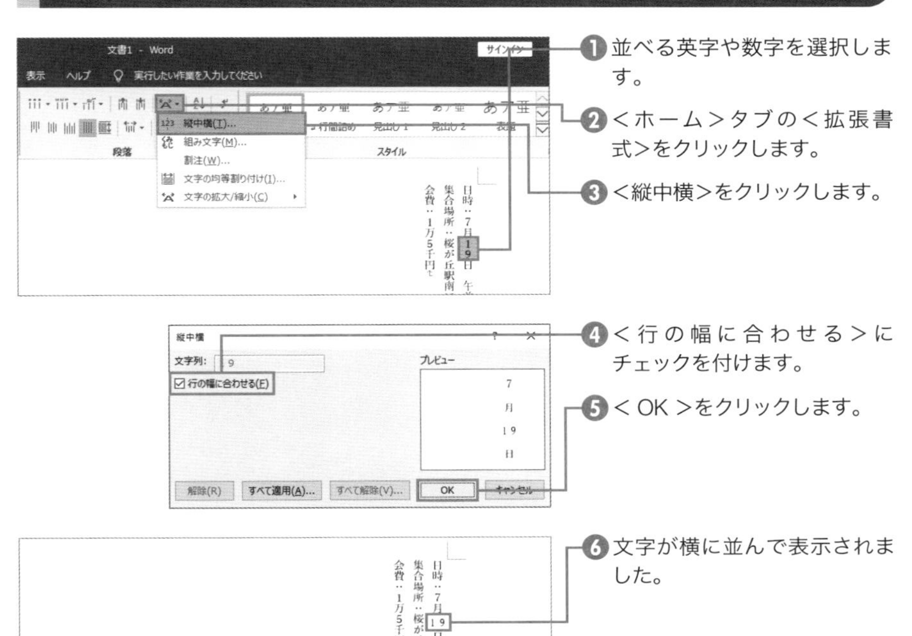

1. 並べる英字や数字を選択します。
2. ＜ホーム＞タブの＜拡張書式＞をクリックします。
3. ＜縦中横＞をクリックします。
4. ＜行の幅に合わせる＞にチェックを付けます。
5. ＜ OK ＞をクリックします。
6. 文字が横に並んで表示されました。

COLUMN

拡張書式が選べない場合

原稿用紙のスタイルに設定していると、拡張書式で設定できないものがあります。縦中横の設定ができないときは、＜レイアウト＞タブの＜原稿用紙設定＞をクリックすると表示される画面で＜スタイル＞から＜原稿用紙の設定にしない＞を選択して＜OK＞をクリックします。続いて、縦中横の設定を行う文字を選択して、文字に縦中横の設定を行います。続いて、＜レイアウト＞タブの＜原稿用紙設定＞をクリックして＜スタイル＞を元の原稿用紙のスタイルに戻す方法があります。

第1章 第2章 第3章 第4章 第5章 文書の向き

SECTION 091
文字数

1ページあたりの文字数と行数を指定する

ページ内の行数や文字数を指定するには、＜ページ設定＞ダイアログボックスで行います。行数だけを指定したり、文字数と行数の両方を指定したりできます。なお、文字数や行数の指定に応じて、文字の間隔や行の間隔などが変わります。

1ページ内の行数や1行の文字数を指定する

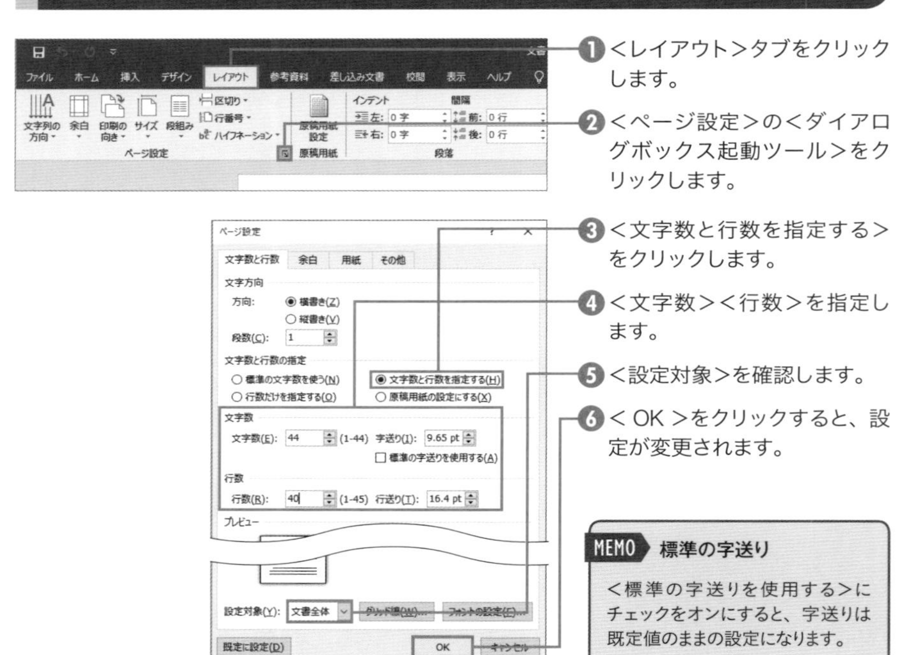

❶＜レイアウト＞タブをクリックします。

❷＜ページ設定＞の＜ダイアログボックス起動ツール＞をクリックします。

❸＜文字数と行数を指定する＞をクリックします。

❹＜文字数＞＜行数＞を指定します。

❺＜設定対象＞を確認します。

❻＜ OK ＞をクリックすると、設定が変更されます。

MEMO　標準の字送り

＜標準の字送りを使用する＞にチェックをオンにすると、字送りは既定値のままの設定になります。

COLUMN

行数が指定どおりにならない

游明朝などのフォントの場合、行数を指定しても指定した行数になりません。行数を正しく変更するには他のフォントに変更します。または、全段落を選択し、＜段落＞ダイアログボックスを表示して、＜行間＞を＜固定値＞にして、＜間隔＞欄に、手順❹の＜行数＞を指定すると表示される＜行送り＞の値を入力します。＜1ページの行数を指定時に文字を行グリッド線に合わせる＞のチェックを外して＜OK＞をクリックします。

SECTION 092 文字数

選択した範囲の文字数を知る

選択した範囲や文書全体の文字数を知るには、文字カウント機能を使います。<文字カウント>の画面には、ページ数や文字数、段落数や行数などが表示されます。また、文字数は、ステータスバーで確認することもできます。

文字数や段落数、行数を確認する

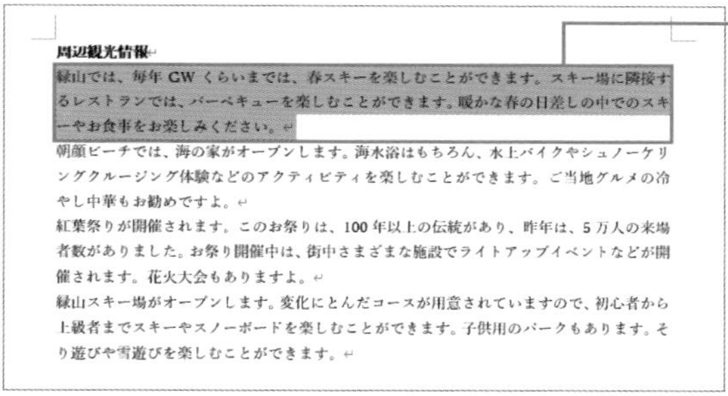

周辺観光情報
緑山では、毎年GWくらいまでは、春スキーを楽しむことができます。スキー場に隣接するレストランでは、バーベキューを楽しむことができます。暖かな春の日差しの中でのスキーやお食事をお楽しみください。
朝顔ビーチでは、海の家がオープンします。海水浴はもちろん、水上バイクやシュノーケリングクルージング体験などのアクティビティを楽しむことができます。ご当地グルメの冷やし中華もお勧めですよ。
紅葉祭りが開催されます。このお祭りは、100年以上の伝統があり、昨年は、5万人の来場者数がありました。お祭り開催中は、街中さまざまな施設でライトアップイベントなどが開催されます。花火大会もありますよ。
緑山スキー場がオープンします。変化にとんだコースが用意されていますので、初心者から上級者までスキーやスノーボードを楽しむことができます。子供用のパークもあります。そり遊びや雪遊びを楽しむことができます。

1 文字数を知りたい範囲を選択します。

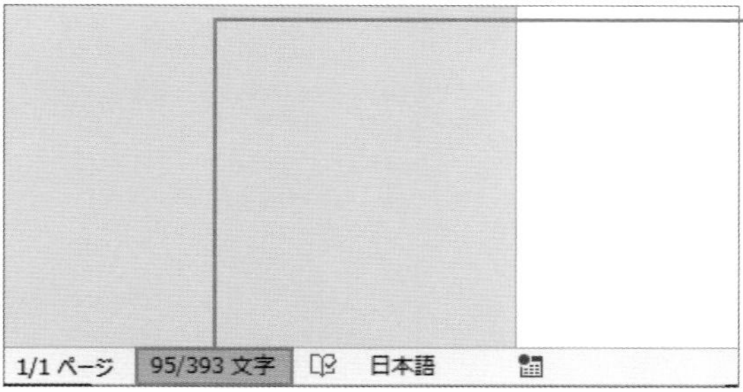

1/1 ページ　95/393 文字　日本語

2 ステータスバーに文字数（<文字カウント>）が表示されるので、クリックします。

MEMO ステータスバー

ステータスバーに文字数が表示されていない場合は、ステータスバーの空いているところを右クリックして<文字カウント>をクリックします。

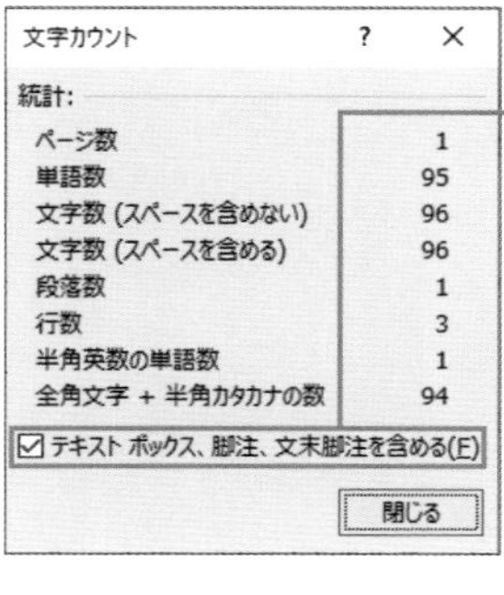

文字カウント

統計:

ページ数	1
単語数	95
文字数 (スペースを含めない)	96
文字数 (スペースを含める)	96
段落数	1
行数	3
半角英数の単語数	1
全角文字 + 半角カタカナの数	94

☑ テキスト ボックス、脚注、文末脚注を含める(F)

閉じる

3 文字数などが表示されます。

4 テキストボックスや脚注、文末脚注の文字数をカウントするには、チェックをオンにします。

MEMO 文書全体の文字数

文書全体のページ数や文字数をカウントする場合、文字を選択していない状態で手順2の操作を行います。

SECTION 093 文字数

行の左端に行番号を自動表示する

行番号を表示すると、行の左端に連番が表示されます。文書全体を通して番号を表示したり、用紙ごとに番号を振り直したり指定できます。また、指定した段落には行番号を表示しないなど、段落ごとに設定できます。

行の左端に番号を表示する

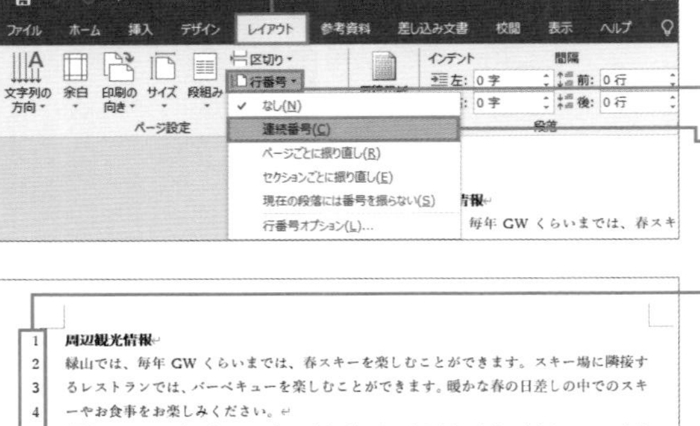

❶ ＜レイアウト＞タブをクリックします。

❷ ＜行番号＞をクリックします。

❸ ＜連続番号＞をクリックします。

1 周辺観光情報
2 緑山では、毎年 GW くらいまでは、春スキーを楽しむことができます。スキー場に隣接す
3 るレストランでは、バーベキューを楽しむことができます。暖かな春の日差しの中でのスキ
4 ーやお食事をお楽しみください。
5 朝顔ビーチでは、海の家がオープンします。海水浴はもちろん、水上バイクやシュノーケリ
6 ングクルージング体験などのアクティビティを楽しむことができます。ご当地グルメの冷
7 やし中華もお勧めですよ。
8 紅葉祭りが開催されます。このお祭りは、100 年以上の伝統があり、昨年は、5 万人の来場
9 者数がありました。お祭り開催中は、街中さまざまな施設でライトアップイベントなどが開
10 催されます。花火大会もありますよ。
11 緑山スキー場がオープンします。変化にとんだコースが用意されていますので、初心者から
12 上級者までスキーやスノーボードを楽しむことができます。子供用のパークもあります。そ
13 り遊びや雪遊びを楽しむことができます。

❹ 行番号が表示されます。

MEMO 現在の段落

行番号を表示しているとき、選択している段落には行番号を表示したくない場合は、手順❸で＜現在の段落には番号を振らない＞をクリックします。設定を変更すると、この段落を選択して＜段落＞ダイアログボックス（P.115参照）を表示したときに＜改ページと改行＞タブの＜行番号を表示しない＞のチェックがオンになります。

COLUMN

行番号の表示の詳細を指定する

手順❸で＜行番号のオプション＞をクリックし、表示される画面の＜行番号＞をクリックすると、行番号の表示方法の詳細を指定する画面が表示されます。＜開始番号＞で先頭行の番号を指定することができ、＜行番号の増分＞で何行ごとに行番号を表示するかなどを指定できます。

行番号
☑行番号を追加する(L)
開始番号(A): 1
文字列との間隔(T): 自動
行番号の増分(B): 1
番号の付け方:
○ページごとに振り直し(P)
○セクションごとに振り直し(S)
◉連続番号(C)
OK　キャンセル

SECTION 094 設定

指定した部分のみ文字数や行数を変更する

文書の一部のみ、1行辺りの文字数や用紙内の行数を変更するには、文書にセクション区切りを追加して文書を複数のセクションに分割します。続いて、文字数や行数を指定します。文書全体ではなくセクションに対して設定します。

文書の前半部分の文字数や行数を指定する

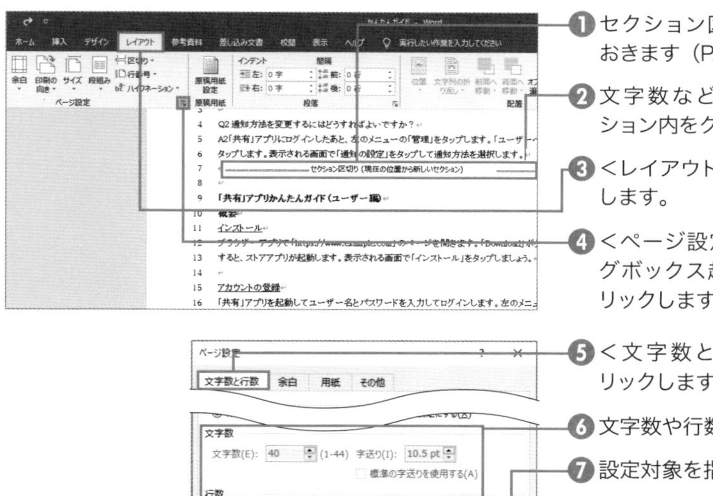

❶セクション区切りを追加しておきます（P.132参照）。

❷文字数などを変更するセクション内をクリックします。

❸<レイアウト>タブをクリックします。

❹<ページ設定>の<ダイアログボックス起動ツール>をクリックします。

❺<文字数と行数>タブをクリックします。

❻文字数や行数を指定します。

❼設定対象を指定します。

❽< OK >をクリックします。

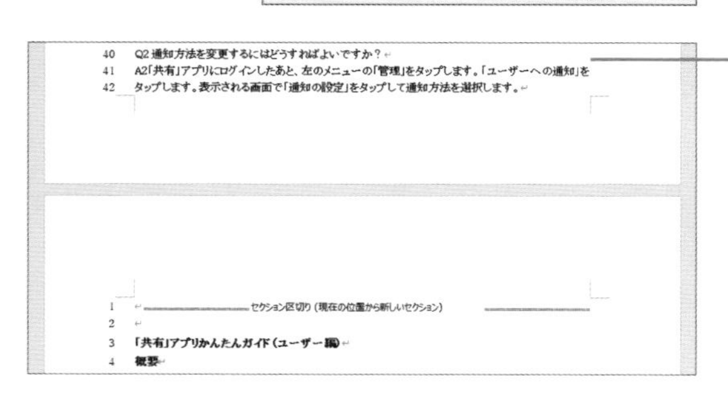

❾選択したセクションの文字数や行数が変わりました。

MEMO　行数が変わらない

行数が指定どおりにならない場合は、P.124のCOLUMNを参照してください。

SECTION 095 設定

英単語の途中で改行できるようにする

英語の文章や、日本語に英単語が混じった文書を入力するとき、行末に長い英単語がくるケースがあります。通常は、英単語の途中で改行されないように自動的に調整されます。ハイフンで区切って改行を入れるにはハイフネーションを指定します。

単語の途中で改行されるように設定する

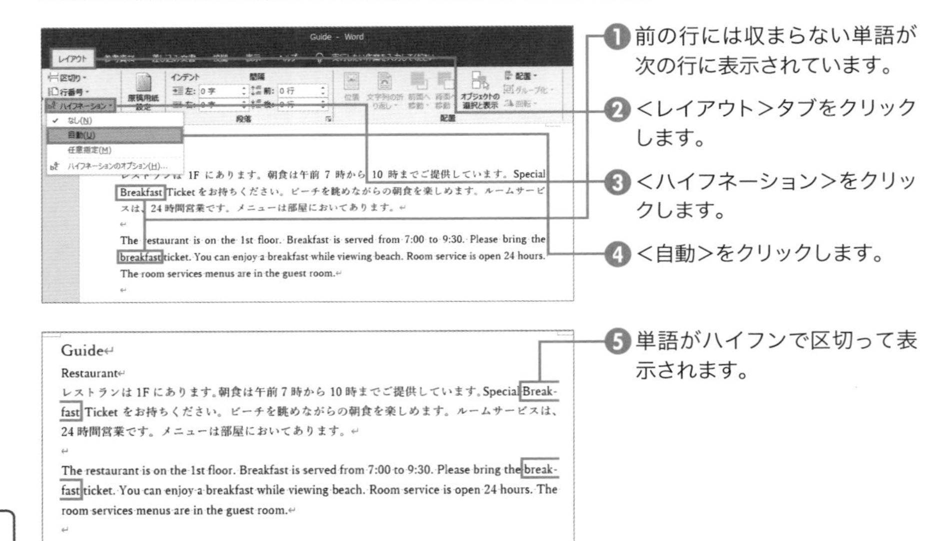

COLUMN

ハイフネーションの詳細を指定する

手順❹で＜ハイフネーションのオプション＞をクリックすると、ハイフネーションの詳細設定ができます。ハイフネーションを行うには、＜単語を自動的に区切る＞のチェックをオンにします。ハイフンで行を区切るパターンが連続するときに、最大連続行数を指定できます。また、＜任意指定＞をクリックすると、区切りの位置を指定する画面が表示されます。区切り位置を指定して＜はい＞をクリックすると、ハイフンの位置が調整されます。

ハイフネーション
☑ 単語を自動的に区切る(A)
☑ 大文字の単語も区切る(C)
ハイフネーション調整幅(Z):
最大連続行数(L): 制限なし
任意指定(M)...　OK　キャンセル

SECTION 096 設定

行頭に「っ」「ょ」などが表示されないようにする

Wordで文章を入力すると、行頭や行末にあると読みづらい記号などの位置が調整されます。この機能を禁則処理と言います。「っ」や「ょ」の文字などが行頭にこないようにするには、禁則処理を行うときの禁則文字の設定を変更します。

行の先頭に特定の文字がこないようにする

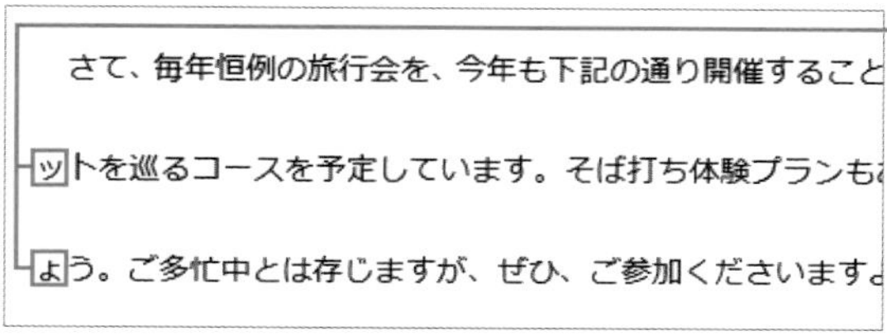
さて、毎年恒例の旅行会を、今年も下記の通り開催すること
ットを巡るコースを予定しています。そば打ち体験プランも
ょう。ご多忙中とは存じますが、ぜひ、ご参加くださいます

❶先頭に「ッ」や「ょ」の文字が表示されています。

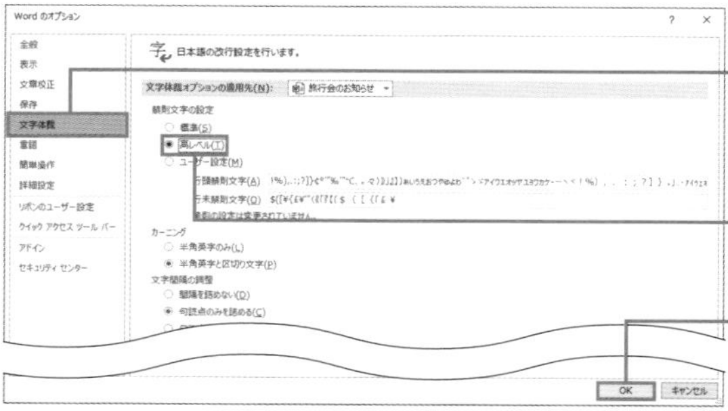
Word のオプション
全般
表示
文章校正
保存
文字体裁
言語
簡単操作
詳細設定
リボンのユーザー設定
クイック アクセス ツール バー
アドイン
セキュリティ センター
日本語の改行設定を行います。
文字体裁オプションの適用先(N):
旅行会のお知らせ
禁則文字の設定
標準(S)
高レベル(T)
ユーザー設定(M)
行頭禁則文字(A)
行末禁則文字(O)
カーニング
半角英字のみ(L)
半角英字と区切り文字(P)
文字間隔の調整
間隔を詰めない(D)
句読点のみを詰める(C)
OK
キャンセル

❷P.022の方法で、＜Wordのオプション＞画面を表示します。

❸＜文字体裁＞をクリックします。

❹＜高レベル＞をクリックします。

❺＜OK＞をクリックします。

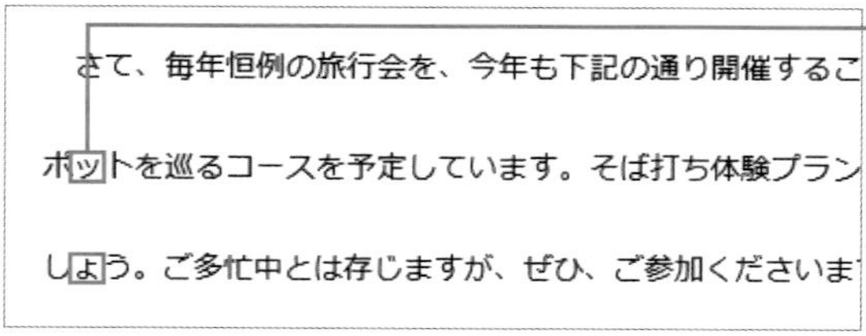
さて、毎年恒例の旅行会を、今年も下記の通り開催するこ
ポットを巡るコースを予定しています。そば打ち体験プラン
しょう。ご多忙中とは存じますが、ぜひ、ご参加くださいま

❻行頭に「っ」などが配置されなくなります。

MEMO 禁則文字

禁則処理を行うときに、禁則文字と見なされる文字は、指定できます。通常、「)」や「々」などの文字は行頭に配置されないように、「(」や「¥」などの文字は行末に配置されないようになっています。

MEMO 禁則処理が行われない

段落の書式を設定する＜段落＞ダイアログボックスの＜体裁＞タブでは、禁則処理を行うかを指定できます。通常は、チェックがオンになっています。

SECTION
097
設定

既定の文字サイズやフォントを変更する

文書の既定の文字のサイズやフォントを指定します、使用している文書のみに適用するか、文書を新規に作成するときの「標準のテンプレート」の設定を変更するか選択できます。ここでは、使用中の文書の設定を変更します。

既定の文字のフォントやサイズを指定する

❶ P.075 MEMO の方法で、<フォント>ダイアログボックスを表示します。

❷ <フォント>や<サイズ>を選択します。

❸ <既定に設定>をクリックします。

MEMO テンプレート

新規に作成する文書の文字サイズやフォントを変更するには、標準のテンプレートは変更せずに新しくテンプレートを作成して利用する方法もあります（P.324参照）。作成したテンプレートを元に文書を作成します。

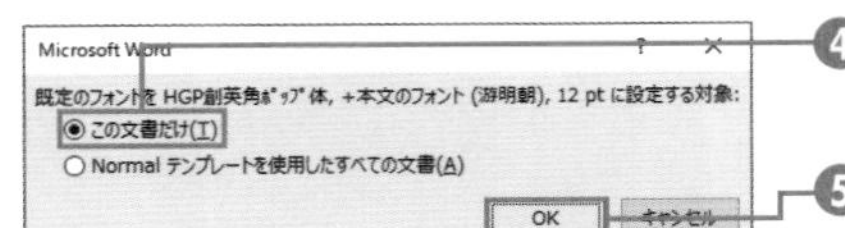

❹ <この文書だけ>をクリックします。

❺ < OK >をクリックします。

COLUMN 標準のテンプレート（Normal.dotm）

新規に文書を作成するときに使用される標準テンプレートは、Normal.dotmという名前です。通常は、「C:¥Users¥<ユーザー名>¥AppData¥Roaming¥Microsoft¥Templates」の中にあります。Normal.dotmの内容を変更すると、今後作成する新規文書に影響を及ぼすため、変更には注意する必要があります。Normal.dotmを元の状態に戻すには、Normal.dotmを削除します。すると、次回新しく文書を作成するときに、Normal.dotmが自動的に作成されます。

SECTION 098 ページ

ページの途中で改ページする

ページの途中で改ページして次のページから文字を入力するには、改ページの指示を追加します。改ページの指示を消すには、改ページの指示を示す印を消します。通常の文字と同様に Delete キーや Back space キーで削除できます。

改ページの指示をして次のページを表示する

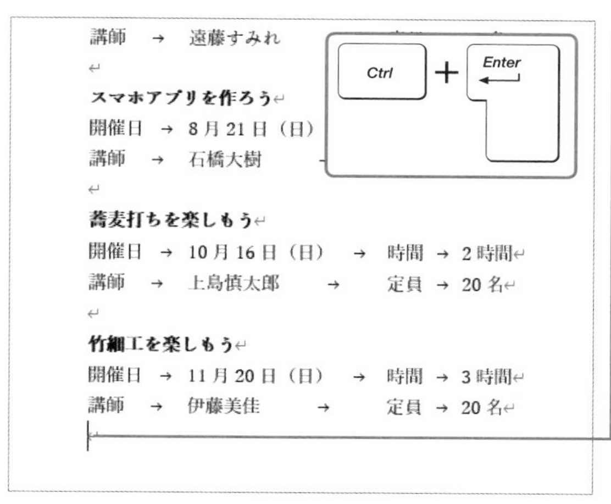
講師 → 遠藤すみれ
スマホアプリを作ろう
開催日 → 8月21日（日）
講師 → 石橋大樹
蕎麦打ちを楽しもう
開催日 → 10月16日（日） → 時間 → 2時間
講師 → 上島慎太郎 → 定員 → 20名
竹細工を楽しもう
開催日 → 11月20日（日） → 時間 → 3時間
講師 → 伊藤美佳 → 定員 → 20名

1 改ページを入れる場所をクリックします。

2 Ctrl ＋ Enter キーを押します。

MEMO 編集記号

改ページの指示を示す編集記号を表示するには、編集記号の表示方法を切り替えます（P.248参照）。

開催日 → 10月16日（日） → 時間 → 2時間
講師 → 上島慎太郎 → 定員 → 20名
竹細工を楽しもう
開催日 → 11月20日（日） → 時間 → 3時間
講師 → 伊藤美佳 → 定員 → 20名
……改ページ……

3 改ページされました。

MEMO <レイアウト>タブ

<レイアウト>タブの<区切り>をクリックして、<改ページ>をクリックしても改ページの指示を入れられます。

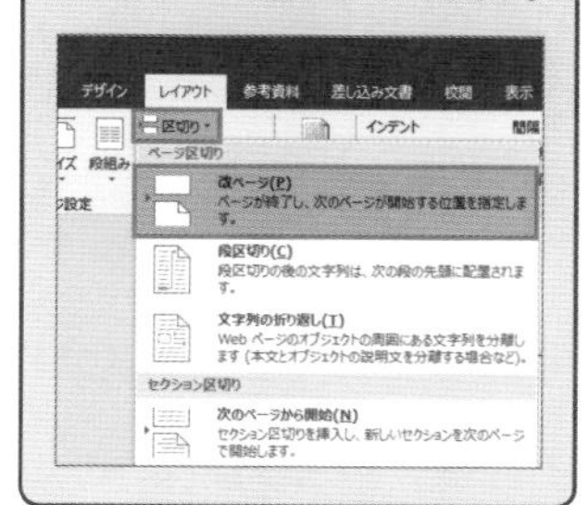

SECTION 099

セクション

複雑なレイアウトを可能にするセクションを知る

セクションとは、文書に追加する区切りの1つです。セクションごとにさまざまな書式を設定できます。たとえば、ページの向きや段組の設定などは、セクションごとに指定できます。セクションの区切り方の種類を選択しましょう。

文書にセクションの区切りを入れる

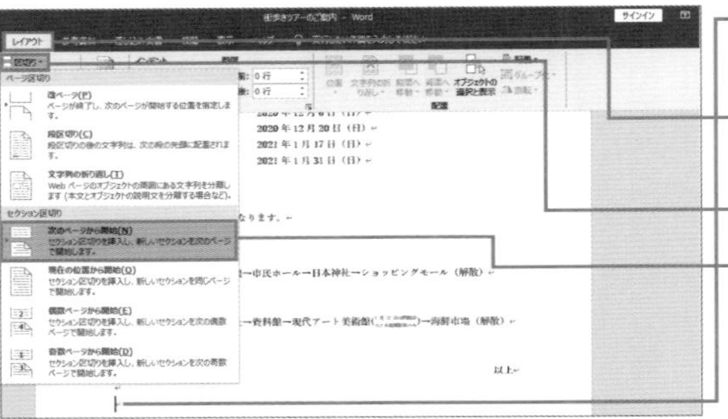

❶セクションの区切りを入れる箇所をクリックします。

❷＜レイアウト＞タブをクリックします。

❸＜区切り＞をクリックします。

❹どこからセクションを区切るか指定します。

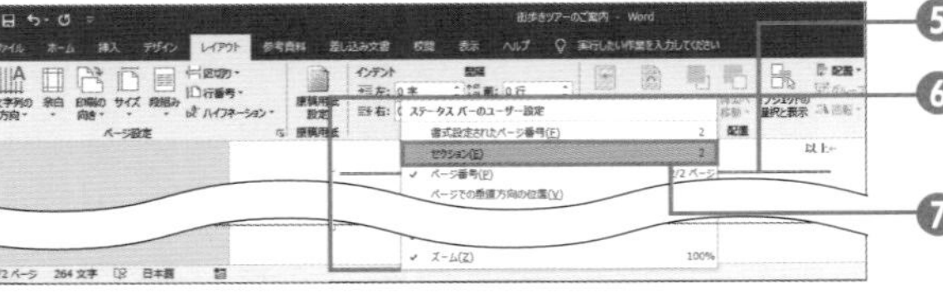

❺セクションの区切りが入ります。

❻ステータスバーを右クリックします。

❼＜セクション＞をクリックします。

セクション: 2　2/2 ページ　264 文字　日本語

❽選択している箇所のセクションの番号が表示されます。

COLUMN

セクションの区切りについて

セクションの区切りの種類は次のとおりです。どこから新しいセクションにするか指定します。

セクションの区切り	内容
次のページから開始	セクション区切りを追加した次のページから次のセクションになります。
現在の位置から開始	セクション区切りを追加した位置から次のセクションになります。
偶数ページから開始	セクション区切りを追加した位置の次の偶数ページから次のセクションになります。
奇数ページから開始	セクション区切りを追加した位置の次の奇数ページから次のセクションになります。

SECTION **100** セクション

用紙サイズの異なるページを追加する

用紙のサイズや向きは、セクションごとに指定できます。たとえば、最終ページに用紙サイズの異なるページを付けるには、セクションを区切って指定します。ここでは、あらかじめセクション区切りを入れた状態で操作します。

セクションごとに用紙サイズを指定する

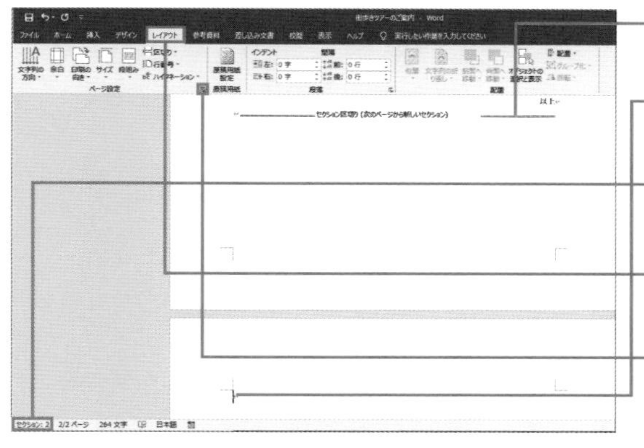

❶ P.132 の方法で、セクション区切りを追加しておきます。

❷ 用紙サイズを変更するセクション内をクリックします。

❸ セクション番号を確認しておきます。

❹ ＜レイアウト＞タブをクリックします。

❺ ＜ページ設定＞の＜ダイアログボックス起動ツール＞をクリックします。

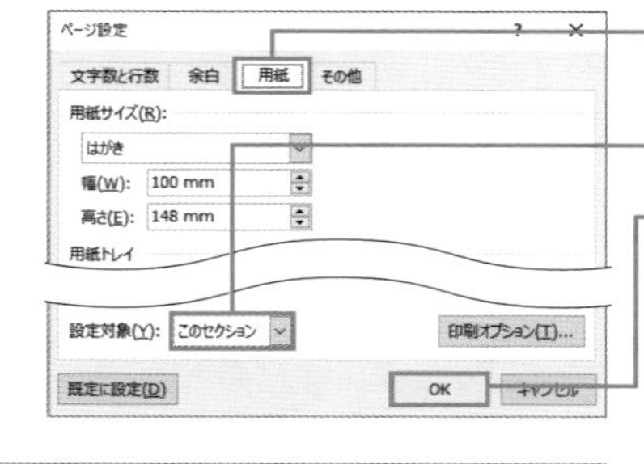

❻ ＜用紙＞タブで用紙のサイズを指定します。

❼ ＜設定対象＞を選択します。

❽ ＜ OK ＞をクリックします。

❾ 選択したセクションの用紙のサイズが変わります。

MEMO　セクション区切りの表示

セクション区切りを示す印が表示されない場合は、編集記号を表示します（P.248参照）。

SECTION 101 段組み

文章を2段組みにする

雑誌などでよく見かけるような、1行に複数の列を用意して文字を表示するには、段組みの設定を行います。段組みの設定は、セクションごとに指定できます。ここでは、あらかじめセクション区切りを入れた状態で操作します。

セクション内の文字を2段組みにする

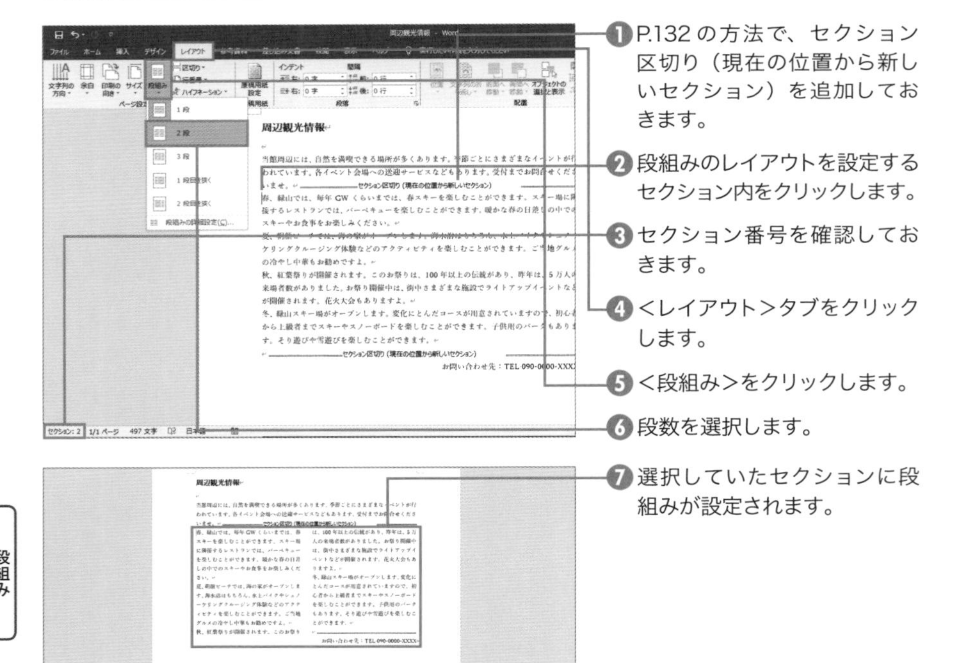

❶ P.132の方法で、セクション区切り（現在の位置から新しいセクション）を追加しておきます。

❷ 段組みのレイアウトを設定するセクション内をクリックします。

❸ セクション番号を確認しておきます。

❹ <レイアウト>タブをクリックします。

❺ <段組み>をクリックします。

❻ 段数を選択します。

❼ 選択していたセクションに段組みが設定されます。

COLUMN

セクションの区切りを削除した場合

セクションの区切りを削除すると、前のセクションと同じセクションになります。そのため、段組みのレイアウトが前のセクションにも反映されて文書全体のレイアウトが崩れてしまうことがあります。間違えてセクションの区切りを消してしまった場合は、操作を元に戻すか、もう一度セクションの区切りを設定し直して、それぞれのセクションの段組みの設定を再度行います。

SECTION 102 段組み

文章の途中に2段組みの文章を入れる

文書の一部分だけを段組みの設定にするとき、あらかじめセクション区切りを入れなくても段組みの設定とセクション区切りの追加を同時に行う方法があります。段組みにする文字の範囲を選択してから操作します。

選択範囲の文字を2段組みに設定する

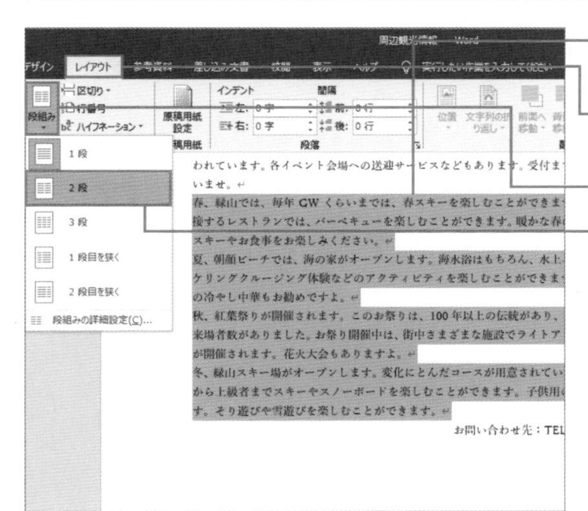

❶ 段組みのレイアウトを設定する文字の範囲を選択します。

❷ ＜レイアウト＞タブをクリックします。

❸ ＜段組み＞をクリックします。

❹ 段数を選択します。

MEMO 段の数

段の数を指定するには、手順❹で＜段組みの詳細設定＞をクリックして＜段数＞を指定します。設定できる数は、用紙サイズや余白の大きさなどによって異なります。

周辺観光情報

当館周辺には、自然を満喫できる場所が多くあります。季節ごとにさまざまなイベントが行われています。各イベント会場への送迎サービスなどもあります。受付までお問合せくださいませ。セクション区切り（現在の位置から新しいセクション）

春、緑山では、毎年GWくらいまでは、春スキーを楽しむことができます。スキー場に隣接するレストランでは、バーベキューを楽しむことができます。暖かな春の日差しの中でのスキーやお食事をお楽しみください。

夏、朝顔ビーチでは、海の家がオープンします。海水浴はもちろん、水上バイクやシュノーケリングクルージング体験などのアクティビティを楽しむことができます。ご当地グルメの冷やし中華もお勧めですよ。

秋、紅葉祭りが開催されます。このお祭りは、100年以上の伝統があり、昨年は、5万人の来場者数がありました。お祭り開催中は、街中さまざまな施設でライトアップイベントなどが開催されます。花火大会もありますよ。

冬、緑山スキー場がオープンします。変化にとんだコースが用意されていますので、初心者から上級者までスキーやスノーボードを楽しむことができます。子供用のパークもあります。そり遊びや雪遊びを楽しむことができます。

お問い合わせ先：TEL 090-0000-XXXX

❺ 選択していた範囲が段組みのレイアウトになり、選択していた範囲の前後にセクション区切りが追加されます。

MEMO 元に戻す

段組みの設定を元に戻すには、＜レイアウト＞タブの＜段組み＞をクリックして＜1段＞を選択します。ただし、セクション区切りの設定は残ったままになります。セクション区切りが不要な場合は、セクション区切りの指示を Delete キーや Back space キーで削除します。

SECTION 103 段組み

段組みの段の間隔を変更する

段組みのレイアウトで、段の幅や段と段の間隔は、あとから変更することができます。それには、<段組み>ダイアログボックスを使います。左端の段落が「1」の段落です。ここでは、段と段の間隔を少し広げて表示します。

段組みのレイアウトの段の間隔を指定する

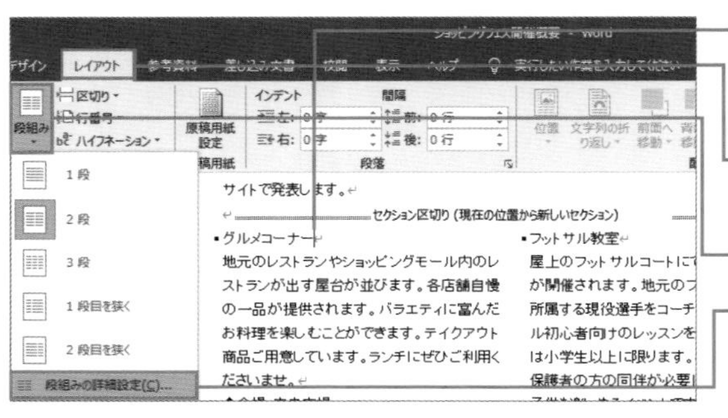

❶ 段組みのレイアウトが設定されているセクションをクリックします。

❷ <レイアウト>タブをクリックします。

❸ <段組み>をクリックします。

❹ <段組みの詳細設定>をクリックします。

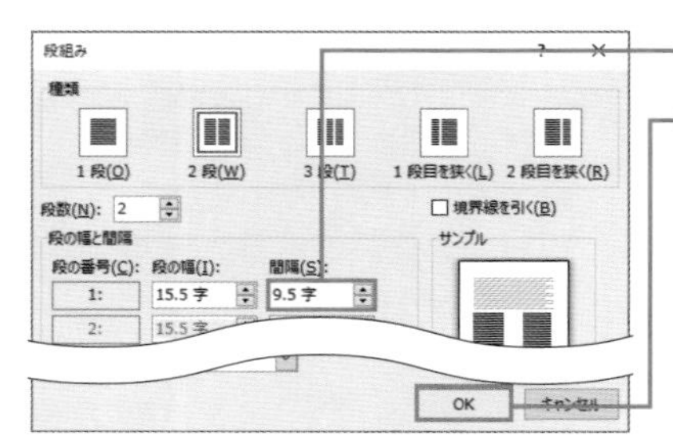

❺ 段の間隔を指定します。

❻ < OK >をクリックします。

セクション区切り（現在の位置から新しいセクション）

▪グルメコーナー
地元のレストランやショッピングモール内のレストランが出す屋台が並びます。各店舗自慢の一品が提供されます。バラエティに富んだお料理を楽しむことができます。テイクアウト商品ご用意しています。ランチにぜひご利用くださいませ。
◆会場：中央広場

▪発表会
地元の中学生による吹奏楽演奏会や、コーラスサークルによる合唱会、ダンススクールによるキッズダンスの発表会、大人のヒップホップダンス発

▪フットサル教室
屋上のフットサルコートにて、フットサル教室が開催されます。地元のフットサルチームに所属する現役選手をコーチに迎えて、フットサル初心者向けのレッスンを行います。参加者は小学生以上に限ります。小学生の場合は、保護者の方の同伴が必要になります。大人も子供も楽しめるイベントです。
◆会場：屋上フットサルコート

▪ボルダリング体験
中央広場に仮設のボルダリングウォールが登場します。インストラクター

❼ 間隔が広がりました。

MEMO 段の幅

段の幅を変更するには、<段の幅>に文字数を入力します。段の幅をそれぞれ指定するには、<段の幅をすべて同じにする>のチェックをオフにしてから<段の幅>を指定します。左端の段が「1」の段です。

SECTION 104 段組み

段組みの段を線で区切る

段組みのレイアウトで、段と段の間に線を表示するには、＜段組み＞ダイアログボックスで指定します。複数の段を表示している場合は、それぞれの段を区切る線が表示されます。線を表示すると、段と段の区切りがより明確になります。

段と段の間に線を引く

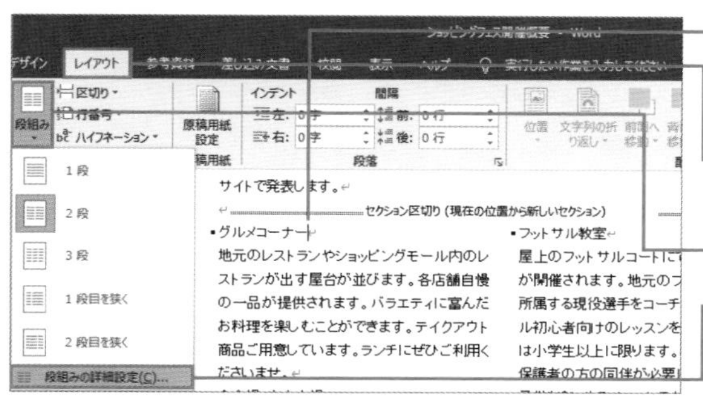

❶段組みのレイアウトが設定されているセクションをクリックします。

❷＜レイアウト＞タブをクリックします。

❸＜段組み＞をクリックします。

❹＜段組みの詳細設定＞をクリックします。

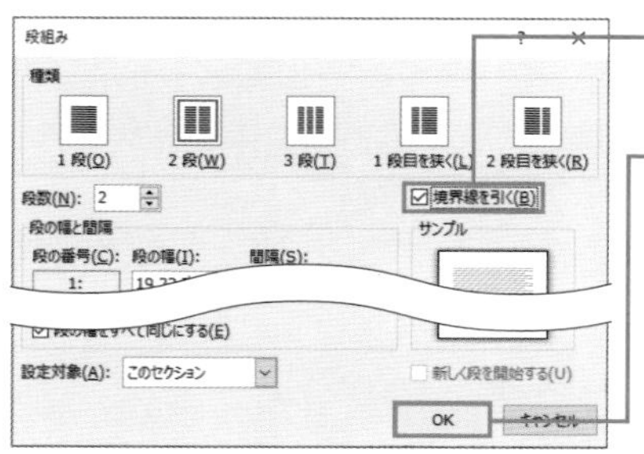

❺＜境界線を引く＞のチェックをオンにします。

❻＜ OK ＞をクリックします。

サイトで発表します。
セクション区切り (現在の位置から新しいセクション)

・グルメコーナー
地元のレストランやショッピングモール内のレストランが出す屋台が並びます。各店舗自慢の一品が提供されます。バラエティに富んだお料理を楽しむことができます。テイクアウト商品ご用意しています。ランチにぜひご利用くださいませ。
◆会場：中央広場

・発表会
地元の中学生による吹奏楽演奏会や、コーラスサークルによる合唱会、ダンススクールによるキッズダンスの発表会、大人のヒップホップ

・フットサル教室
屋上のフットサルコートにて、フットサル教室が開催されます。地元のフットサルチームに所属する現役選手をコーチに迎えて、フットサル初心者向けのレッスンを行います。参加者は小学生以上に限ります。小学生の場合は、保護者の方の同伴が必要になります。大人も子供も楽しめるイベントです。
◆会場：屋上フットサルコート

・ボルダリング体験
中央広場に仮設のボルダリングウォールが登場します。インストラクターが教えてくれますの

❼線が表示されます。

MEMO　チェックできない場合

段数が「1」の場合、＜境界線を引く＞の項目はグレーになります。線を引くには、段数を「2」以上にします。

段の途中で次の段に文字を表示する

段組みのレイアウトを設定すると、文章が自動的に複数の段に分かれて配置されます。段の途中で文章を右の段に送るには、段区切りを入れます。縦書きの場合は、段の途中で文章を下の段に送ることができます。

指定した文字以降は次の段に送る

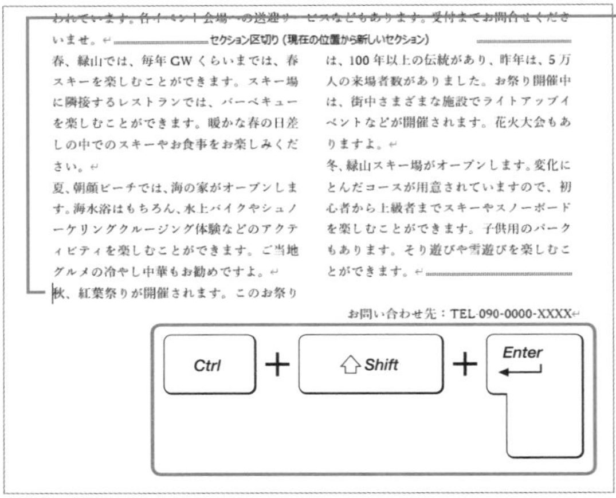

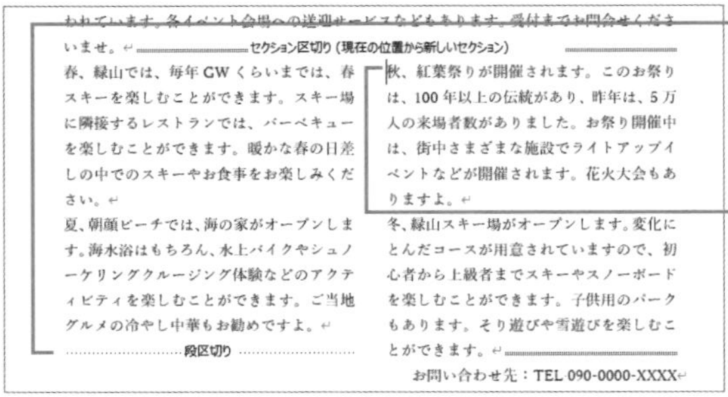

われています。各イベント会場への送迎サービスなどもあります。受付までお問合せください
いませ。セクション区切り（現在の位置から新しいセクション）
春、緑山では、毎年 GW くらいまでは、春スキーを楽しむことができます。スキー場に隣接するレストランでは、バーベキューを楽しむことができます。暖かな春の日差しの中でのスキーやお食事をお楽しみください。
夏、朝顔ビーチでは、海の家がオープンします。海水浴はもちろん、水上バイクやシュノーケリングクルージング体験などのアクティビティを楽しむことができます。ご当地グルメの冷やし中華もお勧めですよ。
秋、紅葉祭りが開催されます。このお祭りは、100 年以上の伝統があり、昨年は、5 万人の来場者数がありました。お祭り開催中は、街中さまざまな施設でライトアップイベントなどが開催されます。花火大会もありますよ。
冬、緑山スキー場がオープンします。変化にとんだコースが用意されていますので、初心者から上級者までスキーやスノーボードを楽しむことができます。子供用のパークもあります。そり遊びや雪遊びを楽しむことができます。
お問い合わせ先：TEL 090-0000-XXXX

Ctrl ＋ Shift ＋ Enter

❶ 段区切りを入れる箇所をクリックします。

❷ Ctrl ＋ Shift ＋ Enter キーを押します。

MEMO ＜レイアウト＞タブ

＜レイアウト＞タブの＜区切り＞の＜段区切り＞をクリックしても、段区切りを入れられます。

段区切り

❸ 段区切りが指定されました。

❹ 指定した箇所から右の段に表示されます。

COLUMN

段区切りを消す

段区切りを消すには、段区切りの印を Delete キーや Back space キーで削除します。

段組みを終了するための区切りを入れる

段組みの設定は、セクションごとに行います。段組みのレイアウトを終了して、段組みのあとに普通に文字を入力するには、セクションの区切りを入れてから次のセクションの段組みの設定を「1」に戻します。

セクションの区切りを追加する

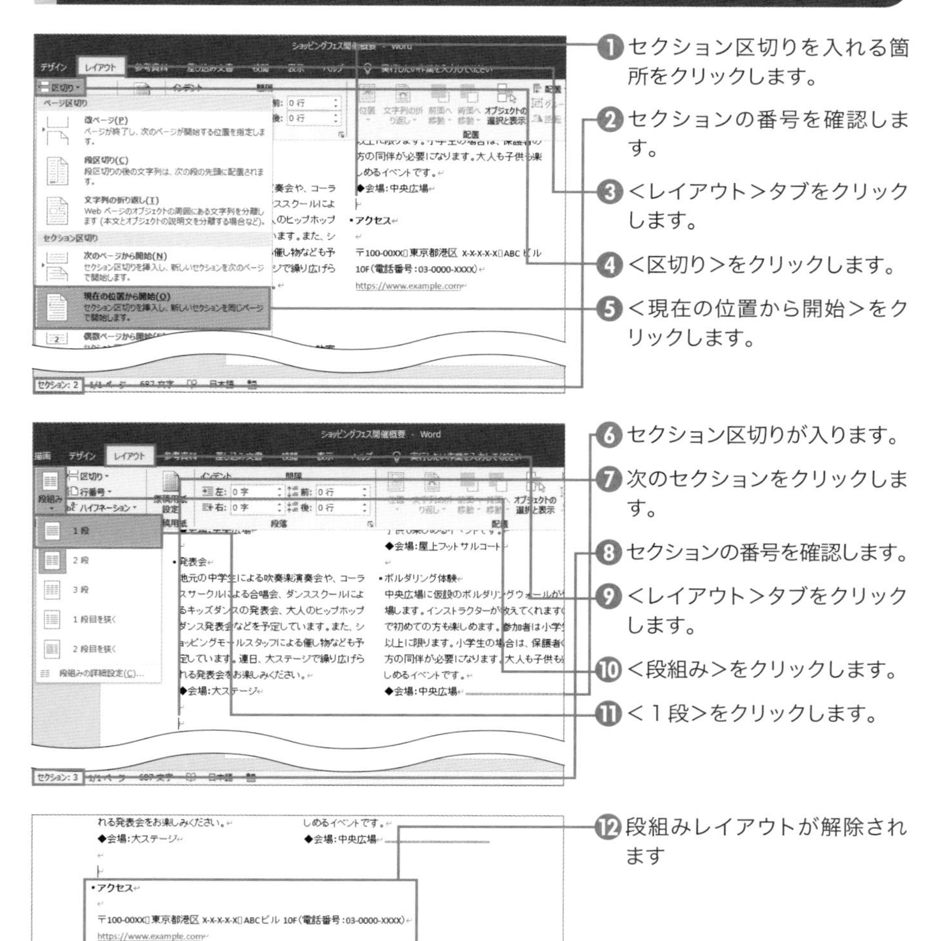

1. セクション区切りを入れる箇所をクリックします。
2. セクションの番号を確認します。
3. <レイアウト>タブをクリックします。
4. <区切り>をクリックします。
5. <現在の位置から開始>をクリックします。
6. セクション区切りが入ります。
7. 次のセクションをクリックします。
8. セクションの番号を確認します。
9. <レイアウト>タブをクリックします。
10. <段組み>をクリックします。
11. <1段>をクリックします。
12. 段組みレイアウトが解除されます

SECTION 107 テキストボックス

既存の文章をテキストボックスに入れる

テキストボックスとは、四角形の枠の中に文字を入力して表示するものです。テキストボックスには、縦書きと横書きの2種類があります。テキストボックスの位置は自由に移動できるので、文書のレイアウトを自由に整えられて便利です。

選択した文字をテキストボックスに入れる

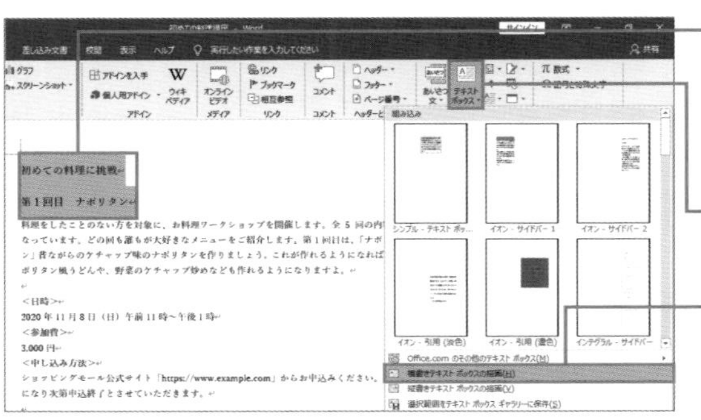

❶テキストボックスに入れる文字を選択します。

❷＜挿入＞タブをクリックします。

❸＜テキストボックス＞をクリックします。

❹＜横書きテキストボックスの描画＞をクリックします。

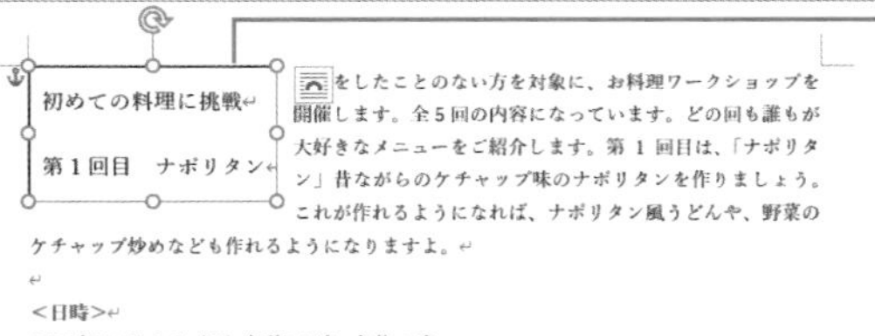

初めての料理に挑戦

第1回目　ナポリタン

料理をしたことのない方を対象に、お料理ワークショップを開催します。全5回の内容になっています。どの回も誰もが大好きなメニューをご紹介します。第1回目は、「ナポリタン」昔ながらのケチャップ味のナポリタンを作りましょう。これが作れるようになれば、ナポリタン風うどんや、野菜のケチャップ炒めなども作れるようになりますよ。

＜日時＞
2020年11月8日（日）午前11時～午後1時
＜参加費＞
3.000円
＜申し込み方法＞
ショッピングモール公式サイト「https://www.example.com」からお申込みください。定員になり次第申込終了とさせていただきます。

❺テキストボックスが表示されます。

MEMO　組み込み

手順❹で＜組み込み＞のテキストボックスを選択すると、あらかじめデザインされたテキストボックスが追加されます。テキストボックスを選択して文字を入力すると、テキストボックスに文字が表示されます。

COLUMN

テキストボックスを追加する

テキストボックスを追加するには、＜挿入＞タブの＜図形＞の＜横書きテキストボックス＞（＜縦書きテキストボックス＞）を選択して文書内をドラッグします。テキストボックスを選択して文字を入力すると、文字がテキストボックスに入ります。

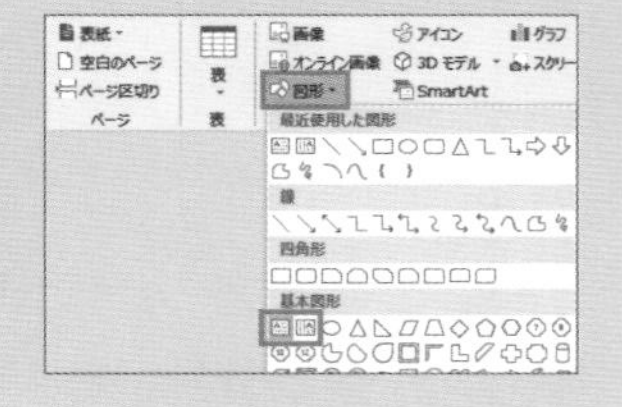

第1章
第2章
第3章
第4章
第5章 テキストボックス

SECTION 108 テキストボックス

テキストボックスの配置を変更する

テキストボックスの大きさや位置は、自由に変更できます。マウスポインターの形に注意しながら配置を整えましょう。また、テキストボックスの背景の色や文字の色を変更したりして見栄えを整えましょう。

テキストボックスを移動する

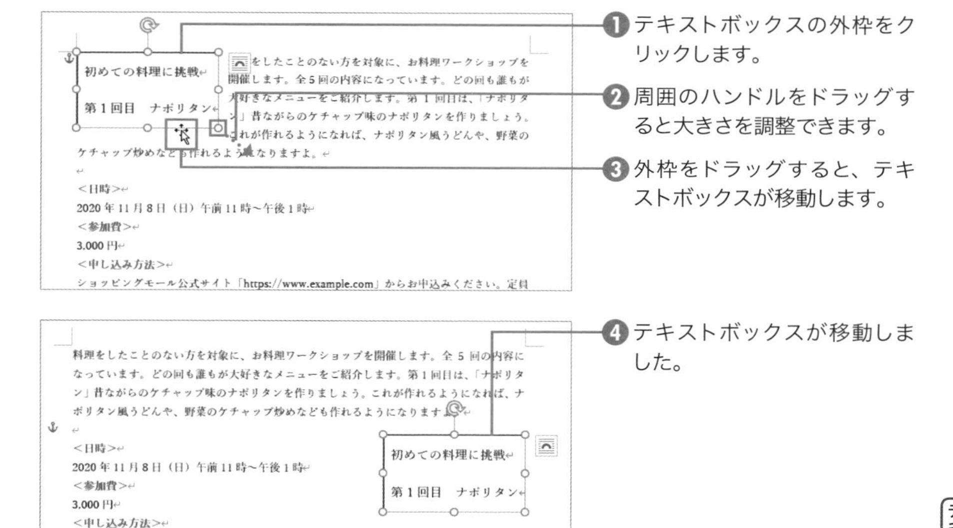

COLUMN テキストボックスの書式を変更する

テキストボックスを選択すると、＜描画ツール＞の＜書式＞タブが表示されます。＜書式＞タブの＜図形のスタイル＞で図形の色などを変更できます。また、テキストボックス内の文字は通常の文字と同様に文字飾りなどの書式を設定できます。

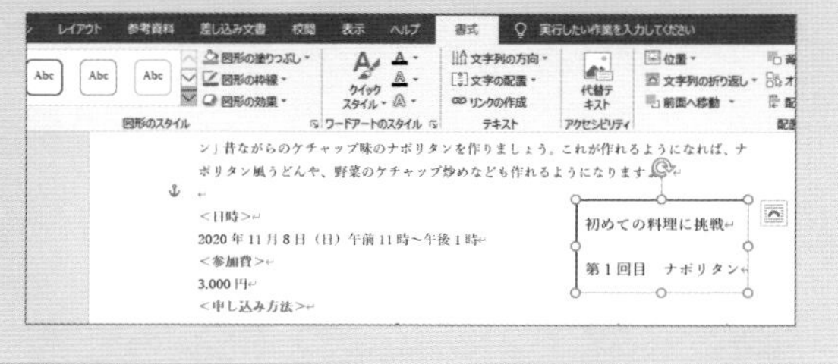

SECTION 109 テキストボックス

複数のテキストボックスに文章を流す

長い文章を複数のテキストボックスに分けて表示するとき、テキストボックスに入りきらない文章を別のテキストボックスに送ることができます。このようなテキストボックスの関連付けの設定を、リンクと言います。

文章の続きをテキストボックスに流す

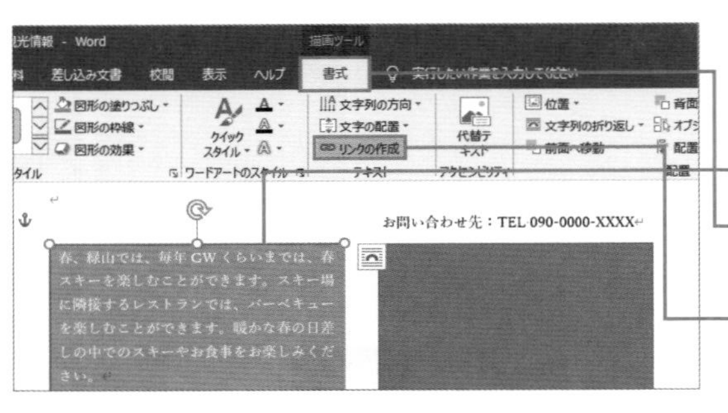

1. P.140 の COLUMN の方法で、複数のテキストボックスを追加します。
2. テキストボックスを選択します。
3. <描画ツール>の<書式>タブをクリックします。
4. <リンクの作成>をクリックします。
5. 続きの文章を送るテキストボックスをクリックします。

> **MEMO テキストボックスの追加**
>
> 続きの文字を表示するテキストボックスに文字が入っていると、正しくリンクを設定することができません。リンク先として指定するテキストボックスは空の状態にしておきます。

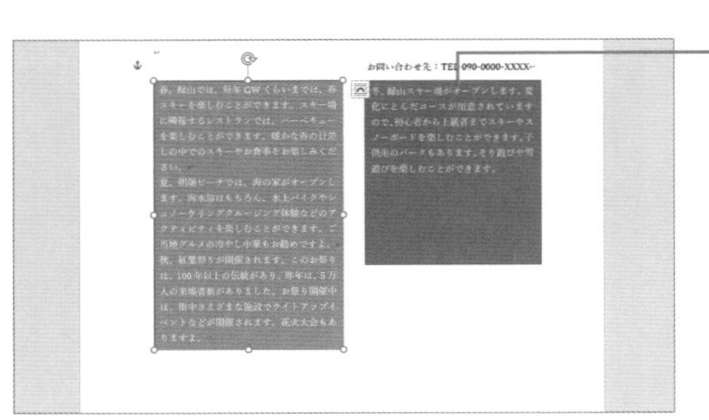

6. テキストボックスに入らない文字がリンク先のテキストボックスに入ります。

> **MEMO リンクの解除**
>
> テキストボックスのリンクの設定を解除するには、リンク元のテキストボックスをクリックして、<描画ツール>の<書式>タブの<リンクの解除>をクリックします。

SECTION 110 テーマ

文書全体のテーマを指定する

文書全体のデザインを変更するには、テーマを選択する方法があります。テーマとは、フォントや文書内で使用する色の組み合わせ、図形の質感などのデザインの組み合わせが登録されたものです。気に入ったテーマを選びます。

デザインを左右するテーマを選ぶ

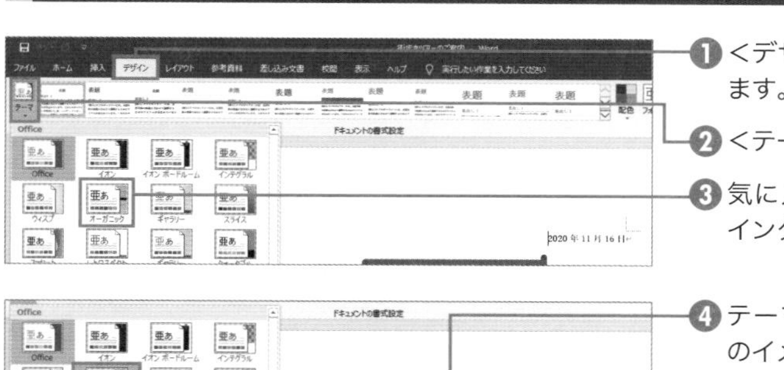

❶ <デザイン>タブをクリックします。

❷ <テーマ>をクリックします。

❸ 気に入ったテーマにマウスポインターを移動します。

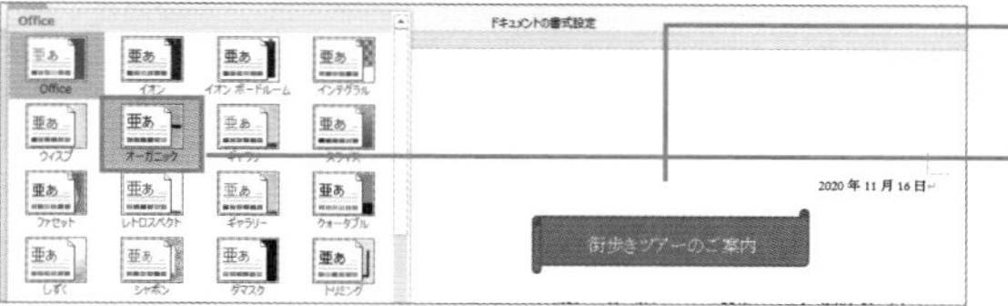

❹ テーマを変更したときの文書のイメージを確認します。

❺ 気に入ったテーマをクリックします。

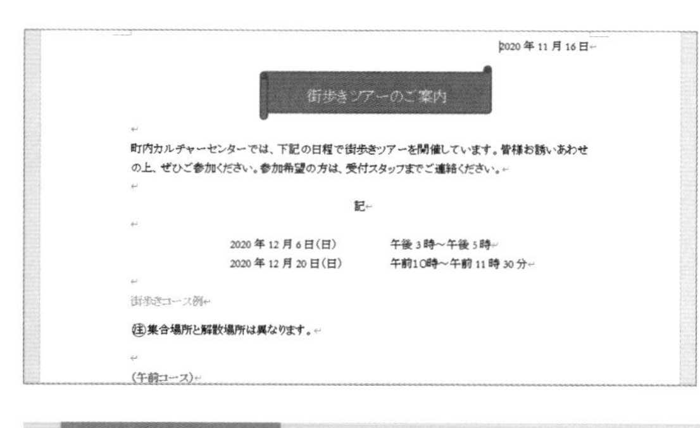

❻ テーマが適用されます。

COLUMN

行間を狭くする

選んだテーマによっては、フォントや行間などが変わるため、文書全体のレイアウトが崩れてしまうことがあります。そのため、テーマは、なるべく早いうちに決めましょう。また、広がった行間を狭くする方法は、P.108ページを参照してください。

第1章 第2章 第3章 第4章 第5章 テーマ

SECTION 111 テーマ

配色やフォントのテーマを指定する

テーマを選択すると、文書内で使用する色の組み合わせやフォント、図形の質感などを決める効果のデザインが変わります。これらの内容は一部を変更できます。たとえば、指定したテーマの色の組み合わせだけを変更することなどができます。

文書で使用するフォントや配色のテーマを選ぶ

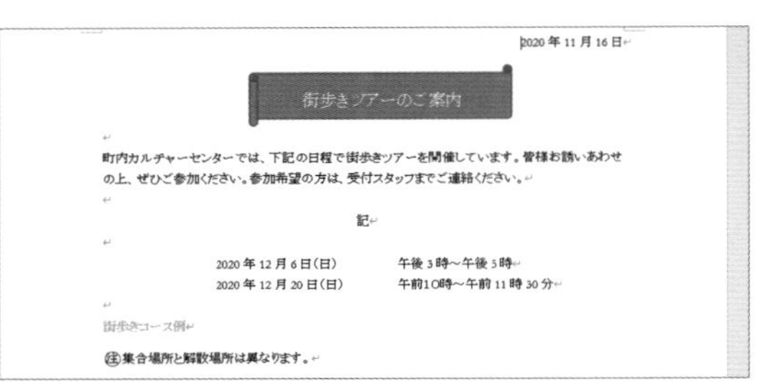

❶ P.143 の方法で、テーマを選択します。

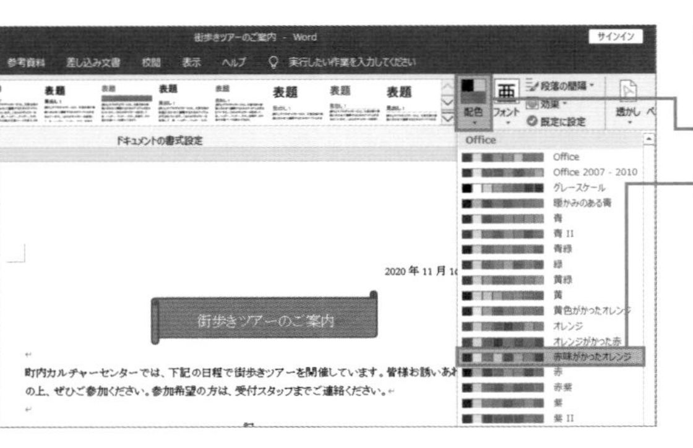

❷ <デザイン>タブをクリックします。

❸ <配色>をクリックします。

❹ 色の組み合わせを指定すると、色の組み合わせが変わります。

COLUMN

テーマの色から色を選択する

文字の色や図形の色などを変更するときなどに表示される一覧には、テーマによって決められた配色が表示されます。テーマの色の中から色を選んだ場合、あとからテーマを変更すると色が自動的に変わります。

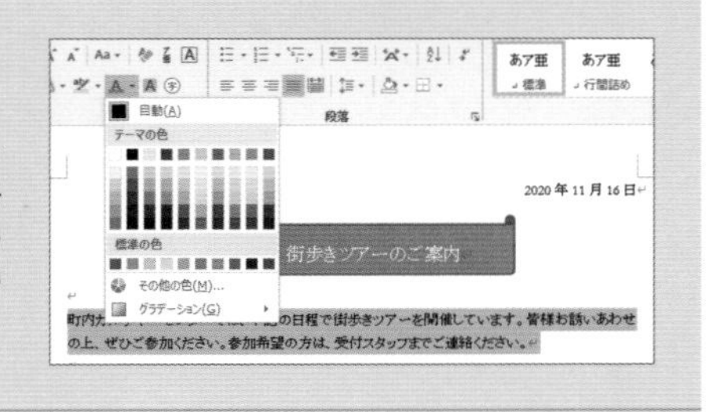

SECTION
112
テーマ

オリジナルのテーマを登録する

テーマの配色やフォント、効果などのテーマの一部を変更したあと、そのテーマをまた別の文書で利用したい場合はテーマを保存しておきましょう。テーマの一覧にオリジナルのテーマを表示して選べるようにします。

現在のテーマに名前を付けて保存する

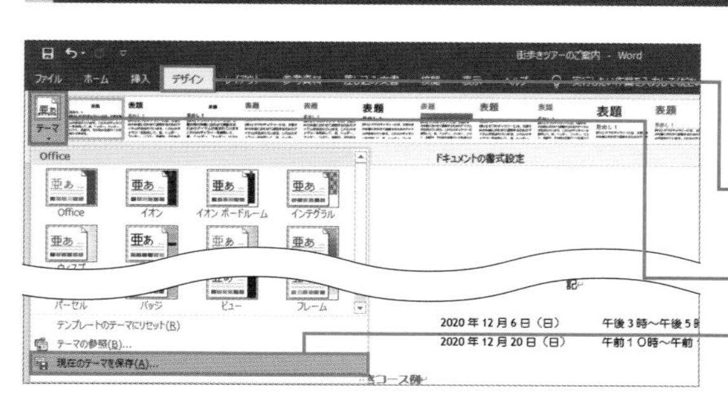

❶ P.144 の方法で、配色やフォント、効果などを変更しておきます。

❷ ＜デザイン＞タブをクリックします。

❸ ＜テーマ＞をクリックします。

❹ ＜現在のテーマを保存＞をクリックします。

❺ テーマの名前を指定します。

❻ ＜保存＞をクリックします。

MEMO　保存先を指定する

テーマを保存するときに、テーマの一覧からテーマを選べるようにするには、手順❹の後に既定で表示された保存先にテーマを保存します。指定した場所に保存したテーマを適用するには、＜デザイン＞タブの＜テーマ＞をクリックして＜テーマの参照＞をクリックします。続いて表示される画面で、保存したテーマを選択して＜開く＞をクリックします。

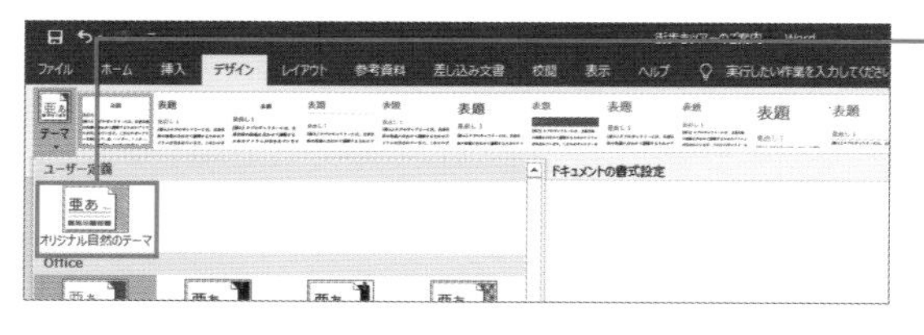

❼ ＜デザイン＞タブの＜テーマ＞に保存したテーマが表示されます。

ページの色を指定する

ページの背景は、通常は白になります。ページの背景に色を付けるには、ページの色を指定します。ただし、ページの色を変更すると、画面では色が表示されますが、印刷はされません。印刷時に色を印刷するには、設定を変更します（P.278参照）。

ページ全体の背景の色を選択する

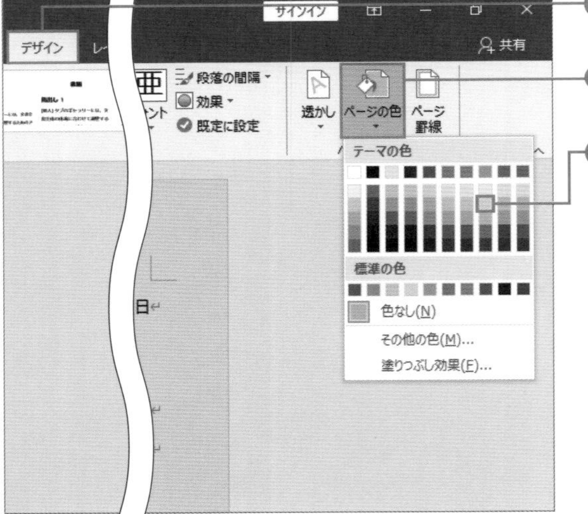

❶ <デザイン>タブをクリックします。

❷ <ページの色>をクリックします。

❸ 色を選択します。

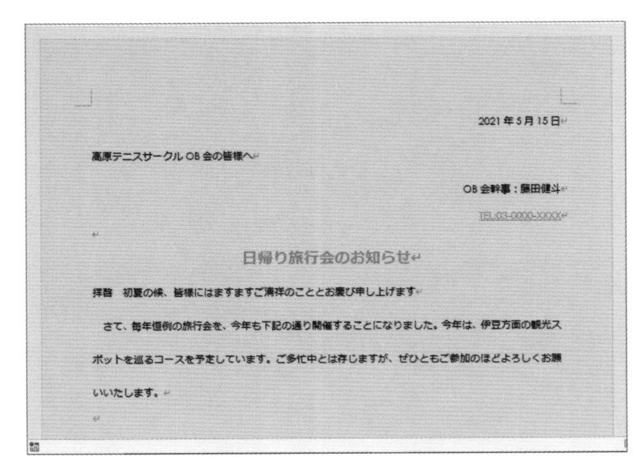

❹ ページ全体の背景に色が付きます。

MEMO ページの色を消す

ページの色を元の白に戻すには、手順❸で<色なし>を選択します。

SECTION 114 デザイン

ページの周囲を枠で囲む

用紙全体を囲むように線を引くには、＜ページ罫線＞を指定します。線の種類や色、太さなどは変更できます。また、絵柄という絵文字のようなアイコンを選択すると、絵柄を並べて用紙全体を囲むこともできます。

ページ全体を囲む線を選択する

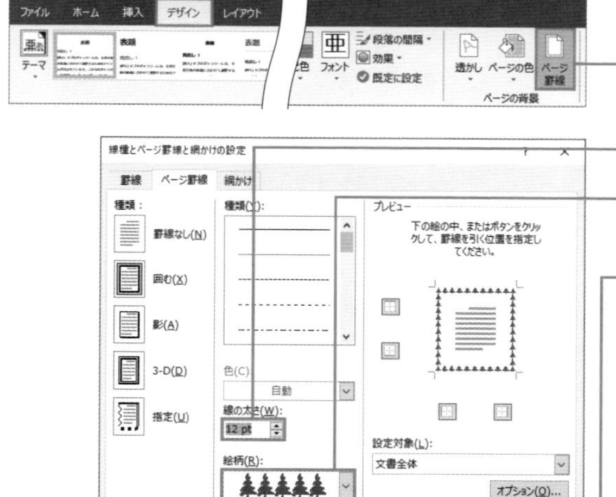

❶ ＜デザイン＞タブをクリックします。

❷ ＜ページ罫線＞をクリックします。

❸ ＜線の太さ＞を指定します。

❹ ＜絵柄＞から絵柄を選択します。

❺ ＜ OK ＞をクリックします。

MEMO 線の種類

用紙を線で囲むには、左の欄で＜種類＞を選択し、中央の＜種類＞や＜色＞、＜線の太さ＞を選択します。＜OK＞をクリックすると、線が表示されます。

2021 年 5 月 15 日

高原テニスサークル OB 会の皆様へ

OB 会幹事：藤田健斗

TEL:03-0000-XXXX

日帰り旅行会のお知らせ

拝啓　初夏の候、皆様にはますますご清祥のこととお慶び申し上げます。

さて、毎年恒例の旅行会を、今年も下記の通り開催することになりました。今年は、伊豆方面の観光スポットを巡るコースを予定しています。ご多忙中とは存じますが、ぜひともご参加のほどよろしくお願いいたします。

❻ ページ罫線が表示されます。

▶ COLUMN

セクションの存在を理解しよう

この章で紹介したように、文書には、セクションという区切りをつけられます。セクションごとに段組みのレイアウトや、用紙の向きやサイズ、ヘッダー／フッターの内容などを指定できるため、セクションを理解すれば、より柔軟なレイアウトの文書を作成できて便利です。セクションの操作に慣れるには、P.132 の方法でステータスバーにセクション番号を表示しておくとよいでしょう。現在、作業しているセクションを把握しながら操作ができるため、セクションの存在を意識しやすくなります。

また、セクションを区切るときは、どの場所で区切るのかを指定できます。区切り位置を変更するには、セクション区切りの後をクリックし、＜レイアウト＞タブの＜ページ設定＞の＜ダイアログボックス起動ツール＞をクリックします。＜ページ設定＞画面の＜その他＞タブで指定できます。たとえば、現在の位置で区切っているセクションを次のページから区切るように変更できます。

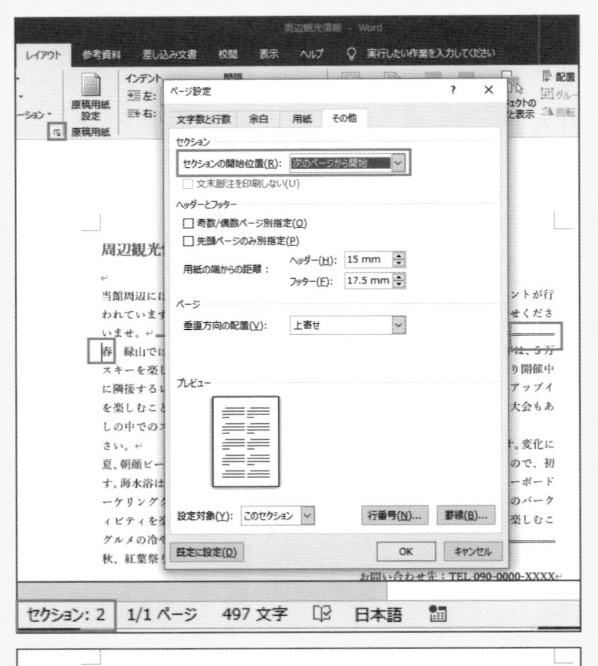

第 6 章

Wordの機能を使いこなす! 長文作成時短テクニック

SECTION 115

見出しスタイル

長文作成に欠かせない見出しスタイルを知る

複数の章で構成される長文を作成するには、見出しの項目に見出しスタイルを設定します。「見出し1」「見出し2」「見出し3」など、見出しの階層構造に合わせて見出しスタイルを設定しましょう。文書を効率よく管理するのに役立ちます。

項目に見出しスタイルを適用する

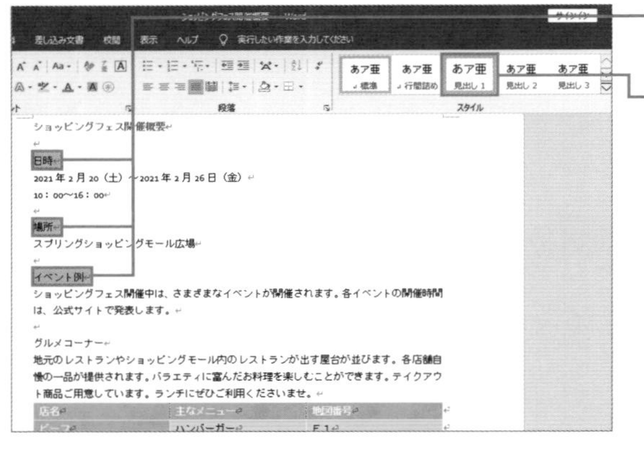

❶ 見出し１を設定する段落を選択します。

❷ ＜ホーム＞タブの＜スタイル＞グループの＜見出し１＞をクリックします。

> **MEMO　詳細の折りたたみ**
>
> 見出しスタイルを設定すると、項目の先頭に記号がつきます。記号をクリックすると、見出しスタイルの下の階層の内容を展開したり折りたたんだりできます。

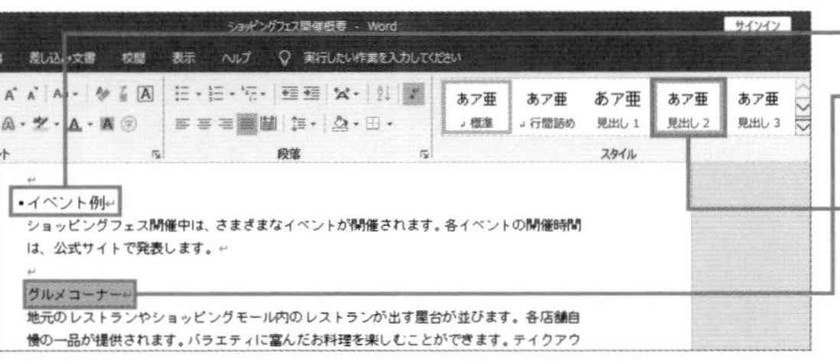

❸ ＜見出し１＞が設定されます。

❹ 見出し２を設定する段落を選択します。

❺ ＜ホーム＞タブの＜スタイル＞グループの＜見出し２＞をクリックします。

COLUMN

サブ文書を追加する

Wordでは、複数の文書を1つの文書にまとめて長文を作成することもできます。開いている文書に他のサブ文書を挿入するには、アウトライン表示で＜文書の表示＞をクリックして＜挿入＞をクリックしてサブ文書を追加します。

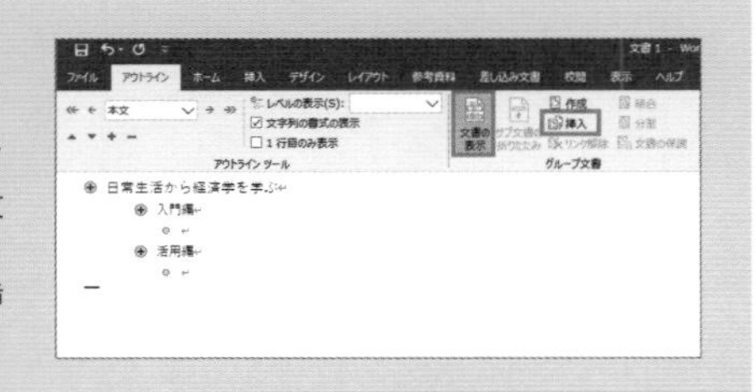

SECTION 116 見出しスタイル

見出しスタイルの書式を変更する

見出しスタイルを設定すると、テーマ（P.143参照）によって管理されている見出しのフォントが適用されます。見出しスタイルの書式は自由に変更できますので、見やすいように整えます。ここでは、書式を設定後に見出しスタイルを更新します。

見出しスタイルの書式を変更して適用する

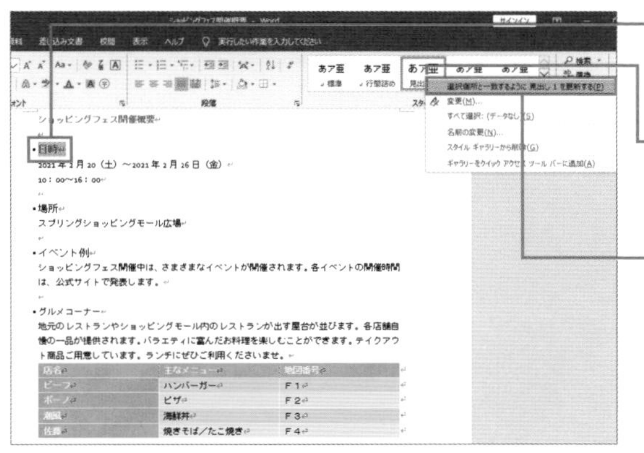

❶ 見出し 1 のスタイルを設定した段落を選択し、文字を太字にしたり色を変更したりします。

❷ ＜ホーム＞タブの＜スタイル＞グループの＜見出し 1 ＞を右クリックします。

❸ ＜選択箇所と一致するように見出し 1 を更新する＞をクリックします。

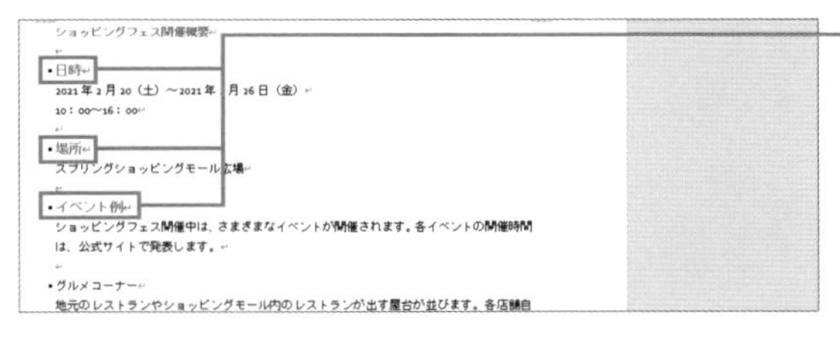

❹ 見出し 1 が設定されている段落の書式がすべて変わります。

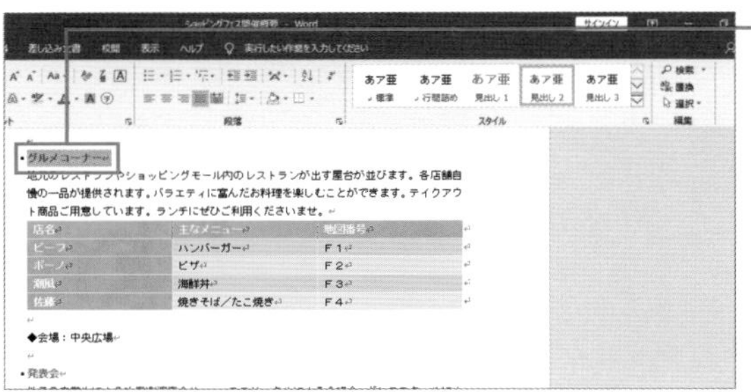

❺ 同様の方法で、見出し 2 の書式も変更できます。

MEMO　字下げの設定

見出しスタイルを設定すると、段落にインデント（P.104参照）が設定されて字下げされる場合があります。インデント位置を変更する方法は、P.104 ～ 107を参照してください。

第6章 見出しスタイル　第7章　第8章　第9章　第10章

見出しの一覧を確認する

文書の構成を確認してみましょう。ナビゲーションウィンドウを表示すると、見出しスタイルが設定されている項目の一覧をかんたんに確認できます。見出しの項目をドラッグして入れ替えたりすることもできます。

ナビゲーションウィンドウを表示する

❶ <表示>タブをクリックします。

❷ <ナビゲーションウィンドウ>をクリックしてチェックをオンにします。

❸ ナビゲーションウィンドウが表示されるので、見出しの前の記号をクリックします。

❹ 下の階層が折りたたんで表示されます。

COLUMN

見出しレベルの表示

ナビゲーションウィンドウでは、どのレベルまでの見出しを表示するか指定できます。ナビゲーションウィンドウの見出しの項目を右クリックし、<見出しレベルの表示>から選択します。

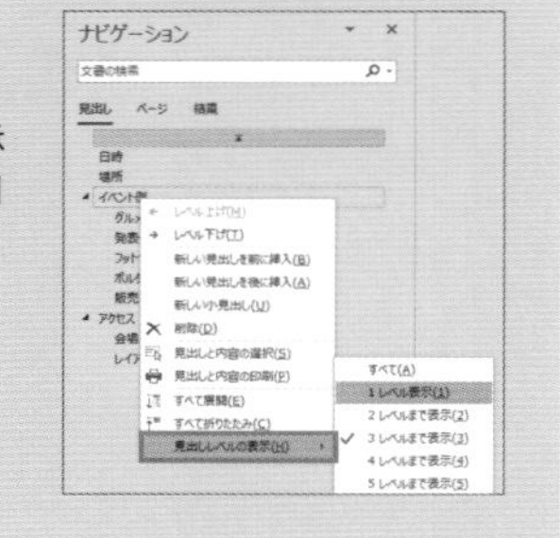

SECTION 118 アウトライン

アウトライン表示で文書の構成を確認する

文書全体の構成を確認しながら文書を編集するには、表示モードをアウトラインに切り替えて操作する方法があります。アウトライン表示では、見出しスタイルのレベルを変更したり、見出しを入れ替えたりすることができます。

アウトライン表示に切り替えて操作する

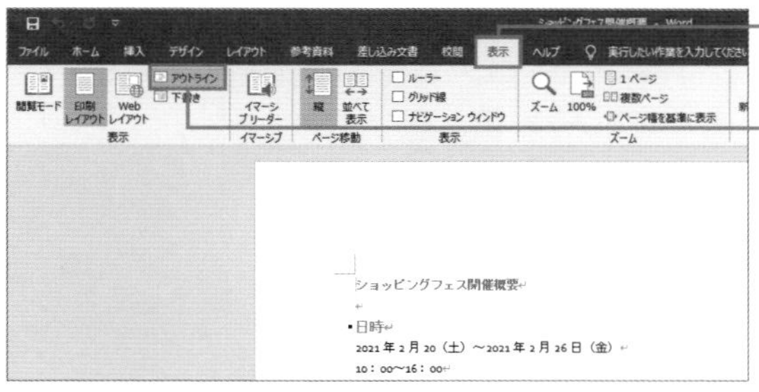

❶＜表示＞タブをクリックします。

❷＜アウトライン＞をクリックします。

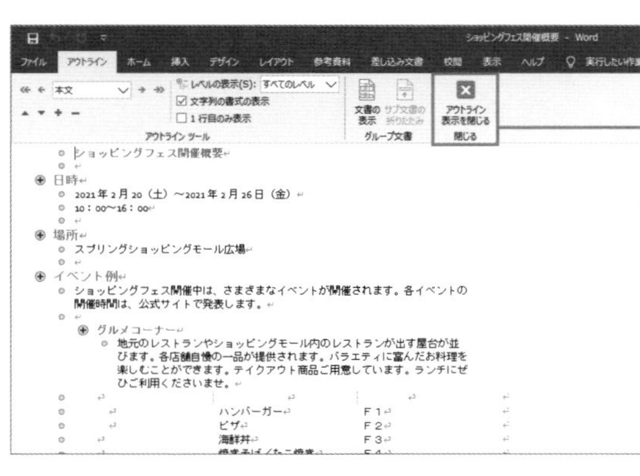

❸アウトライン表示に切り替わります。

❹＜アウトライン＞タブの＜アウトライン表示を閉じる＞をクリックすると、元の表示に戻ります。

COLUMN レベルの表示

アウトライン表示では、どのレベルまでの見出しを表示するかどうか指定できます。＜アウトライン＞タブの＜レベルの表示＞から選択します。

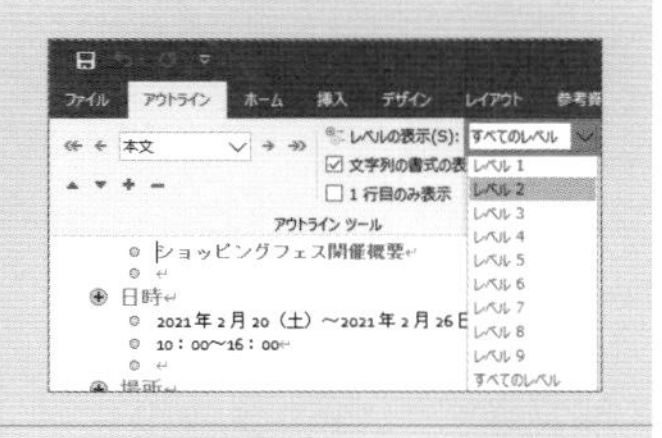

アウトライン
第6章
第7章
第8章
第9章
第10章

SECTION 119 アウトライン

見出しの下の詳細内容を折りたたむ／展開する

見出しスタイルを設定して文書の階層を指定すると、下の階層の内容を表示するか折りたたんで隠すかを切り替えられます。見出しの項目の先頭に表示されるアイコンで、下の階層が表示されているかどうかがわかります。

指定した見出しの内容を折りたたんで表示する

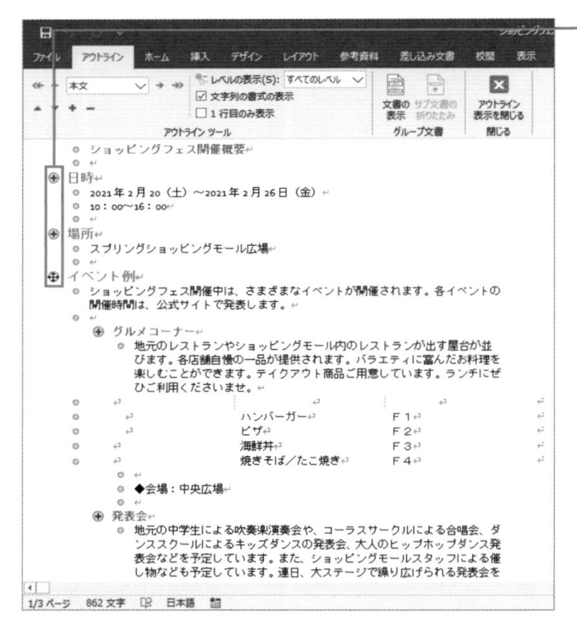

❶ アウトライン表示で、見出しスタイルの前の<＋>や<—>をダブルクリックします。

ショッピングフェス開催概要
日時
2021年2月20（土）～2021年2月26日（金）
10：00～16：00
場所
スプリングショッピングモール広場
イベント例
アクセス
会場案内
〒100-00XX
東京都港区 X-X-X
TEL：03-0000-XXXX
https://www.example.com
レイアウト図

❷ 下の階層が表示されます。または、折りたたまれます。

MEMO ナビゲーションウィンドウ

ナビゲーションウィンドウでは、見出しの項目の先頭の記号をクリックすることで、下の階層の見出しを表示するかを切り替えられます。

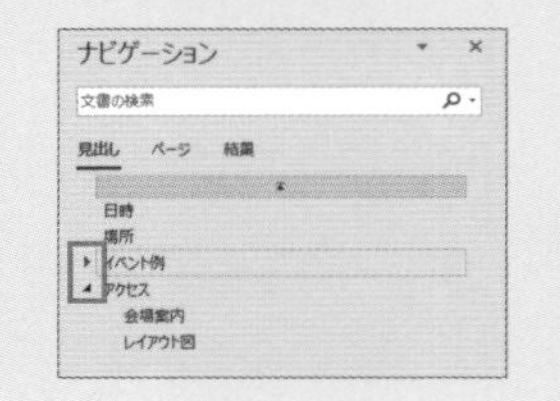

MEMO 章の番号などを表示する

見出しスタイルに、章の番号を表示するには、見出しスタイルの段落をクリックし、<ホーム>タブの<アウトライン>ボタンをクリックして番号のスタイルを選択します。

SECTION 120 アウトライン

見出しの順番を入れ替える

見出しの項目の順番を入れ替えるには、見出しの項目を上下にドラッグします。見出し1など上の階層の見出しを入れ替えた場合、その下に位置する見出し2の項目やその内容なども見出し1の項目と一緒に移動します。

見出しの項目と内容を一緒に入れ替える

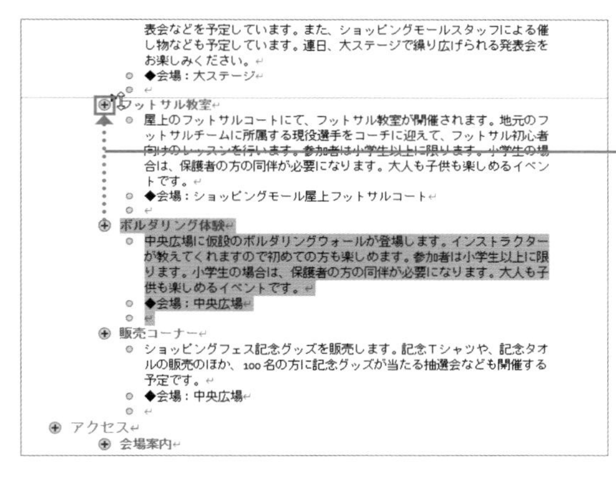
表会などを予定しています。また、ショッピングモールスタッフによる催し物なども予定しています。連日、大ステージで繰り広げられる発表会をお楽しみください。
◆会場：大ステージ
フットサル教室
屋上のフットサルコートにて、フットサル教室が開催されます。地元のフットサルチームに所属する現役選手をコーチに迎えて、フットサル初心者向けのレッスンを行います。参加者は小学生以上に限ります。小学生の場合は、保護者の方の同伴が必要になります。大人も子供も楽しめるイベントです。
◆会場：ショッピングモール屋上フットサルコート
ボルダリング体験
中央広場に仮設のボルダリングウォールが登場します。インストラクターが教えてくれますので初めての方も楽しめます。参加者は小学生以上に限ります。小学生の場合は、保護者の方の同伴が必要になります。大人も子供も楽しめるイベントです。
◆会場：中央広場
販売コーナー
ショッピングフェス記念グッズを販売します。記念Tシャツや、記念タオルの販売のほか、100名の方に記念グッズが当たる抽選会なども開催する予定です。
◆会場：中央広場
アクセス
会場案内

❶ 見出しの先頭の記号を、移動先を示す線の位置を確認しながら上下にドラッグします。

表会などを予定しています。また、ショッピングモールスタッフによる催し物なども予定しています。連日、大ステージで繰り広げられる発表会をお楽しみください。
◆会場：大ステージ
ボルダリング体験
中央広場に仮設のボルダリングウォールが登場します。インストラクターが教えてくれますので初めての方も楽しめます。参加者は小学生以上に限ります。小学生の場合は、保護者の方の同伴が必要になります。大人も子供も楽しめるイベントです。
◆会場：中央広場
フットサル教室
屋上のフットサルコートにて、フットサル教室が開催されます。地元のフットサルチームに所属する現役選手をコーチに迎えて、フットサル初心者向けのレッスンを行います。参加者は小学生以上に限ります。小学生の場合は、保護者の方の同伴が必要になります。大人も子供も楽しめるイベントです。
◆会場：ショッピングモール屋上フットサルコート
販売コーナー
ショッピングフェス記念グッズを販売します。記念Tシャツや、記念タオルの販売のほか、100名の方に記念グッズが当たる抽選会なども開催する予定です。
◆会場：中央広場
アクセス
会場案内
〒100-00XX
東京都港区 X-X-X

❷ 下の階層を含む内容が入れ替わりました。

MEMO ナビゲーションウィンドウ

ナビゲーションウィンドウでは、見出しの項目をドラッグします。移動先を示す線を確認しながら操作します。

ナビゲーション
文書の検索
見出し ページ 結果
日時
場所
イベント例
グルメコーナー
発表会
フットサル教室
ボルダリング体験
販売コーナー
アクセス
会場案内
レイアウト図

見出しのレベルを上げる／下げる

文書の編集中には、見出しの項目を入れ替えるだけでなく、項目の階層レベルを上げたり下げたりしながら全体の構成を整えます。アウトライン表示では、レベルの変更も行えます。上の階層のレベルを変更するとその下の階層のレベルも変わります。

見出しの階層レベルを下の階層と共に上げる

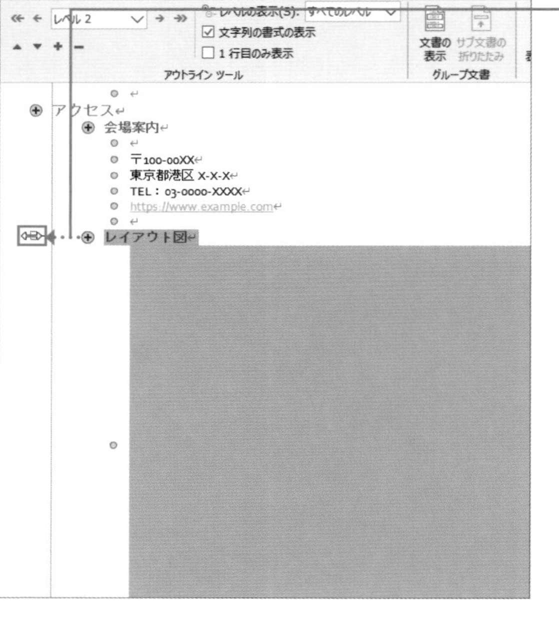

❶ 見出しのレベルを変更したい段落の先頭の記号を、レベルの位置を示す線を目安に左右にドラッグします。

> **MEMO　ナビゲーションウィンドウ**
>
> ナビゲーションウィンドウでは、見出しの項目を右クリックして<レベル上げ>や<レベル下げ>をクリックします。
>
> 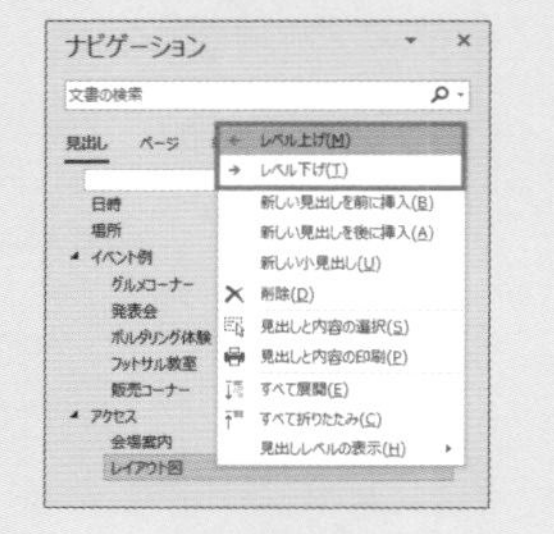
>

❷ レベルが変更されました。

> **MEMO　レベルの変更**
>
> レベルを上げるには左にドラッグ、レベルを下げるには右にドラッグします。

SECTION 122

脚注

脚注の文字を入力する

文書に脚注を入れるには、脚注機能を使いましょう。脚注の番号と脚注の内容が連動するので効率よく管理できます。あとから脚注を追加したりした場合は、脚注の番号は自動的に降り直されます。ここでは、ページの下に脚注の内容を表示します。

文中に脚注を入れて内容を入力する

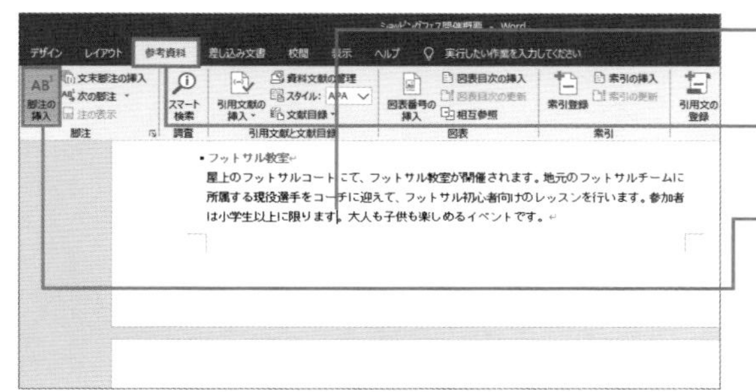

❶脚注を追加する場所をクリックします。

❷＜参考資料＞タブをクリックします。

❸＜脚注の挿入＞をクリックします。

小学生の場合は、保護者の方の同伴が必要になります。

・レイアウト図

❹脚注が追加されるので、脚注の内容を入力します。

MEMO　脚注の表示

文中の脚注の番号をダブルクリックすると、脚注の内容が表示されます。逆に、ページ下の脚注の内容に表示されている番号をダブルクリックすると、文中の脚注の位置が表示されます。

COLUMN

番号の書式

＜参考資料＞タブの＜脚注＞の＜ダイアログボックス起動ツール＞をクリックすると、＜脚注と文末脚注＞画面が表示されます。＜番号書式＞欄では、脚注の番号の書式などを変更できます。

脚注と文末脚注
場所
脚注(F): ページの最後
文末脚注(E):
書式
番号書式(N): 1, 2, 3, …
任意の脚注記号(U):　記号(Y)...
開始番号(S): 1
番号の付け方(M): 連続

脚注　第6章　第7章　第8章　第9章　第10章

SECTION 123

文末に脚注を入力する

脚注

脚注の内容を、各ページの下ではなく文書の最後にまとめて表示するには、文末脚注を追加します。文末脚注も普通の脚注と同様に、脚注の番号と内容が連動します。文中に脚注が追加された場合、自動的に番号が振り直されます。

文書の末尾に脚注の内容をまとめて表示する

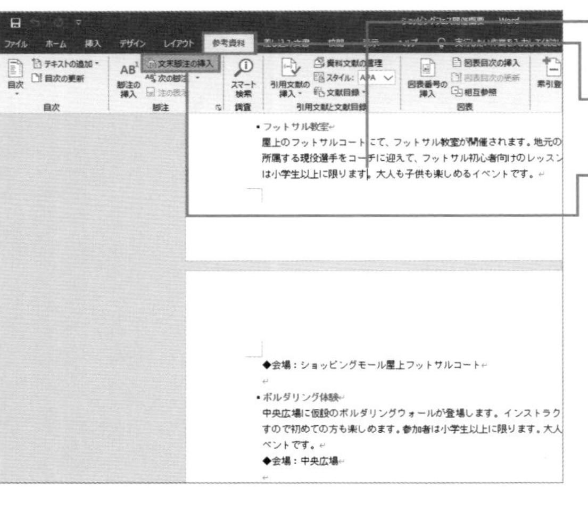

1. 文末脚注を追加する場所をクリックします。
2. ＜参考資料＞タブをクリックします。
3. ＜文末脚注の挿入＞をクリックします。

MEMO 脚注の表示

文中の脚注の番号をダブルクリックすると、文末脚注の内容が表示されます。逆に、文末脚注の内容に表示されている番号をダブルクリックすると、文中の脚注の位置が表示されます。

4. 文末脚注が追加されるので、文末脚注の内容を入力します。

COLUMN

脚注の変換

普通の脚注を文末脚注に変換したり、逆に文末脚注を普通の脚注に変換したりするには、＜参考資料＞タブの＜脚注＞の＜ダイアログボックス起動ツール＞をクリックします。＜脚注と文末脚注＞画面の＜変換＞をクリックして変換する内容を選択して設定を行います。

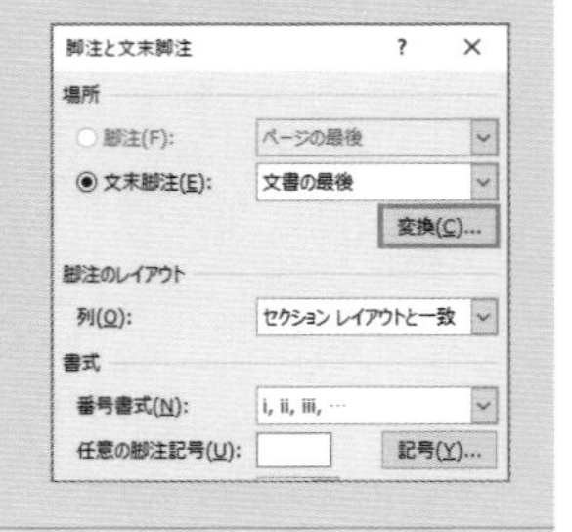

SECTION 124 参照

図や表の番号を自動的に付ける

文中に図や表を入れて内容を説明するときは、図や表を区別するために番号を振っておくとよいでしょう。図や表の一覧をまとめた目次を表示したり、図や表の参照先ページを表示したりできます。図や表を管理するのに役立ちます。

表や図の下に自動的に番号を振る

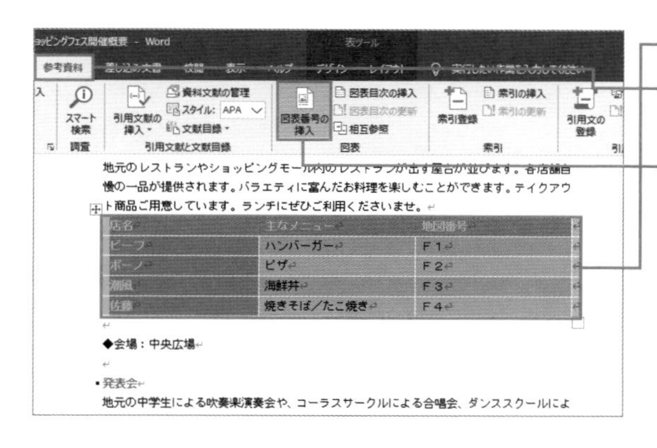

❶図や表をクリックします。

❷<参考資料>タブをクリックします。

❸<図表番号の挿入>をクリックします。

MEMO 図表番号の表示

図表番号のタイトルやページを参照するには、相互参照の機能を利用します（P.161参照）。

図表番号
図表番号(C):
表 1 出店予定リスト
オプション
ラベル(L): 表
位置(P): 選択した項目の下
ラベルを図表番号から除外する(E)
ラベル名(N)... ラベル削除(D) 番号付け(U)...
自動設定(A)... OK キャンセル

❹タイトルを入力します。

❺ラベルを指定します。

❻番号を表示する位置を指定します。

❼< OK >をクリックします。

地元のレストランやショッピングモール内のレストランが出す屋台が並びます。各店舗自慢の一品が提供されます。バラエティに富んだお料理を楽しむことができます。テイクアウト商品ご用意しています。ランチにぜひご利用くださいませ。

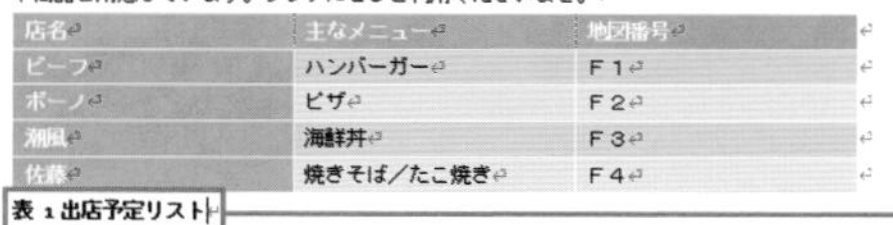

店名	主なメニュー	地図番号
ビーフ	ハンバーガー	F 1
ボーノ	ピザ	F 2
潮風	海鮮丼	F 3
佐藤	焼きそば／たこ焼き	F 4

表 1 出店予定リスト

◆会場：中央広場

・発表会

地元の中学生による吹奏楽演奏会や、コーラスサークルによる合唱会、ダンススクールによるキッズダンスの発表会、大人のヒップホップダンス発表会などを予定しています。また、ショッピングモールスタッフによる催し物なども予定しています。連日、大ステージで繰り広げられる発表会をお楽しみください。

◆会場：大ステージ

❽図表番号が表示されます。

MEMO 図表番号の目次

図表番号を付けた項目の一覧を表示するには、一覧を表示する場所をクリックして<参考資料>タブの<図表目次の挿入>をクリックします。表示される画面で図表目次のスタイルを指定して<OK>をクリックします。

SECTION 125 参照

指定した箇所をブックマークとして登録する

文書の中でポイントとなる箇所や気になる箇所などに印を付けるには、ブックマークを活用する方法があります。ブックマークに指定した箇所は、他の箇所からブックマークの箇所の参照ページを表示したり、ブックマークに登録した文字を参照したりできて便利です。

文中にブックマークという目印を追加する

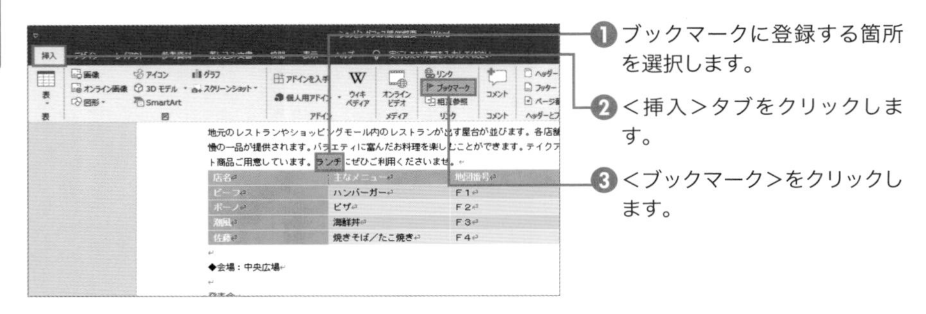

❶ブックマークに登録する箇所を選択します。

❷<挿入>タブをクリックします。

❸<ブックマーク>をクリックします。

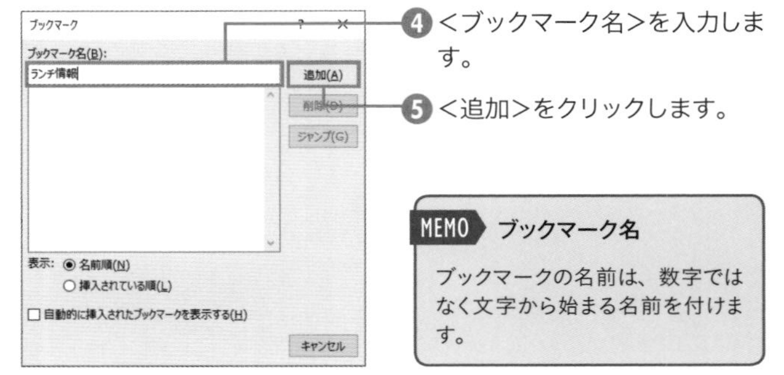

❹<ブックマーク名>を入力します。

❺<追加>をクリックします。

MEMO　ブックマーク名

ブックマークの名前は、数字ではなく文字から始まる名前を付けます。

COLUMN

ブックマークの利用

ブックマークを設定しても、画面上は特に変わりません。しかし、ジャンプ機能を使ってブックマークの箇所に素早く移動したり(P.165参照)、相互参照の機能を利用してブックマークとして指定した場所への参照ページなどを表示したりできます（P.161参照）。

SECTION 126
参照

見出しや脚注などの参照ページを表示する

見出しや脚注、図表番号やブックマークへの参照情報を表示するには、相互参照の機能を使って参照先を指定します。まずは、参照先の見出しや図表番号などを指定します。続いて、参照先の何を参照するか、ページ番号や項目名などを指定します。

指定した見出しがあるページ番号を自動表示する

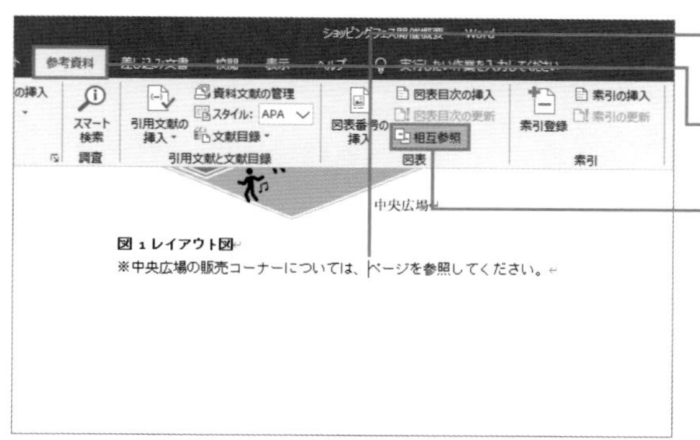

❶参照先を表示する箇所をクリックします。

❷＜参考資料＞タブをクリックします。

❸＜相互参照＞をクリックします。

MEMO　＜挿入＞タブ

＜挿入＞タブの＜相互参照＞をクリックしても＜相互参照＞ダイアログボックスを表示できます。

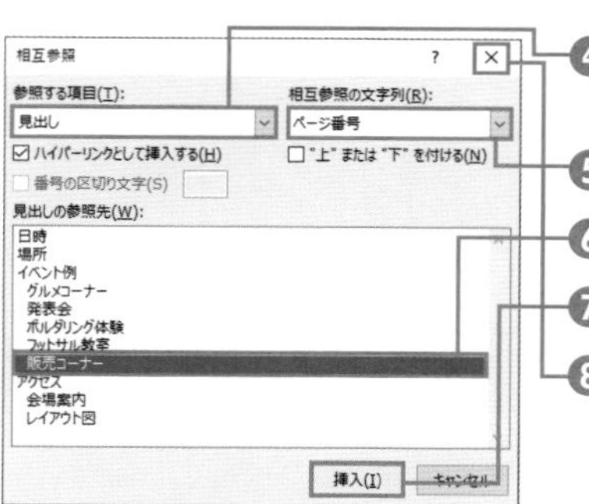

❹＜参照する項目＞から参照する内容の種類を選びます。

❺参照する内容を選択します。

❻参照先の項目を選択します。

❼＜挿入＞をクリックします。

❽＜閉じる＞をクリックします。

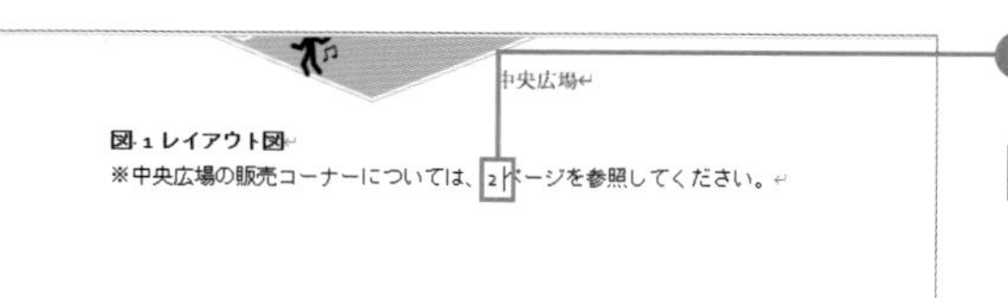

❾参照先の情報が表示されます。

MEMO　ハイパーリンク

＜ハイパーリンクとして挿入する＞のチェックがオンになっているときは、参照先を表示するためのリンクが指定されます。

SECTION 127

索引

索引を登録する

文書の最後に索引を表示する場合、索引となるキーワードを抜き出してページ番号を手入力するのは面倒です。文書中にあるキーワードを索引として登録する機能を利用しましょう。索引の作成を半自動的に行うことができて便利です。

索引に表示するキーワードを登録する

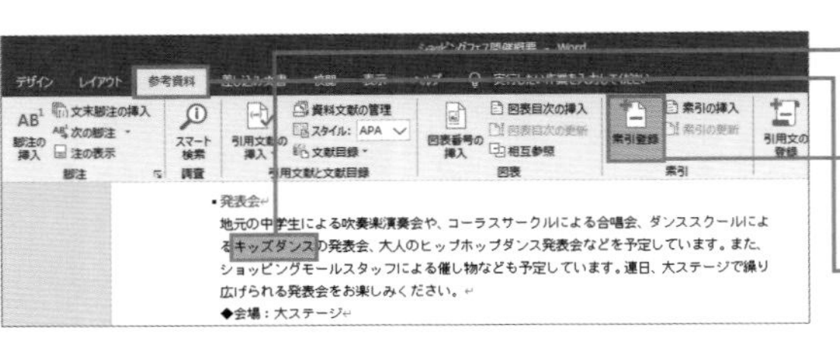

❶索引として登録する単語を選択します。

❷＜参考資料＞タブをクリックします。

❸＜索引登録＞をクリックします。

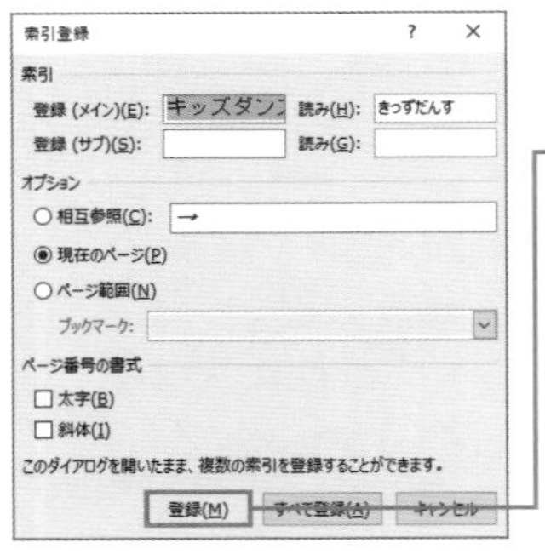

❹登録するキーワードや読みを確認します。

❺＜登録＞をクリックします。

❻同様の方法で、複数のキーワードに索引を登録しておきます。

地元の中学生による吹奏楽演奏会や、コーラスサークルによる合唱会、ダンス
るキッズダンス{ XE "キッズダンス" ¥y "きっずだんす" }の発表会、大人のヒッ
ス発表会などを予定しています。また、ショッピングモールスタッフによる催
定しています。連日、大ステージで繰り広げられる発表会をお楽しみください

❼索引が登録されました。

COLUMN

フィールドコード

索引を登録した箇所には、フィールドコードという命令文が隠し文字で追加されます。これらの文字を非表示にするには、＜ホーム＞タブの＜編集記号＞をクリックして編集記号の表示／非表示を切り替えます（P.248参照）。コードが消えない場合は、＜Wordのオプション＞画面で編集記号の「隠し文字」を表示する設定になっていないかを確認します（P.022参照）。

SECTION 128

索引

索引を自動的に作成する

文書の最後に索引を表示します。ここでは、P.162の方法で、複数のキーワードを索引として登録している状態を想定して操作します。索引の表示方法などを確認しながら設定しましょう。ページ番号が変更になった場合は、索引を更新します。

索引のキーワードとページ番号を表示する

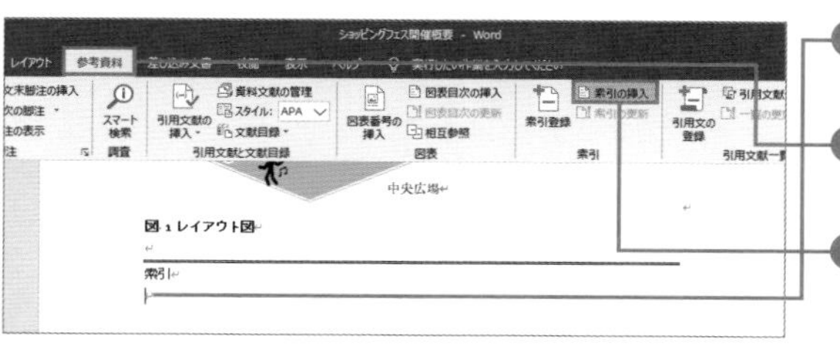

❶索引を追加する箇所をクリックします。

❷＜参考資料＞タブをクリックします。

❸＜索引の挿入＞をクリックします。

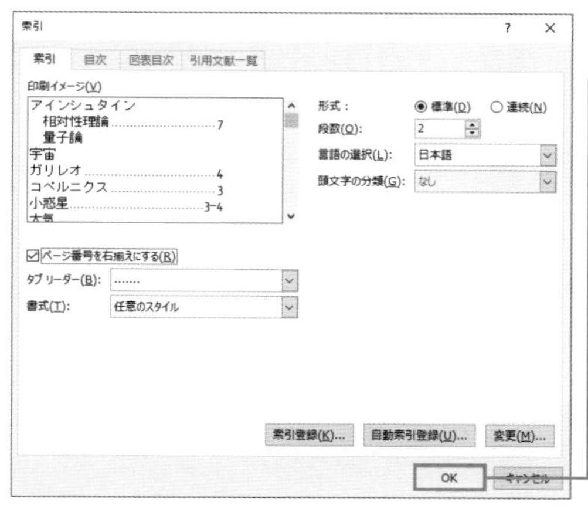

❹索引の表示方法を選択します。

❺＜ OK ＞をクリックします。

図 1 レイアウト図

索引

セクション区切り（現在の位置から新しいセクション）

会場案内	2	販売コーナー	2
キッズダンス	1	ビーフ	1
記念Tシャツ	2	ヒップホップダンス	1
記念タオル	2	フットサル教室	2
グルメコーナー	1	ボーノ	1
佐藤	1	ボルダリング体験	2
潮風	1	ランチ	1
吹奏楽演奏会	1	レイアウト図	3

❻索引が表示されます。

MEMO　索引の更新

索引のページ番号などを最新の状態に更新するには、索引を右クリックして<フィールド更新>をクリックします。

SECTION 129 表示

上下の余白をなくして繋げて表示する

印刷レイアウトモードで複数ページの文書を編集しているとき、画面に表示される用紙の上下の余白が不要の場合は、表示を切り替えて使いましょう。上下の余白を非表示にすると、ヘッダーやフッターの表示も非表示になります。

用紙の上下の余白を非表示にする

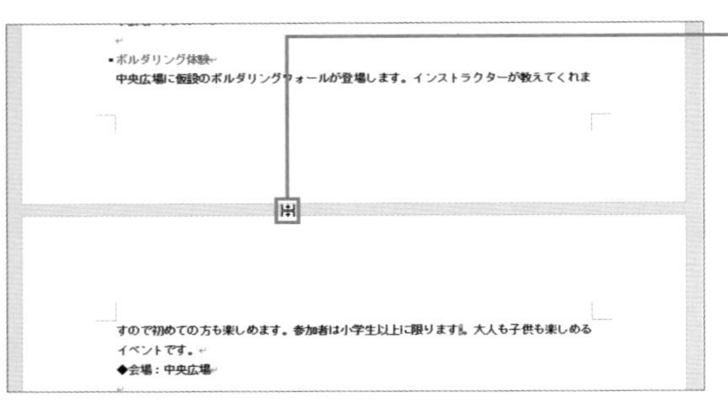

❶ 1ページ目のフッタをダブルクリックし、用紙の上下の境界線部分をダブルクリックします。

❷ 上下の余白が非表示になります。

❸ 用紙の上下の境界線をダブルクリックすると、余白が再び表示されます。

COLUMN

ウィンドウの幅に合わせる

＜表示＞タブの＜ページ幅を基準に表示＞をクリックすると、ウィンドウの幅を基準に用紙の幅が調整されます。＜1ページ＞をクリックすると、ウィンドウに合わせて用紙全体が表示されます。

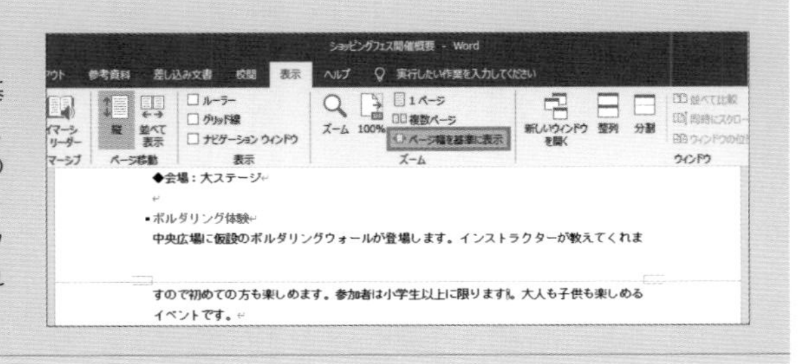

SECTION **130** 表示

指定したページや見出しに一気に移動する

長文の文書を編集しているときは、現在のページと大きく離れたページに切り替えたい場面もあるでしょう。このとき、1ページずつページを送りながら目的の場所を探すのは手間がかかります。目的の場所にすばやく移動するコツを知っておきましょう。

ジャンプ機能で指定ページに移動する

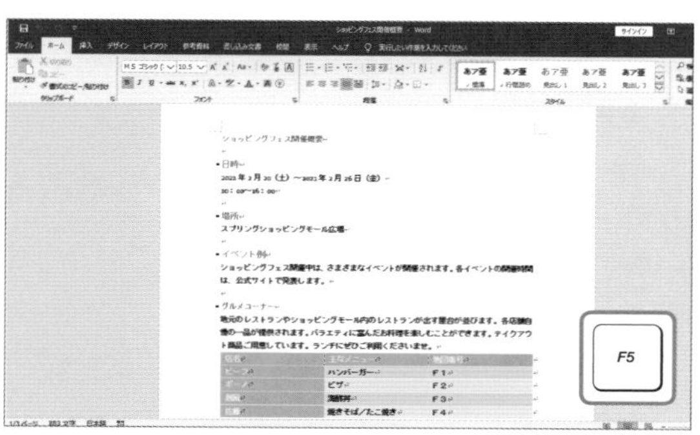

❶ F5 キーを押します。

MEMO <ホーム>タブ

<ホーム>タブの<検索>の<▼>をクリックして<ジャンプ>をクリックしても、<ジャンプ>の画面が表示されます。

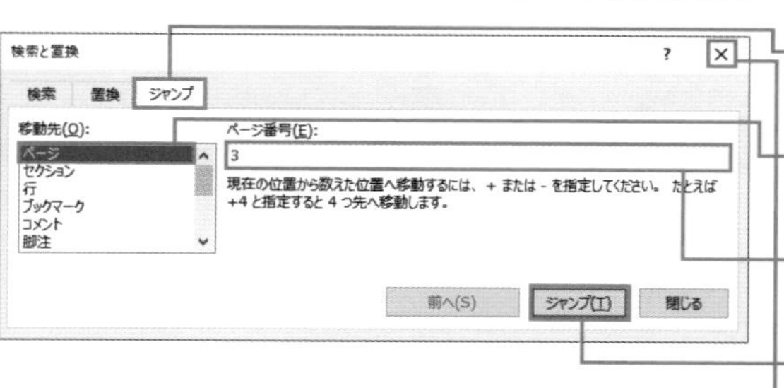

❷ <ジャンプ>タブをクリックします。

❸ <移動先>の種類を選択します。

❹ 種類に合わせて移動先のページなどを選択します。

❺ <ジャンプ>をクリックします。

❻ <閉じる>をクリックします。

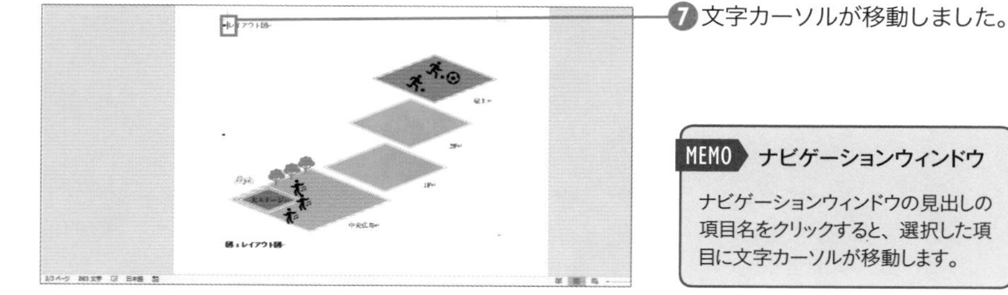

❼ 文字カーソルが移動しました。

MEMO ナビゲーションウィンドウ

ナビゲーションウィンドウの見出しの項目名をクリックすると、選択した項目に文字カーソルが移動します。

表紙のページを自動的に作成する

表紙を追加すると、文書のタイトルやサブタイトルなどを入力するページが1ページ目に追加されます。表紙のページの一覧から気に入ったレイアウトを選択しましょう。改ページをしてページを追加したりする手間もなく表紙をかんたんに作成できます。

表紙のレイアウトを選んで追加する

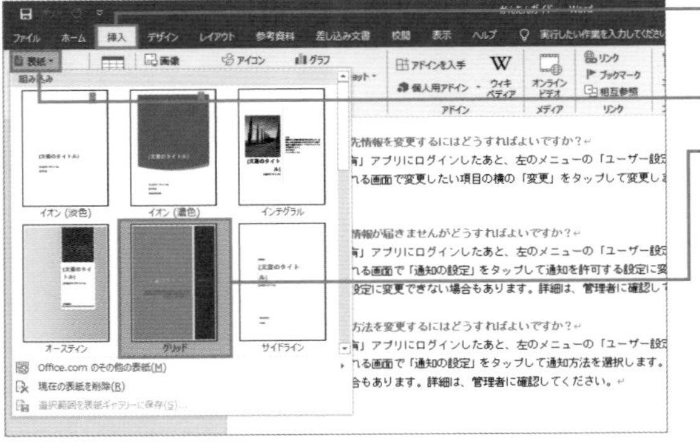

❶ ＜挿入＞タブをクリックします。

❷ ＜表紙＞をクリックします。

❸ 表紙のレイアウトを選択します。

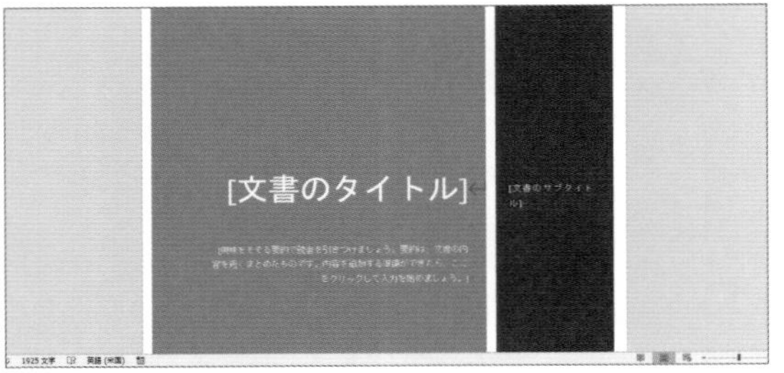

❹ 1ページ目に表紙のページが追加されました。

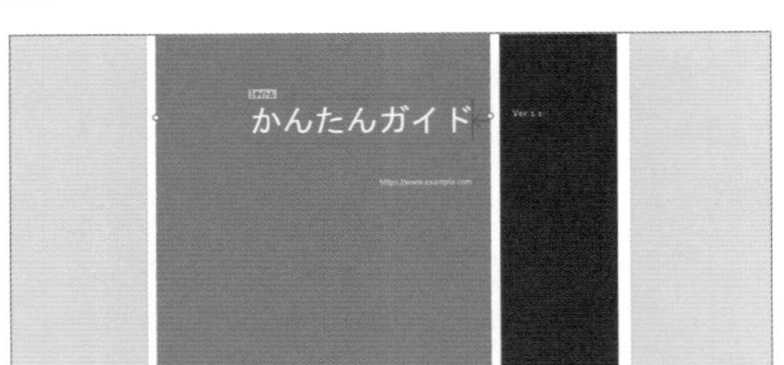

❺ タイトルなどを入力します。

MEMO 表紙を削除する

＜挿入＞タブの＜表紙＞をクリックし、＜現在の表紙を削除＞をクリックすると、表紙のページが削除されます。

SECTION 132

目次

見出しから目次を自動的に作成する

見出しスタイルを設定した項目を元に、目次を作成しましょう。ここでは、目次のレイアウトを一覧から選択して作成します。文章を編集したりして文書の構成などが変わった場合は、目次を更新しましょう。ページ番号なども自動的に更新されます。

見出しスタイルの項目を並べて目次にする

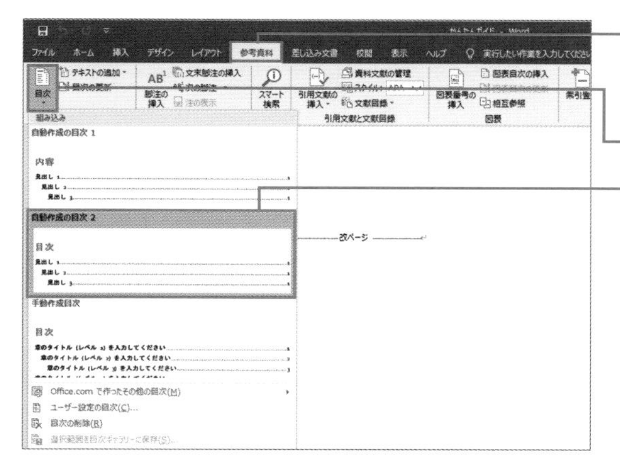

❶ 目次を追加する場所をクリックし、<参考資料>タブをクリックします。

❷ <目次>をクリックします。

❸ 目次のレイアウトを選択します。

MEMO ページ番号

フッターにページ番号を表示する方法は、P.169で紹介しています。

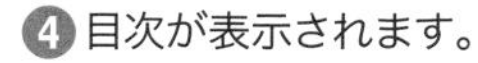

目次
「共有」アプリかんたんガイド（管理者編）……2
概要……2
インストール……2
ユーザーの追加方法……2
ユーザーの削除方法……2
ユーザーデータのエクスポート……2
よくある質問……2
設定……2
通知……3
「共有」アプリかんたんガイド（ユーザー編）……3
概要……3
インストール……3
アカウントの登録……3

❹ 目次が表示されます。

COLUMN

目次の更新

目次をクリックすると、上部にボタンが表示されます。文書の内容を変更した場合などは、<目次の更新>をクリックします。更新方法を選択して<OK>をクリックします。

目次の更新...
目次
「共有」アプリかんたんガイド（管理者編）……2
概要……2
インストール……2
ユーザーの追加方法……2
ユーザーの削除方法……2
ユーザーデータのエクスポート……2
よくある質問……2

SECTION 133
目次

見出しの一覧やページ番号を目次に表示する

見出し項目とページ番号を表示する目次を作成するとき、ページ番号を表示するかを指定したり、ページ番号の表示位置などを指定したりするには、ユーザー設定の目次を作成します。設定画面の中で、印刷時のイメージを確認しながら設定します。

目次のスタイルを選んで表示する

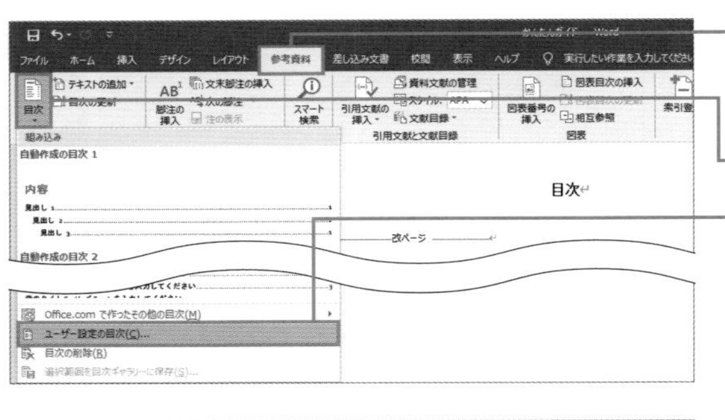

❶目次を追加する場所をクリックし、＜参考資料＞タブをクリックします。

❷＜目次＞をクリックします。

❸＜ユーザー設定の目次＞をクリックします。

❹ページ番号を表示するかなど指定します。

❺＜ OK ＞をクリックします。

❻見出しの項目の一覧とページ番号が表示されます。

目次

「共有」アプリかんたんガイド（管理者編）　2
概要　2
インストール　2
ユーザーの追加方法　2
ユーザーの削除方法　2
ユーザーデータのエクスポート　2
よくある質問　2
設定　2
通知　3
「共有」アプリかんたんガイド（ユーザー編）　3
概要　3
インストール　3

SECTION 134

フッター

ページ番号を入れる

用紙の上余白のヘッダーや下余白のフッター部分に表示する内容を指定します。ここでは、フッターにページ番号を追加します。ページ番号の表示方法を選択しましょう。ヘッダーやフッターの内容は、ヘッダーやフッター領域をダブルクリックすると編集できます。

フッターにページ番号を振る

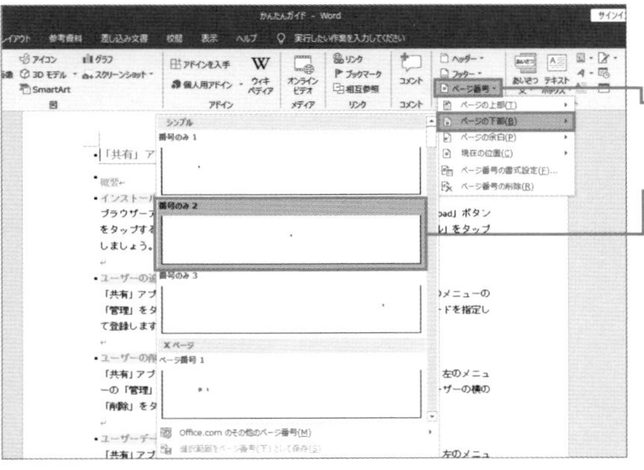

❶ <挿入>タブをクリックします。

❷ <ページ番号>をクリックします。

❸ <ページの下部>欄からページ番号の表示方法を選んでクリックします。

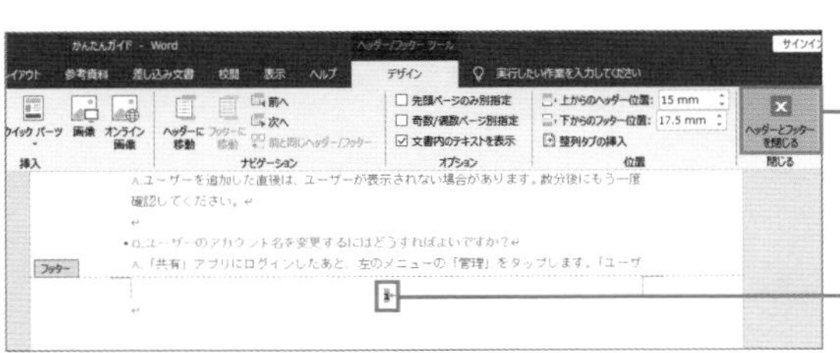

❹ ページ番号が表示されました。

❺ <ヘッダーとフッターを閉じる>をクリックします。

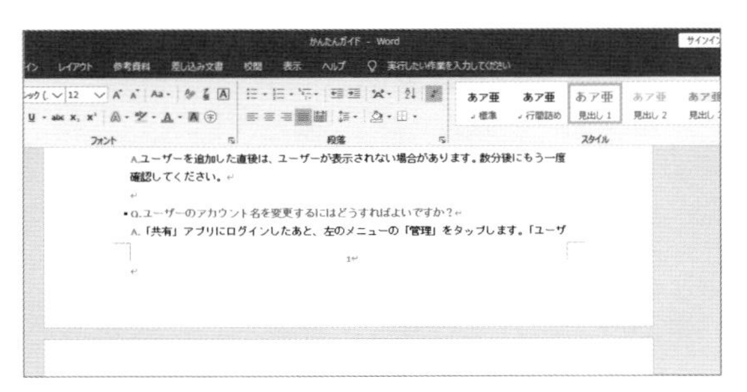

❻ 元の画面に戻ります。

MEMO ヘッダーやフッターの編集

ヘッダーやフッターの領域をダブルクリックすると、ヘッダーやフッター欄に文字カーソルが表示されます。ヘッダーやフッターの内容を編集できます。

SECTION 135 フッター

文書の総ページ数を表示する

文書のページ数を表示するとき、「1」「2」「3」・・・のようなページ番号だけでなく「1/3」「2/3」「3/3」のように総ページ数を表示するには、ページ数の表示方法を指定するときに<X/Yページ>欄からページの表示方法を選択します。

フッターに「ページ番号／総ページ数」を表示する

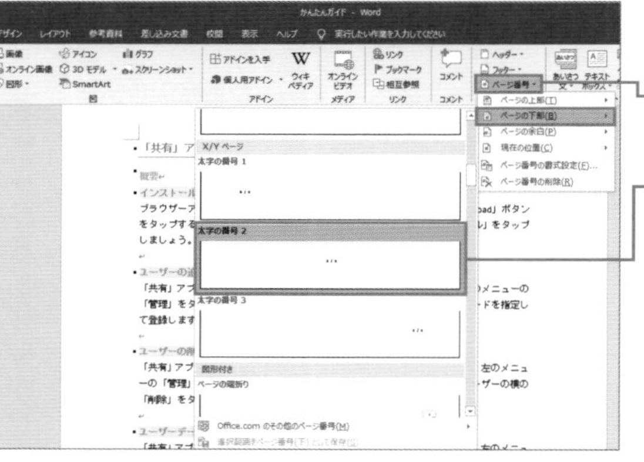

❶<挿入>タブをクリックします。

❷<ページ番号>をクリックします。

❸<ページの下部>の<X/Yページ>欄からページの表示方法をクリックします。

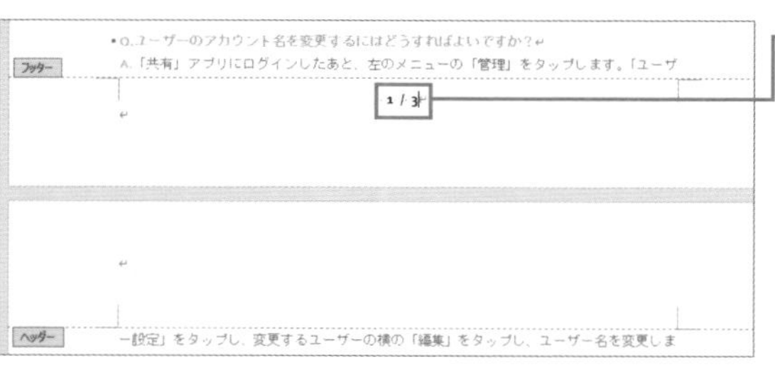

❹ページ番号と総ページ数が表示されました。

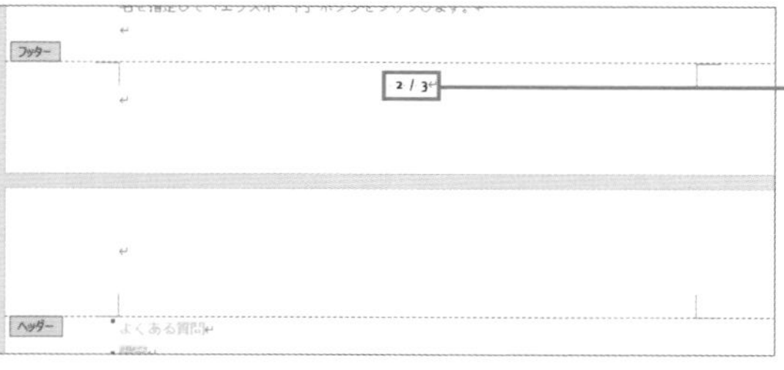

❺次のページのフッターを表示してページ番号と総ページ数を確認します。

SECTION 136 フッター

表紙にページ番号を表示しない

ヘッダーやフッターの内容は、特に指定しない限り、すべてのページ共通の内容になります。ここでは、先頭ページのみ別指定の設定を行い、表紙にはページ番号が表示されないようにします。また、2ページ目に「1」から番号が振られるように修正します。

2ページ目以降に「1」から順にページ番号を表示する

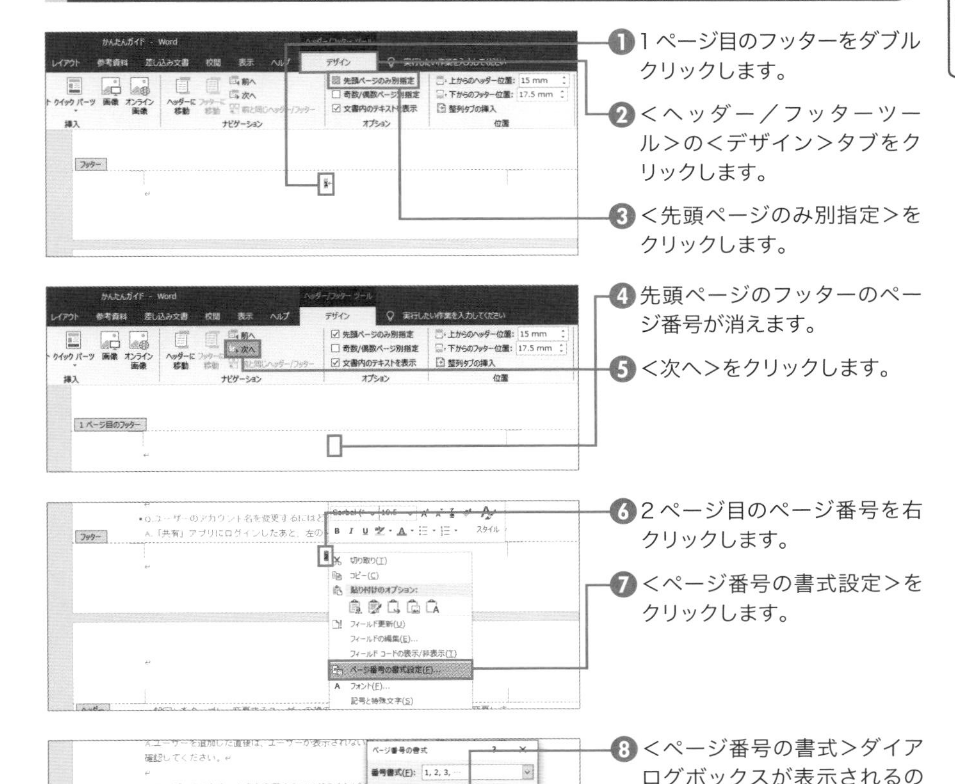

❶ 1ページ目のフッターをダブルクリックします。

❷ <ヘッダー／フッターツール>の<デザイン>タブをクリックします。

❸ <先頭ページのみ別指定>をクリックします。

❹ 先頭ページのフッターのページ番号が消えます。

❺ <次へ>をクリックします。

❻ 2ページ目のページ番号を右クリックします。

❼ <ページ番号の書式設定>をクリックします。

❽ <ページ番号の書式>ダイアログボックスが表示されるので、<開始番号>に「0」を入力します。

❾ <OK>をクリックすると、2ページ目が「1」になります。

SECTION 137

フッター

任意の数からページ番号を振る

ページ番号を表示すると、通常は先頭ページから順に「1」「2」「3」・・・のように番号が振られます。任意の数字から番号を振るには、開始番号を指定します。なお、ヘッダーやフッターの設定は、セクションごとに指定できます。

ページ番号の開始番号を指定する

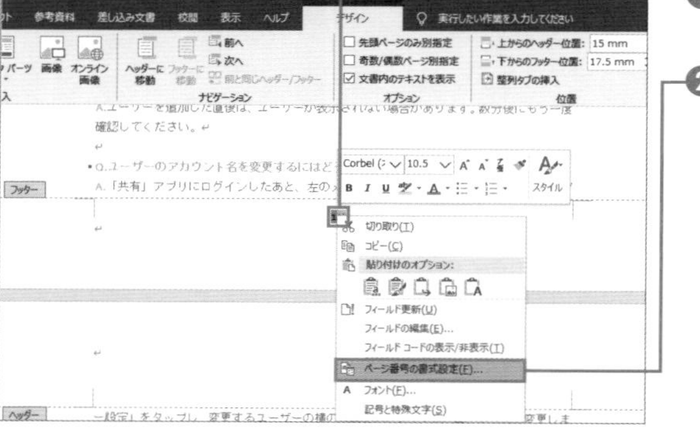

❶1ページのフッターをダブルクリックします。

❷<ページ番号の書式設定>をクリックします。

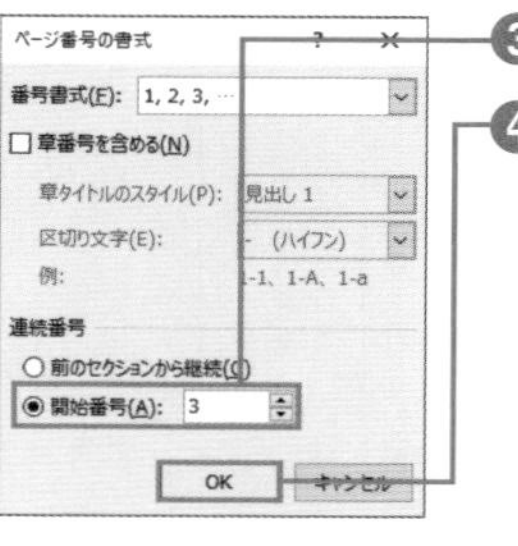

❸<開始番号>を指定します。

❹< OK >をクリックします。

❺開始番号が指定した番号に変更されます。

SECTION 138 フッター

途中からページ番号を1から降り直す

ヘッダーやフッターの内容は、セクションごとに指定できます。文書の途中からページ番号を1から降り直すには、文書の途中にセクションの区切りを入れて、指定したセクションのページ番号の書式を変更します。セクション番号を確認して操作しましょう。

指定したセクションのページ番号を振り直す

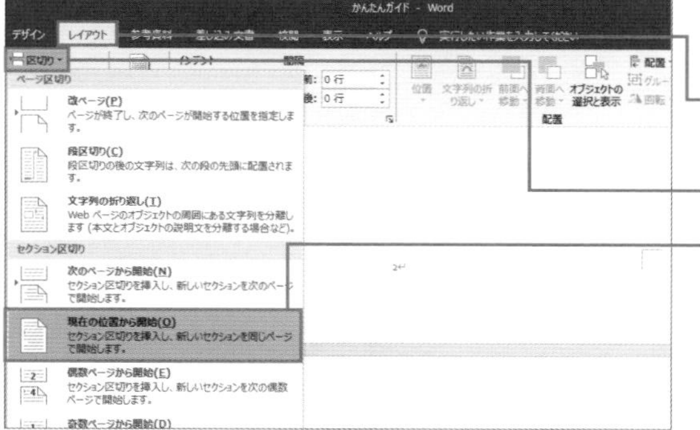

❶ページ番号を振り直すページの先頭をクリックします。

❷＜レイアウト＞タブをクリックします。

❸＜区切り＞をクリックします。

❹＜現在の位置から開始＞をクリックします。

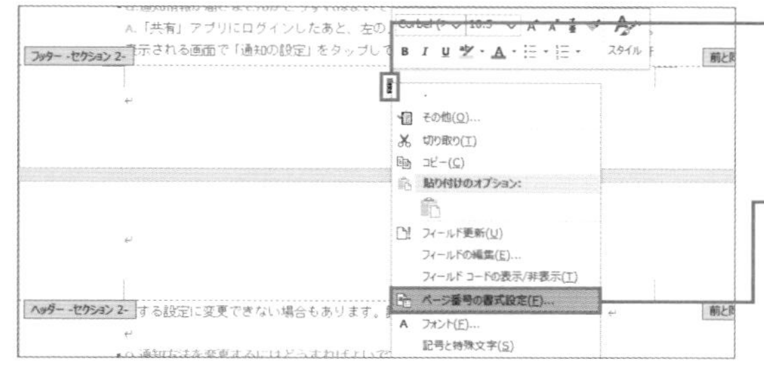

❺セクション区切りが追加されます。ここでは、セクション2のページ番号をダブルクリックします。

❻ページ番号を右クリックして＜ページ番号の書式設定＞をクリックします。

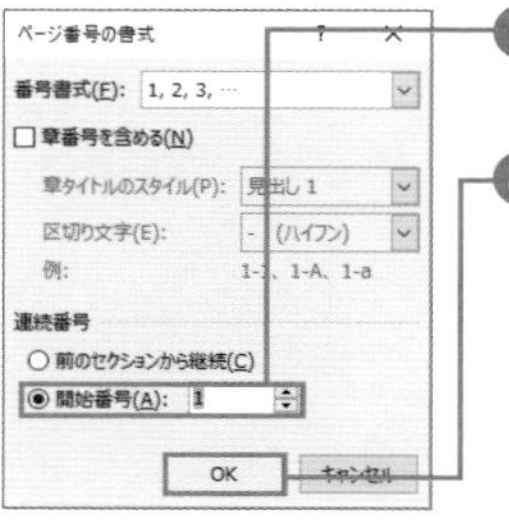

❼＜開始番号＞欄に番号を指定します。

❽＜OK＞をクリックします。

SECTION 139

ヘッダー

ヘッダーに日付や文字を表示する

ヘッダーに日付や文字の情報を表示しましょう。ヘッダーやフッターの編集時に表示される＜ヘッダー /フッターツール＞の＜デザイン＞タブには、ヘッダーやフッターによく表示する内容をかんたんに追加するためのボタンが用意されています。

ヘッダーに日付を表示する

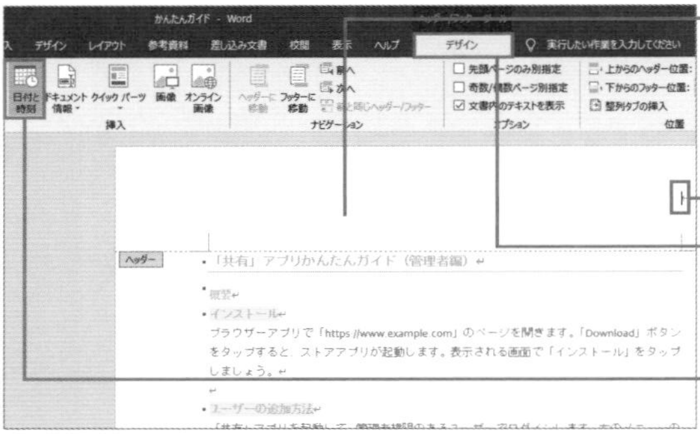

1. ヘッダー領域をダブルクリックします。
2. ヘッダー領域内をクリックし、段落を右揃えの配置にします(P.096 参照)。
3. ＜ヘッダー／フッターツール＞の＜デザイン＞タブをクリックします。
4. ＜日付と時刻＞をクリックします。
5. 日付の表示形式を選択します。
6. ＜ OK ＞をクリックします。
7. 日付の情報が表示されます。

MEMO　日付を更新する

常に今日の日付が表示されるようにするには、＜自動的に更新する＞のチェックをオンにします。

ヘッダーに文字を表示する

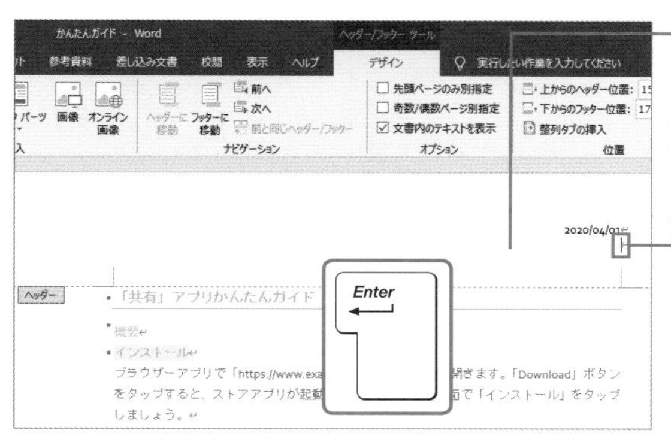

❶ヘッダー領域をダブルクリックします。

❷ここでは、Enter キーを押して改行して文字カーソルを移動します。

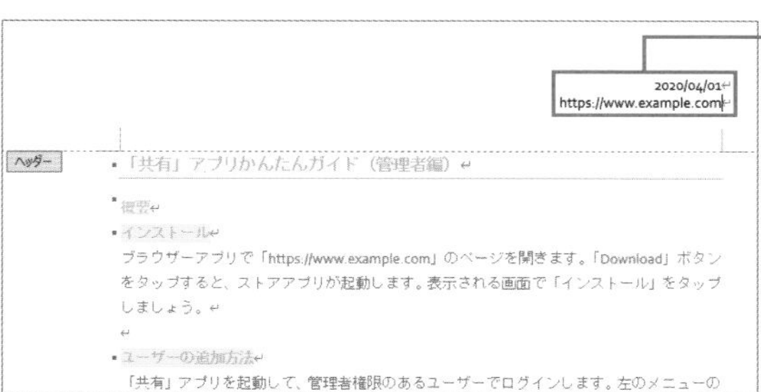

❸ヘッダーに表示する文字を入力します。

COLUMN

プロパティ情報

ファイルの作成者やファイル名などの情報を自動的に表示するには、<ヘッダー／フッターツール>の<デザイン>タブの<ドキュメント情報>から表示する内容を選択する方法があります。

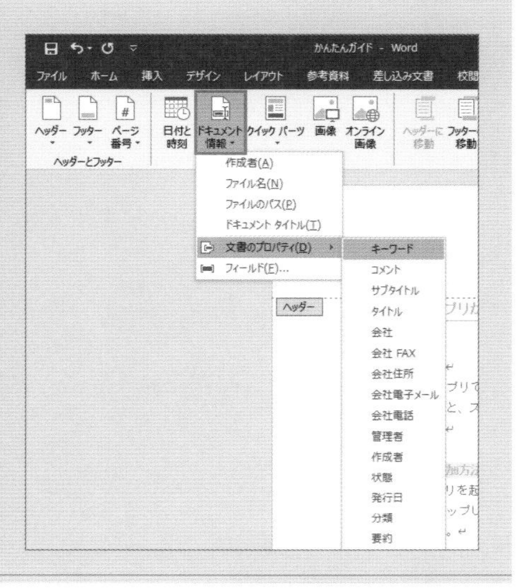

先頭ページのヘッダーの内容を変える

ヘッダーやフッターを設定すると、通常はすべてのページに同じ内容が表示されます。ただし、いくつか例外があります。たとえば、先頭ページのみ別に指定できます。また、セクションごとに別々の内容を指定することもできます。

先頭ページのみ別のヘッダーを表示する

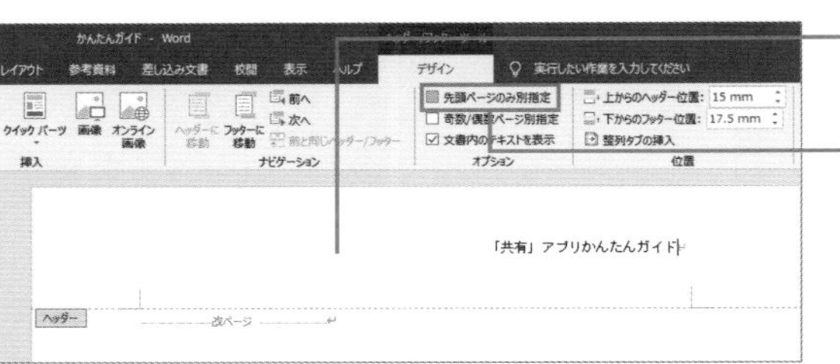

❶ヘッダー領域をダブルクリックします。

❷＜ヘッダー／フッターツール＞の＜デザイン＞タブの＜先頭ページのみ別指定＞をクリックします。

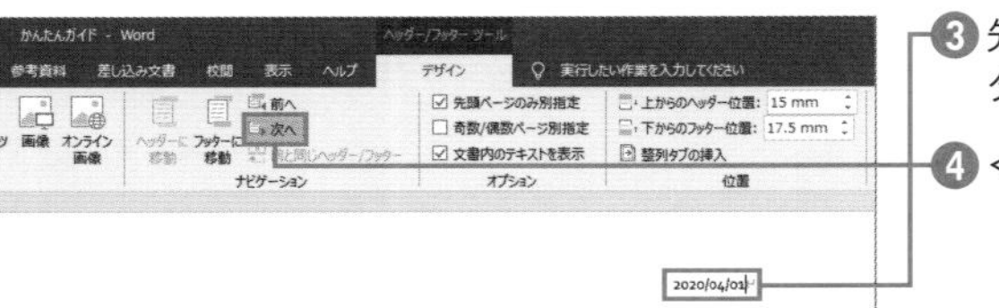

❸先頭ページのヘッダーやフッターの内容を変更します。

❹＜次へ＞をクリックします。

❺次のページのヘッダーが表示されるので、先頭ページとは異なる内容を指定します。

COLUMN 前のセクションと違う内容を表示する

セクション区切りを入れて文書を複数のセクションで区切っても、通常は、すべてのセクションに同じヘッダーやフッターの内容が入ります。指定したセクションのヘッダーやフッターの内容を変更する場合は、対象のセクションのヘッダーやフッターの編集画面で＜ヘッダー／フッターツール＞タブの＜デザイン＞タブの＜前と同じヘッダー／フッター＞をオフにして、ヘッダーやフッターの内容を指定します。

SECTION 141 ヘッダー

奇数と偶数ページでヘッダーの内容を変える

複数ページにわたる文書を印刷して冊子を作るときは、両面印刷をして左側を綴じることがあります。このようなケースでは、冊子を開いたときにヘッダーやフッターの内容が外側に表示されるようにすると見やすくなります。

ヘッダーの内容を左右に振り分ける

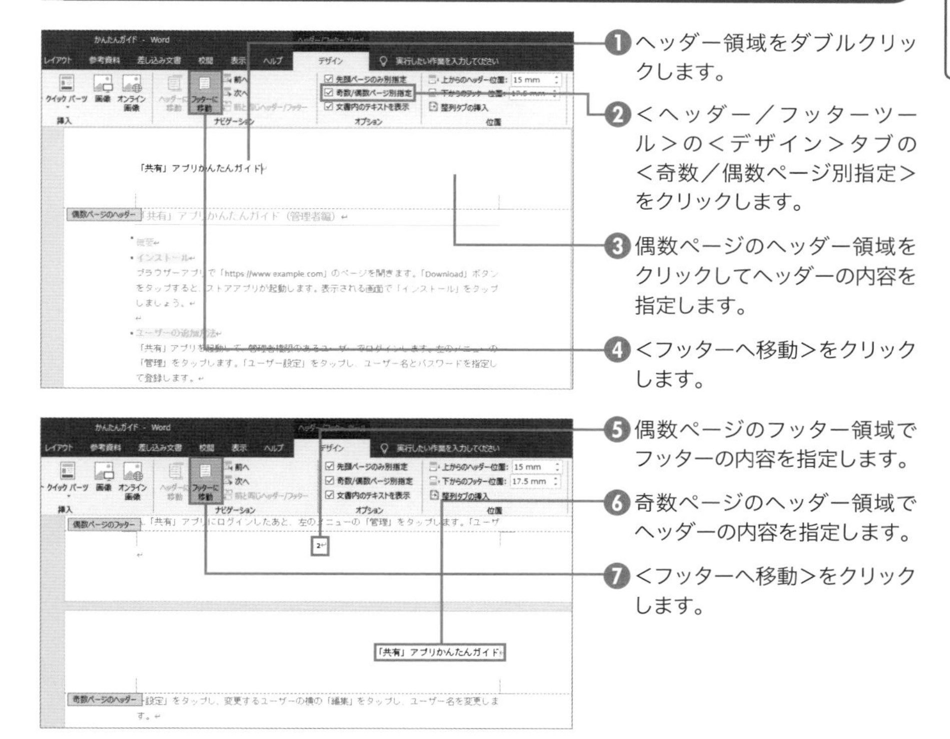

❶ヘッダー領域をダブルクリックします。

❷<ヘッダー／フッターツール>の<デザイン>タブの<奇数／偶数ページ別指定>をクリックします。

❸偶数ページのヘッダー領域をクリックしてヘッダーの内容を指定します。

❹<フッターへ移動>をクリックします。

❺偶数ページのフッター領域でフッターの内容を指定します。

❻奇数ページのヘッダー領域でヘッダーの内容を指定します。

❼<フッターへ移動>をクリックします。

❽奇数ページのフッター領域を表示してフッターの内容を指定します。

▶ COLUMN

ナビゲーションウィンドウを活用しよう

長文を作成するときはナビゲーションウィンドウを常に表示しておくと、文書の構成を確認するのに役立ちます。また、ナビゲーションウィンドウの<ページ>をクリックすると、ページの縮小図とページ番号を同時に確認できます。通常は、1ページ目から順に「1」「2」「3」のように番号が振られますが、文書の途中でページ番号を振り直しているような場合は、実際のページ番号が表示されます。ページ番号を確認するのにも役立ちます。

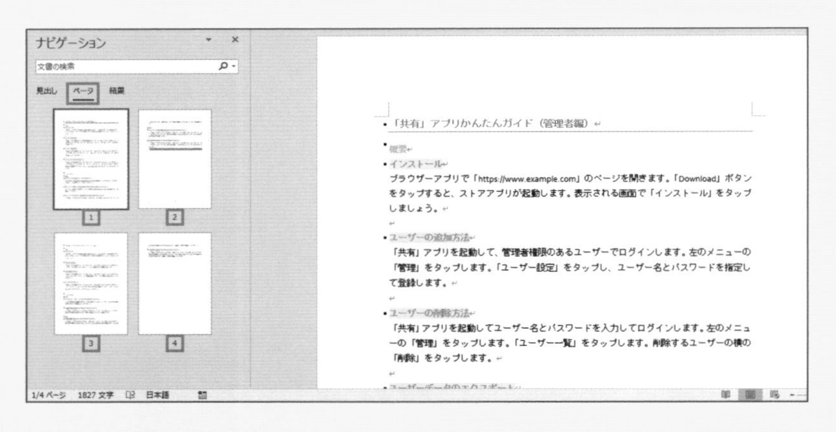

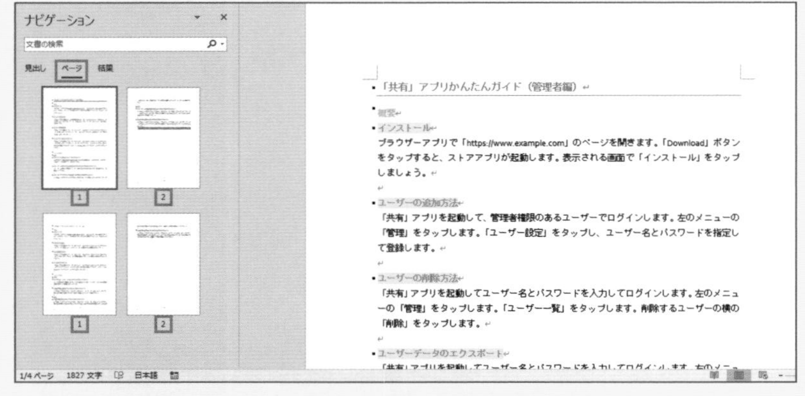

第 7 章

ここで差がつく!
画像と図形技ありテクニック

SECTION 142 画像

写真などの画像を挿入する

文書に写真やイラストなどの画像ファイルを追加します。パソコンに保存されている画像ファイルを追加したり、インターネット上の画像ファイルを検索して追加したりすることができます。ここでは、パソコンに保存されている画像ファイルを追加します。

第6章 第7章 画像 第8章 第9章 第10章

文書に写真を表示する

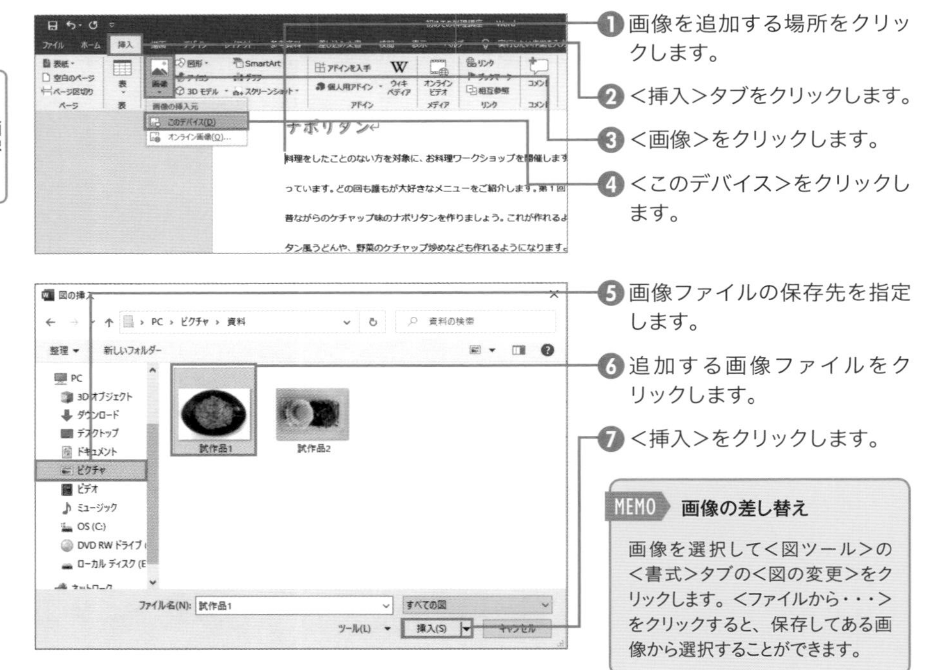

❶画像を追加する場所をクリックします。

❷<挿入>タブをクリックします。

❸<画像>をクリックします。

❹<このデバイス>をクリックします。

❺画像ファイルの保存先を指定します。

❻追加する画像ファイルをクリックします。

❼<挿入>をクリックします。

MEMO 画像の差し替え

画像を選択して<図ツール>の<書式>タブの<図の変更>をクリックします。<ファイルから・・・>をクリックすると、保存してある画像から選択することができます。

❽画像ファイルが追加されました。

MEMO オンライン画像

インターネット上の画像ファイルを検索して追加する場合は、<オンライン画像>をクリックします。

SECTION 143 画像

画像を拡大／縮小表示する

追加した画像の大きさを調整します。画面を見ながらドラッグ操作で調整したり、「mm」単位の数値で指定したりすることができます。写真の大きさを変更するときは、縦横比を変更せずに大きさを調整しましょう。

写真を小さく表示する

❶画像をクリックして選択します。

❷四隅のハンドルのいずれかをドラッグします。

MEMO 縦や横だけ変更する

画像の高だけ変更する場合は画像の上下のハンドル、幅だけを変更する場合は左右のハンドルをドラッグします。

❸縦横比を保ったまま大きさが変わります。

MEMO 数値で指定

画像をクリックし、<図ツール>の<書式>タブの<サイズ>グループでは、画像の大きさを数値で指定できます。複数の図形の大きさを揃えるには、複数の図形を選択した状態で操作します（P.209参照）。

COLUMN

倍率を指定する

画像の大きさを変更するとき、画像をクリックし、<図ツール>の<書式>タブの<サイズ>グループの<ダイアログボックス起動ツール>をクリックすると、<レイアウト>画面が表示されます。ここでは、画像の大きさをパーセントで指定したりできます。

SECTION 144 画像

画像の飾り枠を設定する

画像の周囲に枠線をつけたり、ぼかし効果を設定したりして加工するには、図のスタイルから飾りを選択します。文書内に複数の画像を追加している場合は、同じ効果を設定しておくと統一感が保たれます。ここでは、対角が丸い白枠のついた効果を設定します。

写真の周囲に白枠を付ける

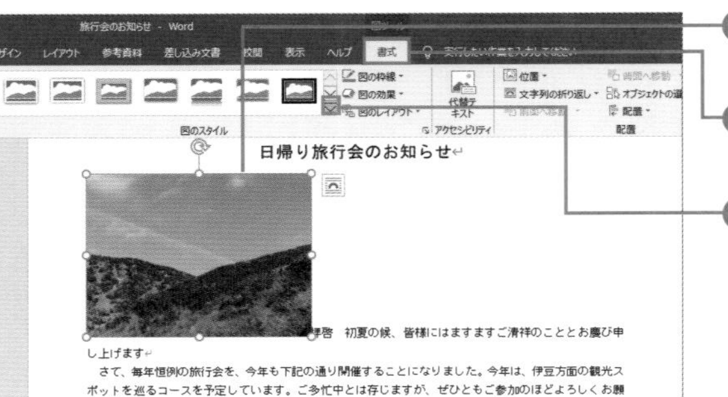

❶画像をクリックして選択します。

❷＜図ツール＞の＜書式＞タブをクリックします。

❸＜図のスタイル＞の＜その他＞をクリックします。

❹飾りの種類にマウスポインターを移動します。

❺飾りを適用したイメージが表示されます。気に入った飾りをクリックします。

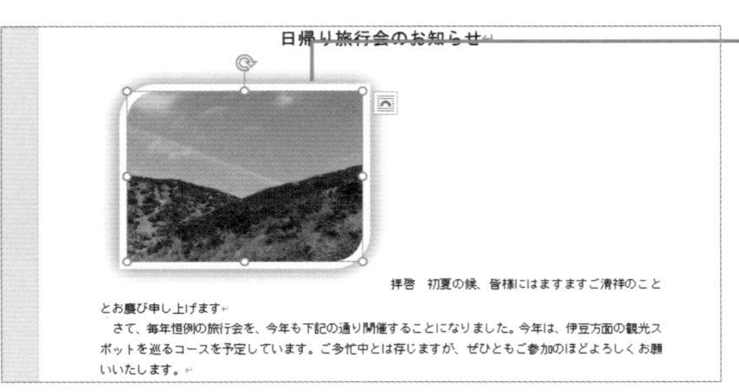

❻飾りが適用されます。

MEMO 画像の回転

画像を選択すると上部に表示されるハンドルを左右にドラッグすると、画像を回転させられます。

SECTION 145

画像

画像と文字の配置を調整する

画像を追加すると、通常は文字と同様に扱われます。画像をドラッグ操作で自由に移動できるようにするには、文字列の折り返しの設定を行います。文字と画像が重なったときに、文字をどのように表示するか指定します。

写真の周囲に文字を折り返して表示する

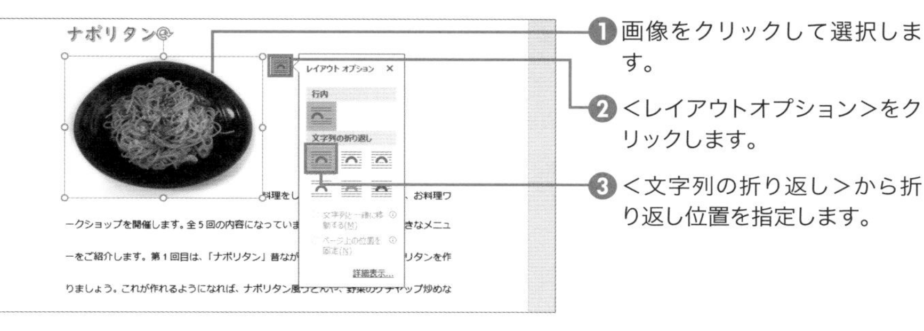

❶画像をクリックして選択します。

❷＜レイアウトオプション＞をクリックします。

❸＜文字列の折り返し＞から折り返し位置を指定します。

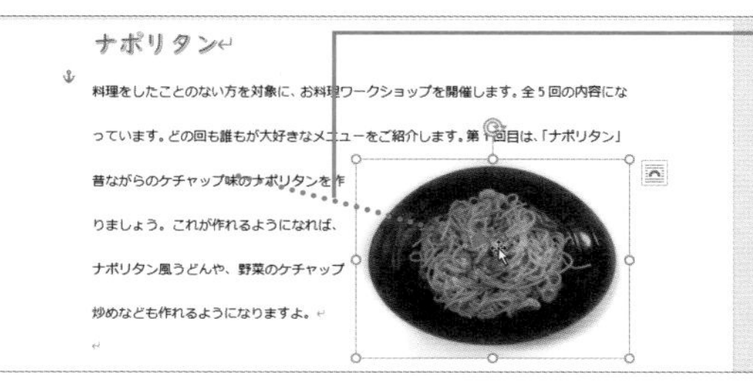

❹画像を配置したい場所にドラッグすると、画像が移動します。

COLUMN
文字列の折り返しの設定について

画像と文字列の折り返し位置の設定は、次のとおりです。文字と画像が重なったときの見え方が異なります。＜狭い＞と＜内部＞は、＜内部＞の方がより文字が写真の内側に表示されます。なお、この例では、写真の背景を削除して透明にしています（P.189参照）。背景が白く見えても透明でない場合は、写真の周囲の文字の折り返し位置が思うようにならないので注意します。

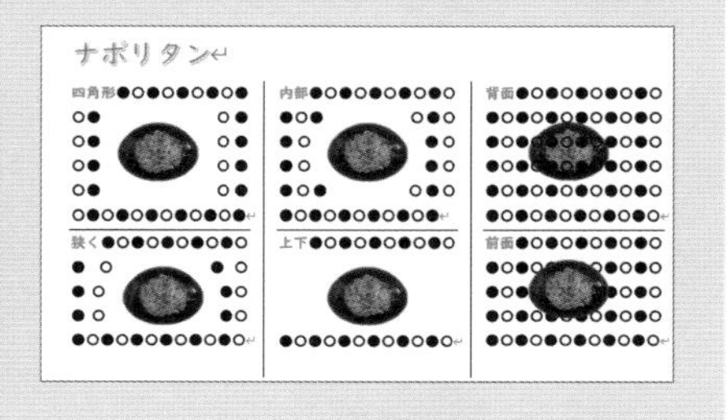

SECTION 146 画像

画像の位置をページに固定する

P.183の方法で画像と文字列との配置を変更すると、画像より上の位置に文字を入力した場合、それによって画像の位置が移動します。文字を入力しても画像の位置が変わらないようにするには、画像をページに固定する方法があります。

文字を追加しても画像が動かないように固定する

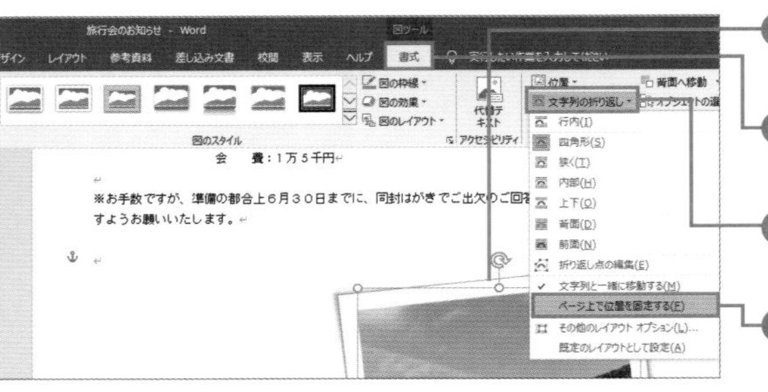

❶ 画像をクリックして選択します。

❷ <図ツール>の<書式>タブをクリックします。

❸ <文字列の折り返し>をクリックします。

❹ <ページ上で位置を固定する>をクリックします。

❺ 画像の上で改行したり文字を入力したりしても、画像の表示位置は変わりません。

MEMO　項目の選択

<ページ上で位置を固定する>を選択できない場合は、画像と文字列の折り返しの設定を行います(P.183参照)。

COLUMN

文字列と一緒に移動する

画像と文字の折り返し位置を変更した直後は、画像が文字列と一緒に移動する設定になります。この場合、画像の上に文字を入力すると画像の位置が下がります。

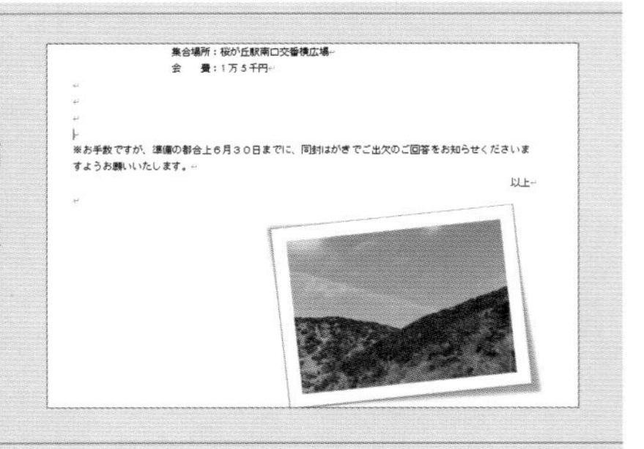

SECTION
147
画像の編集

画像の色や風合いを加工する

画像ファイルにアート効果を適用すると、写真を鉛筆画や線画、水彩画のようなイメージに変えられます。また、複数の写真を追加する場合、写真の色合いを合わせると、統一感を保つことができます。写真をかんたんに加工する方法を知っておきましょう。

写真を線画のように加工する

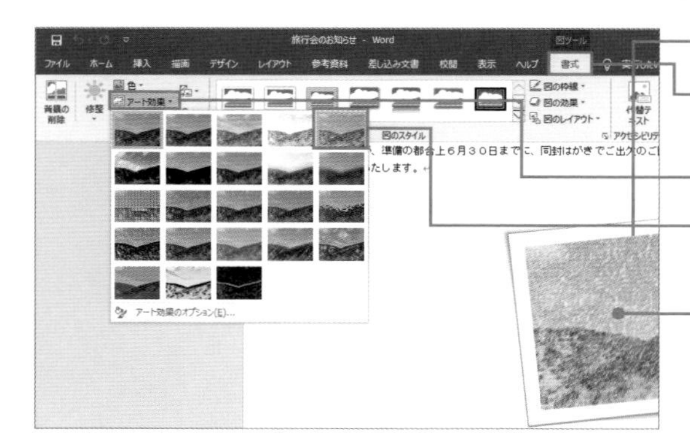

1. 画像をクリックして選択します。
2. ＜図ツール＞の＜書式＞タブをクリックします。
3. ＜アート効果＞をクリックします。
4. 気になる効果にマウスポインターに移動します。
5. 画像にアート効果を適用したときのイメージが表示されるので、気に入った効果をクリックします。
6. アート効果が適用されました。

COLUMN

色合いを変更する

写真を白黒やセピア色に加工して表示するには、画像をクリックし、＜図ツール＞の＜書式＞タブの＜色＞をクリックし、色合いを選択します。＜色の彩度＞＜色のトーン＞＜色の変更＞を選択できます。＜色の変更＞では、＜グレースケール＞や＜セピア＞など選択できます。

SECTION 148 画像の編集

画像をトリミングして一部だけを残す

写真の不要な部分を削除して必要な部分のみを残すには、トリミングという処理をします。写真の周囲の枠を操作して必要な部分だけを残します。間違って必要な個所を削除してしまった場合は、元に戻して操作をやり直しましょう。

画像の余計なところを切り取る

❶画像をクリックして選択します。

❷＜図ツール＞の＜書式＞タブをクリックします。

❸＜トリミング＞をクリックします。

❹写真の周囲に表示されるトリミングハンドルを内側にドラッグします。

> **MEMO 削除した部分を戻す**
>
> トリミングする範囲を間違えてしまった場合は、トリミングハンドルを外側にドラッグして元に戻します。

❺写真以外の箇所をクリックします。

❻写真がトリミングされます。写真の大きさを変えたり見栄えを整えたりします。

SECTION 149 画像の編集

画像を図形の形にトリミングする

写真をトリミングするときに、丸やハートなどの形で切り抜くには、図形の形にトリミングする方法があります。P.186の方法で、あらかじめ写真の被写体部分のみ表示されるようにトリミングしてから操作するとよいでしょう。

写真を図形の形に切り抜く

1 画像をクリックして選択します。

2 <図ツール>の<書式>タブをクリックします。

3 <トリミング>の<▼>をクリックします。

4 <図形に合わせてトリミング>を選択し、切り抜きたい図形を選びクリックします。

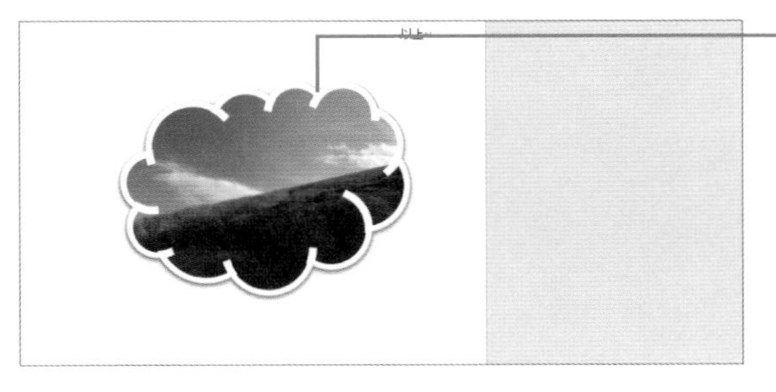

5 写真が図形の形にトリミングされます。

MEMO 縦横比の変更

写真を正方形で表示したい場合などは、手順4で<縦横比>をクリックして縦と横の比率を選択します。

COLUMN

トリミングと写真の周囲の加工について

図形の形にトリミングした後に図のスタイルを変更すると、トリミングした状態が元に戻ってしまいます。写真の周囲に枠を付けるなど図のスタイルを設定する場合は、図形の形にトリミングをする前に行います。

SECTION 150 画像の編集

図をリセットして元の状態に戻す

画像ファイルの大きさを変更したり図のスタイルを変更したりしたあとに、それらの設定をすべてリセットするには、ひとつずつ飾りを解除する必要はありません。図のリセット機能を使って一気に取り消します。

画像に設定した書式やサイズを元に戻す

❶画像をクリックして選択し、画像の大きさを変えたり、書式を変更したりします。

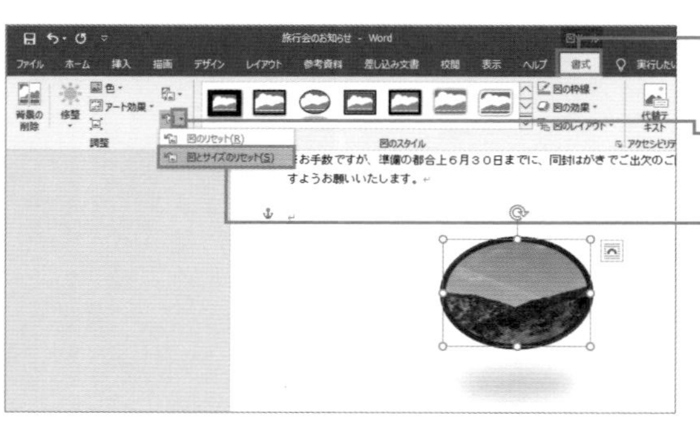

❷＜図ツール＞の＜書式＞タブをクリックします。

❸＜図のリセット＞の横の＜▼＞をクリックします。

❹＜図とサイズのリセット＞をクリックします。

❺画像ファイルが元の状態に戻ります。

MEMO 書式をリセット

画像に設定した書式を元に戻すには、＜図ツール＞の＜書式＞タブの＜図のリセット＞をクリックします。

SECTION 151
画像の編集

画像の背景を透明にする

多くの画像編集アプリには、写真の被写体以外の背景部分を透明にする機能があります。Wordでも背景部分を透明にする編集機能があります。被写体と背景部分が明確な場合はかんたんに処理できます。写真を選択して操作します。

写真の被写体以外の背景を削除する

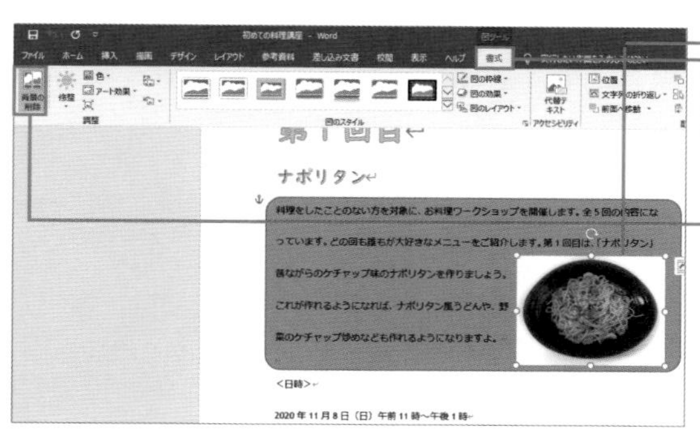

❶ 画像をクリックして選択します。

❷ <図ツール>の<書式>タブをクリックします。

❸ <背景の削除>をクリックします。

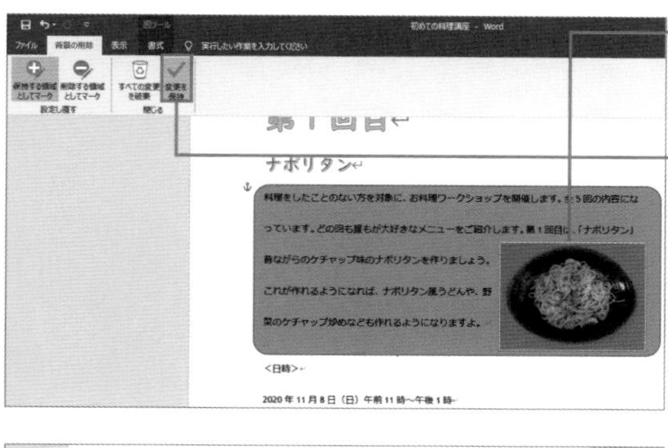

❹ P.190 〜 P.191 を参考に背景部分を指定して背景を紫色にします。

❺ <背景の削除>タブの<変更を保持>をクリックします。

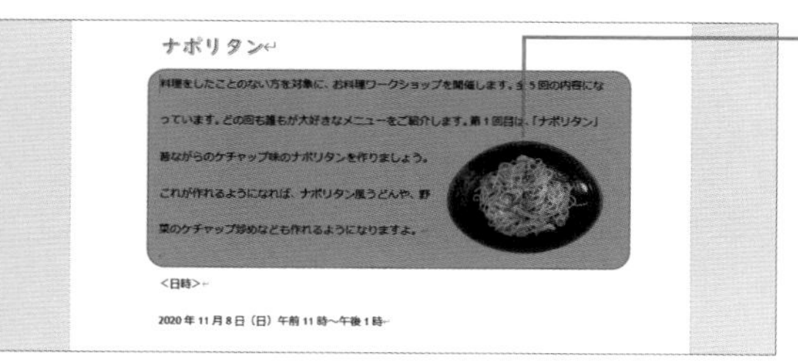

❻ 背景部分が透明になりました。

SECTION 152 画像の編集

画像の背景の削除部分を指定する

P.189の方法で画像の背景部分を削除しようとしても、背景部分が背景としてうまく認識されない場合があります。背景は紫色になります。背景なのに背景として認識されない場合は、＜削除する領域としてマーク＞を指定します。すると背景として認識されます。

背景と認識されない部分を削除する

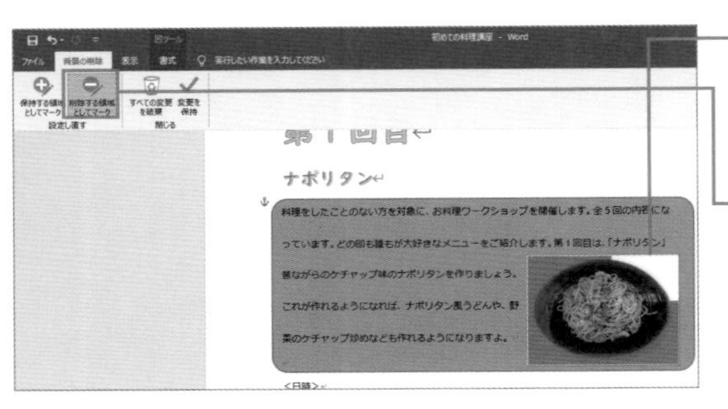

❶P.189の方法で、画像の背景を削除します。背景と認識されない背景部分が残っています。

❷＜背景の削除＞タブの＜削除する領域としてマーク＞をクリックします。

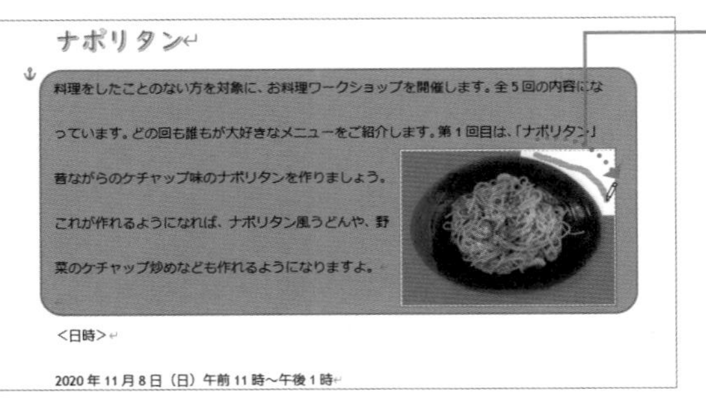

❸削除する箇所をクリック、またはドラッグします。

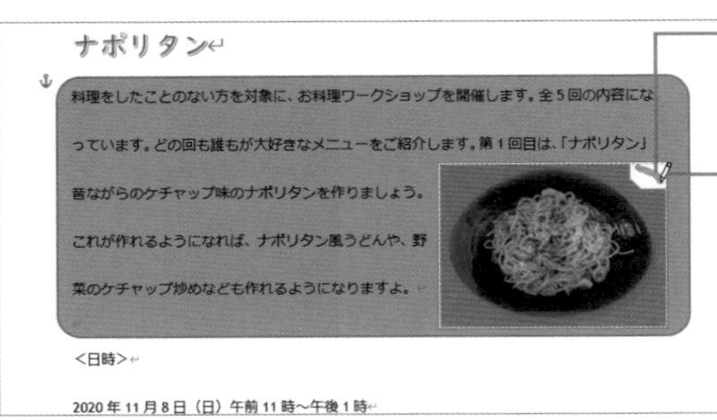

❹背景として認識されました。同様に、背景にしたい箇所を指定します。

❺P.189の方法で変更を反映させます。

SECTION 153 画像の編集

画像の背景と認識された部分を残す

P.189の方法で画像の背景部分を削除しようとしても、背景部分が背景としてうまく認識されない場合があります。背景は紫色になります。背景ではないのに背景として認識されてしまう場合は、＜保持する領域としてマーク＞を指定します。必要な部分が残ります。

背景と認識されてしまった部分を残す

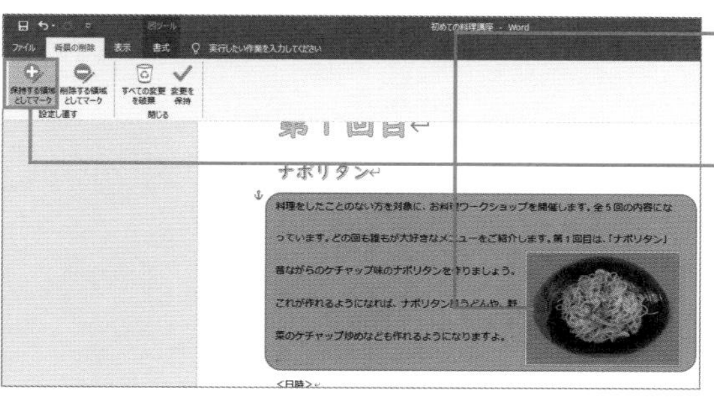

❶ P.189の方法で、画像の背景を削除します。背景ではないのに背景と認識されています。

❷ ＜背景の削除＞タブの＜保持する領域としてマーク＞をクリックします。

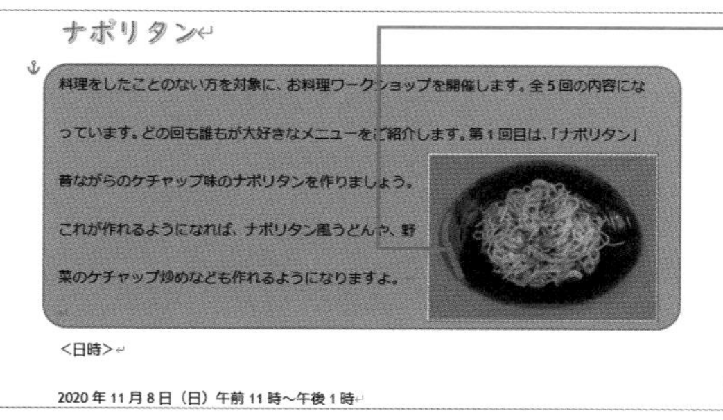

❸ 残したい部分をクリック、またはドラッグします。

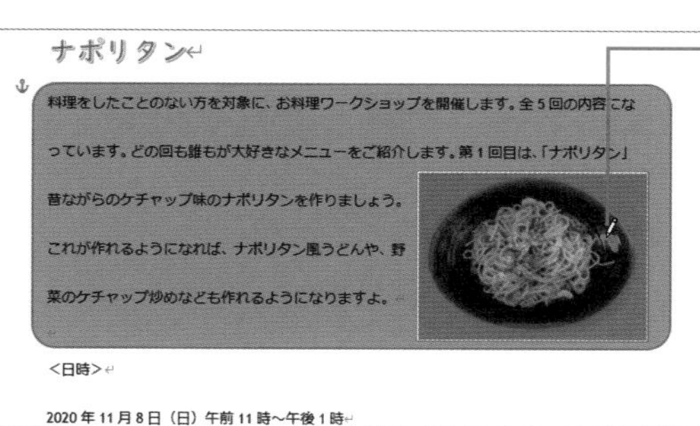

❹ 残したい部分が表示されます。同様に、残したい部分を指定します。

❺ P.189の方法で変更を反映させます。

SECTION 154

画像の編集

画像を圧縮してサイズを小さくする

文書に写真を多く追加すると、文書のファイルサイズがかなり大きくなってしまうことがあります。その場合は、画像の画質を落としてファイルサイズを小さくする方法があります。個々の写真に対して設定できるほか、すべての写真に設定することもできます。

写真を圧縮してファイルサイズを小さくする

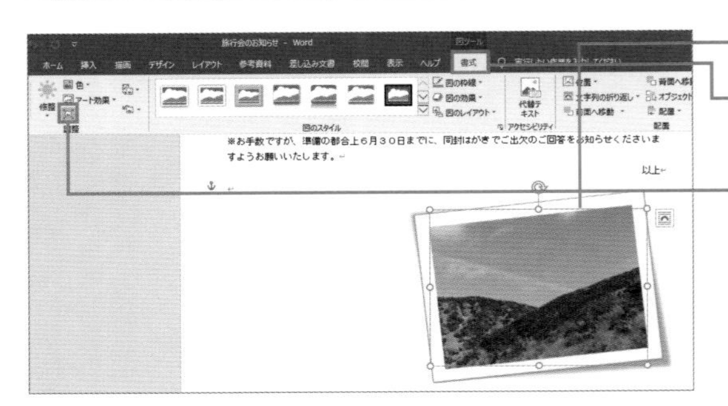

❶ 画像をクリックして選択します。

❷ <図ツール>の<書式>タブをクリックします。

❸ <図の圧縮>をクリックします。

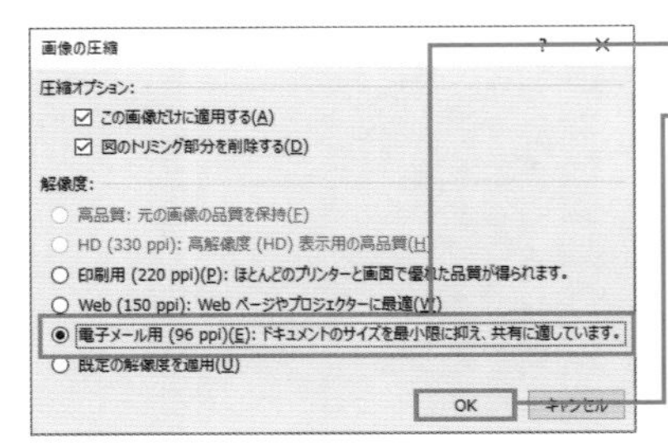

❹ <解像度>を選択します。

❺ < OK >をクリックします。

MEMO その他の設定

すべての画像に対して同じように画像を圧縮するには、<この画像だけに適用する>のチェックを外して操作します。

COLUMN

ファイルサイズを確認する

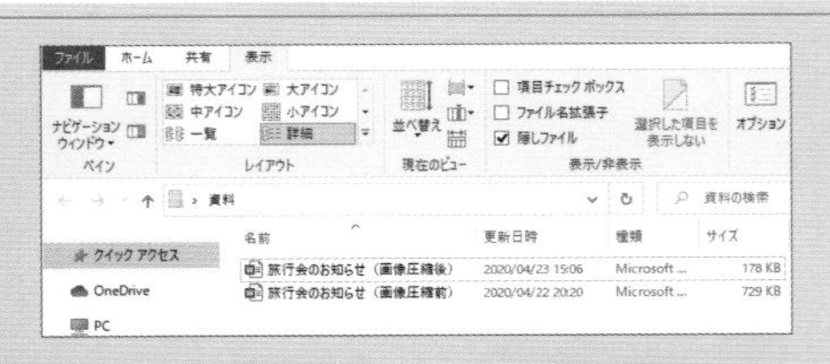

画像の圧縮を行っても、画面上は違いがわからないこともあるでしょう。また、画像を圧縮してファイルを保存して閉じた場合、設定によっては後から画像の状態を元に戻すことができません。そのため、画像の圧縮を行う前には、元のファイルをコピーしておくとよいでしょう。圧縮前と圧縮後のファイルサイズの違いを比較できます。また、元のファイルがあれば、万が一、元の状態に戻したい場合にも対応できて便利です。

イラストのようなアイコンを追加する

人やパソコン、車などのマークを表示するには、アイコンを利用すると手軽に追加できます。アイコンを選択する画面には、アイコンが種類ごとに並んでいます。まずは、種類を選択して使いたいアイコンを探します。キーワードで検索することもできます。

文書に車や人のアイコンを追加する

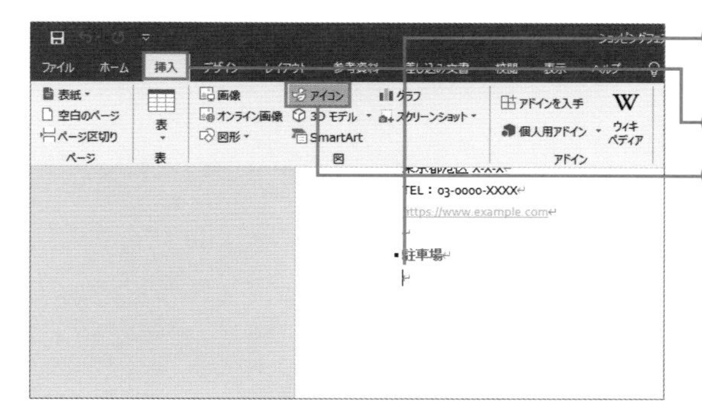

1. アイコンを追加する場所をクリックします。
2. <挿入>タブをクリックします。
3. <アイコン>をクリックします。

MEMO アイコンについて

アイコンは、Word 2019やMicrosoft 365のOfficeで利用できます。また、アイコンのデザインは異なる場合があります。

4. アイコンを選択する画面で種類をクリックします。
5. 追加するアイコンをクリックします。
6. <挿入>をクリックします。

MEMO 複数のアイコン

複数のアイコンを追加したい場合は、追加するほかのアイコンをすべて選択して<挿入>をクリックします。

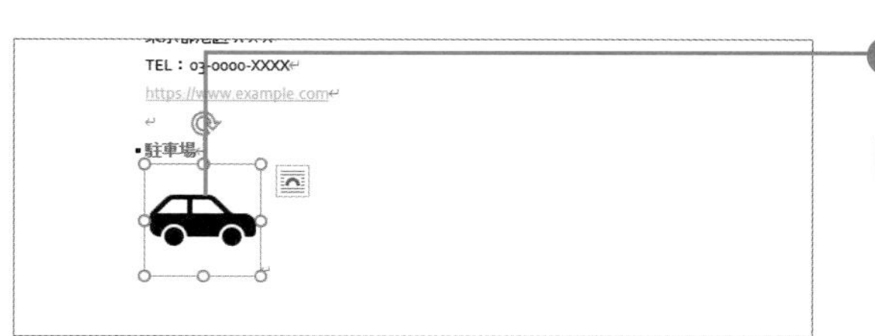

7. アイコンが追加されました。

MEMO アイコンの色

アイコンの色などのスタイルは、図形と同様に変更できます（P.199参照）。

SECTION 156

3D画像

3D画像を追加する

Word 2019やMicrosoft 365のWordを使用している場合は、「3Dモデル」という3Dの画像を追加できます。3Dモデルの種類を選び、追加する画像を選択しましょう。また、検索キーワードを入力して3Dモデルを検索することもできます。

文書に3D画像を追加する

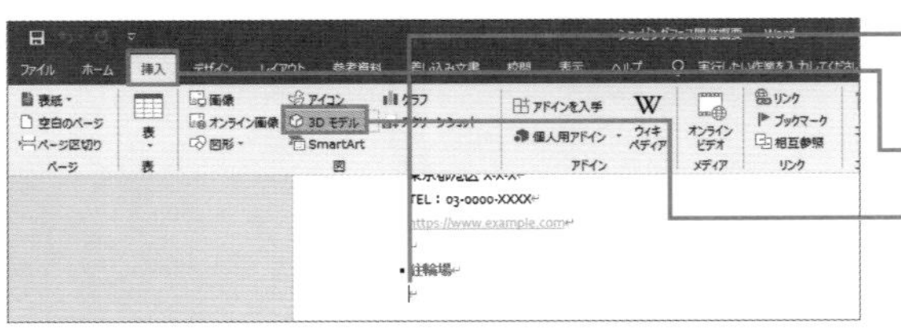

❶ 3Dモデルを追加する場所をクリックします。

❷ <挿入>タブをクリックします。

❸ <3Dモデル>をクリックします。

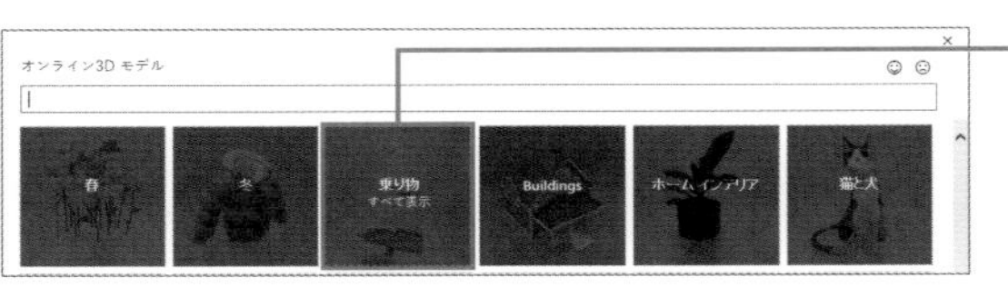

❹ 3Dモデルを選択する画面で分類を選びクリックします。

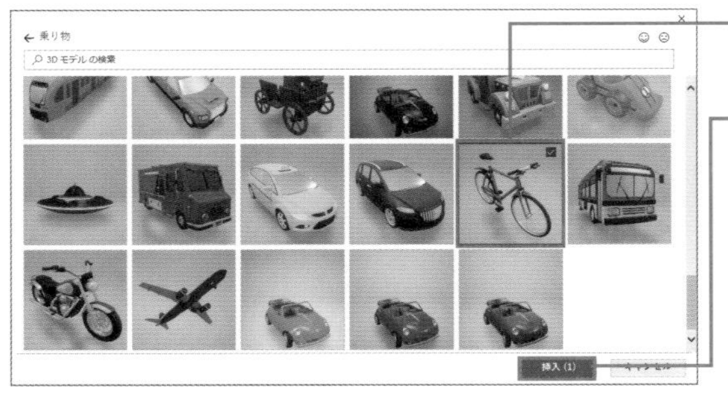

❺ 追加する3Dモデルをクリックします。

❻ <挿入>をクリックします。

MEMO 3Dモデルの検索

3Dモデルを選択すると、<3Dモデルツール>の<書式>タブが表示されます。<3Dモデルビュー>では、どの角度から3Dモデルを表示するか指定できます。

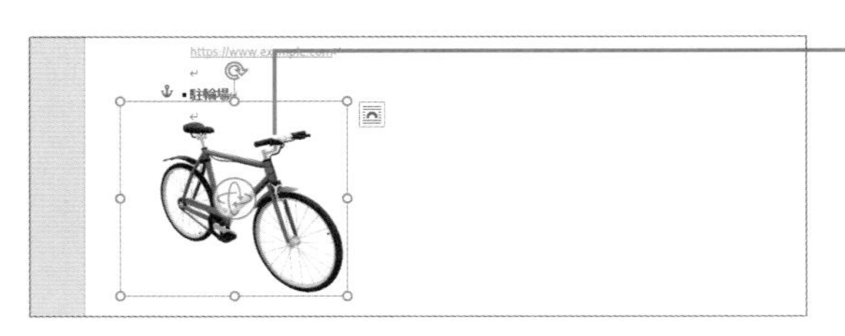

❼ 3Dモデルが追加されました。

SECTION 157 図形

正方形や正円、45度の直線を描く

文書に図形を追加します。なお、ほとんどの図形は、図形の中に文字を入力できます。図形の中にタイトルなどの文字を入力して文書を飾ったり、複数の図形を組み合わせてかんたんな図を作成したりできます。ここでは、基本的な図形を描いてみましょう。

ドラッグ操作で正円を描く

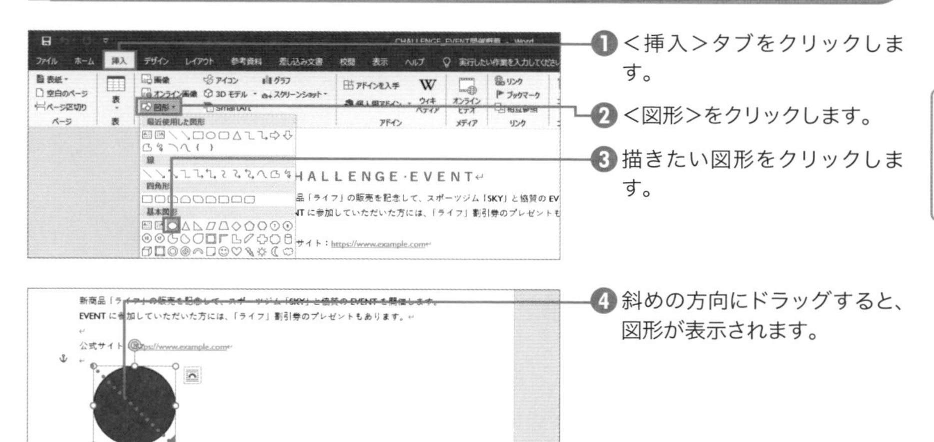

❶＜挿入＞タブをクリックします。

❷＜図形＞をクリックします。

❸描きたい図形をクリックします。

❹斜めの方向にドラッグすると、図形が表示されます。

COLUMN ドラッグ操作で図形を描く

図形はドラッグ操作でかんたんに描けます。キー操作と組み合わせて操作すると次のような図形を描けます。

操作	内容
左上から右下に向けてドラッグ	図形の左上の位置から右下の位置を指定しながら図形を描けます。
Ctrl キーを押しながらドラッグ	図形の中心位置を基準に図形を描けます。
Shift キーを押しながらドラッグ	四角形や三角、丸、線を書くとき、Shift キーを押しながらドラッグすると正方形、正三角形、正円、直線や45度の線を描けます。
Ctrl キー＋ Shift キー＋ドラッグ	図形の中心位置を基準に正方形や正三角形、正円を描けます。

SECTION 158 図形

同じ図形を続けて書けるようにロックする

同じ形の図形を連続して描くには、図形を描くモードをロックして描く方法を使いましょう。ロックを解除するまでは、描きたい図形を選択する手間を省いて同じ形の図形を次々と描けます。全く同じ大きさの図形を描く場合は、図形をコピーするとよいでしょう。

図形を連続して描けるようにロックする

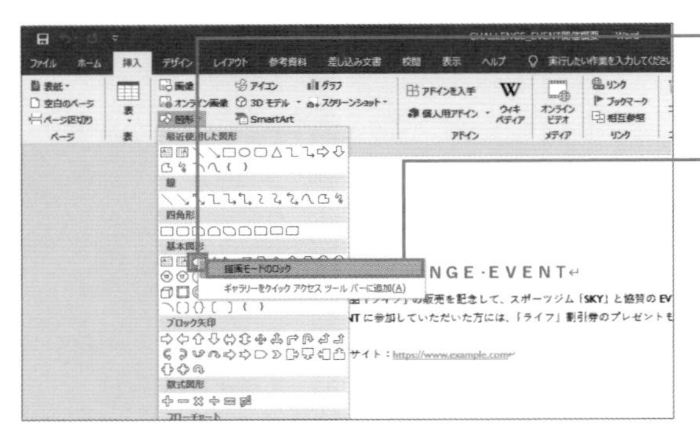

❶ P.195 手順❶～❷の後に、描きたい図形を右クリックします。

❷ <描画モードのロック>をクリックします。

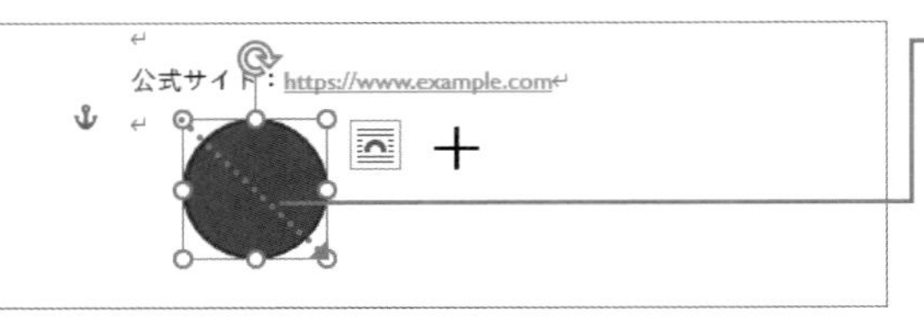

❸ ドラッグして図形を描きます。

❹ 続いてドラッグして図形を描きます。

❺ Esc キーを押すと、図形を描くモードが解除されます。

COLUMN 図形をコピーする

図形をコピーするには、Ctrl キーを押しながらコピーしたいドラッグをコピー先に向かってドラッグします。

SECTION 159
図形の編集

図形と図形を繋ぐ伸び縮みする線を引く

図形を組み合わせてかんたんな図を作成するような場合、図形と図形とを線で結ぶことがあります。そのような場合は、図形に接続した線を描くと良いでしょう。図形をあとから移動したりサイズを変更したりしたときに、線だけがとり残されてしまうのを防げます。

図形と図形を結ぶ線を描く

❶ P.210の方法で、描画キャンバスを追加しておき、描画キャンバスの中に図形を描きます。

❷ <挿入>タブをクリックします。

❸ <図形>をクリックして、<線>から線の種類を選びます。

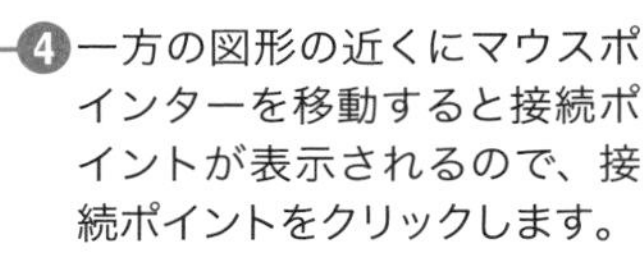

❹ 一方の図形の近くにマウスポインターを移動すると接続ポイントが表示されるので、接続ポイントをクリックします。

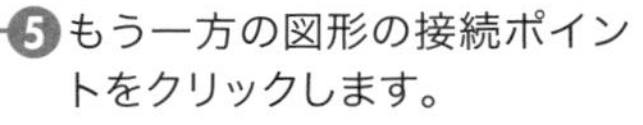

❺ もう一方の図形の接続ポイントをクリックします。

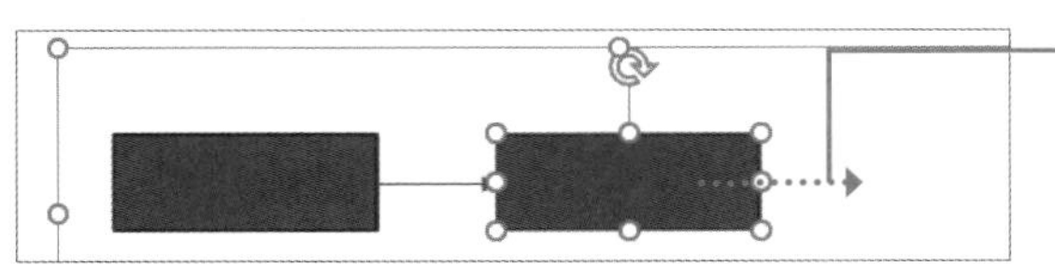

❻ 図形と図形が線で繋がります。図形を移動します。

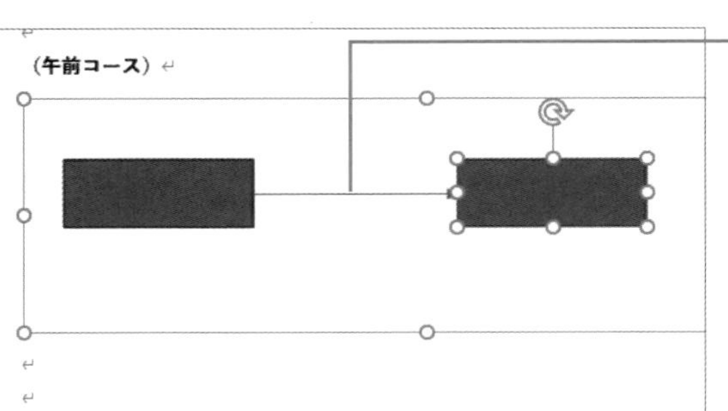

❼ 図形を結ぶ線が図形にくっついて伸び縮みします。

MEMO 描画キャンバス

図形と図形とを接続ポイントを介して繋げるには、描画キャンバスに描いた図形を繋げます。描画キャンバス以外に描かれた図形は、接続ポイントが表示されないので注意しましょう。

SECTION 160
図形の編集

図形の色や枠線の種類を変更する

図形を描くと、通常は文書のテーマによって既定の飾りがついた図形が表示されます。図形の色や枠線のスタイルなどは変更できます。図形を選択して色や枠線の太さや色などを指定しましょう。図形の書式はコピーすることもできます。

図形のデザインを変更する

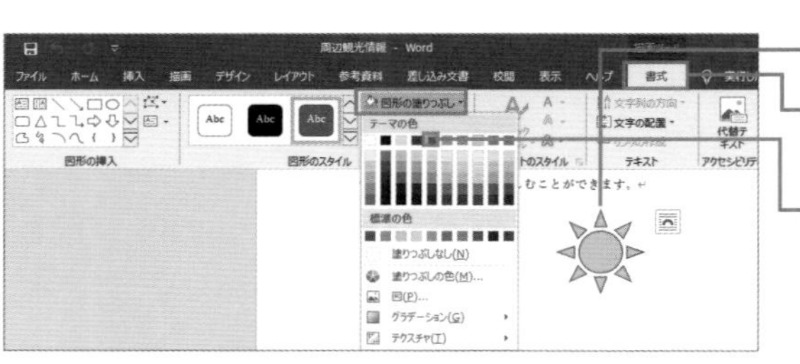

❶図形を選択します。

❷＜描画ツール＞の＜書式＞タブをクリックします。

❸＜図形の塗りつぶし＞をクリックして色を選択します。

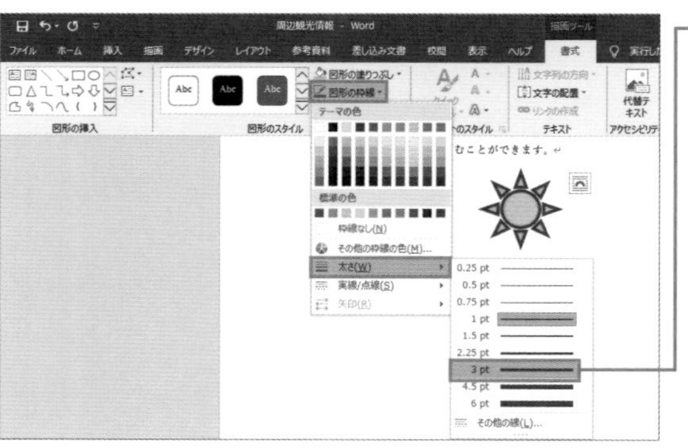

❹＜図形の枠線＞をクリックし、＜太さ＞から枠線の太さを選びます。

MEMO テーマの色

図形の色を選ぶときにテーマの色の中から色を選ぶと、あとからテーマを変更すると図形の色も変わります（P.143参照）。

COLUMN

図形の書式をコピーする

図形の書式をコピーするには、コピー元の図形を選択して＜ホーム＞タブの＜書式のコピー／貼り付け＞をダブルクリックします。続いて、書式のコピー先の図形を順にクリックします。書式コピーが終わったらEscキーを押して書式コピーの状態を解除します。

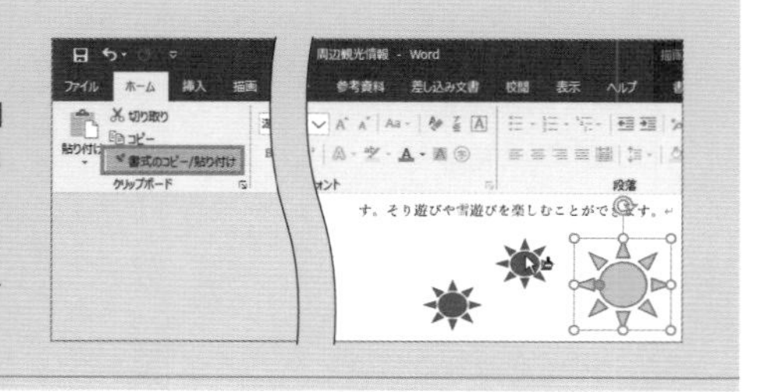

SECTION 161 図形の編集

図形の色や飾り枠の組み合わせスタイルを変更する

図形全体のデザインを変更するには、図形のスタイルを選択します。すると、図形の色や飾りの枠、文字の色などの書式の組み合わせが変わります。なお、スタイルの一覧に表示されるデザインは、テーマによって異なります（P.143参照）。

図形のスタイルを選択する

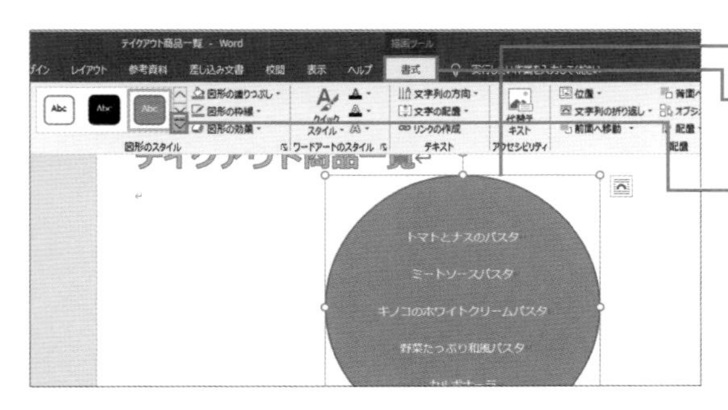

❶図形を選択します。

❷＜描画ツール＞の＜書式＞タブをクリックします。

❸＜図形のスタイル＞の＜その他＞をクリックします。

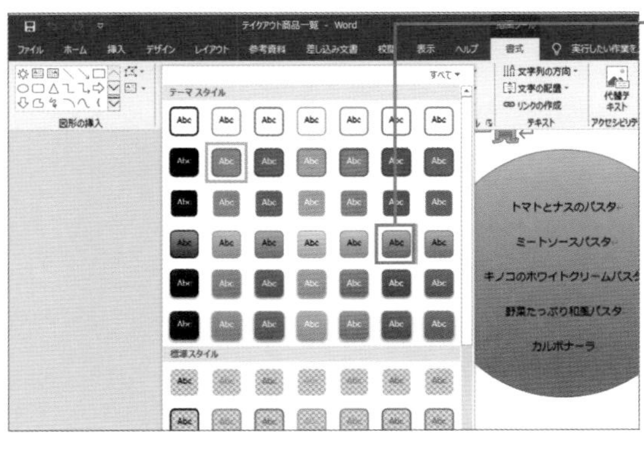

❹図形のスタイルを選んでクリックします。

MEMO　図形を透明にする

図形の塗りつぶしの色を透明にするには、図形のスタイルの一覧の＜標準スタイル＞にあるスタイルを選択します。透明のスタイルが見つからない場合は、＜描画ツール＞の＜書式＞タブの＜図形の塗りつぶし＞をクリックして＜塗りつぶしなし＞を選択します。

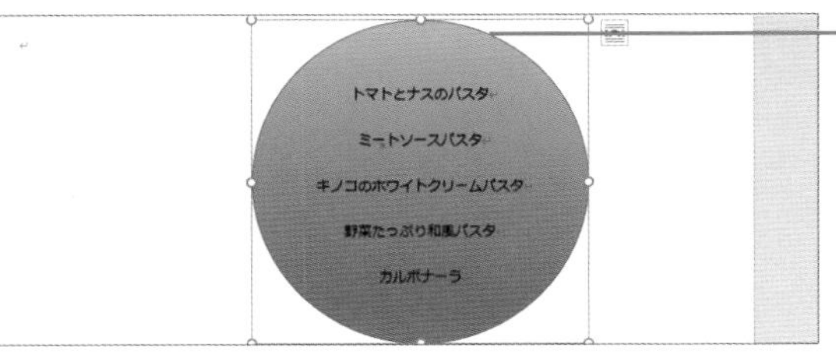

❺図形のスタイルが変わります。

SECTION 162

図形の編集

図形に文字を入力する

線の図形などを除き、ほとんどの図形には文字を入力できます。図形内の文字は、通常の文字と同様に飾りをつけたり大きさを変更したりして目立たせることができます。また、文字の配置を調整することもできます。

図形の中に文字を表示する

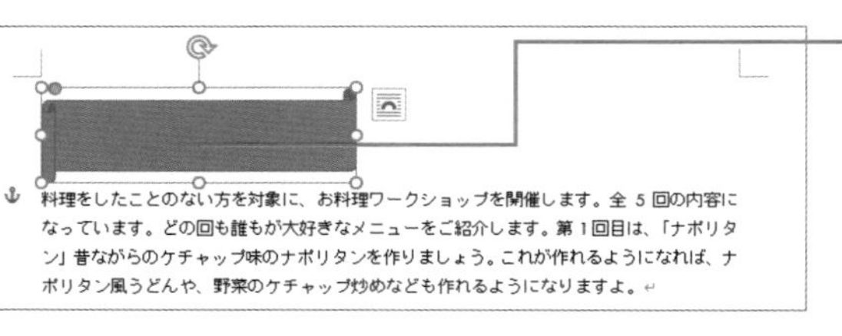

❶ 図形を選択し、文字を入力します。

❷ 文字を選択します。

❸ ＜ホーム＞タブの＜太字＞をクリックすると、文字が太字になります。

MEMO 文字の配置

図形内の段落の配置を変更するには、段落を選択し＜ホーム＞タブの＜右揃え＞や＜左揃え＞などをクリックします。

COLUMN

図形の余白位置を変更する

図形の左や上などの余白を数値で指定するには、図形を右クリックして＜図形の書式設定＞をクリックします。続いて表示される画面で、＜文字のオプション＞の＜レイアウトとプロパティ＞を選択し、＜左余白＞＜上余白＞などを指定します。

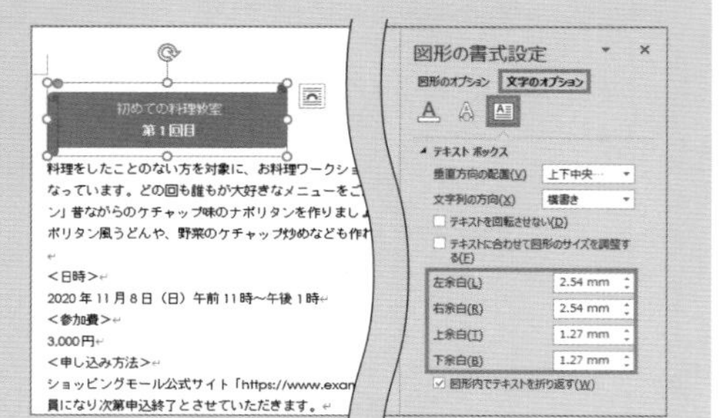

図形内の文字の向きを変更する

縦長の図形などに文字を入力するとき、図形内の文字を縦書きにするには、文字列の方向を指定します。文字を入力する前でも入力後でも文字列の方向を指定できます。ここでは、入力済みの文字の方向を変更します。

図形の文字を縦書きにする

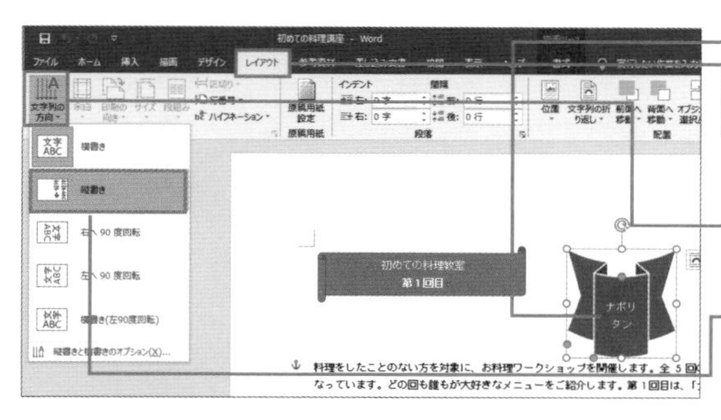

❶図形をクリックして選択し、文字を入力します。

❷<レイアウト>タブをクリックします。

❸<文字列の方向>をクリックします。

❹<縦書き>をクリックします。

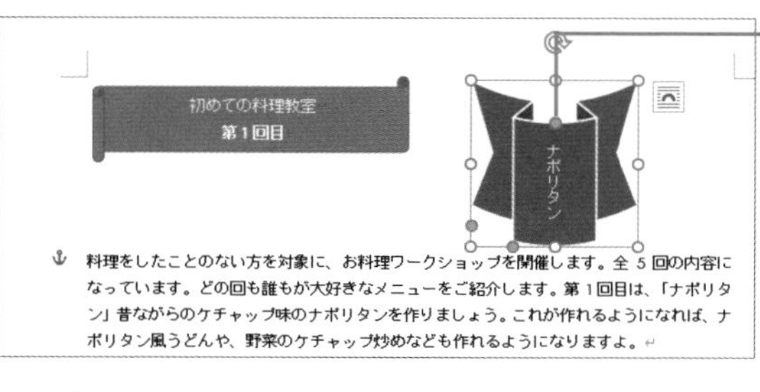

❺文字列が縦書きになります。

MEMO 文字を横向きに表示する

文字を横に寝かせて下から上に向かって表示するなど、文字の向きを回転させるには<レイアウト>タブの<文字列の方向>から文字を回転する方向を選択します。

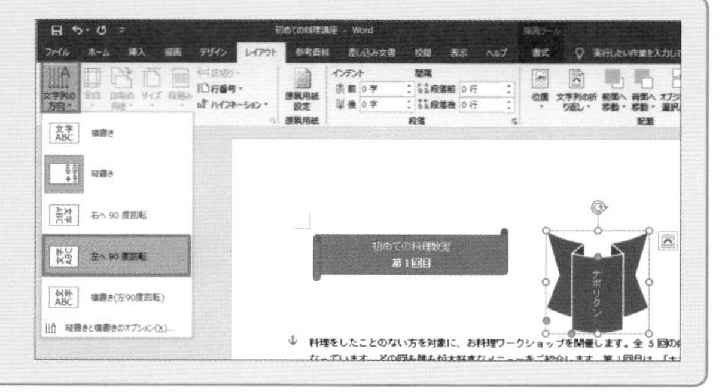

SECTION 164 図形の編集

図形の角度を指定する

矢印などの図形は、図形を回転させて向きを変えて使います。図形を選択すると表示される回転ハンドルをドラッグして角度を指定します。また、右に90度回転させたり、回転する角度を数値で指定したりすることもできます。

図形を回転させる

❶ 図形を選択します。

❷ 回転ハンドルをドラッグします。

MEMO 15度ずつ回転させる

Shift キーを押しながら回転ハンドルをドラッグすると、図形を15度ずつ回転させられます。

❸ 図形が回転しました。

COLUMN

回転する角度を指定する

図形を選択し、＜描画ツール＞の＜書式＞タブの＜オブジェクトの回転＞をクリックし、＜その他の回転オプション＞をクリックすると、＜レイアウト＞画面が表示されます。＜回転＞欄の＜回転角度＞で角度を指定できます。

SECTION 165

図形の編集

図形を上下、左右に反転する

図形は上下、左右に反転させて使えます。ここでは、矢印を例に紹介します。なお、イラストなどの画像も同様に操作できます。たとえば、車のイラストの進行方向を逆にしたいような場合、イラストを回転させるのではなく、左右反転して使います。

図形を反転させて表示する

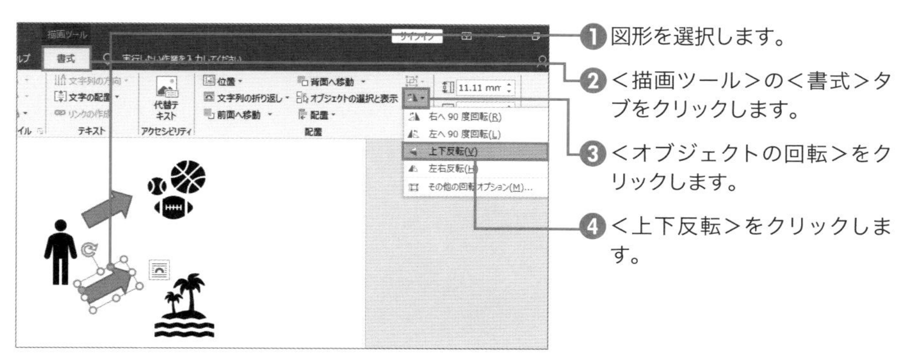

❶図形を選択します。

❷＜描画ツール＞の＜書式＞タブをクリックします。

❸＜オブジェクトの回転＞をクリックします。

❹＜上下反転＞をクリックします。

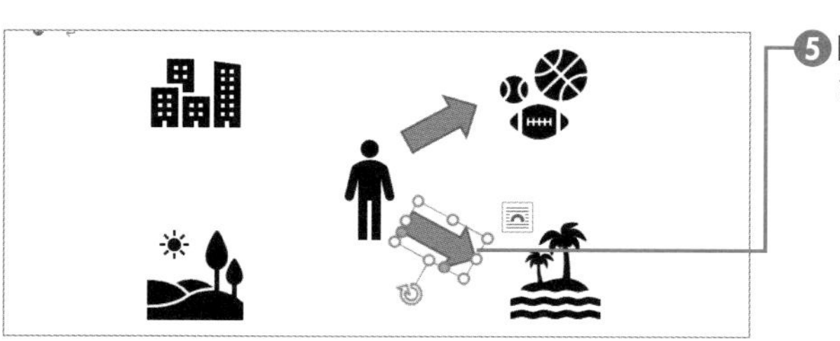

❺図形が上下反転して表示されます。

COLUMN

左右反転させる

図形の左右を反転させて逆さにするには、＜左右反転＞をクリックします。

SECTION 166 図形の編集

図形を変形させる

吹き出しの図形などは、図形を選択すると黄色のハンドルが表示されます。黄色のハンドルをドラッグすると吹き出し口の位置などを調整できます。また、図形の頂点を表示して頂点をドラッグすることで図形の形を微妙に変えることもできます。

第6章
第7章 図形の編集
第8章
第9章
第10章

図形の形を調整する

❶図形を選択します。

❷黄色いハンドルをドラッグします。

❸図形の形が変わります。

MEMO 図形の変更

図形をほかの図形に変更するには、図形を選択し、<描画ツール>の<書式>タブの<図形の編集>をクリックし、<図形の変更>から変更したい図形を選択します。

COLUMN

図形の頂点を変更する

図形を右クリックして<頂点の編集>をクリックすると、図形の周囲に頂点を示す黒いハンドルが表示されます。頂点をドラッグすると図形の形が変わります。また、頂点をドラッグすると表示される白いハンドルをドラッグすると頂点と頂点の間を曲線に変更したりできます。頂点を追加するには、追加する場所を右クリックして<頂点の追加>をクリックします。頂点の編集を終了するときは、図形を右クリックして<頂点編集の終了>をクリックします。

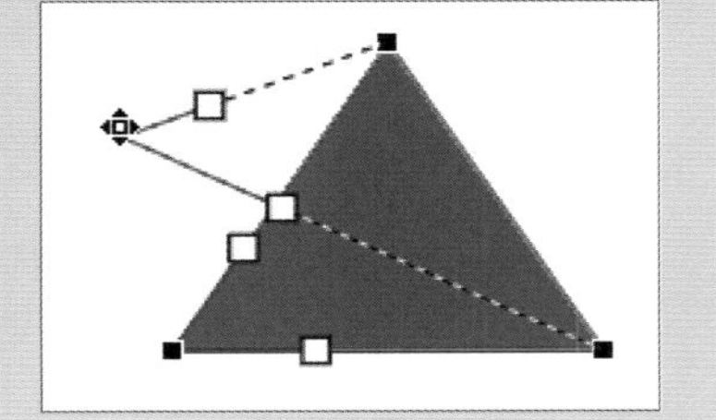

SECTION 167 図形の編集

図形の質感などの効果を指定する

図形の質感などを示す図形の効果は、選択しているテーマによって異なります。ただし、図形の効果を個別に指定することもできます。たとえば、図形に影を付けたり、図形の周囲をぼかしたり色をつけたりすることができます。

図形が立体的に見えるようにする

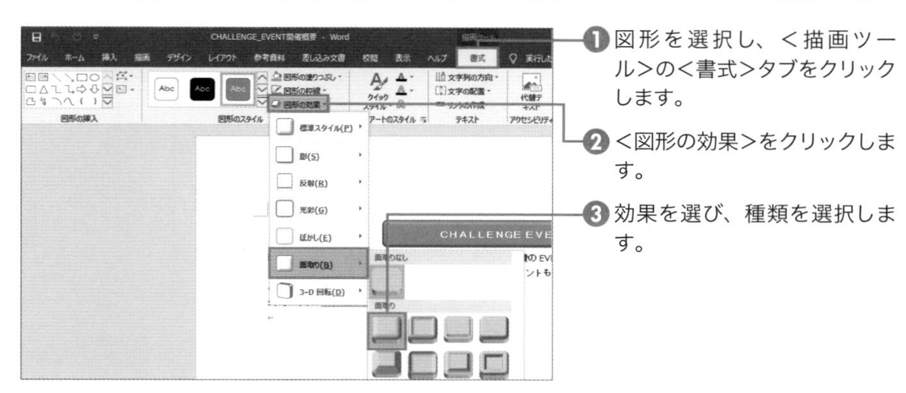

1. 図形を選択し、<描画ツール>の<書式>タブをクリックします。
2. <図形の効果>をクリックします。
3. 効果を選び、種類を選択します。

4. 図形の効果が変更されました。

COLUMN 詳細を指定する

図形の効果を選択するとき、詳細の設定をするには、効果を選択するときのメニューの一番下の<○○のオプション>をクリックします。続いて表示される画面で各項目の設定を行います。

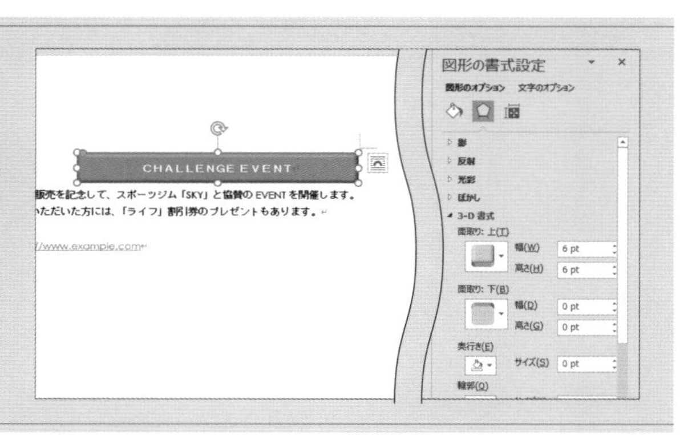

SECTION 168 図形の編集

図形に設定した飾りを図形の既定値に登録する

図形に対して常に同じ書式を設定したい場合などは、図形を描いたときに指定した書式が設定されるように図形の既定値を指定するとよいでしょう。図形の既定値を指定すると、どの形の図形を描いても同じ書式が適用されます。

新しい図形を描いたときの図形の書式を指定する

❶書式を設定した図形を右クリックします。

❷＜既定の図形に設定＞をクリックします。

MEMO　文書に適用される

図形の書式の既定値を設定すると、設定した文書に図形を追加したときに同じ書式が設定されます。

❸P.195の方法で新しく図形を描きます。指定した書式が適用された図形を描けます。

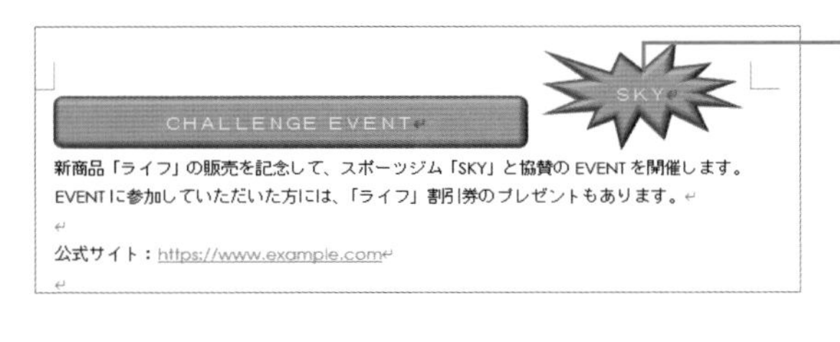

❹文字を入力したりして図形を完成させます。

SECTION 169

図形の編集

図形を重ねる順番を変更する

図形の上に図形を重ねるように描くと、後から描いた図形が既存の図形の上に重なります。図形の背景に図形を表示したい場合などは、必要に応じて図形の重ね順を変更します。選択した図形を前面（上）にするか背面（下）にするか指定します。

下に隠れた図形を上に重ねる

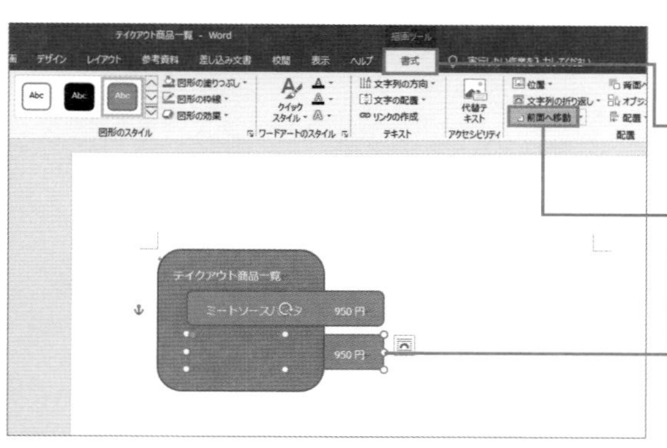

❶ 重なった図形のいずれかの図形を選択します。

❷ ＜描画ツール＞の＜書式＞タブをクリックします。

❸ ＜前面へ移動＞をクリックします。

MEMO　背面へ移動

選択した図形を重なった図形の下に移動するには＜背面へ移動＞をクリックします。

❹ 図形の重なり順が変わりました。

MEMO　図形が選択できない

図形が図形の下に隠れて選択できない場合は、P.213を参照してください。

COLUMN

複数の図形や文字との重ね順を指定する

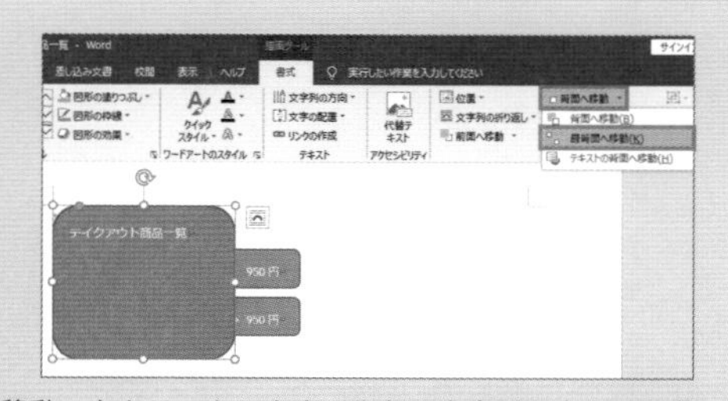

3つ以上の図形が重なっているとき図形の重ね順を指定するには順番をひとつずつ指定する必要はありません。一番上に表示したり一番下に表示したりできます。それには、＜前面へ移動＞の＜▼＞の＜最前面へ移動＞、＜背面へ移動＞の＜▼＞の＜最背面へ移動＞をクリックします。また、文字列の上や下に移動するには＜テキストの前面へ移動＞＜テキストの背面へ移動＞をクリックします。

SECTION 170 図形の編集

図形を横や縦にまっすぐ移動する

図形を移動したりコピーしたりするときに、図形を水平、垂直に動かすには、Shiftキーを押しながら図形をドラッグします。また、Ctrl＋Shiftキーを押しながらドラッグするとコピーできます。また、配置ガイドを使う方法もあります。

図形を水平や垂直に移動する

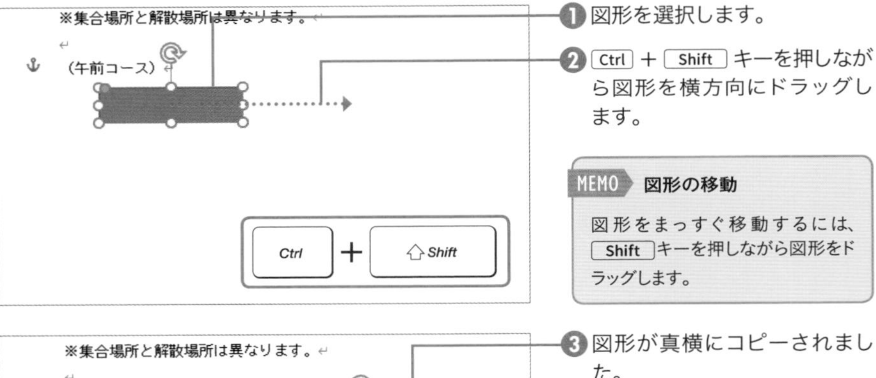

1 図形を選択します。

2 Ctrl ＋ Shift キーを押しながら図形を横方向にドラッグします。

MEMO 図形の移動

図形をまっすぐ移動するには、Shiftキーを押しながら図形をドラッグします。

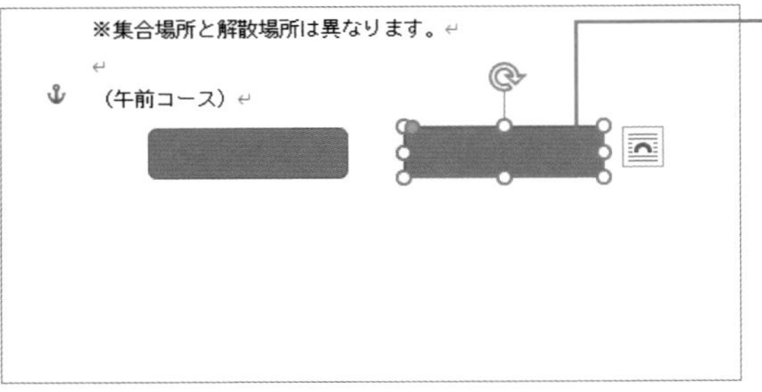

3 図形が真横にコピーされました。

COLUMN

配置ガイドを表示する

図形を選択し、＜描画ツール＞の＜書式＞タブの＜配置＞をクリックし、＜配置ガイドの使用＞をクリックすると、図形を移動したりコピーしたりしたときに用紙の端や中央に緑色の線が表示されます。緑の線を基準に図形を用紙の端や中央にぴったり揃えて配置できます。

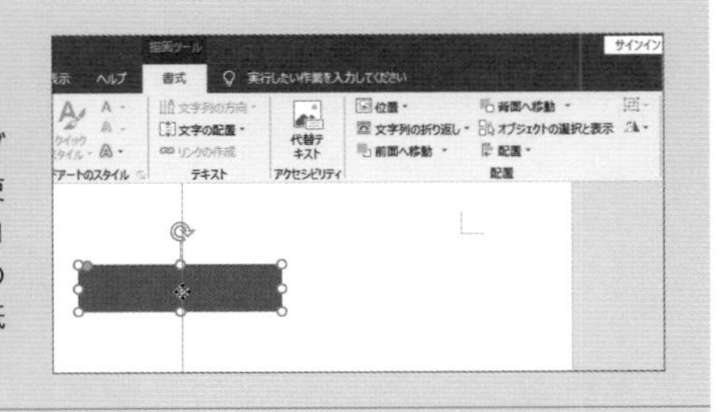

SECTION 171

図形の編集

複数の図形をきれいに並べる

複数の図形の端の位置をぴったり揃えたり等間隔に配置したりするには、図形の配置を指定する機能を使いましょう。揃えたい複数の図形をすべて選択してから配置を整える場所を指定します。複数の図形の大きさを変更する方法は、P.181を参照してください。

図形の上端をぴったり揃える

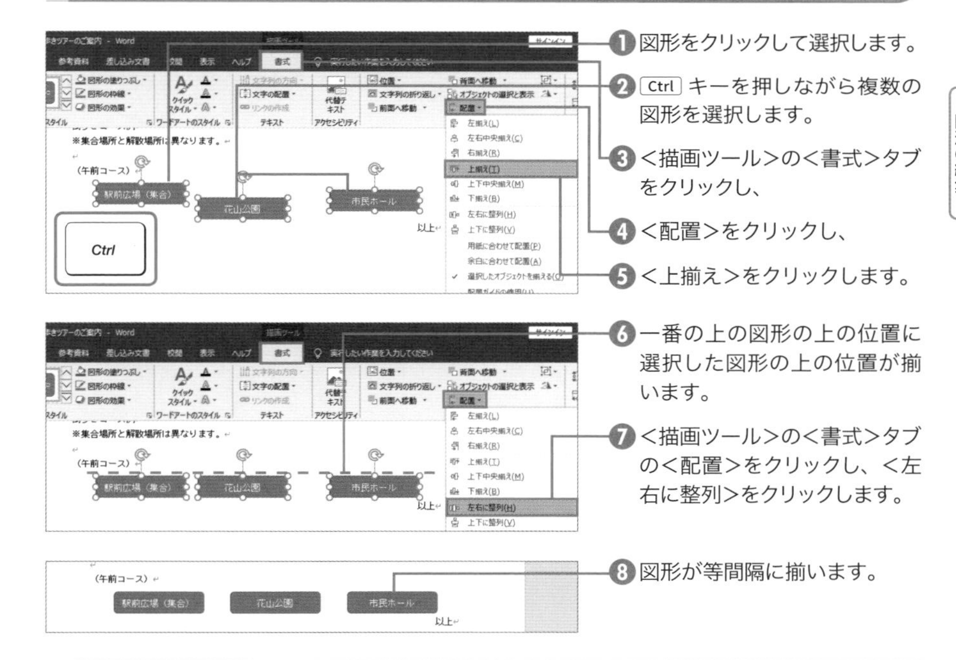

1 図形をクリックして選択します。

2 Ctrl キーを押しながら複数の図形を選択します。

3 <描画ツール>の<書式>タブをクリックし、

4 <配置>をクリックし、

5 <上揃え>をクリックします。

6 一番の上の図形の上の位置に選択した図形の上の位置が揃います。

7 <描画ツール>の<書式>タブの<配置>をクリックし、<左右に整列>をクリックします。

8 図形が等間隔に揃います。

COLUMN

複数の図形を選択する

複数の図形を選択するには、ひとつ目の図形を選択したあと Ctrl または Shift キーを押しながら2つ目以降の図形をクリックします。また、<ホーム>タブの<選択>をクリックして<オブジェクトの選択>をクリックすると、オブジェクトを選択するモードになります。この場合、図形が配置されている箇所を斜めの方向に囲むようにドラッグすると、その中に含まれる図形をすべて選択できます。オブジェクトを選択するモードを解除するには、Esc キーを押します。

SECTION 172 図形の編集

複数の図形を描くためのキャンバスを使う

複数の図形を組み合わせて図を作るような場合、図単位で簡単に扱えるようにするには描画キャンバスを利用します。描画キャンバスを使うと、あとで図を移動するときにまとめて扱えます。既存の図形をまとめて扱うには、グループ化します（P.211参照）。

描画キャンバスを追加する

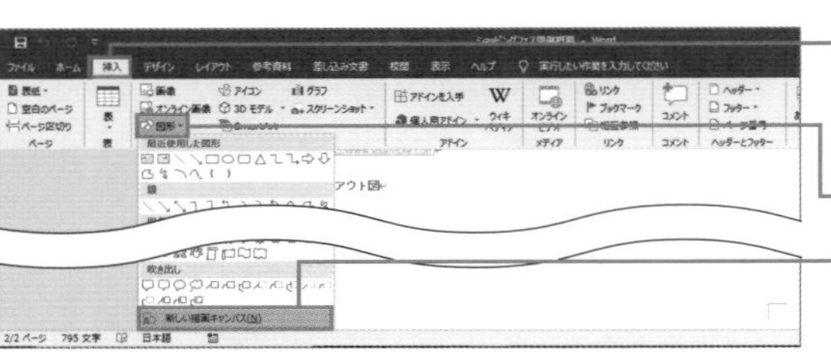

1. 描画キャンバスを追加する場所をクリックし、＜挿入＞タブをクリックします。
2. ＜図形＞をクリックします。
3. ＜描画キャンバス＞をクリックします。

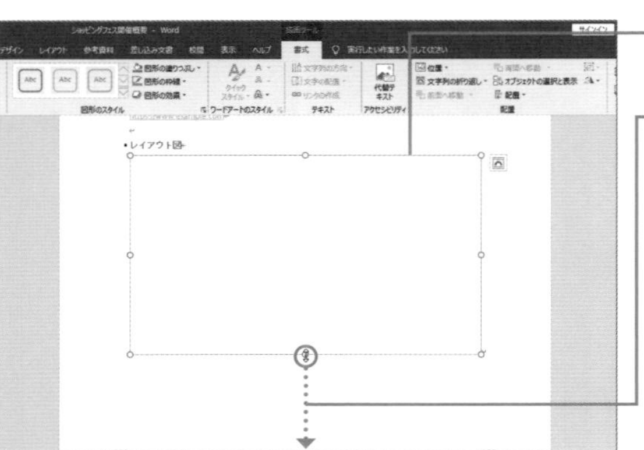

4. 描画キャンバスが追加されます。
5. 描画キャンバスの周囲に表示されるハンドルをドラッグして大きさを調整します。

MEMO 描画キャンバスに色をつける

描画キャンバスの背景に色をつけるには、描画キャンバスを選択して＜描画ツール＞の＜書式＞タブの＜図形の塗りつぶし＞をクリックして色を選択します。

6. 描画キャンバスの中に、P.195の方法で図形を描きます。

MEMO 描画キャンバス

描画キャンバス内に描いた図形は、通常の図形と同様に書式を設定したりできます。描画キャンバスを移動すると、描画キャンバスに描かれた図形と一緒に移動します。

第6章
第7章 図形の編集
第8章
第9章
第10章

SECTION 173

図形の編集

複数の図形をひとつのグループにまとめる

複数の図形をひとつにまとめて扱うには、描画キャンバスを使う方法があります（P.210参照）。既存の図形をひとまとめにして扱うには、図形をグループ化する方法があります。図形をグループ化しても個々の図形を選択して扱えます。

図形をグループ化する

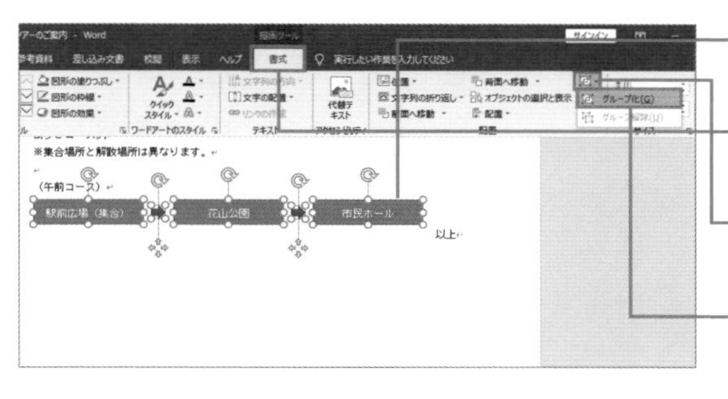

❶ P.209の方法でグループ化する複数の図形を選択します。

❷ ＜描画ツール＞の＜書式＞タブをクリックします。

❸ ＜オブジェクトのグループ化＞をクリックします。

❹ ＜グループ化＞をクリックします。

❺ 図形がグループ化されます。

❻ グループ化された図形の枠をドラッグします。

❼ 図形がまとめて移動します。

MEMO グループ化の解除

図形のグループ化を解除するには、グループ化された図形を選択し、＜描画ツール＞の＜書式＞タブの＜オブジェクトのグループ化＞をクリックし、＜グループ解除＞をクリックします。

COLUMN

個々の図形を扱うには

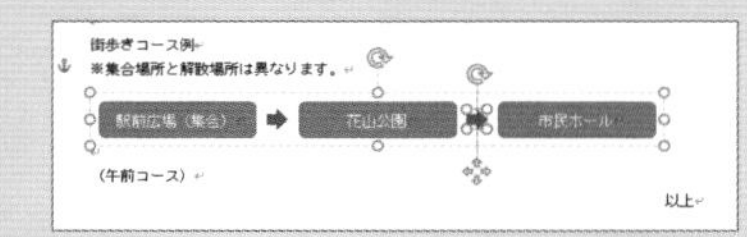

図形をグループ化すると、グループ化された図形の周囲に枠が表示されます。枠をドラッグすると複数の図形をまとめて移動できます。個々の図形を移動するには、個々の図形を選択してドラッグします。個々の図形を選択して図形の書式を変更することもできます。

第6章
図形の編集 第7章
第8章
第9章
第10章

SECTION 174 図形の編集

図形の表示／非表示を切り替える

＜選択＞ウィンドウを表示すると、表示されている図形や図の一覧が表示されます。一覧から図形を表示するかどうかを指定できます。図形を重ねて図を作成するときなどに、特定の図形を一時的に隠して編集したりするときに便利です。

図形を一時的に非表示にする

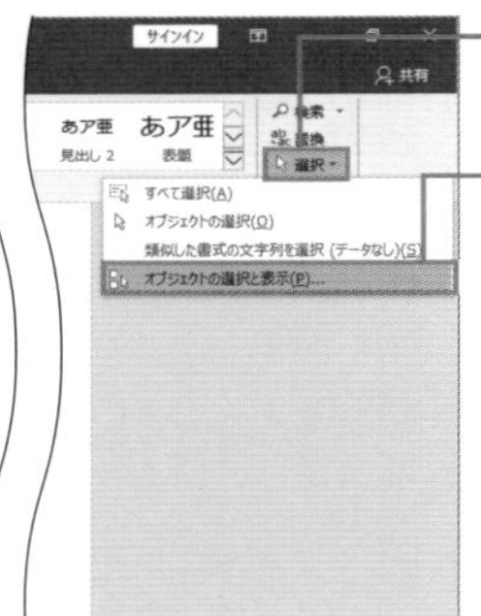

❶＜ホーム＞タブの＜選択＞をクリックします。

❷＜オブジェクトの選択と表示＞をクリックします。

MEMO ショートカットキー

Alt + F10 キーを押しても＜選択＞ウィンドウを表示できます。

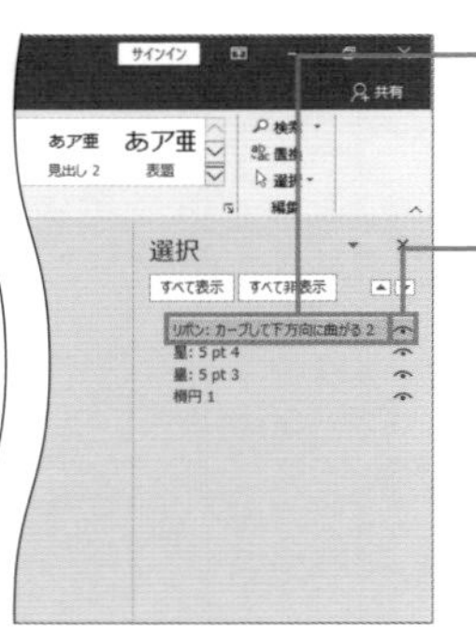

❸＜選択＞ウィンドウが表示され、選択している図形が青く反転します。

❹項目の横の印をクリックします。

❺選択していた図形が非表示になります。

MEMO 再表示する

非表示にした図形を再び表示するには、図形の項目の横の印をクリックします。

SECTION 175 図形の編集

隠れている図形を選択する

複数の図形を重ねて扱うときなどは、<選択>ウィンドウを表示しておくと便利です。<選択>ウィンドウでは、隠れている図形を選択したり、図形の表示／非表示を切り替えたり、図形の重ね順を変更したりできます。

下に隠れている図形を選択する

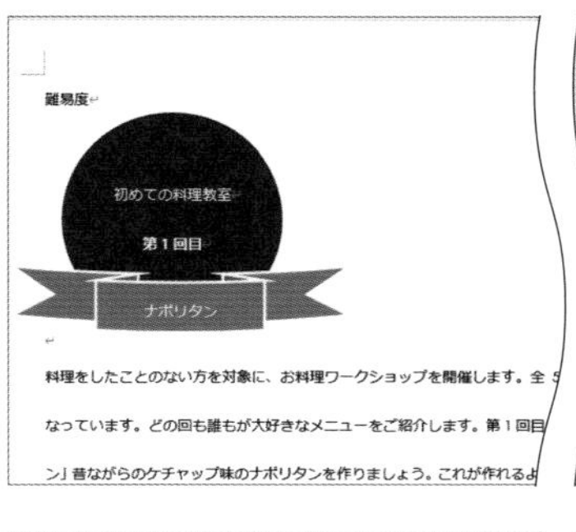
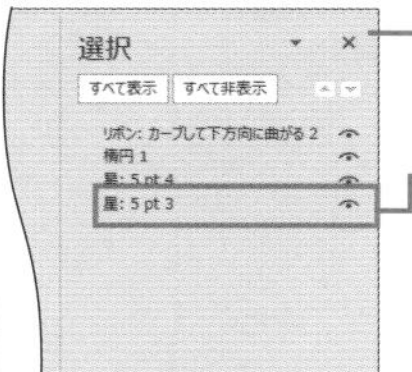

1 P.212の方法で<選択>ウィンドウを表示します。

2 選択する図形の項目をクリックします。

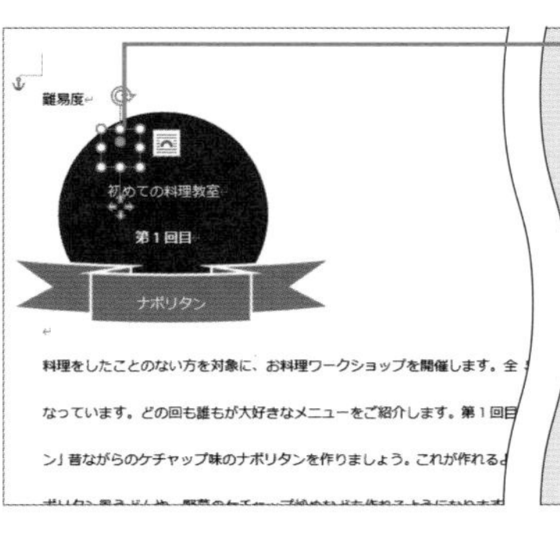
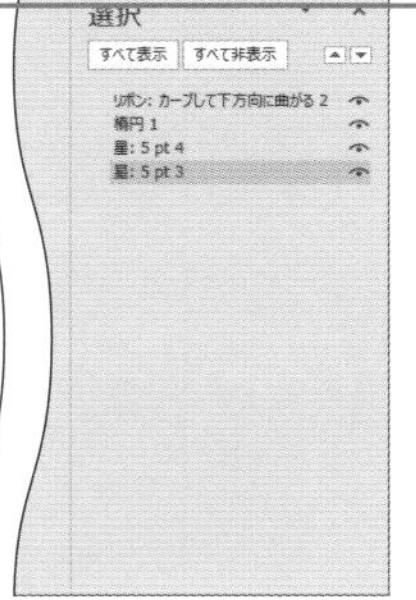

3 下に隠れている図形が選択されます。

MEMO 重ね順の変更

図形の重ね順を変更するには、図形の項目を選択して<選択>ウィンドウの右上の<▲><▼>をクリックします。

COLUMN

項目の名前を変更する

<選択>ウィンドウには、図形の項目名が表示されます。図形が区別しづらい場合は、項目名を変更できます。項目名をゆっくり2回クリックして名前を入力します。

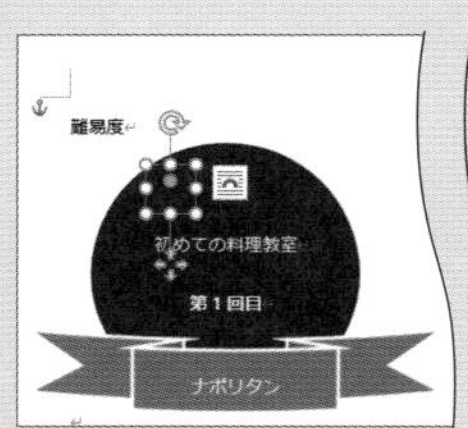
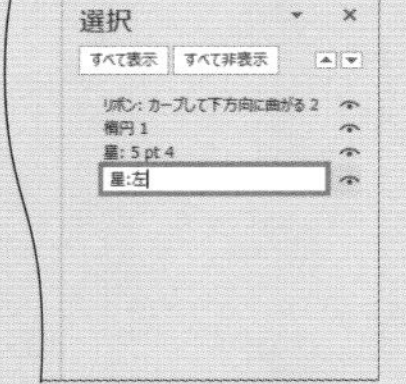

SECTION 176 SmartArt

SmartArtで図を作成する

SmartArtを利用すると、一般的によく利用されるタイプのさまざまな図をかんたんに描くことができます。図形を描く必要もありません。図で示したい内容を箇条書きで入力するだけで図が完成します。項目に階層を付けられるタイプのものもあります。

手順を示す図を作成する

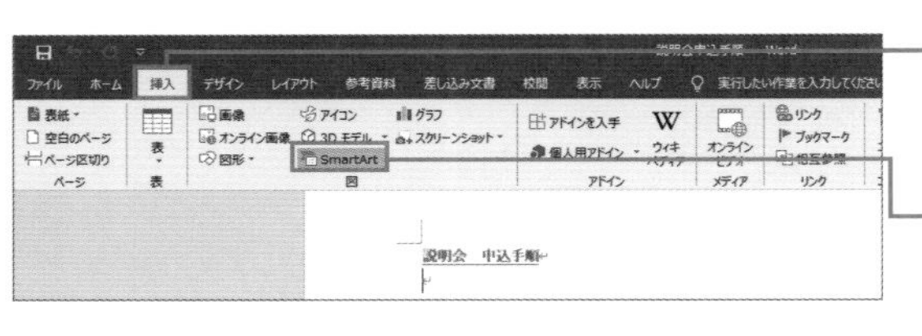

❶ SmartArtを追加する場所をクリックし、<挿入>タブをクリックします。

❷ <SmartArt>をクリックします。

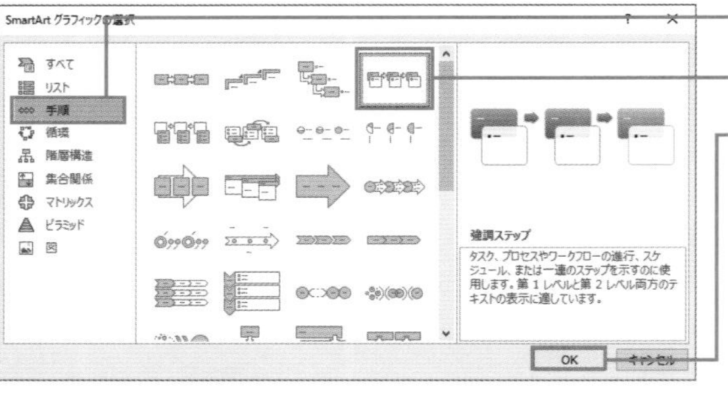

❸ 図の分類をクリックします。

❹ 描きたい図を選択します。

❺ <OK>をクリックします。

❻ SmartArtの図が表示されます。

❼ <テキストウィンドウ>に図で示す内容を入力します。

MEMO テキストウィンドウ

<テキストウィンドウ>が表示されない場合は、SmartArtを選択し、<SmartArtツール>の<デザイン>タブの<テキストウィンドウ>をクリックします。また、テキストウィンドウ内で項目のレベルを下げるには Tab キー、レベルを上げるには Shift + Tab キーを押します。

SECTION 177 SmartArt

SmartArtの図の内容を変更する

SmartArtの図の内容を変更するには、テキストウィンドウで内容を編集する方法の他、図形を選択して図形の順番を入れ替えたり、レベルを変更したりする方法があります。図の種類を変更する方法は、P.217を参照してください。

手順の項目の順番を変更する

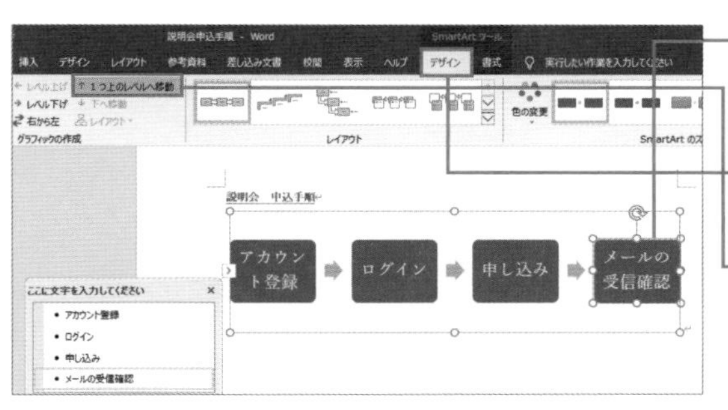

❶ SmartArtをクリックして選択し、順番を変更したい図形をクリックして選択します。

❷ <SmartArtツール>の<デザイン>タブをクリックします。

❸ <1つ上のレベルへ移動>をクリックします。

❹ 図形の順番が変わります。

MEMO レベル変更

項目の階層のレベルを変更するには、図形を選択して<SmartArtツール>の<デザイン>タブの<レベル上げ><レベル下げ>をクリックします。

COLUMN 左右の方向を変更する

図形を配置する方向を逆にするには、SmartArtを選択して<SmartArtツール>の<デザイン>タブの<右から左>をクリックします。

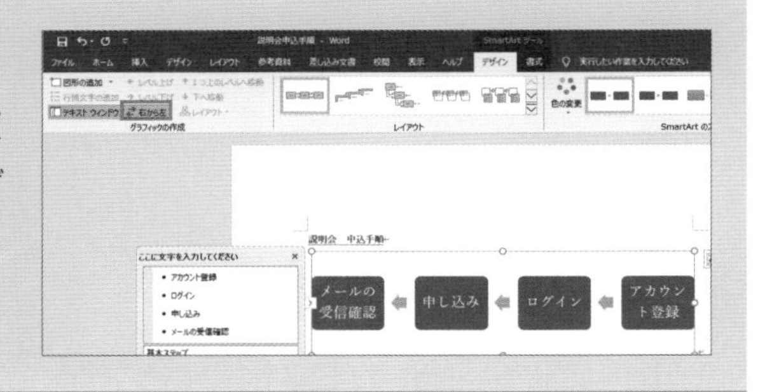

第6章 第7章 SmartArt 第8章 第9章 第10章

SECTION 178 SmartArt

SmartArtのスタイルを変更する

SmartArtを追加すると、通常は、選択しているテーマによって指定されたデザインの図が表示されます。ただし、デザインはあとから変更できます。スタイルの一覧から気に入ったものを選択するだけで、図形を立体的に表示したりできます。

SmartArtを立体的に表示する

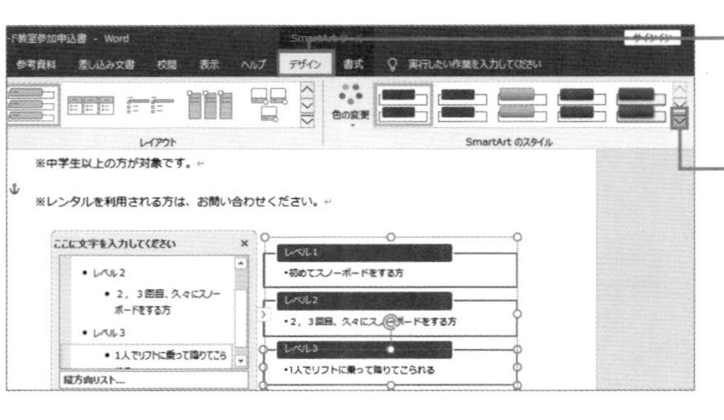

❶ SmartArtを選択し、<SmartArtツール>の<デザイン>タブをクリックします。

❷ <SmartArtのスタイル>の<その他>をクリックします。

❸ スタイルを選びクリックします。

❹ スタイルが変わりました。

❺ <色の変更>をクリックして色合いを選択します。

> **MEMO 書式の解除**
>
> SmartArtに設定した書式を解除するには、SmartArtを選択し、<SmartArtツール>の<デザイン>タブの<グラフィックのリセット>をクリックします。

SECTION 179 SmartArt

SmartArtの図の種類を変更する

SmartArtの図の種類を変更したい場合、SmartArtを作り直す必要はありません。SmartArtのレイアウト一覧を表示して変更したい図の種類を選択しましょう。図の種類を変更しても、図に表示されていた文字はそのまま残ります。

SmartArtの図のレイアウトを変更する

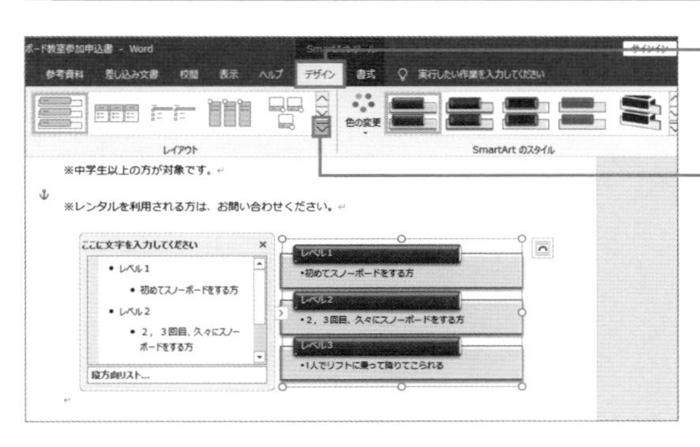

1. SmartArt を選択し、< Smart Art ツール>の<デザイン>タブをクリックします。
2. <レイアウト>の<その他>をクリックします。

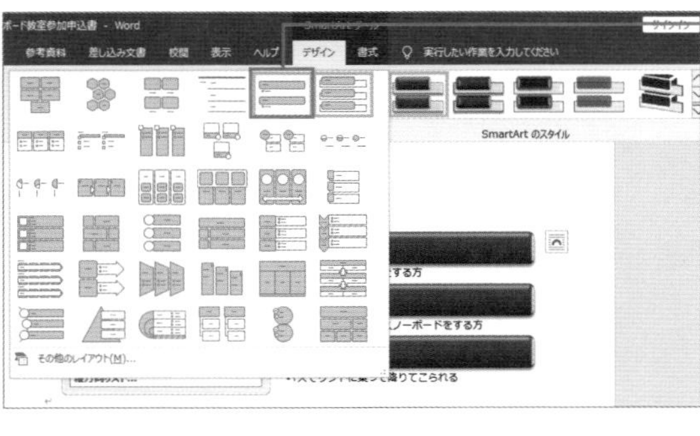

3. レイアウトを選びクリックします。

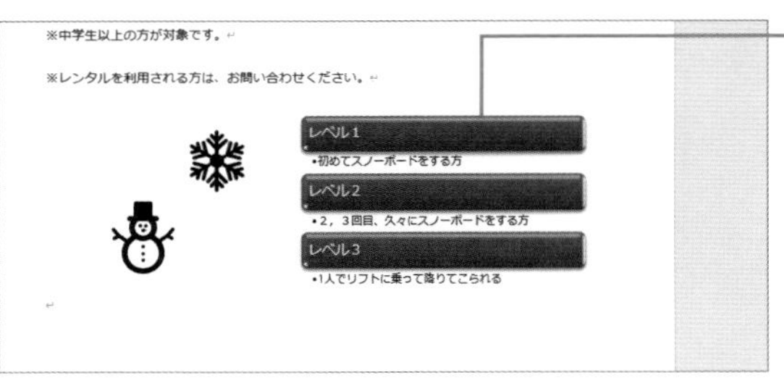

4. レイアウトが変わりました。

MEMO その他のレイアウト

レイアウトの一覧には、選択したSmartArtの種類に近いレイアウトが表示されます。別のレイアウトを選択したい場合は、<その他のレイアウト>を選択してレイアウトを指定します。

COLUMN

アイコンを図形に変換して使う

イラストのような図を手軽に利用するには、アイコンを利用すると便利です（P.193参照）。アイコンは、通常グラフィックツールとして追加されます。アイコンの一部を削除したり部分的に書式を変更したりするには、アイコンを図形に変換する方法があります。そうすると、アイコンの部品がバラバラになり、個々の部品を選択できるようになります。選択した部品ごとに編集できるので、アイコンの形を柔軟に変更することができます。

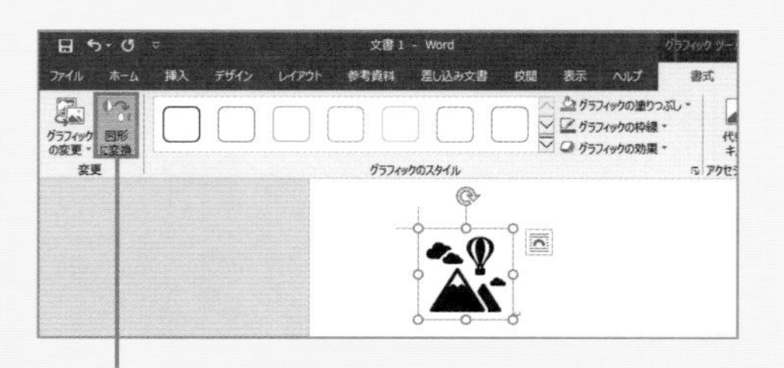

アイコンを選択して＜グラフィックツール＞の＜書式＞タブの＜図形に変換＞をクリックします。

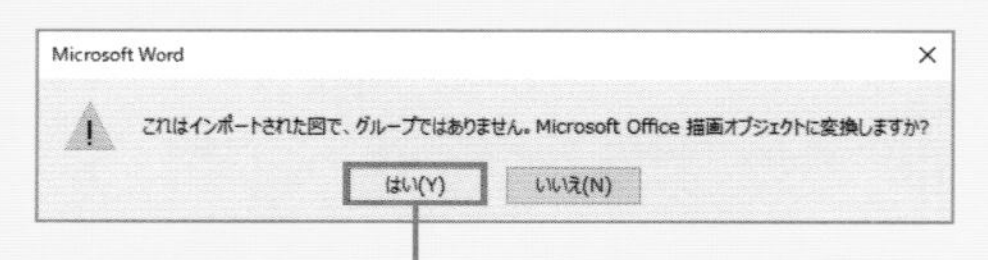

確認メッセージの＜はい＞をクリックするとアイコンが図形に変換されます。

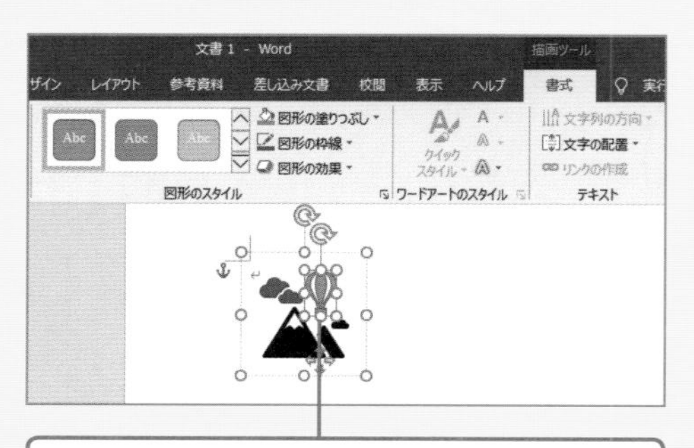

図形に変換したアイコンの一部をクリックすると、選択した部品だけを選択できます。部品を選択した状態でDeleteキーを押すと、選択した部分のみ削除できます。また、個々の部品の色なども変更できます。

第 8 章

一目で伝わる!
表とグラフ演出テクニック

SECTION
180
表の作成

表を作成する

表を作成する方法はいくつかあります。ここでは、表を作成するときに行や列の数を指定します。表の行や列はあとから自由に変更できます。また、表に文字を入力するときは、行を追加しながら入力できます。

文書内に表を作成する

❶ 表を追加する場所をクリックし、＜挿入＞タブの＜表＞をクリックします。

❷ 作成する表の行と列を示すマス目をクリックすると、指定した列数、行数を含む表が作成されます。

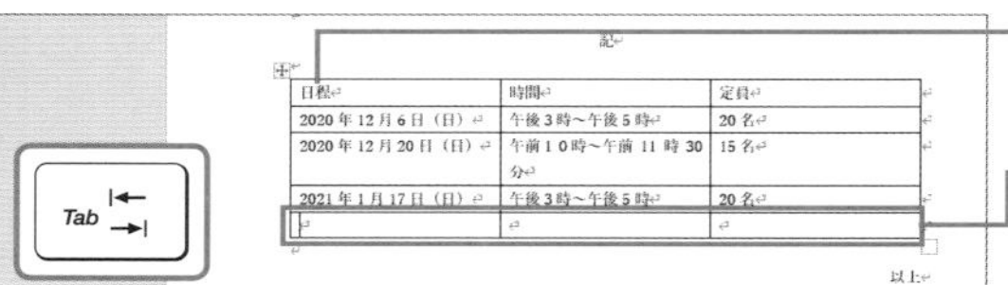

❸ 表の中をクリックして文字を入力します。

❹ 右下のセルに文字を入力後、Tab キーを押すと、次の行が表示されます。

MEMO セルの移動

表のマス目をセルと言います。表に文字を入力するとき、Tab キーを押すと、次のセルに文字カーソルを移動できます。右下のセルに文字を入力後 Tab キーを押すと行が追加されます。

MEMO 表の幅

列数と行数を指定して表を追加すると、表が用紙の幅いっぱいに表示されて、列幅は均等になります。表の幅や列幅は変更できます。

COLUMN

「表の挿入」画面

手順❷で＜表の挿入＞をクリックすると、「表の挿入」画面が表示されます。列数や行数などを指定して表を追加できます。

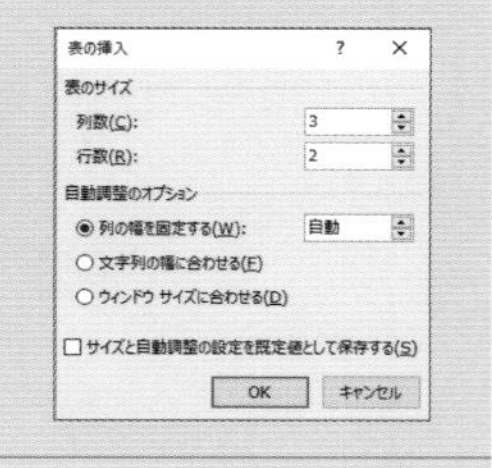

SECTION
181
表の作成

文字列を表に変換する

文字列をタブやカンマなどで区切って配置した情報は、表に変換することができます。表に変換するときに、表に変換する文字列がどの記号で区切られているか、その記号を指定します。すると、表の列数などが自動的に調整されます。

タブや記号で区切った文字列を表にする

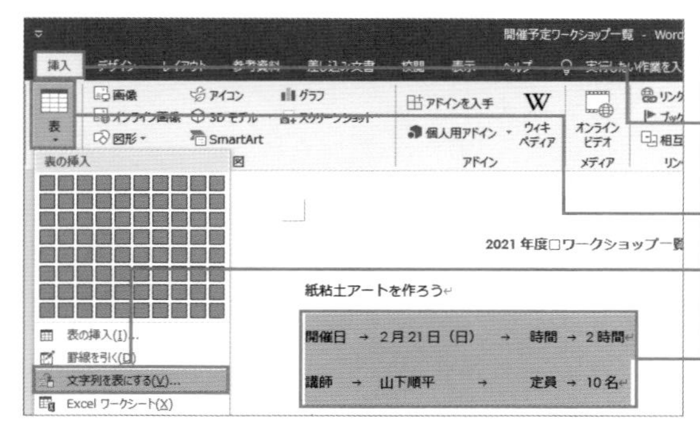

❶表に変換する文字列を選択します。

❷＜挿入＞タブをクリックします。

❸＜表＞をクリックします。

❹＜文字列を表にする＞をクリックします。

文字列を表にする
表のサイズ
列数(C): 4
行数(R): 2
自動調整のオプション
◉ 列の幅を固定する(W): 自動
○ 文字列の幅に合わせる(F)
○ ウィンドウ サイズに合わせる(D)
文字列の区切り
○ 段落(P)　○ カンマ(M)
◉ タブ(T)　○ その他(O): -
OK　キャンセル

❺文字を区切っている記号を指定します。

❻＜ OK ＞をクリックします。

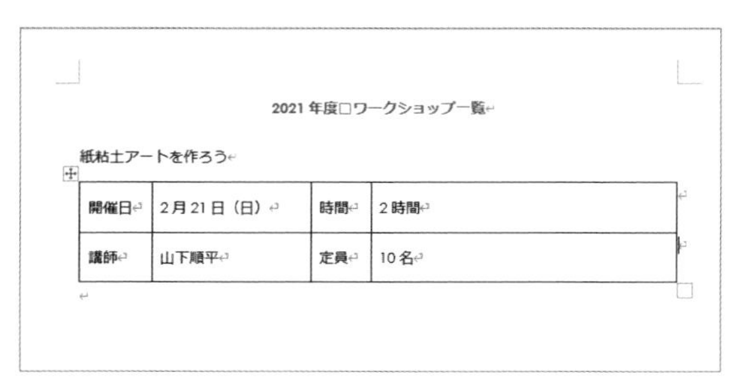
2021 年度□ワークショップ一覧

紙粘土アートを作ろう

開催日	2月21日（日）	時間	2時間
講師	山下順平	定員	10名

❼文字列が表に変換されました。

MEMO　表を解除する

表を解除して文字列だけを残すには、表を選択して＜表ツール＞の＜レイアウト＞タブの＜表の解除＞をクリックします。続いて表示される画面で文字を区切る記号を選択して＜OK＞をクリックします。

第6章
第7章
表の作成　第8章
第9章
第10章

SECTION 182

表の作成

表の1行目にタイトルを入力する

表の1行目に表のタイトルなどの文字列を入力したくても、表が用紙の一番上に配置されている場合、入力するスペースがありません。そのようなときは、表の上に行を追加してタイトルを入力しましょう。表の表示位置を1行下にずらします。

表の前に行を追加する

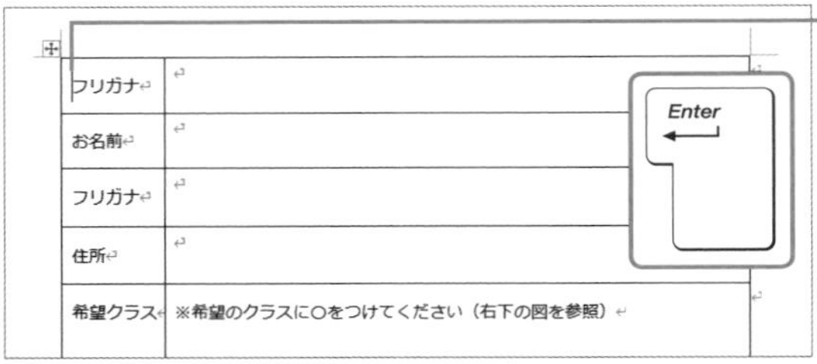

フリガナ	
お名前	
フリガナ	
住所	
希望クラス	※希望のクラスに○をつけてください（右下の図を参照）

Enter

❶表の1行目の左端をクリックします。

❷ Enter キーを押します。

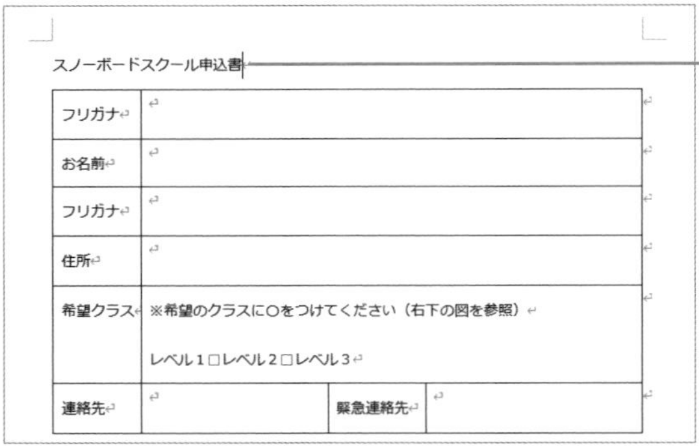

スノーボードスクール申込書

フリガナ			
お名前			
フリガナ			
住所			
希望クラス	※希望のクラスに○をつけてください（右下の図を参照） レベル1□レベル2□レベル3		
連絡先		緊急連絡先	

❸行が追加されるので、タイトルを入力します。

COLUMN

2ページ目以降の場合

2ページ目以降の先頭に表が配置されているとき、先頭行の右端をクリックして Enter キーを押すと、表の中で改行されてしまいます。この場合、表の先頭行をクリックして<表ツール>の<レイアウト>タブの<表の分割>をクリックします。すると、先頭に文字を入力する行が表示されます。

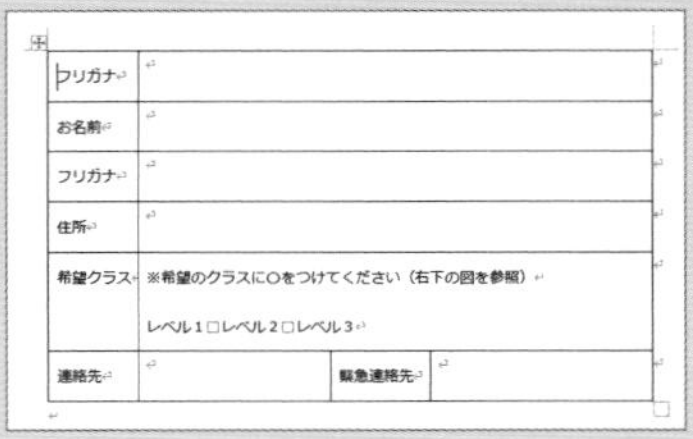

フリガナ			
お名前			
フリガナ			
住所			
希望クラス	※希望のクラスに○をつけてください（右下の図を参照） レベル1□レベル2□レベル3		
連絡先		緊急連絡先	

SECTION 183 表のスタイル

表の線の種類を変更する

表を作成したあと、全体のデザインを整えるには、表のスタイルを変更する方法を使うとよいでしょう。表の見出しの行や列などを自動的に強調させることができます。また、表を選択して行や列の罫線の色を個別に指定することもできます。

表のスタイルを選択する

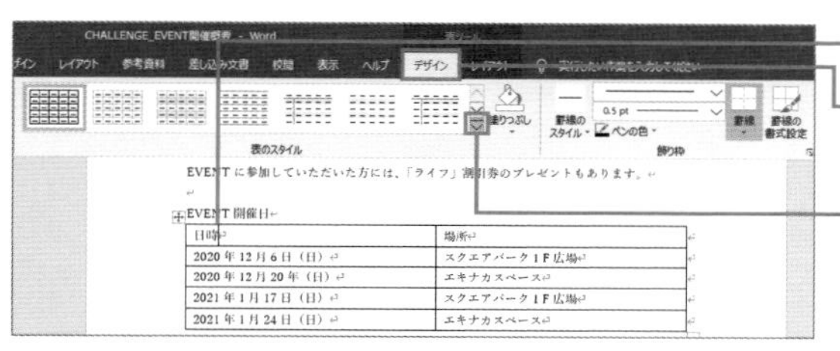

1. 表の中をクリックします。
2. ＜表ツール＞の＜デザイン＞タブをクリックします。
3. ＜表のスタイル＞の＜その他＞をクリックします。

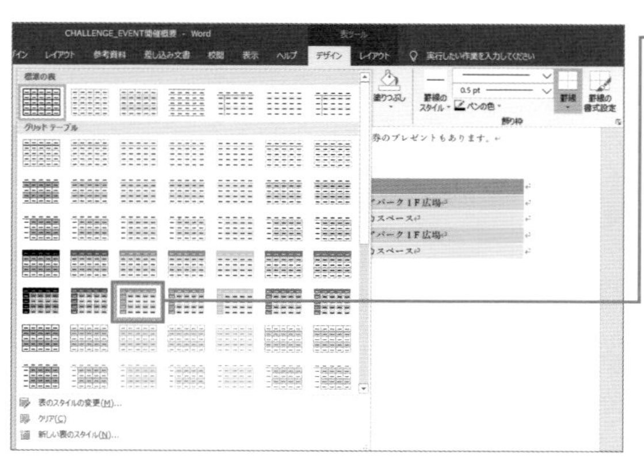

4. スタイルを選んでクリックします。

MEMO 表スタイルのオプション

＜表ツール＞の＜デザイン＞タブの＜表スタイルのオプション＞では、左端の列や上端の行などを強調するかどうか指定できます。たとえば、＜最初の列＞や＜最後の列＞などのチェックをオンにします。

COLUMN

罫線の色などを指定する

表の罫線の色などを変更したい場合は、表の中をクリックして＜表ツール＞の＜デザイン＞タブの＜飾り枠＞から罫線の色などを選択します。続いて、表全体、または変更したい行や列を選択し、＜表ツール＞の＜デザイン＞タブの＜罫線＞から罫線を引く場所をクリックします。

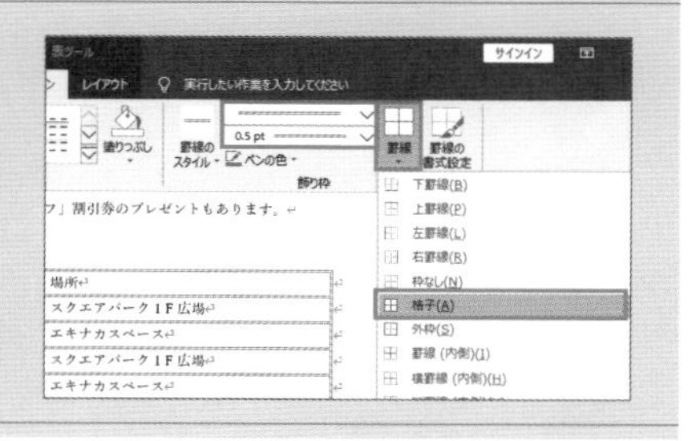

SECTION 184

表のスタイル

表のスタイルを登録する

表のスタイルには、オリジナルのスタイルを登録できます。ここでは、表の背景を薄い緑色にして緑の罫線を引き、見出しの背景にはオレンジ色を指定して、スタイルとして登録します。オリジナルのスタイルを既定のスタイルに指定することもできます。

表のスタイルを作成する

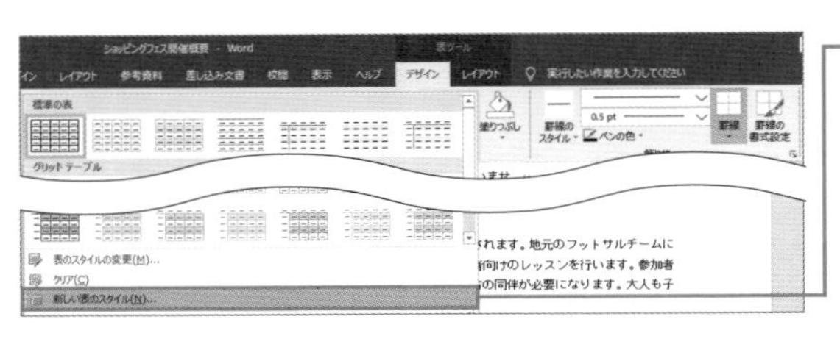

❶ P.223 の方法で、表のスタイルを選択する画面を開き、＜新しい表のスタイル＞をクリックします。

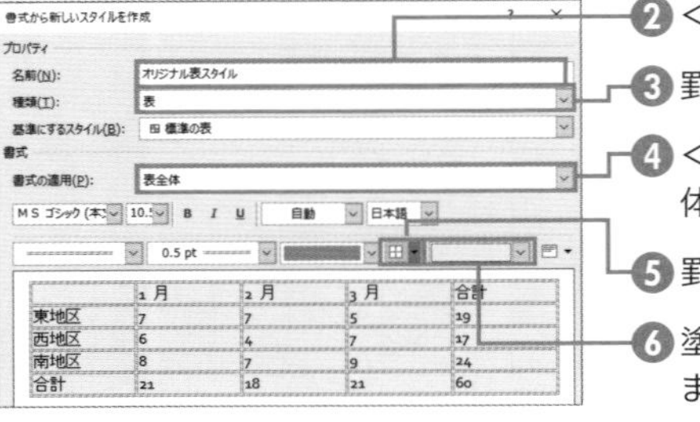

❷ ＜名前＞を指定します。

❸ 罫線の種類を選択します。

❹ ＜書式の適用＞から＜表全体＞をクリックします。

❺ 罫線を引く箇所を選択します。

❻ 塗りつぶしの色などを指定します。

❼ ＜書式の適用＞から＜タイトル行＞をクリックします。

❽ 塗りつぶしの色などを指定します。

❾ ＜ OK ＞をクリックします。

MEMO　スタイルの適用

登録したスタイルは、表のスタイルの一覧から選んで指定できます（P.223参照）。

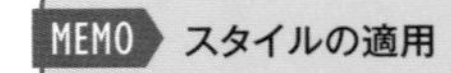

SECTION 185 表のスタイル

表の既定のスタイルを設定する

表を作成するときに適用する既定のスタイルをオリジナルのスタイルに変更してみましょう。ここでは、P.224で登録したスタイルを指定します。使用中の文書にのみ適用するか、すべての文書を対象に適用するか選択できます。

既定の表として設定する

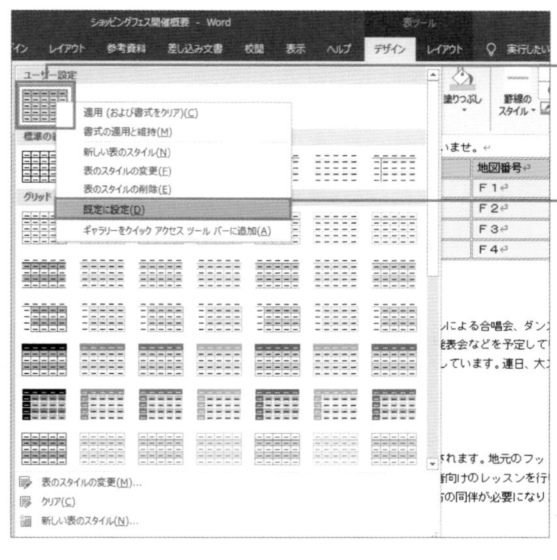

1. 表の中をクリックします。
2. P.223 の方法で表のスタイル一覧を表示し、既定のスタイルにするスタイルを右クリックします。
3. ＜既定に設定＞をクリックします。

MEMO スタイルを適用する

選択している表に＜ユーザー設定＞のスタイルを適用するには、適用したいスタイルをクリックします。

Microsoft Word
既定の表のスタイルを オリジナル表スタイル に設定する対象:
この文書だけ(T)
Normal テンプレートを使用したすべての文書(A)
OK　キャンセル

4. ＜この文書だけ＞をクリックします。
5. ＜ OK ＞をクリックします。

▪発表会
地元の中学生による吹奏楽演奏会や、コーラスサークルによる合唱会、ダンススクールによるキッズダンスの発表会、大人のヒップホップダンス発表会などを予定しています。また、ショッピングモールスタッフによる催し物なども予定しています。連日、大ステージで繰り広げられる発表会をお楽しみください。

◆会場：大ステージ

6. 次に表を作成すると（P.220参照）、既定のスタイルが適用されます。

第6章　第7章　第8章 表のスタイル　第9章　第10章

SECTION 186 表の編集

行や列を移動する

行や列を移動するには、行や列を選択して移動先にドラッグします。行や列の選択方法を知りましょう。また、移動するときは、マウスポインターの形と移動先を示す線に注目して操作します。うまくいかなかった場合は、元に戻してやり直します（P.034参照）。

第6章 第7章 第8章 表の編集 第9章 第10章

列を入れ替えて移動する

ン」昔ながらのケチャップ味のナポリタンを作りましょう。これが作れるようになれば、ナポリタン風うどんや、野菜のケチャップ炒めなども作れるようになりますよ。

開催日		Menu
2020年11月8日（日）	第1回目	ナポリタン
2020年12月13日（日）	第2回目	オムライス
2021年1月17日（日）	第3回目	ポテトサラダ
2021年2月21日（日）	第4回目	カレーライス
2021年3月14日（日）	第5回目	炒飯

＜参加費＞
3,000円
＜申し込み方法＞
ショッピングモール公式サイト「https://www.example.com」からお申込みください。定員になり次第申込終了とさせていただきます。

❶ 移動する列の上端にマウスポインターを移動して左右にドラッグして選択し、選択した列内にマウスポインターを移動します。

MEMO 行の選択

行を選択するときは、行頭にマウスポインターを移動して移動する行を上下にドラッグして選択します。

ン」昔ながらのケチャップ味のナポリタンを作りましょう。これが作れるようになれば、ナポリタン風うどんや、野菜のケチャップ炒めなども作れるようになりますよ。

開催日		Menu
2020年11月8日（日）	第1回目	ナポリタン
2020年12月13日（日）	第2回目	オムライス
2021年1月17日（日）	第3回目	ポテトサラダ
2021年2月21日（日）	第4回目	カレーライス
2021年3月14日（日）	第5回目	炒飯

＜参加費＞
3,000円
＜申し込み方法＞
ショッピングモール公式サイト「https://www.example.com」からお申込みください。定員になり次第申込終了とさせていただきます。

❷ 移動先の列の上端の左端にドラッグします。

MEMO 行の移動

行を移動するには、移動先の行の左端にドラッグします。

ン」昔ながらのケチャップ味のナポリタンを作りましょう。これが作れるようになれば、ナポリタン風うどんや、野菜のケチャップ炒めなども作れるようになりますよ。

	Menu	開催日
第1回目	ナポリタン	2020年11月8日（日）
第2回目	オムライス	2020年12月13日（日）
第3回目	ポテトサラダ	2021年1月17日（日）
第4回目	カレーライス	2021年2月21日（日）
第5回目	炒飯	2021年3月14日（日）

＜参加費＞
3,000円
＜申し込み方法＞
ショッピングモール公式サイト「https://www.example.com」からお申込みください。定員になり次第申込終了とさせていただきます。

❸ 列が移動しました。

SECTION 187 表の編集

行や列を追加／削除する

行や列を追加したり、不要な行や列を削除したりする方法を知っておきましょう。行や列を削除するときは、対象の行や列内をクリックし＜表ツール＞の＜レイアウト＞タブで操作します。表の文字列を削除する場合は、行や列を選択して Delete キーを押します。

表の途中に列を追加する・行を削除する

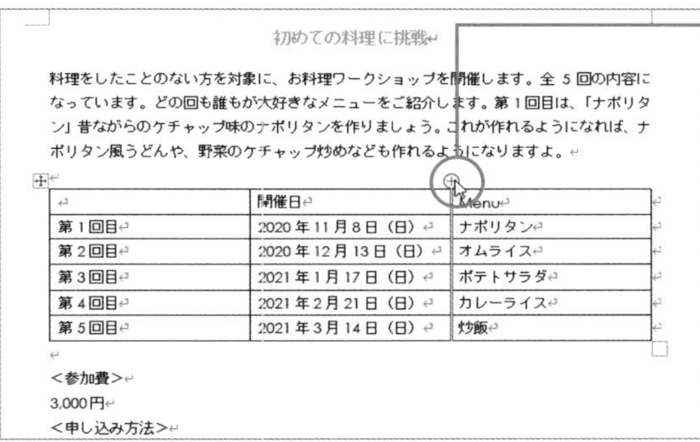

初めての料理に挑戦

料理をしたことのない方を対象に、お料理ワークショップを開催します。全 5 回の内容になっています。どの回も誰もが大好きなメニューをご紹介します。第 1 回目は、「ナポリタン」昔ながらのケチャップ味のナポリタンを作りましょう。これが作れるようになれば、ナポリタン風うどんや、野菜のケチャップ炒めなども作れるようになりますよ。

	開催日	Menu
第 1 回目	2020 年 11 月 8 日（日）	ナポリタン
第 2 回目	2020 年 12 月 13 日（日）	オムライス
第 3 回目	2021 年 1 月 17 日（日）	ポテトサラダ
第 4 回目	2021 年 2 月 21 日（日）	カレーライス
第 5 回目	2021 年 3 月 14 日（日）	炒飯

＜参加費＞
3,000円
＜申し込み方法＞

❶ 表の上部にマウスポインターを移動し、追加したい場所に表示される＜＋＞をクリックします。

MEMO 行の追加

行を追加する場合は、表の左端にマウスポインターを移動し、追加したい場所に表示される＜＋＞をクリックします。

❷ 列が追加されました。

❸ 削除したい行や列のセルをクリックします。

❹ ＜表ツール＞の＜レイアウト＞タブをクリックします。

❺ ＜削除＞をクリックします。

❻ ＜行の削除＞をクリックします。

	開催日		Menu
第 1 回目	2020 年 11 月 8 日（日）		ナポリタン
第 2 回目	2020 年 12 月 13 日（日）		オムライス
第 3 回目	2021 年 1 月 17 日（日）		ポテトサラダ
第 4 回目	2021 年 2 月 21 日（日）		カレーライス

＜参加費＞
3,000円
＜申し込み方法＞
ショッピングモール公式サイト「https://www.example.com」からお申込みください。定

❼ 行が削除されました。

SECTION 188

表の編集

セルを追加／削除する

表の途中にセルを追加する場合は、追加したいセルの数だけセルを選択して追加します。すると、セルを追加したときにその場所にあったセルをどちら側にずらすのかを指定します。下方向にずらした場合は、その分の行が追加されます。

表の途中にセルを追加して行をずらす

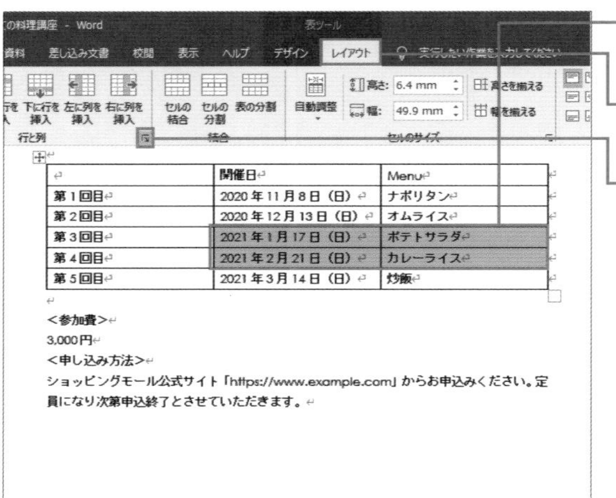

❶ 追加したい場所にあるセルを選択します。

❷ ＜表ツール＞の＜レイアウト＞タブをクリックします。

❸ ＜行と列＞の＜ダイアログボックス起動ツール＞をクリックします。

MEMO セルを選択する

セルを選択するには、セルの左端にマウスポインターを移動します。マウスポインターの形が ➚になったら、選択するセルをクリック、またはドラッグして選択します。

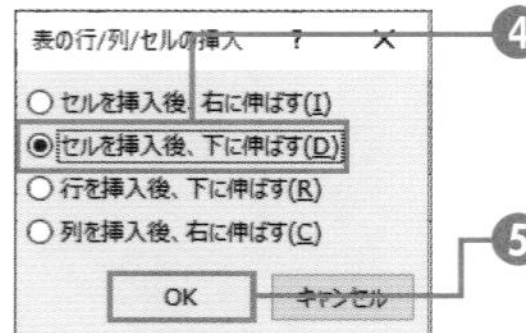

❹ ここでは、＜セルを挿入後、下に伸ばす＞をクリックします。

❺ ＜ OK ＞をクリックします。

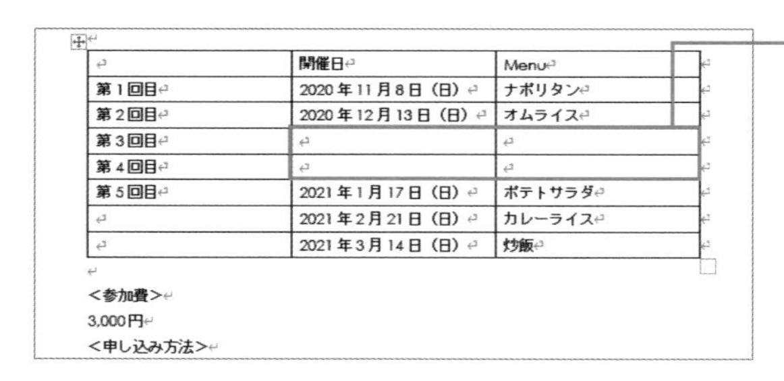

❻ セルが追加されました。

MEMO 行や列の挿入

選択したセルを含む行や列を挿入する場合は、＜行を挿入後、下に伸ばす＞＜列を挿入後、右に伸ばす＞をクリックします。

SECTION 189 表の編集

表全体を削除する

ここでは、表全体を削除する方法を紹介します。表と表の中の文字をまとめて削除します。表の文字だけを消すには、表を選択して Delete キーを押します。また、逆に、表を解除して文字だけを残すこともできます（P.221 MEMO参照）。

表を削除する

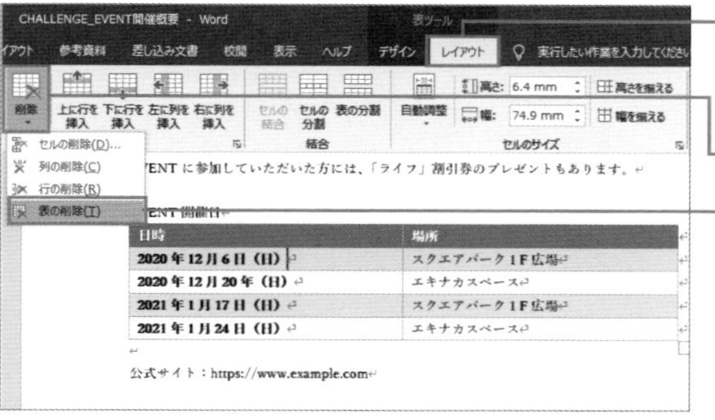

❶表の中をクリックし、<表ツール>の<レイアウト>タブをクリックします。

❷<削除>をクリックします。

❸<表の削除>をクリックします。

❹表が削除されました。

COLUMN

表の文字を消す

表の中にマウスポインターを移動して表を選択するハンドルをクリックすると、表全体が選択されます。この状態で Delete キーを押すと、表の文字が削除されます。

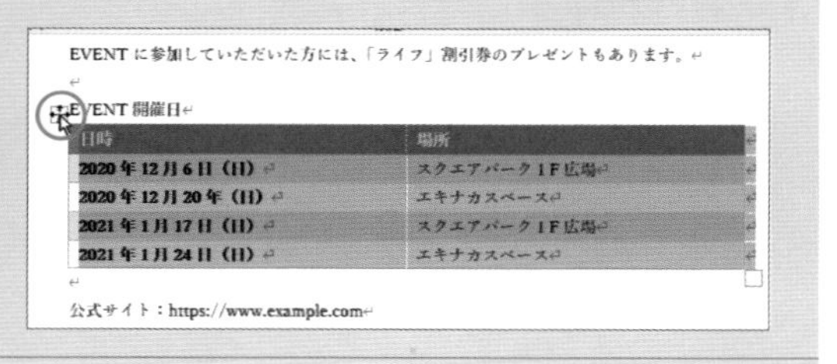

SECTION 190

表の編集

表を2つに分割する

縦長の表を上下2つに分割するには、表を分割する機能を使います。まずは、分割する行のいずれかのセルをクリックします。続いて表を分割します。すると、文字カーソルがある位置の行が新しい表の先頭行になります。

縦長の表を2つに分割する

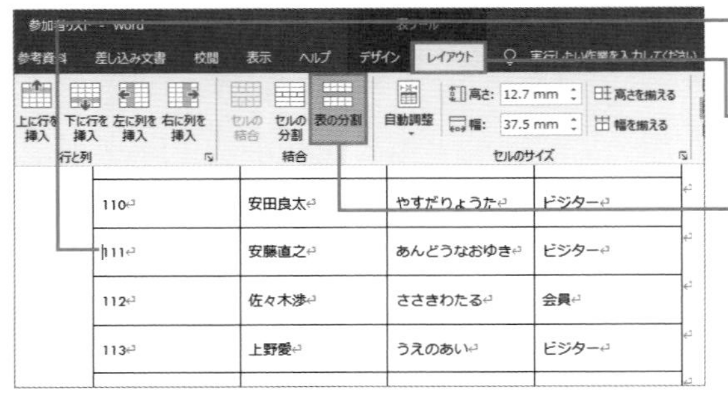

❶分割したい場所の行内のセルをクリックします。

❷<表ツール>の<レイアウト>タブをクリックします。

❸<表の分割>をクリックします。

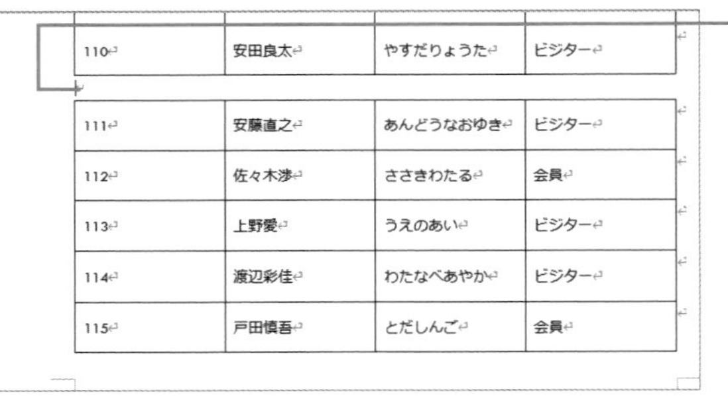

❹選択していたセルの位置で表が分割されました。

COLUMN

再び結合する

分割した表を再び結合するには、分割した位置に文字カーソルをクリックして Delete キーを押します。うまく結合できない場合は、分割した位置にある空白の行全体を選択して Delete キーを押します。

110	安田良太	やすだりょうた	ビジター

111	安藤直之	あんどうなおゆき	ビジター
112	佐々木渉	ささきわたる	会員
113	上野愛	うえのあい	ビジター
114	渡辺彩佳	わたなべあやか	ビジター
115	戸田慎吾	とだしんご	会員

SECTION 191

表の編集

表のデータを昇順や降順で並べ替える

表形式で作成したリストのデータを並べ替えて整理するには、並べ替えの機能を使います。並べ替え条件を複数指定するときは、優先順位に注意します。ここでは、申込者の一覧データを種別番号の順で並べます。同じ種別の場合は、さらにふりがな順で並べます。

表のデータを並べ替える

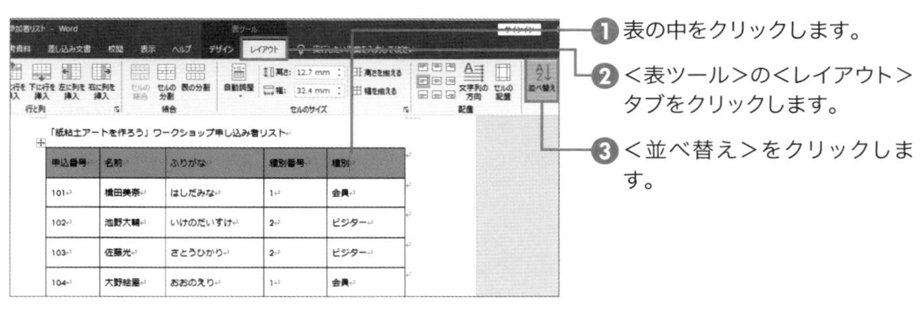

申込番号	名前	ふりがな	種別番号	種別
101	橋田美奈	はしだみな	1	会員
102	池野大輔	いけのだいすけ	2	ビジター
103	佐藤光	さとうひかり	2	ビジター
104	大野絵里	おおのえり	1	会員

1 表の中をクリックします。

2 <表ツール>の<レイアウト>タブをクリックします。

3 <並べ替え>をクリックします。

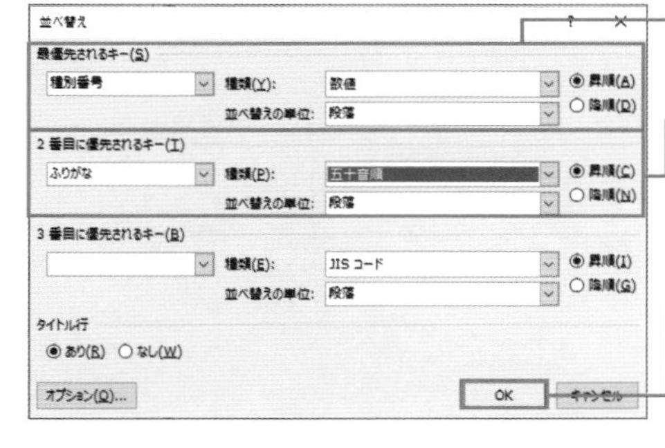

4 <最優先されるキー>と並べ替えの基準を指定します。

5 <2番目に優先されるキー>と並べ替えの基準を指定します。

6 < OK >をクリックします。

「紙粘土アートを作ろう」ワークショップ申し込み者リスト

申込番号	名前	ふりがな	種別番号	種別
121	安部悟	あべさとる	1	会員
119	石田洋子	いしだりょうこ	1	会員
104	大野絵里	おおのえり	1	会員
112	佐々木渉	ささきわたる	1	会員
115	戸田慎吾	とだしんご	1	会員
105	豊田大翔	とよたはると	1	会員
116	中野紗理奈	なかのさりな	1	会員
101	橋田美奈	はしだみな	1	会員
109	福田真也	ふくだしんや	1	会員

7 データが並べ替えられました。

MEMO タイトル行

表の先頭行に見出しがある場合は、<タイトル行>の<あり>をクリックします。

SECTION 192 表の編集

表の行の高さや列の幅を調整する

表の行の高さや列の幅を調整する方法は複数あります。表を見ながらドラッグ操作で調整する方法のほか、高さや幅を数値で指定する方法を知っておきましょう。複数の行や列の高さや幅をまとめて変更することもできます。

列の幅をドラッグ操作で調整する

ポリタン風うどんや、野菜のケチャップ炒めなども作れるようになりますよ。

	Menu	開催日	時間
第 1 回目	ナポリタン	2020 年 11 月 8 日（日）	午前 11 時～午後 1 時
第 2 回目	オムライス	2020 年 12 月 13 日（日）	午前 11 時～午後 1 時
第 3 回目	ポテトサラダ	2021 年 1 月 17 日（日）	午前 11 時～午後 1 時
第 4 回目	カレーライス	2021 年 2 月 21 日（日）	午前 11 時～午後 1 時
第 5 回目	炒飯	2021 年 3 月 14 日（日）	午前 11 時～午後 1 時

❶ 列の右側境界部分にマウスポインターを移動します。マウスポインターの形が変わったら左右にドラッグします。

MEMO　行の高さ

行の高さを変更するには、行の下境界線部分をドラッグします。

ン」昔ながらのケチャップ味のナポリタンを作りましょう。これが作れるようになれば、ナポリタン風うどんや、野菜のケチャップ炒めなども作れるようになりますよ。

	Menu	開催日	時間
第 1 回目	ナポリタン	2020 年 11 月 8 日（日）	午前 11 時～午後 1 時
第 2 回目	オムライス	2020 年 12 月 13 日（日）	午前 11 時～午後 1 時
第 3 回目	ポテトサラダ	2021 年 1 月 17 日（日）	午前 11 時～午後 1 時
第 4 回目	カレーライス	2021 年 2 月 21 日（日）	午前 11 時～午後 1 時
第 5 回目	炒飯	2021 年 3 月 14 日（日）	午前 11 時～午後 1 時

<参加費>
3,000円
<申し込み方法>
ショッピングモール公式サイト「https://www.example.com」からお申込みください。定員になり次第申込終了とさせていただきます。

❷ 表の幅は変わらずにドラッグした列に隣接する列の幅が変わります。他の列幅も同様にして調整します。

MEMO　キー操作

Shift キーを押しながらドラッグすると、ドラッグした箇所の左の列幅が変わり、表の幅も変わります。Ctrl キーを押しながらドラッグすると、ドラッグした箇所に隣接する列幅だけでなく右側の列の列幅も変わります。表の幅は変わりません。

COLUMN

数値で指定する

行や列を選択して<表ツール>の<レイアウト>タブの<高さ>や<幅>の欄で行の高さや列の幅を変更できます。

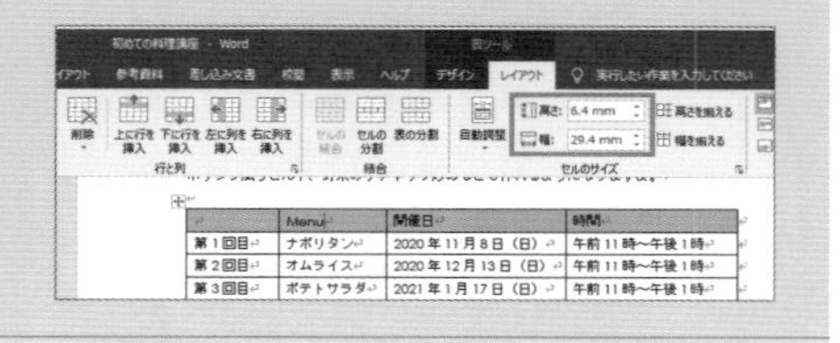

SECTION 193 表の編集

表の行の高さや列の幅を揃える

表の行の高さや列幅を均等に揃えるには、表の中をクリックして<レイアウト>タブから高さを揃えるのか幅を揃えるのか指定します。表の左端の見出し以外の列を均等に割り付けるには、キー操作を使う方法があります。

列の幅を均等に揃える

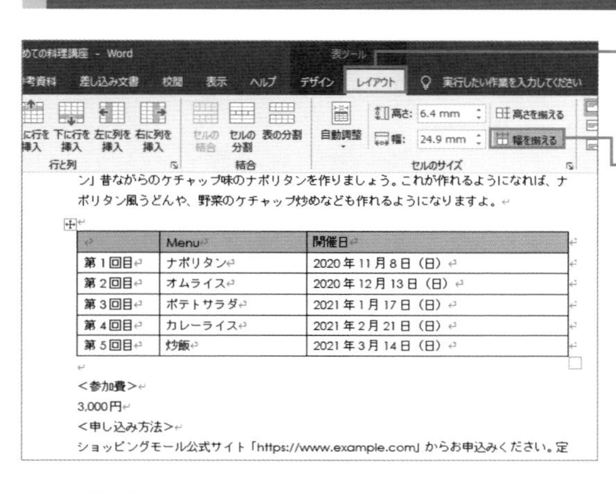

❶表の中をクリックし、<表ツール>の<レイアウト>タブをクリックします。

❷<幅を揃える>をクリックします。

MEMO 行の高さ

行の高さを揃えるには、<表ツール>の<レイアウト>タブの<高さを揃える>をクリックします。

	Menu	開催日
第1回目	ナポリタン	2020年11月8日（日）
第2回目	オムライス	2020年12月13日（日）
第3回目	ポテトサラダ	2021年1月17日（日）
第4回目	カレーライス	2021年2月21日（日）
第5回目	炒飯	2021年3月14日（日）

❸表の列幅が均等になりました。

COLUMN

左端以外の列幅を均等にする

表の左端の見出しを除いて、右側に位置する列の列幅を均等にするには、左端の列の右側境界線部分を Shift + Ctrl キーを押しながらドラッグします。

ン」昔ながらのケチャップ味のナポリタンを作りましょう。これが作れるようになれば、ナポリタン風うどんや、野菜のケチャップ炒めなども作れるようになりますよ。

	Menu	開催日
第1回目	ナポリタン	2020年11月8日（日）
第2回目	オムライス	2020年12月13日（日）
第3回目	ポテトサラダ	2021年1月17日（日）
第4回目	カレーライス	2021年2月21日（日）
第5回目	炒飯	2021年3月14日（日）

SECTION 194

表の編集

文字の長さに合わせて表の大きさを調整する

表に文字を入力すると、列幅に収まらない文字は自動的に折り返して表示されます。また、文字の長さに合わせて自動的に列幅が調整されるように変更することもできます。用紙の幅に合わせて列幅を調整することもできます。

文字列の長さに合わせて列幅を調整する

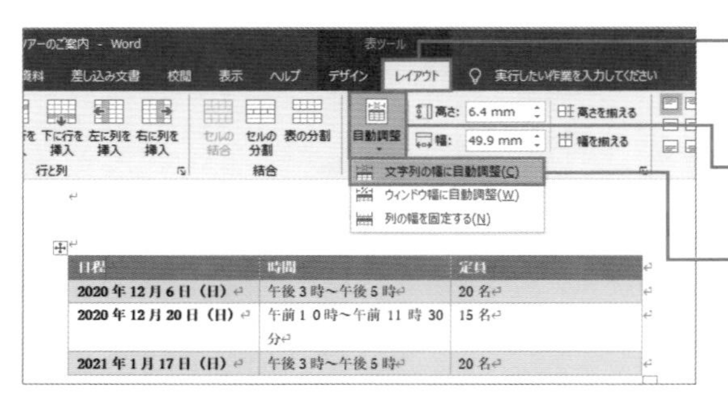

❶ 表の中をクリックし、＜表ツール＞の＜レイアウト＞タブをクリックします。

❷ ＜自動調整＞をクリックします。

❸ ＜文字列の幅に自動調整＞をクリックします。

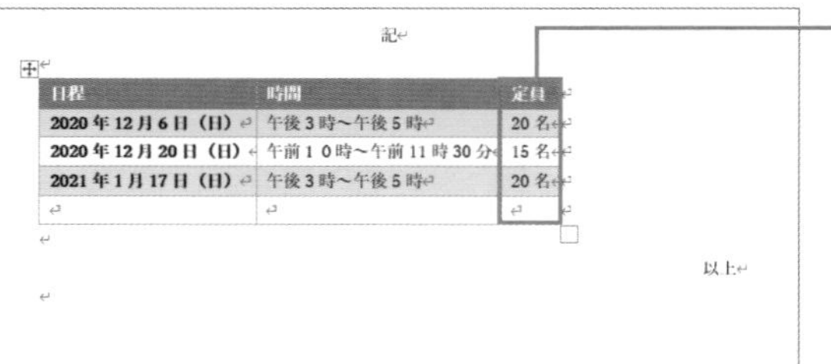

❹ 表の列幅が文字の長さに合わせて調整されます。

MEMO 表の配置

表を用紙の幅に対して中央に配置するには、表全体を選択して＜ホーム＞タブの＜中央揃え＞をクリックします。

COLUMN

ウィンドウの幅に自動調整

表の幅を用紙の幅に合わせて自動的に調整するには、＜表ツール＞の＜レイアウト＞タブの＜自動調整＞をクリックし＜ウィンドウ幅に自動調整＞をクリックします。また、列幅が自動的に調整されないようにするには、＜列の幅を固定する＞をクリックします。

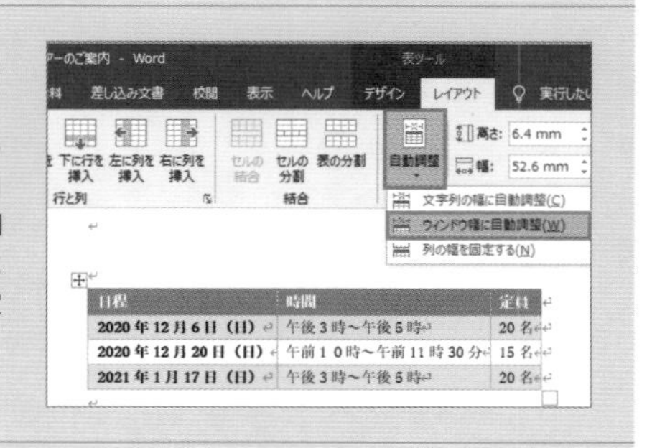

表の項目を均等に割り付ける

表の見出しの項目など、セル内の文字を均等に割り付けるには、セルのオプションの設定を変更する方法があります。すると、列幅に合わせて文字列が自動的に均等に割り付けられます。あとから列幅を変更した場合、文字の配置は自動的に調整されます。

表の見出しの文字を均等に割り付ける

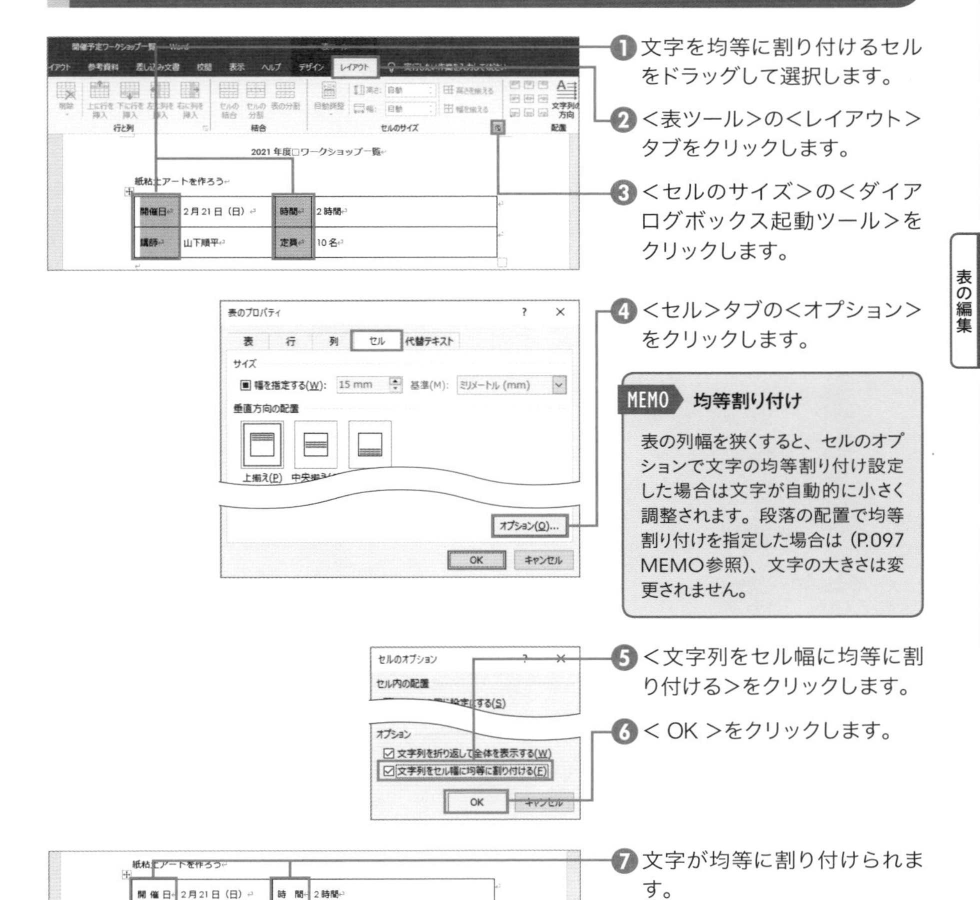

1. 文字を均等に割り付けるセルをドラッグして選択します。
2. ＜表ツール＞の＜レイアウト＞タブをクリックします。
3. ＜セルのサイズ＞の＜ダイアログボックス起動ツール＞をクリックします。
4. ＜セル＞タブの＜オプション＞をクリックします。
5. ＜文字列をセル幅に均等に割り付ける＞をクリックします。
6. ＜ OK ＞をクリックします。
7. 文字が均等に割り付けられます。

MEMO 均等割り付け

表の列幅を狭くすると、セルのオプションで文字の均等割り付け設定した場合は文字が自動的に小さく調整されます。段落の配置で均等割り付けを指定した場合は（P.097 MEMO参照）、文字の大きさは変更されません。

SECTION 196 表の編集

複数のセルを結合してまとめる

表の中のセルは、複数のセルを結合してまとめたり、ひとつのセルを分割して表示したりできます。セルを結合したり分割したりする方法を知っておくと、「申込書」「履歴書」などの複雑なレイアウトの表を自在に作成できます。

複数のセルを結合する

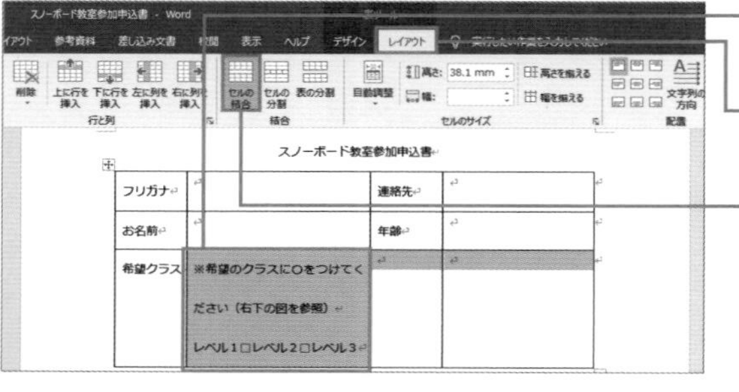

❶結合したい複数のセルを選択します。

❷＜表ツール＞の＜レイアウト＞タブをクリックします。

❸＜セルの結合＞をクリックします。

❹セルが結合されました。

MEMO セルの文字列

セルに文字が入力されていた場合、セルを結合すると、入力されていた文字がそのまま残ります。

COLUMN

文字の方向

セルの文字の方向を変更するには、＜表ツール＞の＜レイアウト＞タブの＜文字の方向＞をクリックします。

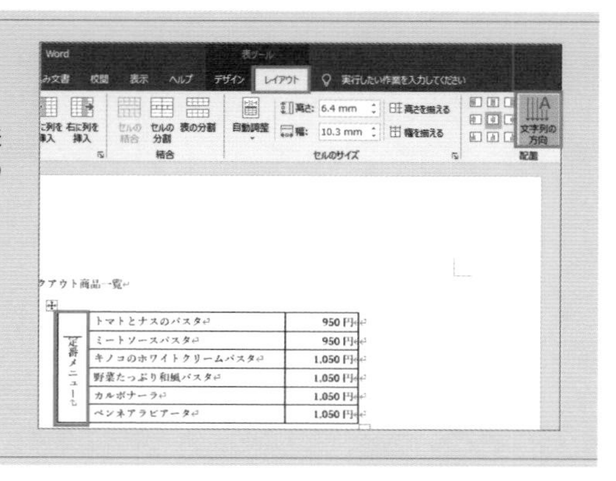

SECTION 197

表の編集

セルを分割する

ひとつのセルを複数の列や行に分割するには、対象のセルを選択し、分割する列や行の数を指定します。ただし、セルに文字が入力されていた場合、文字の配置が思い通りにならないこともあります。セルを分割する操作は、なるべく文字を入力する前に行いましょう。

1つのセルを複数のセルに分割する

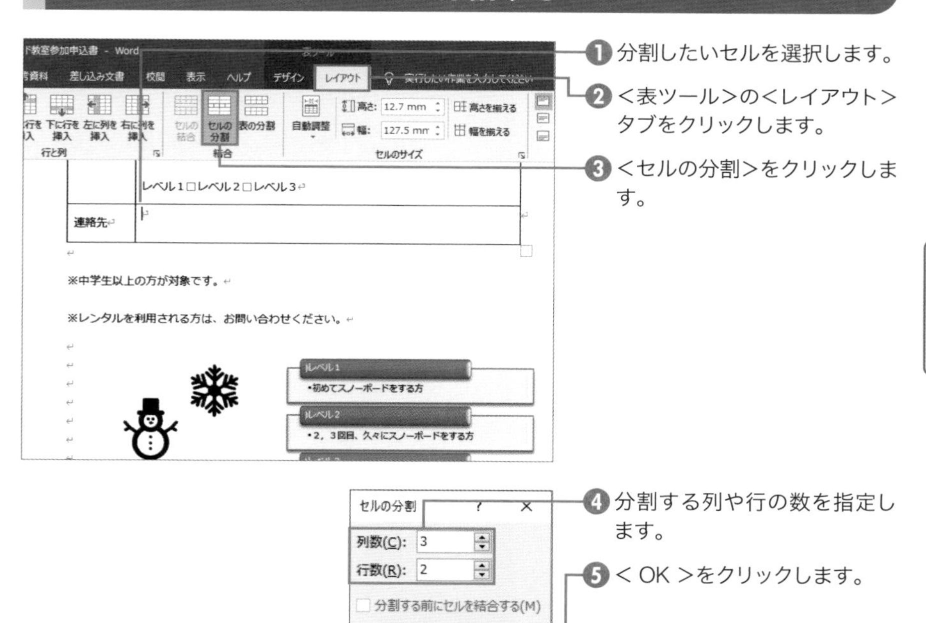

❶ 分割したいセルを選択します。

❷ <表ツール>の<レイアウト>タブをクリックします。

❸ <セルの分割>をクリックします。

❹ 分割する列や行の数を指定します。

❺ < OK >をクリックします。

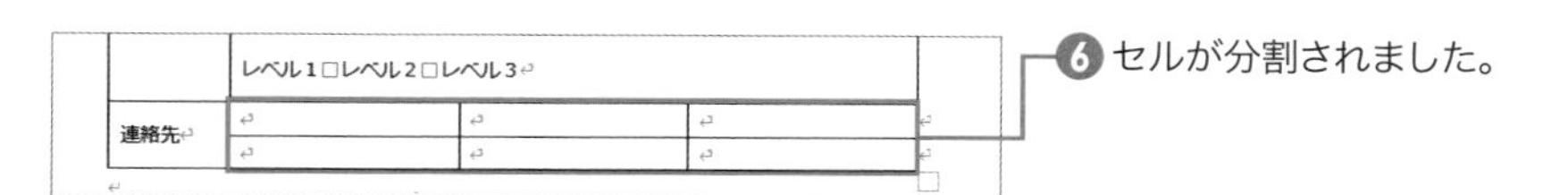

❻ セルが分割されました。

MEMO　列や行の数

指定できる列や行の数は、隣接する列や行にある行数や列数によって異なります。また、<分割する前にセルを結合する>のチェックがオンになっているときは、セルを分割する前に選択しているセルを一度結合してから分割します。チェックがオンのときとオフのときでは、分割後のセルの文字の配置が異なる場合があります。

SECTION 198 表の編集

セルの余白を調整する

セルの周囲に表示される線と文字が近すぎるように思う場合は、セルの余白を調整する方法があります。表の中をクリックしてセルの上下左右の余白の位置を指定します。また、表の周囲とセルの間隔を変更して余白を調整することもできます。

セルの周囲と文字との間隔を指定する

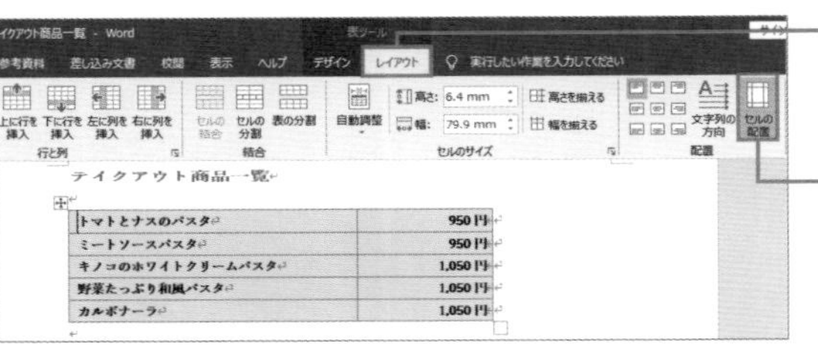

❶ 表の中をクリックし、<表ツール>の<レイアウト>タブをクリックします。

❷ <セルの配置>をクリックします。

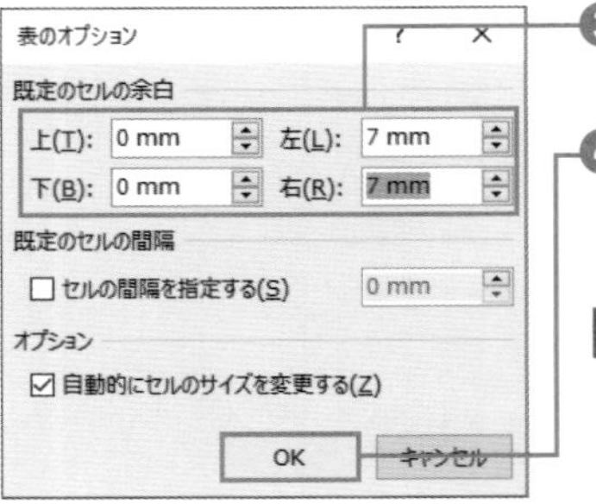

❸ <既定のセルの余白>を指定します。

❹ < OK >をクリックします。

MEMO 既定のセルの間隔

既定のセルの間隔を指定すると、セルとセルの間隔を指定できます。

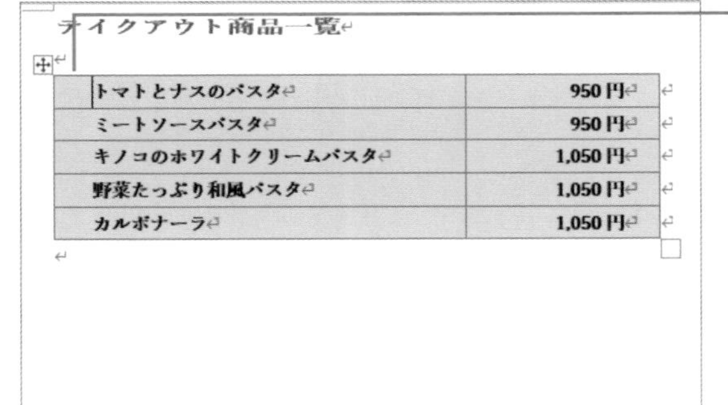

❺ 余白位置が変わりました。

第6章 第7章 第8章 表の編集 第9章 第10章

SECTION 199 表の編集

表の左端の項目に番号を振る

表の文字の行頭に連番を振るには、段落番号を設定します。すると、「1.2.3.」「①②③」などの番号を表示できます。なお、番号の振り方は、通常の段落番号の書式と同様に指定できます。設定方法は、P.101を参照してください。

左の見出しに段落番号を表示する

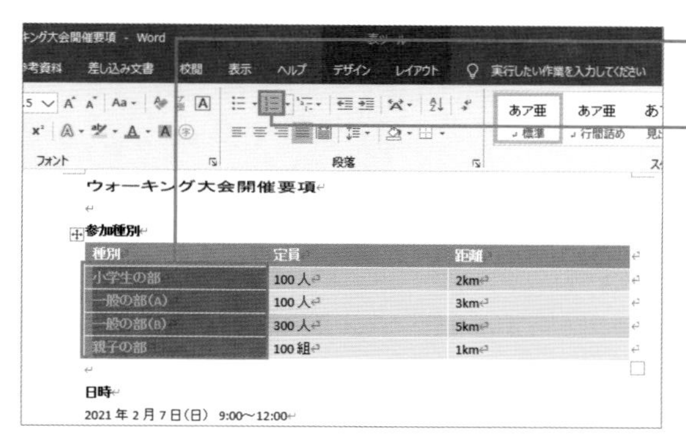

1 左端の列の段落番号を表示するセルを選択します。

2 <ホーム>タブの<段落番号>をクリックします。

3 段落番号が表示されました。

MEMO 番号の設定

指定した番号から番号を振るには、段落番号を右クリックし、<番号の設定>をクリックします（P.103参照）。

COLUMN

番号の書式を設定する

段落番号の書式を指定するには、<段落番号>の<▼>をクリックして選択します。

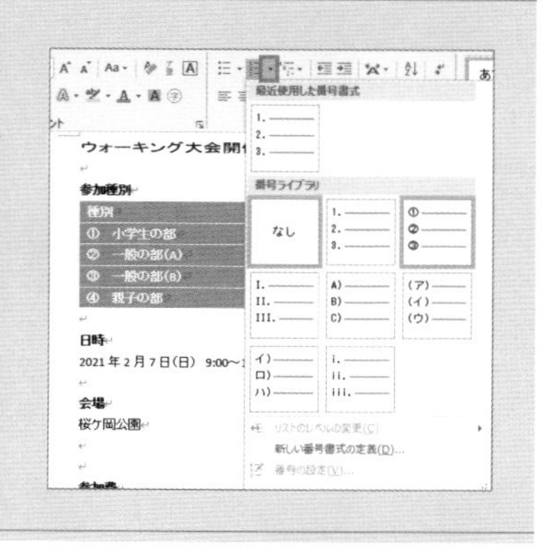

SECTION 200 表の編集

表の見出しの行が次のページにも表示されるようにする

複数ページに渡る縦長の表を作成した場合、通常、見出しの行は2ページ目以降に表示されません。ただし、設定を変更すると、見出しの行を各ページに自動的に表示できます。見出しの内容が変わった場合も自動的に更新されます。

表の見出しを2ページ目以降にも表示する

116	中野紗理奈	なかのさりな	1	会員

117	大下翔	おおしたしょう	2	ビジター
118	佐藤大樹	さとうだいき	2	ビジター
119	石田涼子	いしだりょうこ	1	会員
120	遠藤奈央	えんどうなお	2	ビジター
121	安部悟	あべさとる	1	会員

❶ 2ページ目以降には、見出しは表示されていません。

MEMO 複数行の指定

見出しの行を指定するときは、先頭行を含む必要があります。なお、見出しは複数行を指定することもできます。たとえば、先頭行から3行目までを選択して手順❸～❹の操作を行います。

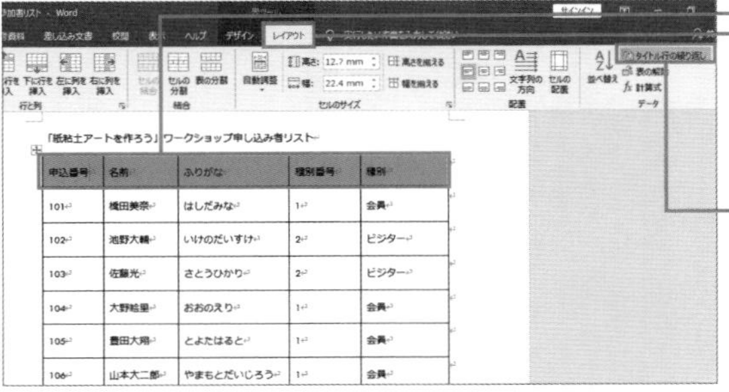

❷ 最初のページで、見出しとして表示する行を選択します。

❸ <表ツール>の<レイアウト>タブをクリックします。

❹ <タイトル行の繰り返し>をクリックします。

申込番号	名前	ふりがな	種別番号	種別
117	大下翔	おおしたしょう	2	ビジター
118	佐藤大樹	さとうだいき	2	ビジター
119	石田涼子	いしだりょうこ	1	会員
120	遠藤奈央	えんどうなお	2	ビジター
121	安部悟	あべさとる	1	会員

❺ 次ページを表示すると、見出しが表示されました。

MEMO 表示と印刷

タイトル行の繰り返しの設定は、<印刷レイアウト>表示でのみ確認できます。なお、設定を変更して文書を印刷すると、各ページに見出しが印刷されます。

SECTION 201 表の編集

表の数値を使って計算をする

表を使った計算というとExcelを使うイメージがあるかもしれませんが、簡単な計算であればWordの表でもできます。セル番地を使った計算のほか、関数を使うこともできます。ただし、Excelとはちょっと書き方が違います。ここでは、合計を求めます。

表に入力されているデータの合計を求める

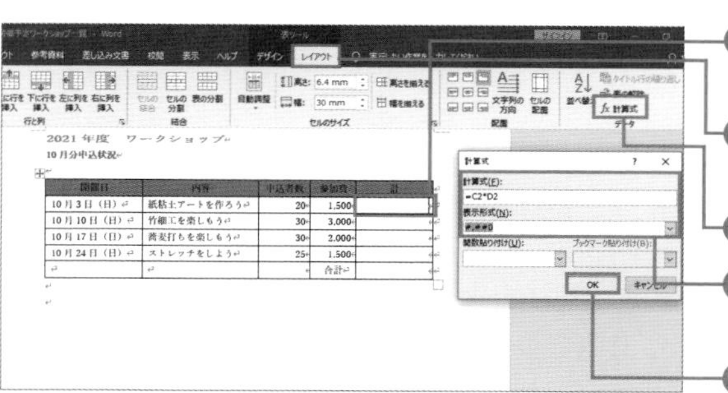

❶計算式を入力するセルを選択しています。

❷＜表ツール＞の＜レイアウト＞タブをクリックします。

❸＜計算式＞をクリックします。

❹計算式の内容を確認し、表示形式を指定します。

❺＜ OK ＞をクリックします。

❻同様に計算式を入力しておきます。

❼計算式を入力するセルを選択しています。

❽手順❷〜❹の方法で、計算式を入力し、表示形式を指定して、＜ OK ＞をクリックします。

❾計算結果が表示されます。

計算式について

計算式「＝C2*D2」は、一番左の列をA列、左から2列目をB列・・・としたとき、C列の2行目のセルとD列の2行目のセルの値を掛け算します。「=SUM(ABOVE)」は、計算式を入力しているセルの上のすべてのセルの合計を求めます。計算元のセルのデータが変わった場合、計算式を右クリックしてフィールドを更新すると、計算結果が変わります。
なお、数値が表示されているセルを選択し、＜表ツール＞の＜レイアウト＞タブの＜中央揃え(右)＞をクリックすると、数値を右揃えに配置できます。

第6章 第7章 第8章 表の編集 第9章 第10章

SECTION 202 グラフの作成

Wordでグラフを作成する

文書にグラフを追加するには、いくつか方法があります。Excelで既に作成しているグラフがある場合は、Excelのグラフを貼りつけるとかんたんです（P.244参照）。グラフを作成していない場合は、Wordで作成することもできます。

文書にグラフを追加する

❶グラフを追加する箇所をクリックします。

❷＜挿入＞タブをクリックします。

❸＜グラフ＞をクリックします。

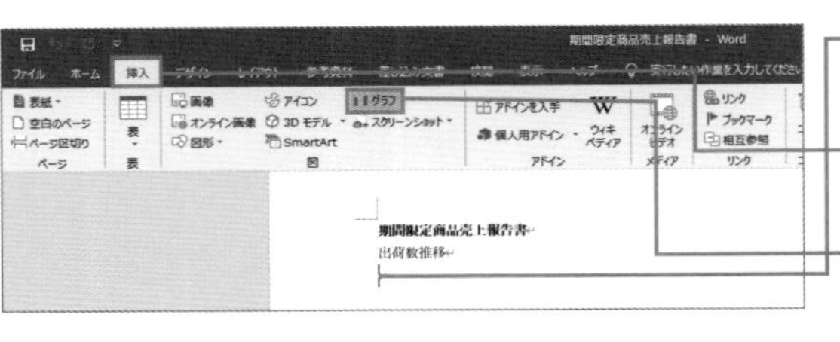

❹グラフのタイプを選択します。

❺グラフの種類を選択します。

❻＜ OK ＞をクリックします。

MEMO グラフの機能

ここでは、パソコンにExcelがインストールされていることを前提としています。Excelがインストールされていない場合、表示される画面は異なります。

❼グラフの元になる表を作成し、枠線をドラッグして表の大きさを調整します。

❽グラフが表示されるので、＜閉じる＞をクリックします。

MEMO グラフの編集

グラフを選択すると、＜グラフツール＞の＜デザイン＞タブや＜書式＞タブが表示されます。＜グラフツール＞のタブでグラフを編集できます。

SECTION 203 Excelの利用

Excelの表をコピーして貼り付ける

Excelで作成した表やグラフはWordに貼りつけて利用できます。ここでは、表をコピーして貼り付けます。貼り付けるときに、貼り付けの方法を選択します。Excelで設定されていた書式をコピーするか、データをリンクするかなど選べます。

Excelの表を文書に追加する

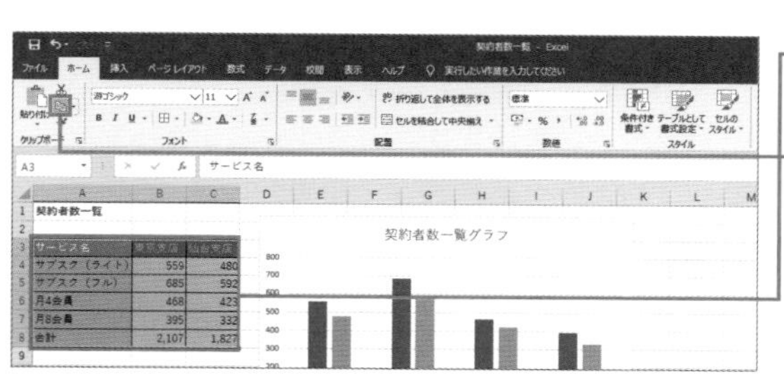

❶Excelで作成した表のセル範囲を選択します。

❷<ホーム>タブの<コピー>をクリックします。

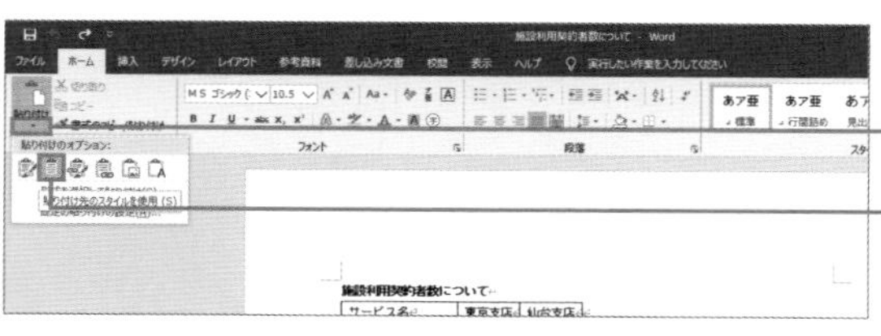

❸Wordの画面に切り替え、<ホーム>タブの<貼り付け>の<▼>をクリックします。

❹貼り付け方法を選びクリックします。

COLUMN

貼り付け方法を選択する

表を貼り付けるときには、次のような方法があります。リンク貼り付け（P.245参照）とは、元のExcelのデータが変わった場合、Wordにその変更を反映させられる状態で貼り付ける方法です。

貼り付け方法	内容
元の書式を保持	Excel の書式を保ったまま表を貼り付けます。
貼り付け先のスタイルを使用	Word 側のスタイルを適用して表を貼り付けます。
リンク（元の書式を保持）	Excel の書式を保ったまま表をリンク貼り付けします。
リンク（貼り付け先のスタイルを使用）	Word 側のスタイルを適用して表をリンク貼り付けします。
図	図として貼り付けます。表の編集はできなくなります。
テキストのみ保持	文字情報のみ貼り付けます。

SECTION
204
Excelの利用

Excelのグラフを貼り付ける

Excelで作成したグラフをWordの文書に貼り付けて利用します。グラフを貼り付けるときは、Excelで設定した書式情報を適用するか、Excelのデータが変更されたときにWordに貼り付けたグラフにその変更を反映させられるようにリンク貼り付けをするかなどを指定します。

Excelのグラフを文書に追加する

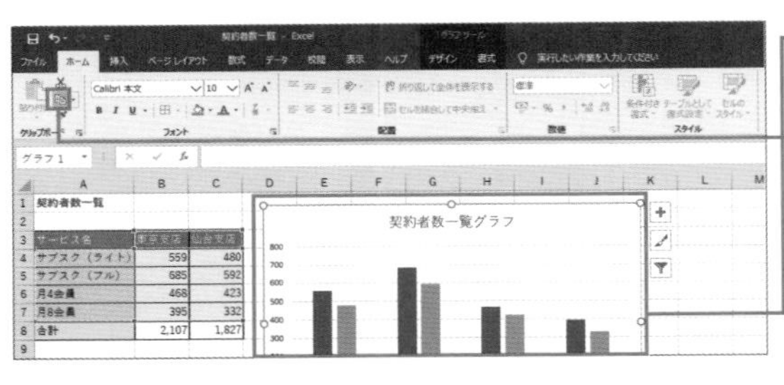

❶ Excelで作成したグラフを選択します。

❷ ＜ホーム＞タブの＜コピー＞をクリックします。

❸ Wordの画面に切り替え、＜ホーム＞タブの＜貼り付け＞の＜▼＞をクリックします。

❹ 貼り付け方法を選びクリックします。

COLUMN 貼り付け方法を選択する

グラフを貼り付けるときには、次のような方法があります。リンク貼り付け（P.245参照）とは、元のExcelのデータが変わった場合、Wordにその変更を反映させられる状態で貼り付ける方法です。

貼り付け方法	内容
貼り付け先のテーマを使用しブックを埋め込む	Word側のスタイルを適用してグラフを貼り付けます。グラフを編集するときは、グラフを右クリックして＜データの編集＞をクリックします。
元の書式を保持しブックを埋め込む	Excelの書式を保ったままグラフを貼り付けます。グラフを編集するときは、グラフを右クリックして＜データの編集＞をクリックします。
貼り付け先テーマを使用しデータをリンク	Word側のスタイルを適用してグラフをリンク貼り付けします。
元の書式を保持しデータをリンク	Excelの書式を保ったままグラフをリンク貼り付けします。
図	図として貼り付けます。グラフの編集はできなくなります。

SECTION
205
Excelの利用

Excelでの変更をWordに反映させる

Excelで作成したグラフや表をWordの文書に貼り付けて利用します。このとき、Excelのデータが変更されたときにWordに貼り付けた表やグラフにその変更を反映させられるようにするには、リンク貼り付けをします。変更を反映させるにはリンクを更新します。

Excelの表やグラフをリンク貼り付けする

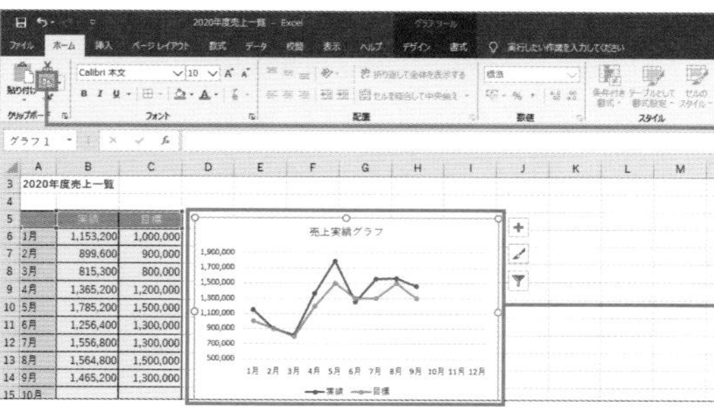

❶ Excelで作成したグラフを選択します。

❷ ＜ホーム＞タブの＜コピー＞をクリックします。

❸ P.244の方法でグラフを貼り付ける画面を表示し、＜貼り付け先テーマを使用してデータをリンク＞をクリックします。

❹ グラフがリンク貼り付けで貼り付けられます。

COLUMN

リンクの更新

リンク貼り付けした表やグラフを含むWordのファイルは、Backstageビューの＜情報＞欄に、リンク元のファイルの情報が表示されます。＜ファイルへのリンクの編集＞をクリックすると、リンク元を変更したり、リンクを更新したり、リンクの更新方法を指定できます。

▶ COLUMN

Wordの文書内でExcelを使う

表やグラフの作成は、Excel の方が手馴れている方も多いでしょう。その場合は、この章で紹介したように Excel の表やグラフを Word の文書に貼り付けて利用するとよいでしょう。Excel で作成している表やグラフが無い場合は、Word の文書にあたかも Excel の画面を貼り付けたようなイメージでワークシートを操作することもできます。表やグラフを並べて配置することなどもできます。

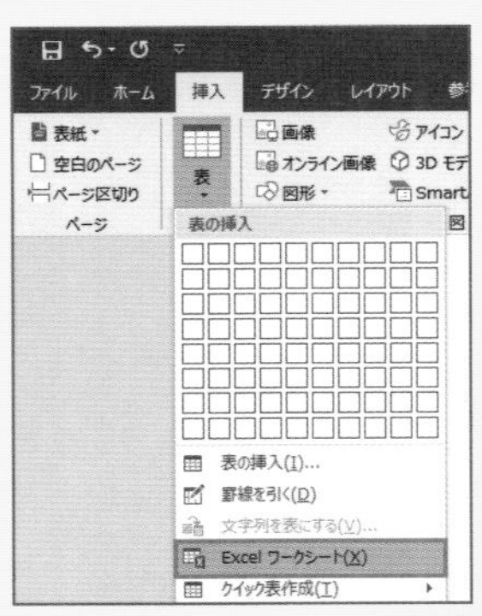

1 Excel のシートを貼り付ける場所を選択し、<挿入>タブの<表>をクリックし、<Excel ワークシート>をクリックします。

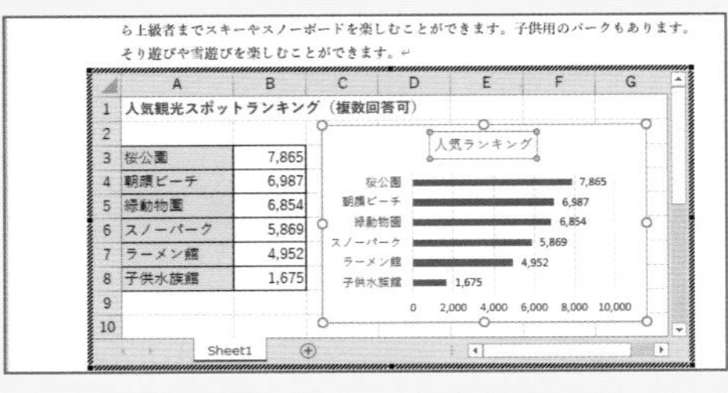

2 Excel のシートが表示されます。Excel のタブやリボンが表示されるので、Excel を操作する要領で表やグラフを作成します。

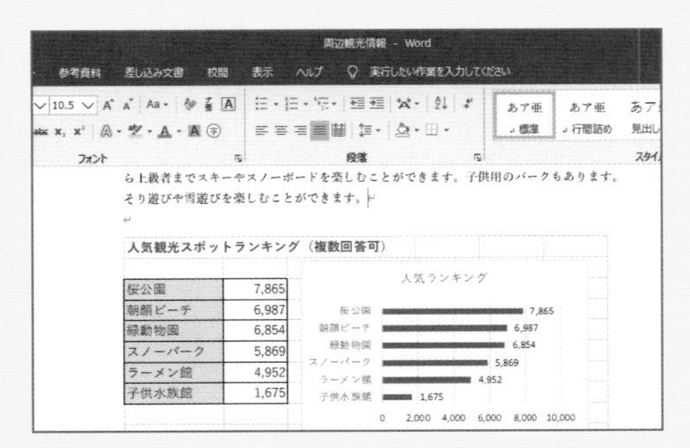

3 Excel のワークシートが表示されている枠以外の箇所をクリックすると、Word の画面に戻ります。表やグラフを編集するには、表やグラフ内をダブルクリックします。

第9章

ミスを事前に防ぐ！
文書校正効率UPテクニック

SECTION 206 表示

スペースやタブなどの編集記号を表示する

複雑なレイアウトの文書を作成しているときは、セクション区切りやタブなどの編集記号を画面に表示しておくとよいでしょう。文書のどこにどんな指示をしているかひと目で分かるので便利です。ここでは、すべての編集記号を表示します。

第6章 第7章 第8章 第9章 表示 第10章

編集記号を表示する

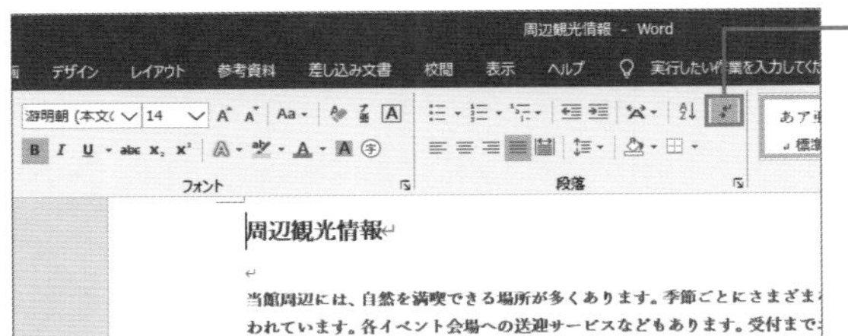

❶ ＜ホーム＞タブの＜編集記号＞をクリックします。

MEMO 段落記号

編集記号を表示していなくても、段落記号は通常表示されます（下のCOLUMN参照）。

周辺観光情報

当館周辺には、自然を満喫できる場所が多くあります。季節ごとにさまざまなイベントが行われています。各イベント会場への送迎サービスなどもあります。受付までお問合せくださいませ。セクション区切り（現在の位置から新しいセクション）

春、緑山では、毎年GWくらいまでは、春スキーを楽しむことができます。スキー場に隣接するレストランでは、バーベキューを楽しむことができます。暖かな春の日差しの中でのスキーやお食事をお楽しみください。

夏、朝顔ビーチでは、海の家がオープンします。海水浴はもちろん、水上バイクやシュノ

秋、紅葉祭りが開催されます。このお祭りは、100年以上の伝統があり、昨年は、5万人の来場者数がありました。お祭り開催中は、街中さまざまな施設でライトアップイベントなどが開催されます。花火大会もありますよ。

冬、緑山スキー場がオープンします。変化にとんだコースが用意されていますので、初

❷ 編集記号が表示されます。

COLUMN 常に表示する編集記号を指定する

＜ホーム＞タブの＜編集記号＞をクリックしなくても、指定した編集記号を常に表示するには、＜Wordのオプション＞画面で指定します。＜表示＞の＜常に画面に表示する編集記号＞を指定します。＜ホーム＞タブの＜編集記号＞をクリックしていないのに余計な編集記号が表示されているという場合は、ここを確認しましょう。

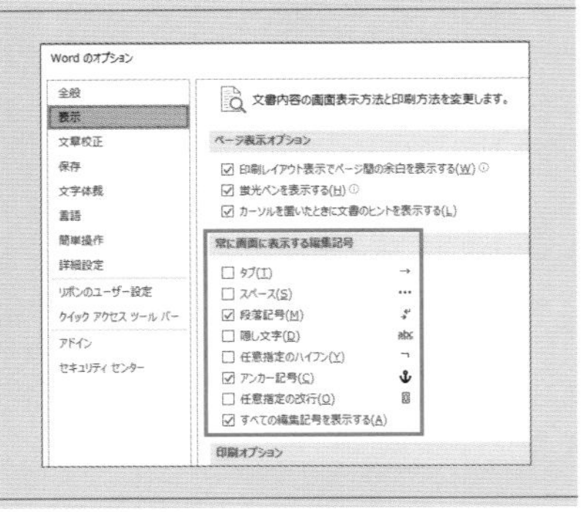

SECTION 207

編集

指定した文字を検索する

文書内の特定のキーワードを検索するには、検索機能を使います。簡単な条件で検索するには、ナビゲーションウィンドウを使うと手軽に検索できます。より詳細の検索条件を指定するには、<検索と置換>画面を表示します。

ナビゲーションウィンドウで検索する

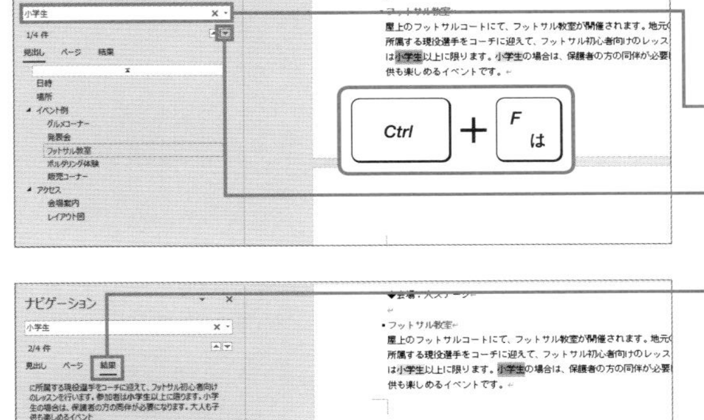

❶ Ctrl + F キーを押すと、ナビゲーションウィンドウが表示されます。

❷ 検索キーワードを入力すると、検索結果が表示されます。

❸ ▼をクリックすると次の検索結果が表示されます。

❹ <結果>をクリックすると、前後の文字を含めた検索結果を確認できます。

MEMO　次の結果を表示する

検索されたキーワードを順に確認するには、検索ボックスの右下の ▲ ▼ をクリックします。

COLUMN

検索条件を細かく指定する

大文字と小文字を区別して検索するなど、検索条件を細かく指定するには、<ホーム>タブの<検索>の<▼>をクリックして<高度な検索>をクリックします。表示される画面の<オプション>をクリックし、<検索オプション>を指定します。<検索する文字列>に検索キーワードを入力して<次の検索>をクリックして検索します。

第6章 第7章 第8章 編集 第9章 第10章

指定した文字を別の文字に置き換える

検索した文字を別の文字に置き換えるには、置換機能を使います。<検索する文字列>と<置換後の文字列>を指定して文字を置き換えます。検索する文字や置換後の文字の書式を指定したい場合はP.251を参照してください。

検索された文字を別の文字に置き換える

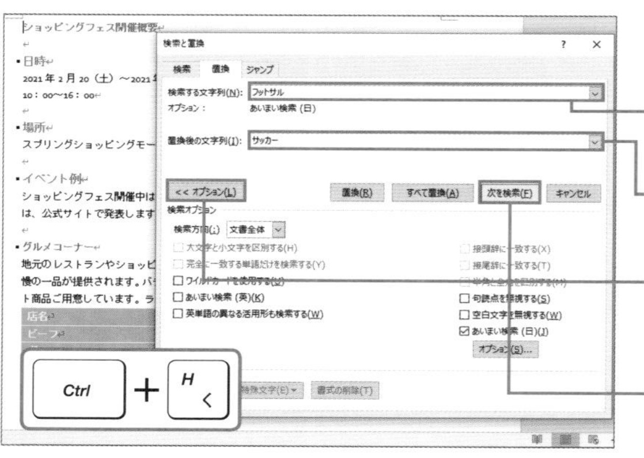

❶ Ctrl + H キーを押すと、<検索と置換>画面が表示されます。

❷ <検索する文字列>を入力します。

❸ <置換後の文字列>を入力します。

❹ <オプション>をクリックして<検索オプション>を指定します。

❺ <次を検索>をクリックします。

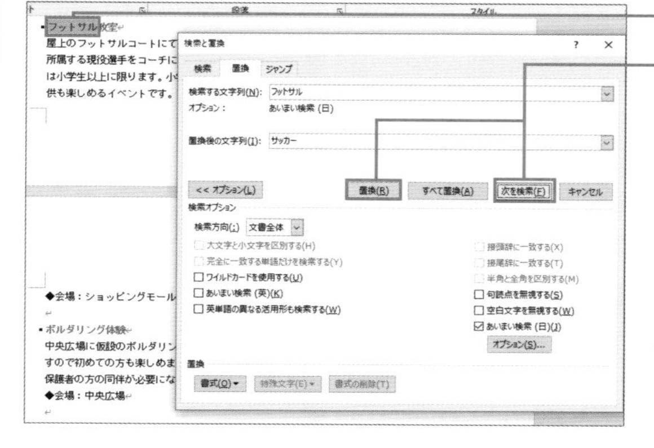

❻ 検索結果が表示されます。

❼ 置き換える場合は<置換>、次を検索するには、<次を検索>をクリックする操作を繰り返します。

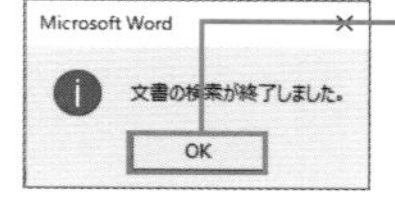

❽ 検索が終了するとメッセージが表示されるので、<OK>をクリックします。

MEMO すべて置換

検索結果を確認せずにすべて置き換えるには<すべて置換>をクリックします。

SECTION 209
編集

指定した文字を検索して赤字にする

文字を検索したり置き換えたりするときに、文字や段落に設定されている書式を、検索や置換の条件として指定できます。たとえば、文書内で赤字の文字を検索する、検索された文字を赤字に置き換えるなどのように指定できます。

検索した文字を赤字に置き換える

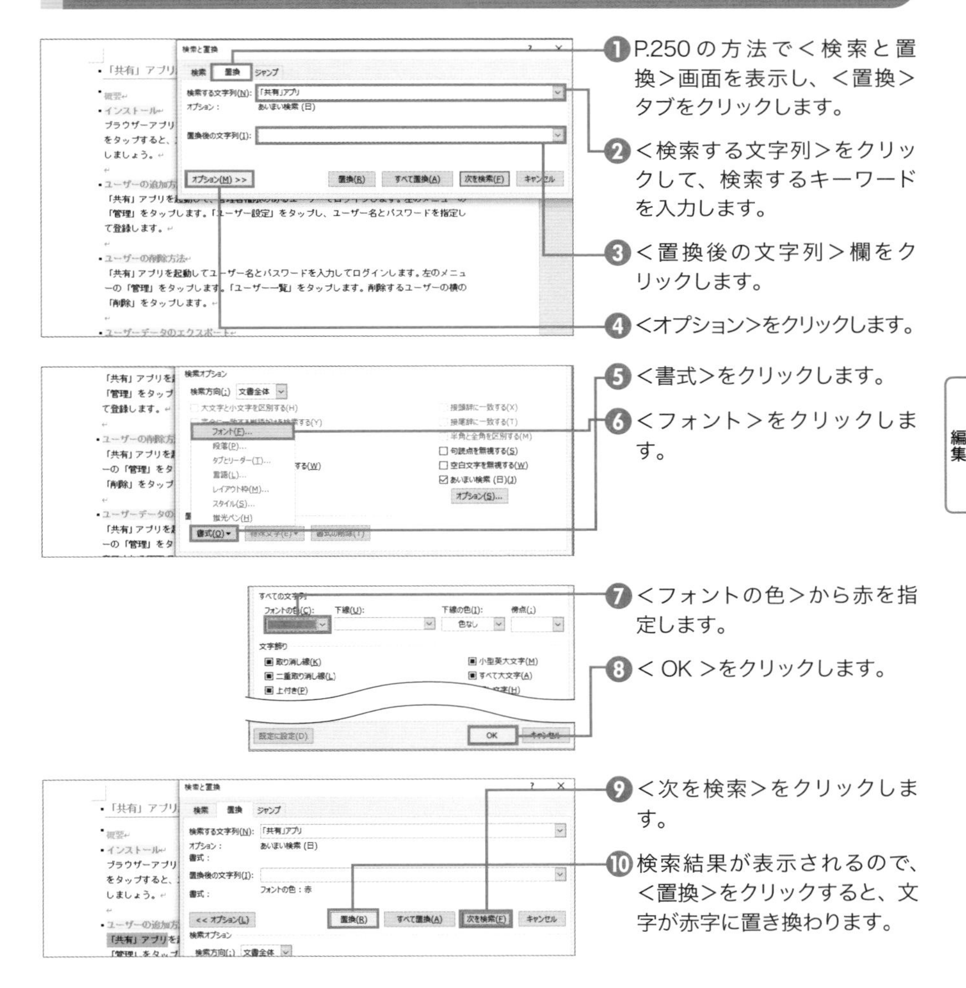

1. P.250の方法で＜検索と置換＞画面を表示し、＜置換＞タブをクリックします。
2. ＜検索する文字列＞をクリックして、検索するキーワードを入力します。
3. ＜置換後の文字列＞欄をクリックします。
4. ＜オプション＞をクリックします。
5. ＜書式＞をクリックします。
6. ＜フォント＞をクリックします。
7. ＜フォントの色＞から赤を指定します。
8. ＜ OK ＞をクリックします。
9. ＜次を検索＞をクリックします。
10. 検索結果が表示されるので、＜置換＞をクリックすると、文字が赤字に置き換わります。

SECTION 210 編集

コピー貼り付けをした文章の改行の記号を削除する

ほかのアプリから文字をコピーして貼り付けたような場合、文字の折り返し位置で改行されてしまうケースがあります。その場合、段落記号をひとつずつ削除する必要はありません。置換機能を使用すると、指定した編集記号をまとめて削除したりできます。

余計な改行を削除して文章を表示する

❶段落記号を削除したい範囲を選択します。

❷P.250の方法で<検索と置換>画面を表示し、<検索する文字列>をクリックします。

❸<オプション>をクリックし、<あいまい検索>のチェックを外します。

❹<特殊文字>をクリックします。

❺<段落記号>をクリックします。

❻<すべて置換>をクリックします。この後、文書を検索するかメッセージが表示されたら<いいえ>をクリックします。

料理をしたことのない方を対象に、お料理ワークショップを開催します。全5回の内容になっています。どの回も誰もが大好きなメニューをご紹介します。第1回目は、「ナポリタン」昔ながらのケチャップ味のナポリタンを作りましょう。これが作れるようになれば、ナポリタン風うどんや、野菜のケチャップ炒めなども作れるようになりますよ。

❼段落記号が削除されました。

SECTION 211 校正

文書校正を行い間違いがないかチェックをする

文章に文法上の間違いがあったりスペルミスや表記ゆれがあったりすると、Wordが自動的に間違いの可能性を指摘してくれます。ここでは、＜スペルチェックと文章校正＞を使って文章の間違いを探して修正する方法を紹介します。

文法上の間違いなどをチェックする

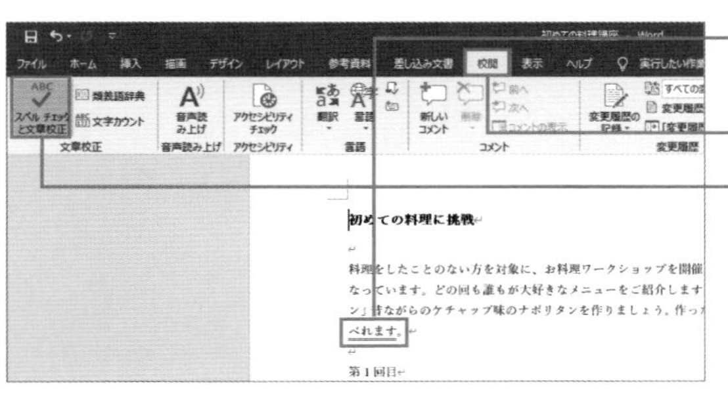

❶ 間違いの可能性のある箇所には線が表示されます。

❷ ＜校閲＞タブをクリックします。

❸ ＜スペルチェックと文章校正＞をクリックします。

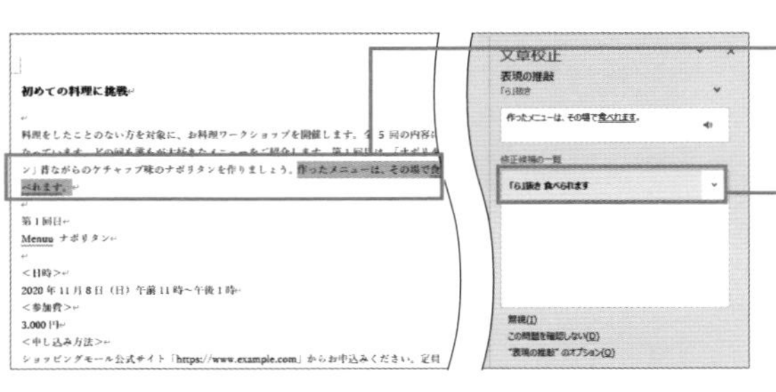

❹ 間違いの可能性がある箇所が選択され、＜文章校正＞ウィンドウが表示されます。

❺ 修正候補から修正する場合は、修正項目をクリック、無視する場合は＜無視＞をクリックします。次の修正候補が表示されたら同様に操作します。

COLUMN

再度チェックをし直す場合

文書の内容をチェックしたあとに、修正をせずに無視した内容をもう一度チェックするには、＜Wordのオプション＞画面の＜文章校正＞をクリックして＜再チェック＞をクリックします。その後、手順❶から操作をやり直します。

第6章 第7章 第8章 校正 第9章 第10章

SECTION 212 校正

表記のゆれをチェックして統一する

「プリンター」や「プリンタ」、「ブロッコリー」と「ブロッコリ」など、同じ意味の単語でも表記ゆれがある場合は、Wordが自動的にチェックして印を付けてくれます。ここでは、表記ゆれをまとめて確認します。どちらの表記に統一するか指定しましょう。

表記ゆれがあるかチェックする

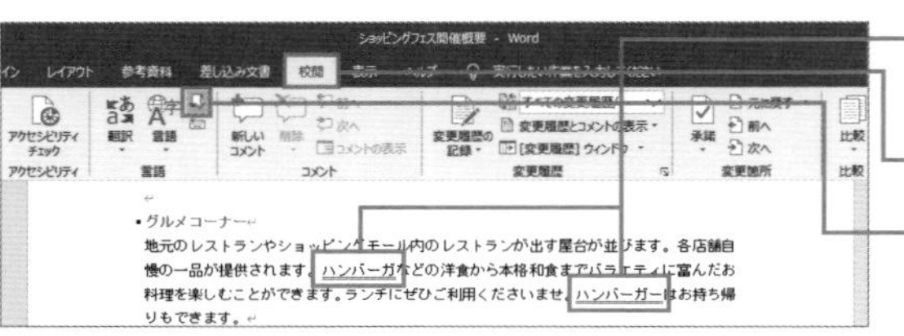

❶ 表記ゆれの箇所には線が表示されます。

❷ <校閲>タブをクリックします。

❸ <表記ゆれチェック>をクリックします。

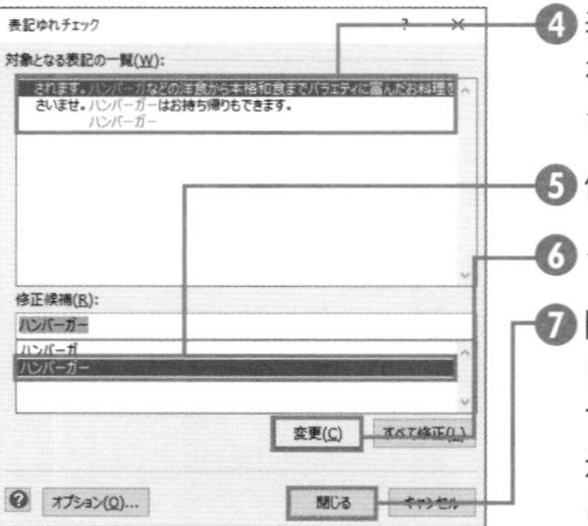

❹ 表記ゆれがある箇所が表示されるので、表示された項目をクリックします。

❺ 修正候補をクリックします。

❻ <変更>をクリックします。

❼ 同様に表記ゆれの箇所を修正し、<閉じる>をクリックします。この後、メッセージが表示されたら< OK >をクリックします。

COLUMN

「申し込み」と「申込」などの表記

「申し込み」と「申込」などの送り仮名の表記ゆれをチェックするには、手順❹の画面で<オプション>をクリック。続いて、<Wordのオプション>画面の<文書校正>の<設定>をクリックし、<文章校正の詳細設定>の<表記の揺れ>の<揺らぎ(送り仮名)>のチェックをオンにします。その後、表記ゆれのチェックをします。

SECTION 213 校正

文書を翻訳する

文章の翻訳サービスを利用して文章の意味を確認します。翻訳の方法は、主に2通りあります。ひとつ目は、選択した範囲を翻訳する方法です。2つ目は、文書を翻訳した結果を、別のファイルとして作成して表示するものです。

英語を日本語に訳す

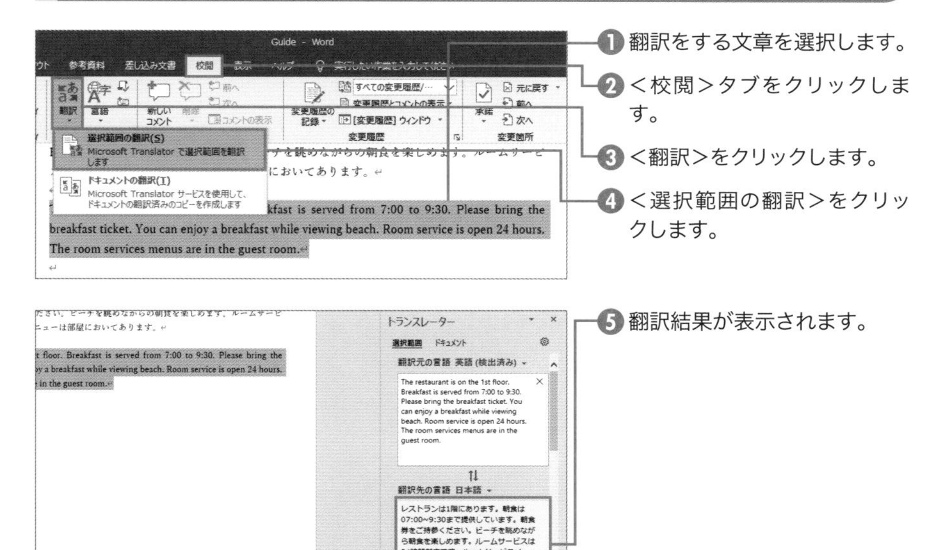

1 翻訳をする文章を選択します。

2 <校閲>タブをクリックします。

3 <翻訳>をクリックします。

4 <選択範囲の翻訳>をクリックします。

5 翻訳結果が表示されます。

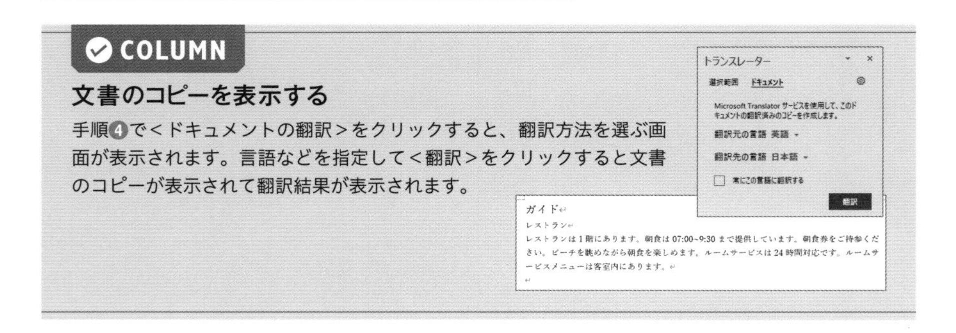

COLUMN

文書のコピーを表示する

手順4で<ドキュメントの翻訳>をクリックすると、翻訳方法を選ぶ画面が表示されます。言語などを指定して<翻訳>をクリックすると文書のコピーが表示されて翻訳結果が表示されます。

SECTION 214 校正

文書内にコメントを入れる

文書を複数の人でチェックをするようなときに、かんたんなメッセージのやり取りをするにはコメントを利用すると便利です。また、文書を具体的に書き換えたりして、誰が何を変更したのかがわかるようにするには、変更履歴を残す方法があります（P.258参照）。

コメントを入れてメッセージを表示する

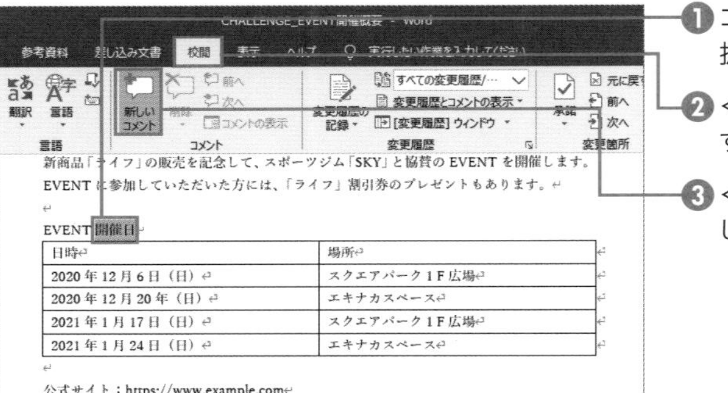

❶ コメントを追加する箇所を選択します。

❷ ＜校閲＞タブをクリックします。

❸ ＜新しいコメント＞をクリックします。

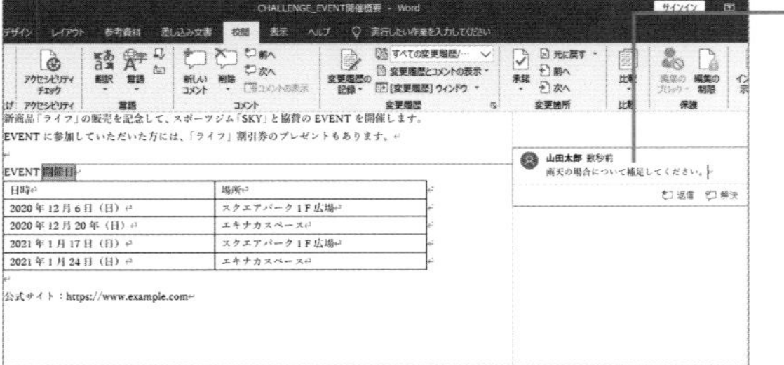

❹ コメントの内容を入力します。

MEMO コメントの名前

コメントを追加したときの名前は、＜Wordのオプション＞画面の＜全般＞の＜ユーザー名＞に指定されているものが表示されます。

COLUMN

コメントを削除する

コメントを削除するには、コメントをクリックして＜校閲＞タブの＜削除＞をクリックします。

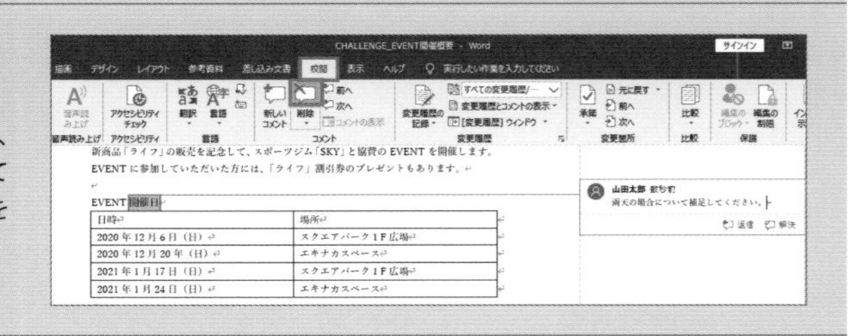

SECTION 215 校正

コメントに返信する

P.256で紹介したように、文書にコメントを追加すると、付箋でメモを付けるような感覚でメッセージを伝えられます。メッセージには、返信することもできます。メッセージのやり取りに必要な基本操作を紹介します。

コメントに返信を書く

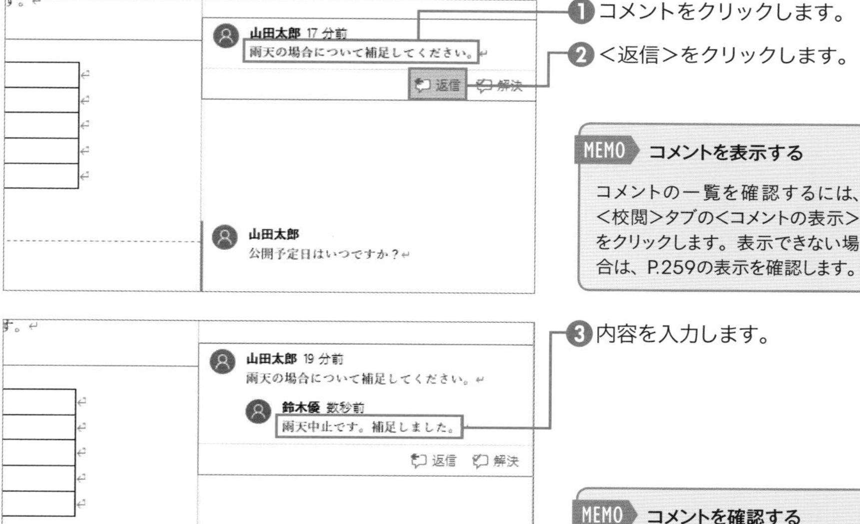

❶コメントをクリックします。

❷<返信>をクリックします。

❸内容を入力します。

MEMO コメントを表示する

コメントの一覧を確認するには、<校閲>タブの<コメントの表示>をクリックします。表示できない場合は、P.259の表示を確認します。

MEMO コメントを確認する

コメントの内容を順に確認するには、<校閲>タブの<前へ><次へ>をクリックします。

COLUMN

コメントを解決に設定する

コメントでメッセージのやり取りをしたあと、問題が解決した場合は、<解決>をクリックします。すると、コメントの内容がグレーで表示されます。解決したものを再び解除するには、<もう1度開く>をクリックします。

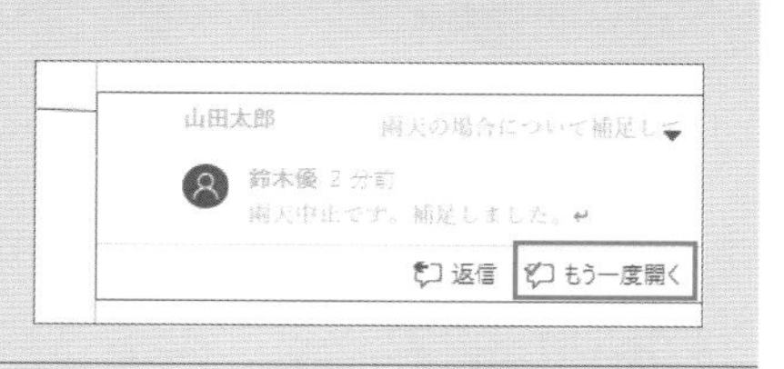

第6章
第7章
第8章
校正 第9章
第10章

SECTION 216 校正

変更履歴を残すように設定する

文書を複数の人数でチェックするような場合は、誰がどこを編集したのかわかるようにしておくとよいでしょう。責任者は、最終的に修正を反映させるかどうかを指定して文書を完成させられます。この機能を使うには、まず、文書に変更履歴を残す設定にします。

変更履歴を残す準備をする

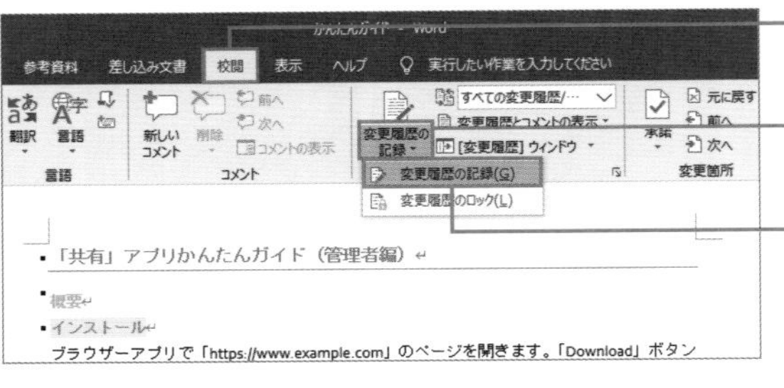

❶＜校閲＞タブをクリックします。

❷＜変更履歴の記録＞をクリックします。

❸＜変更履歴の記録＞をクリックします。

❹文書の内容を修正します。

❺修正箇所が表示されます。

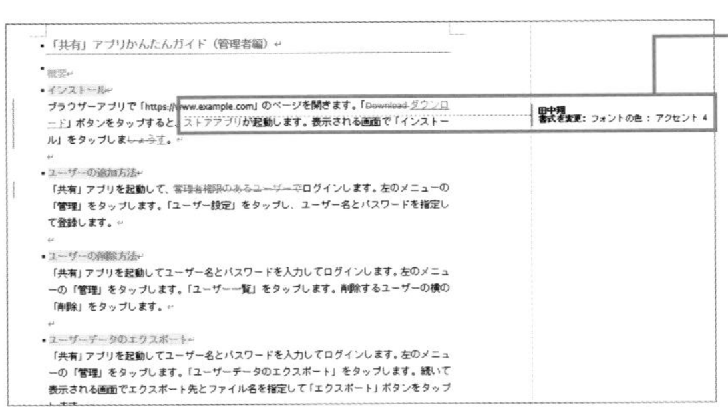

❻書式を変更したりしても変更履歴が残ります。

SECTION 217 校正

変更履歴の表示方法を変更する

変更履歴を確認するときは、変更された箇所をどのように表示するか指定できます。変更履歴を残したのに画面に表示されない場合などは表示を切り替えましょう。ここでは、変更履歴を画面の右側に吹き出しで表示します。

変更履歴の詳細を表示する

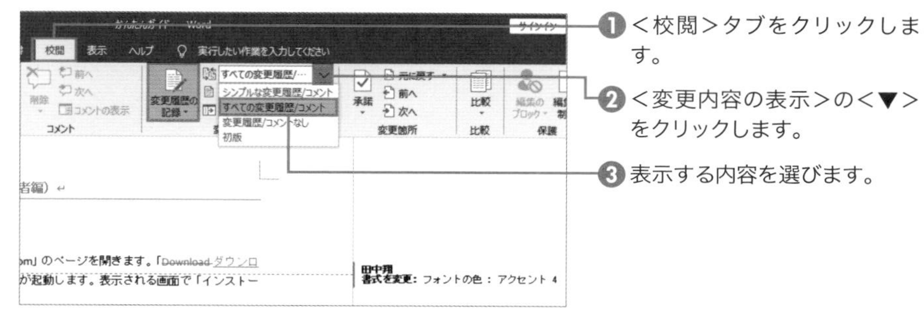

❶ ＜校閲＞タブをクリックします。

❷ ＜変更内容の表示＞の＜▼＞をクリックします。

❸ 表示する内容を選びます。

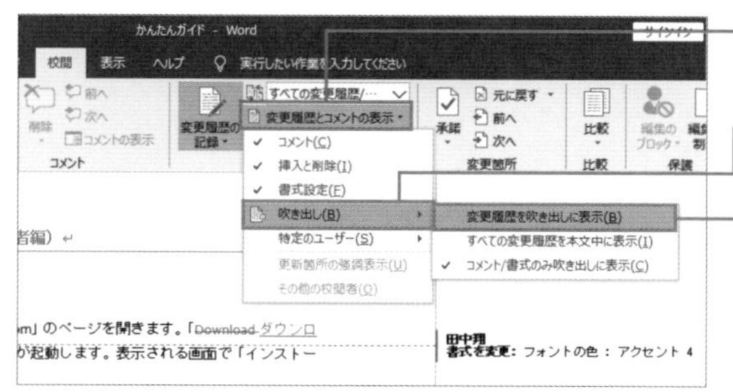

❹ ＜変更履歴とコメントの表示＞をクリックします。

❺ ＜吹き出し＞をクリックします。

❻ ＜変更履歴を吹き出しに表示＞をクリックします。

❼ 表示方法が変わります。

SECTION 218
校正

変更箇所を確認して適用する

変更履歴を残す機能を使って複数の人によって編集された文書を完成させるには、変更箇所を反映するかどうかを確認します。内容を確認しながら、＜承諾＞か＜元に戻す＞かを選択しましょう。確認後は、変更履歴を残す機能をオフにします。

変更箇所を反映させるか元に戻すか選ぶ

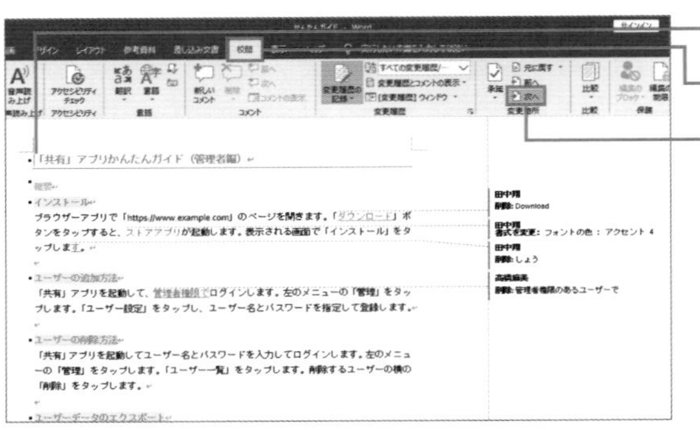

❶ 文書の先頭をクリックします。

❷ ＜校閲＞タブをクリックします。

❸ ＜次へ＞をクリックします。

MEMO　変更を確認する

変更を反映させるには＜承諾＞、反映させない場合は＜元に戻す＞をクリックします。また、それぞれの＜▼＞をクリックして操作を選ぶこともできます。

❹ 変更箇所が表示されたら＜承諾＞の＜▼＞をクリックします。

❺ ＜承諾して次へ進む＞か＜元に戻す＞をクリックします。手順❸からの操作を繰り返してすべての変更箇所を確認します。

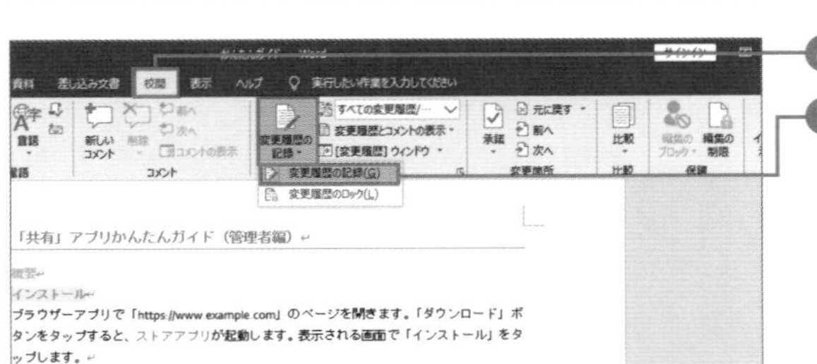

❻ ＜校閲＞タブをクリックします。

❼ ＜変更履歴の記録＞をクリックし、＜変更履歴の記録＞をクリックして変更履歴を残す機能をオフにします。

SECTION 219

校正

文書内の単語の意味を調べる

文書内でわからない単語や詳しく知りたい単語があった場合、わざわざブラウザーを起動して検索する必要はありません。検索キーワードを入力しなくても、Wordのスマート検索の機能を使って検索の手がかりをつかめます。Word 2016以降で使用できます。

わからない単語を調べる

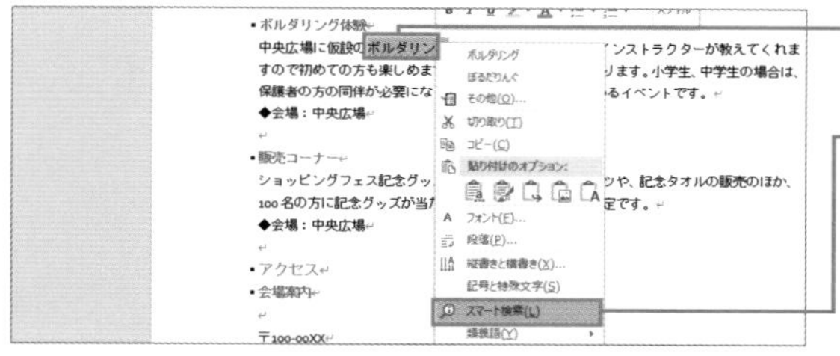

❶わからない単語を選択し、右クリックします。

❷<スマート検索>をクリックします。

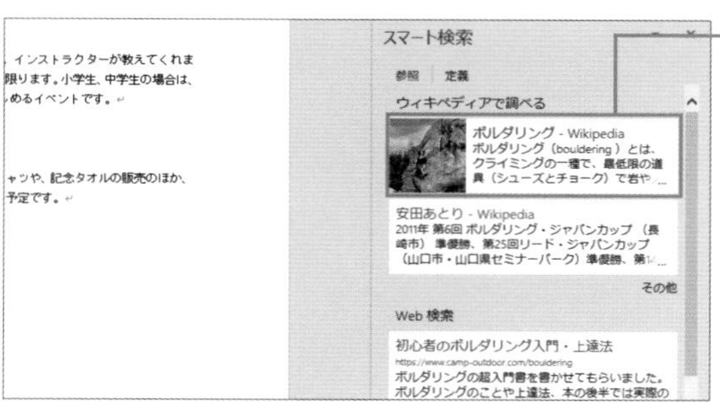

❸<スマート検索>ウィンドウが表示されるので、見たい項目をクリックします。

❹ブラウザーが起動して内容が表示されます。

第6章
第7章
第8章
校正 第9章
第10章

気になる箇所にマーカーを引く

文書内の気になる箇所に印を付けるには、蛍光ペンで文字をなぞるようにして印を付けましょう。蛍光ペンを引いた箇所は、検索対象にもなります。蛍光ペンの箇所を、あとからまとめてチェックしたりできて便利です。

蛍光ペンで印を付ける

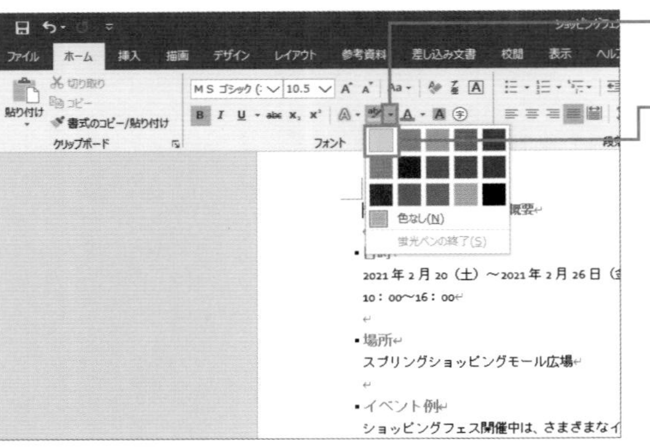

❶ ＜ホーム＞タブの＜蛍光ペン＞の＜▼＞をクリックします。

❷ 色を選択します。

MEMO　蛍光ペンを表示する

＜Wordのオプション＞画面の＜表示＞メニューの＜蛍光ペンを表示する＞のチェックをオフにすると、蛍光ペンの印を画面に表示するか指定できます。非表示にした場合、印刷した場合も蛍光ペンは表示されません。

フットサル教室
屋上のフットサルコートにて、フットサル教室が開催されます。地元のフットサルチームに所属する現役選手をコーチに迎えて、フットサル初心者向けのレッスンを行います。参加者は小学生以上に限ります。小学生の場合は、保護者の方の同伴が必要になります。大人も子供も楽しめるイベントです。
Esc

❸ マウスポインターの形が変わるので、気になる箇所をドラッグします。続いて、気になる箇所をドラッグします。

❹ Esc キーを押すと、蛍光ペンを引くモードが解除されます。

COLUMN

蛍光ペンの箇所を検索する

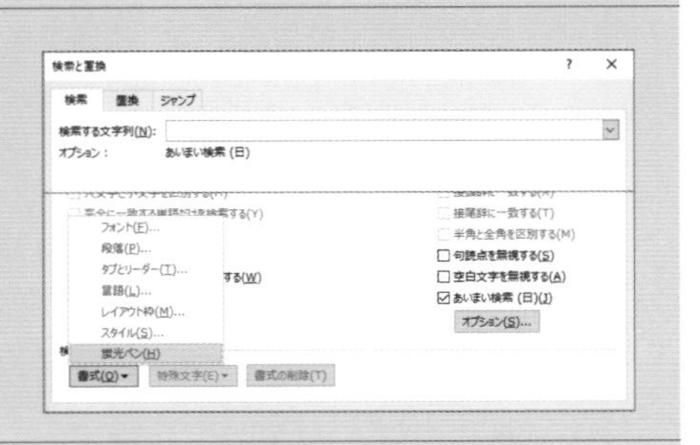

蛍光ペンで印を付けた箇所を検索するには、P.250の方法で＜検索と置換＞画面を表示して＜検索＞タブの＜検索する文字列＞欄をクリック。＜書式＞をクリックし、＜蛍光ペン＞をクリックして検索条件を指定します。＜検索する文字列＞は空欄のままでも構いません。あとは、P.249の方法で検索を実行します。

SECTION 221 校正

手書きのメモや図形を追加する

タッチパネル対応のパソコンなどで、画面をタッチして手書きのメモなどを追加するには、＜描画＞タブを使います。ペンの種類を選択してメモを追加しましょう。追加した内容は、ナビゲーションウィンドウからも確認できます。

手書きのメモを書く

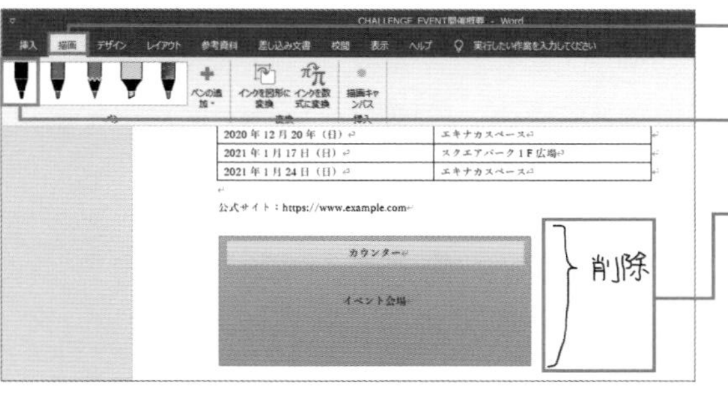

❶ ＜描画＞タブをクリックします(P.026 参照)。

❷ ペンの種類を選びクリックします。

❸ ドラッグしてメモを追加します。

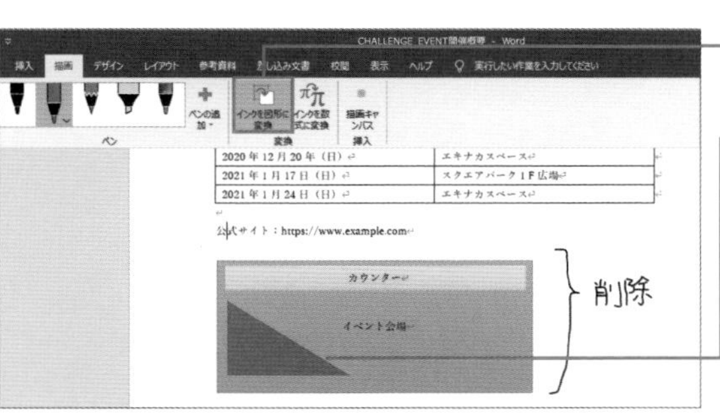

❹ ＜インクを図形に変換＞をクリックします。

❺ 手書きで三角形や四角形などの図形を描くと、図形に変換されます。

COLUMN

手書きメモや図形を検索する

ナビゲーションウィンドウの＜検索＞ボックス横の＜▼＞をクリックすると、検索対象として表やグラフィックスなどを指定できます。＜グラフィックス＞を選択して＜▼＞＜▲＞をクリックして内容を確認します。

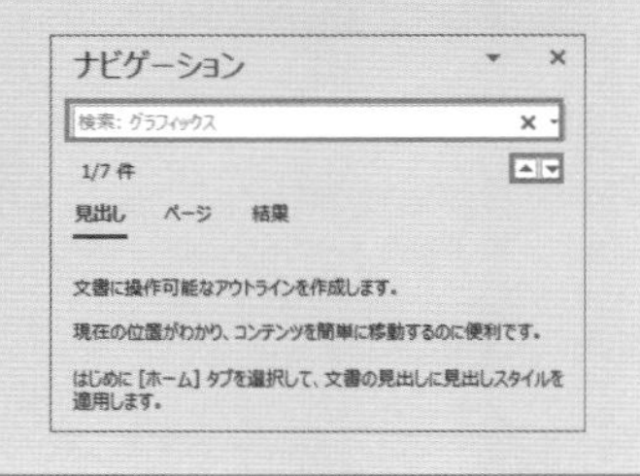

SECTION
222
校正

文書の冒頭と末尾の内容を同時に確認する

同じ文書の冒頭と末尾の離れたページを見比べたい場合、方法はいくつかあります。ここでは、文書ウィンドウを分割する方法を紹介します。そのほか、同じ文書を複数のウィンドウで開き、それぞれ見たいページを表示する方法もあります。

ウィンドウを分割して文書を表示する

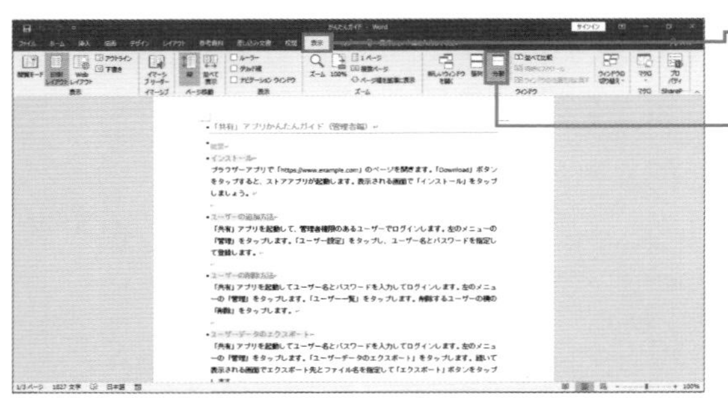

❶＜表示＞タブをクリックします。

❷＜分割＞をクリックします。

❸文書ウィンドウが分割されるので、右に表示されるスクロールバーを使用して見たいページをそれぞれ指定します。

COLUMN

新しいウィンドウで開く

同じ文書を別のウィンドウで開くには、＜表示＞タブの＜新しいウィンドウを開く＞をクリックします。すると、同じ文書が新しいウィンドウで開き、タイトルバーに「ファイル名2」のように表示されます。ウィンドウを並べると文書内の異なるページなどを同時に確認できます。

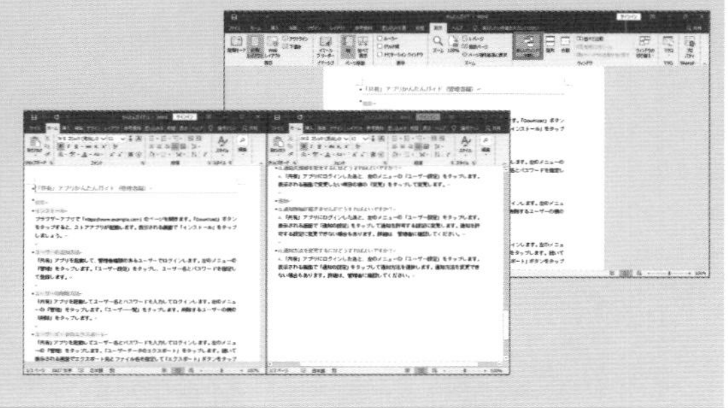

SECTION 223 校正

複数の文書を並べて表示する

開いている複数の文書を並べて見比べる方法はいくつかあります。ここでは、ウィンドウを自動的に整列させる方法を紹介します。似たような文書を同時にスクロールして上から順に見比べるには、P.266の方法を使うと便利です。

複数のウィンドウを並べて表示する

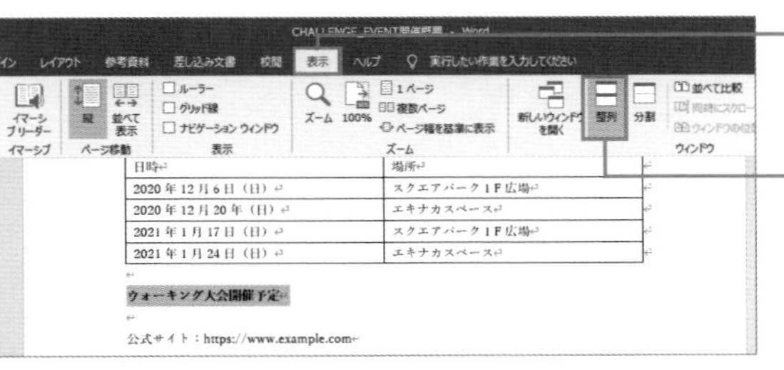

❶ 複数の文書を開いた状態で、いずれかの文書の<表示>タブをクリックします。

❷ <整列>をクリックします。

❸ ウィンドウが整列します。

MEMO 左右に並べる

ウィンドウを左右に並べるには、P.266の方法を使うと便利です。

COLUMN 後ろに隠れている文書に切り替える

文書を並べて表示するのではなく、後ろに隠れている文書に表示を切り替えるには、<表示>タブの<ウィンドウの切り替え>をクリックして文書を選択します。または、タスクバーのWordのアイコンにマウスポインターを移動して、切り替えたい文書をクリックします。

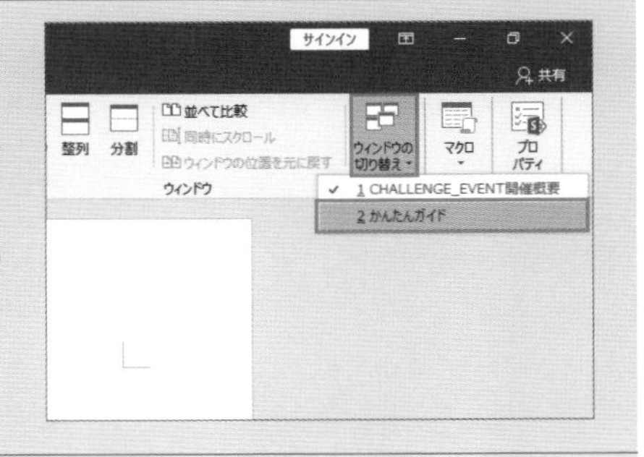

SECTION 224 校正

2つの文書を並べて同時にスクロールする

2つの文書を左右に並べて見比べるには、並べて比較する機能を使うと便利です。並べて比較すると、2つのウィンドウを同時にスクロールして見比べられます。たとえば、昨年作成した案内文と今年作成した案内文を見比べたりできます。

2つの文書を並べて見る

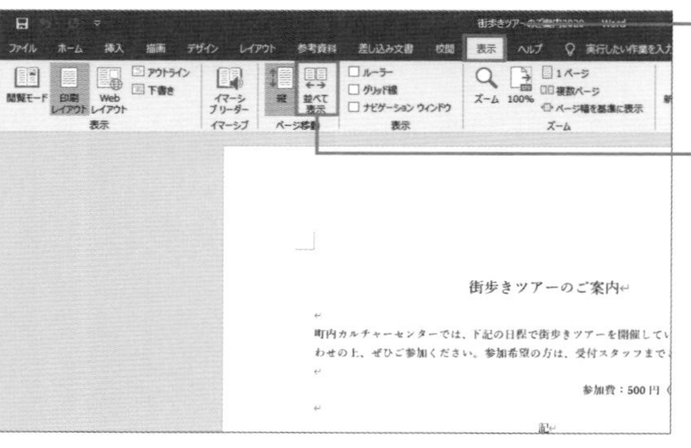

❶ 複数の文書を開いた状態で、いずれかの文書の<表示>タブをクリックします。

❷ <並べて比較>をクリックします。

MEMO　メッセージが表示されたら

3つ以上のウィンドウが開いているときは、どのウィンドウの文書を並べて比較するかを選択する画面が表示されます。比較する文書を選択します。

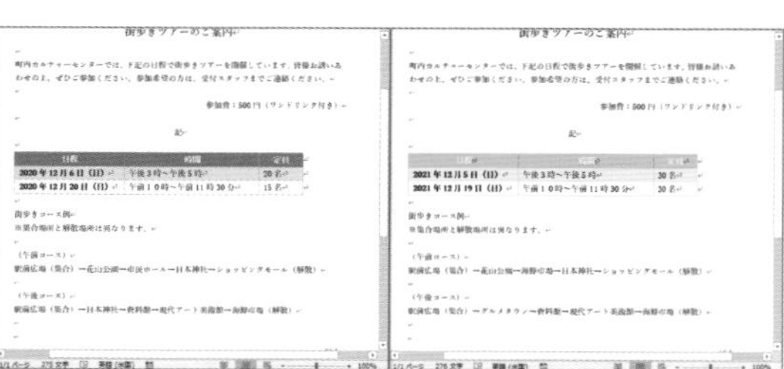

❸ 文書が並んで表示されます。どちらかのウィンドウをスクロールすると、もう一方のウィンドウも同時にスクロールされます。

❹ <ウィンドウ>をクリックします。

❺ <同時にスクロール>をクリックしてオフにすると、ウィンドウをスクロールしても、もう一方のウィンドウはスクロールされません。

SECTION 225 校正

2つの文書を比較して異なる点を表示する

1つの文書を複数の人で編集するには、変更履歴を残す機能を利用すると便利です（P.258参照）。変更履歴の機能を使わなかった場合、元の文書と変更後の文書を見比べて異なる点を表示するには、文書を比較する機能を使う方法があります。

変更前の文書と変更後の文書を比較する

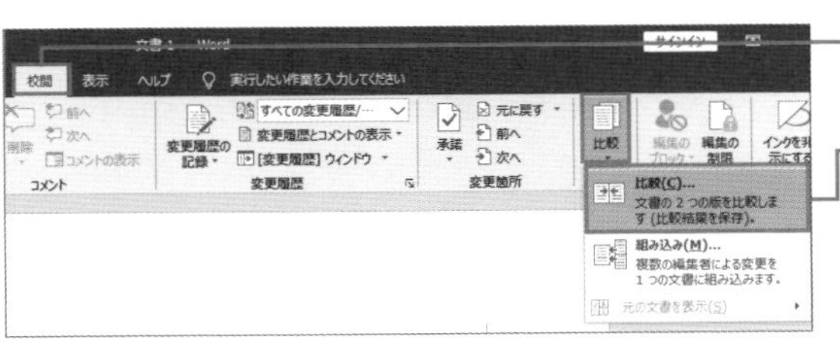

❶＜校閲＞タブをクリックします。

❷＜比較＞をクリックし、＜比較＞をクリックします。

文書の比較
元の文書(O)
街歩きツアーのご案内2020.docx
表示する変更箇所の変更者(E)
変更された文書(R)
街歩きツアーのご案内2021.docx
表示する変更箇所の変更者(B)　作成者が
<< オプション(L)　OK　キャンセル
比較の設定
☑ 挿入と削除　☑ 移動(V)　☑ コメント(N)　☑ 書式設定(F)　☑ 文字種の変換(G)　☑ 空白文字(P)
☑ 表(A)　☑ ヘッダーとフッター(H)　☑ 脚注と文末脚注(D)　☑ テキスト ボックス(X)　☑ フィールド(S)
変更箇所の表示
変更の表示単位:　○ 文字レベル(C)　◉ 単語レベル(W)
変更の表示対象:　○ 元の文書(T)　○ 変更された文書(I)　◉ 新規文書(U)

❸ここをクリックして変更前の文書を選択します。

❹ここをクリックして変更後の文書を選択します。

❺＜OK＞をクリックします。

MEMO 詳細の設定

＜オプション＞ボタンをクリックすると、比較する内容の詳細を指定できます。また、変更箇所の表示方法などを指定できます。

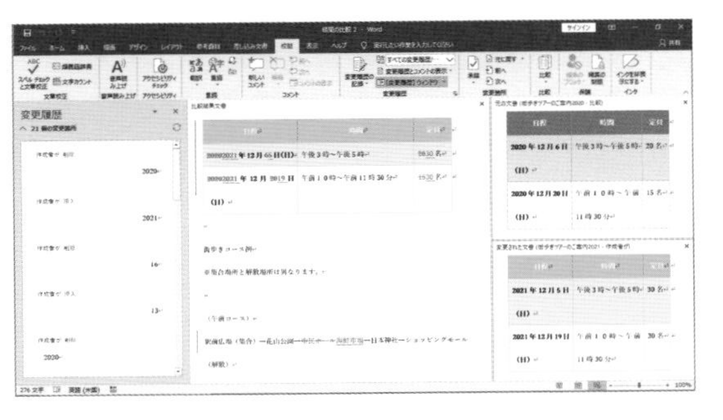

❻比較結果と元の文書、変更された文書を確認できます。

MEMO 比較結果を確認する

比較結果のファイルは、保存できます。また、比較した結果、どこが異なるのかは、変更履歴で確認できます。P.260の方法で、変更を反映するか元に戻すか選択します。

第6章
第7章
第8章
校正 第9章
第10章

SECTION 226 校正

文書の一部のみ編集できるようにする

ほかの人に文書を編集してもらうとき、編集できる機能や範囲に制限を付けることができます。この機能を使うと、編集が必要な個所以外を間違って書き換えてしまったりするのを防げます。保護を解除するためのパスワードも設定できます。

文書に編集制限をかける

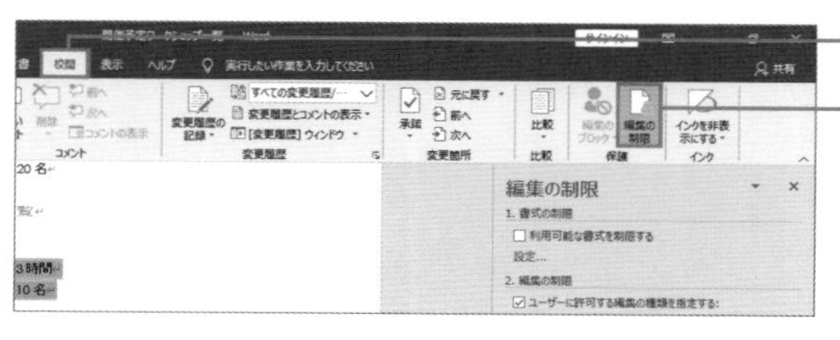

❶＜校閲＞タブをクリックします。

❷＜編集の制限＞をクリックします。

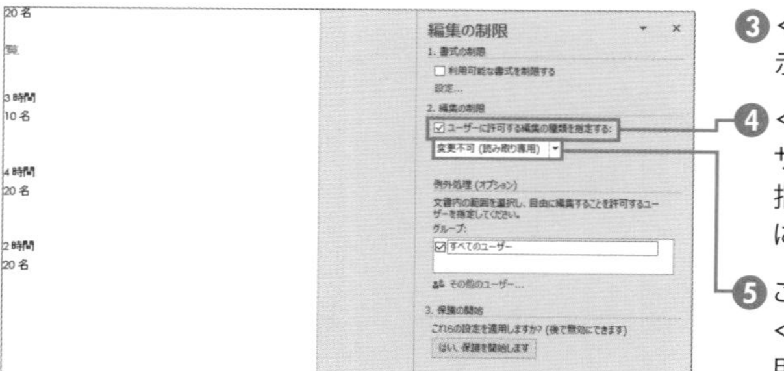

❸＜編集の制限＞ウィンドウが表示されます。

❹＜ 2. 編集の制限＞の＜ユーザーに許可する編集の種類を指定する＞をクリックしてオンにします。

❺ここでは、許可する操作として＜変更不可（読み取り専用）＞を選択します。

❻編集を許可する範囲を選択します。

❼＜例外処理（オプション）＞の自由に編集することを許可するユーザーとして＜すべてのユーザー＞をクリックします。

❽＜はい、保護を開始します＞をクリックします。

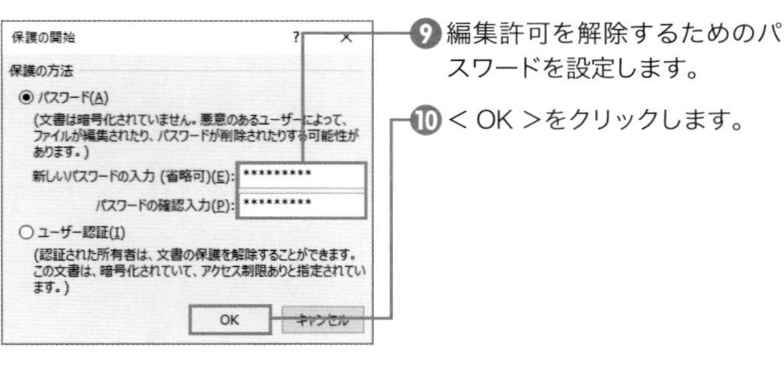

❾ 編集許可を解除するためのパスワードを設定します。

❿ ＜ OK ＞をクリックします。

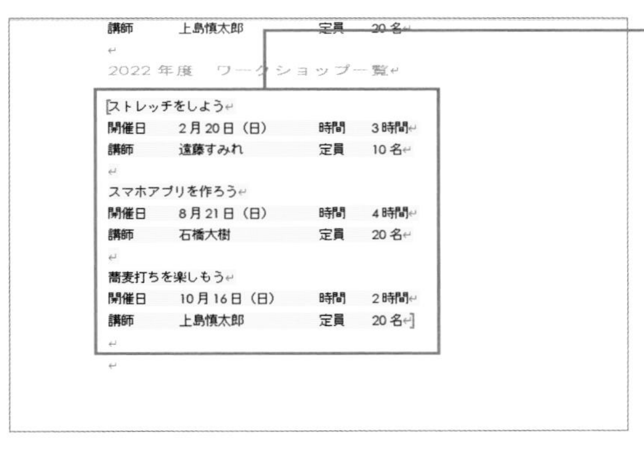

⓫ 編集が可能な場所に印が付きます。

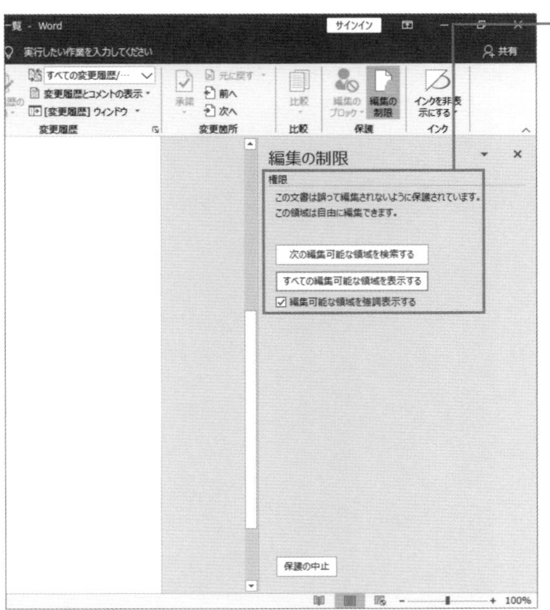

⓬ 編集を制限している箇所を編集しようとすると、メッセージが表示されます。

COLUMN

複数の人で文書を利用するときは

ひとつの文書を複数の人で利用する場合は、文書の内容を誰かに勝手に書き換えられてしまうなどの心配があります。Wordには、文書を保護したり複数の人で利用したりするときに知っておくと便利な機能があります。それらの機能を使い分けたり併用したりして活用しましょう。

場面	こんなときは？	利用したい機能
文書の使用中は・・・	文書を開ける人を限定したい	読み取りパスワードを設定しましょう（P.329参照）。
	文書を書き換えられる人を限定したい	書き込みパスワードを設定しましょう（P.330参照）。
文書の編集中は・・・	付箋を付けるようにメモを書きたい	コメント機能を使いましょう（P.256参照）。
	複数の人で編集したい	誰がどこを変更したのか変更履歴を残す機能を使いましょう（P.258参照）
	編集できる範囲を指定したい	編集制限を設定しましょう（P.268～269参照）。
文書が完成したら・・・	特に指定しない場合は、読み取り専用で開くようにしたい	文書を最終版にして保存する方法があります（P.333参照）。また、編集制限を設定する方法もあります（P.268～269参照）。
誰かに文書を渡すときは・・・	作成者名などの個人情報を消したい	プロパティ情報などに個人情報が含まれているか確認する機能を使いましょう（P.331参照）。

なお、文書を共有するには、インターネット上のOneDriveという保存スペースに保存して共有する方法もあります（P.341～343参照）。その場合は、共有相手や共有方法などを指定できます。

第10章

イメージ通りに結果を出す！印刷と差し込み印刷攻略テクニック

SECTION 227 印刷

印刷イメージを確認する

文書を完成させて印刷をするときは、事前に印刷イメージを確認しましょう。ページ全体を表示して余白やヘッダーやフッターの表示内容やレイアウトなどを確認します。複数ページにわたる文書を印刷するときは、ページを切り替えて確認します。

第6章 第7章 第8章 第9章 第10章 印刷

印刷イメージの表示画面に切り替える

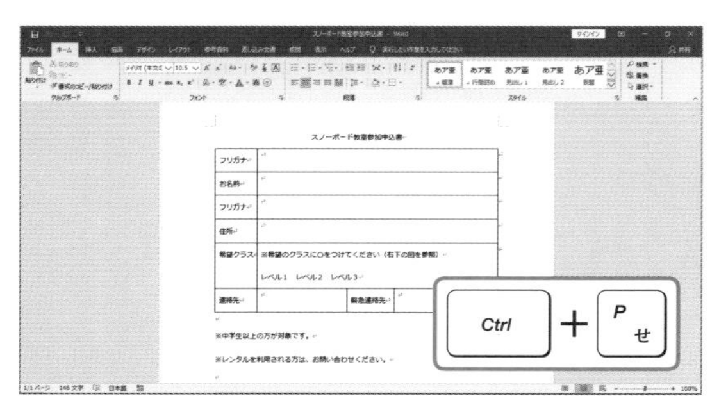

❶印刷する文書を開いた状態で Ctrl ＋ P キーを押します。

MEMO Backstageビューの表示

Backstageビューの<印刷>をクリックしても、印刷イメージを確認できます。

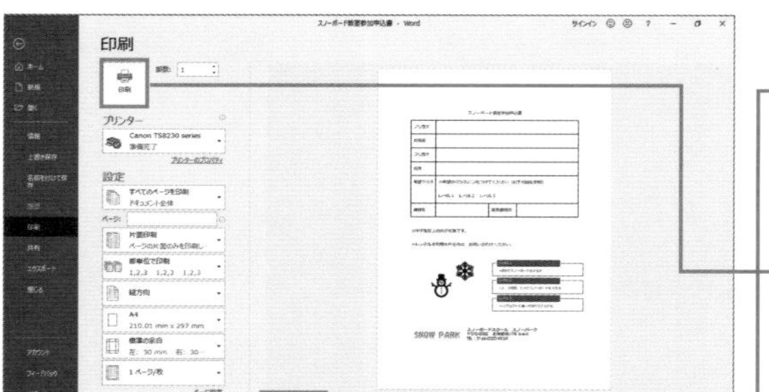

❷印刷イメージが表示されます。

❸ページ数が表示されます。複数のページがある場合、<▶>をクリックすると、ページが切り替わります。

❹印刷をするには、<印刷>をクリックします。

COLUMN

クイックアクセスツールバーにボタンを表示する

クイックアクセスツールバーに印刷イメージに切り替えるボタンを表示するには、クイックアクセスツールバーの横のボタンをクリックして<印刷プレビューと印刷>をクリックします。

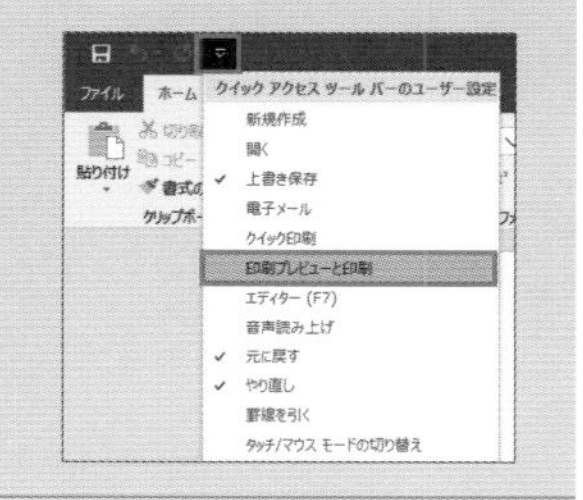

SECTION 228 印刷

ページ単位や部単位で印刷する

3ページにわたる文書を10部印刷するときは、一般的に部単位で、「1～3」ページのセットが10部印刷されます。印刷物を机に並べて必要なページだけを持って行ってもらう場合など、「1」「2」「3」をそれぞれ10枚印刷する場合は、ページ単位で印刷します。

複数ページの文書の印刷順を指定する

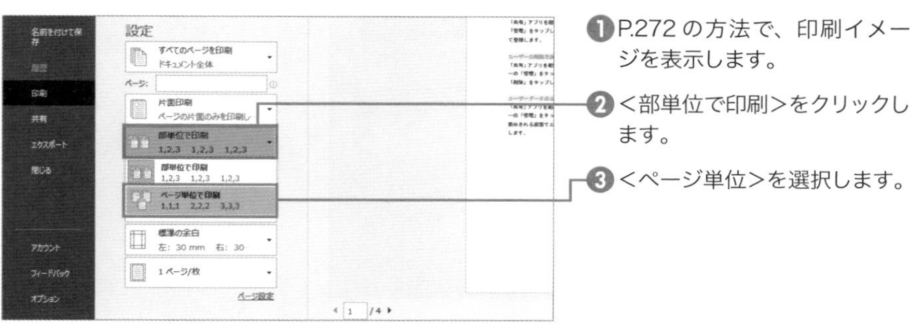

❶P.272の方法で、印刷イメージを表示します。

❷＜部単位で印刷＞をクリックします。

❸＜ページ単位＞を選択します。

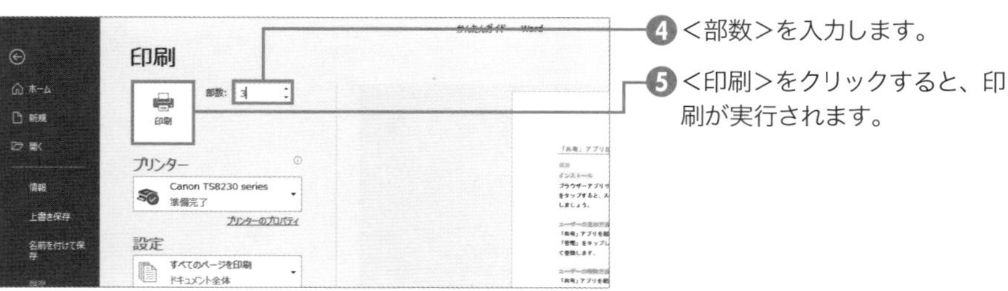

❹＜部数＞を入力します。

❺＜印刷＞をクリックすると、印刷が実行されます。

COLUMN

最終ページから印刷する

複数ページにわたるページを印刷すると、一般的には、最終ページから順に印刷されます。印刷する順番を逆にするには、＜Wordのオプション＞画面の＜詳細設定＞の＜ページの印刷順序を逆にする＞の設定を変更します。思うように印刷されない場合は、プリンター側の設定も確認しましょう。

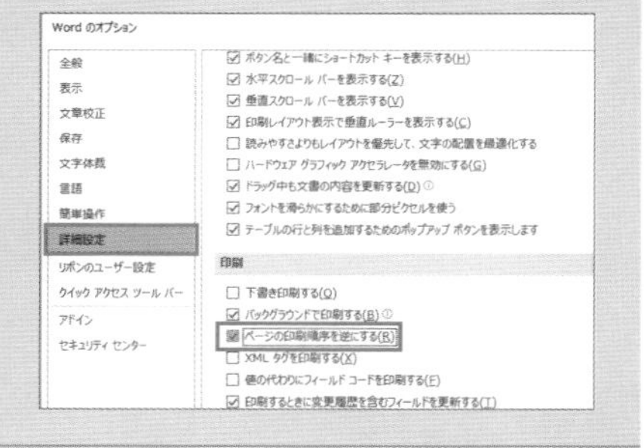

SECTION 229 印刷

用紙の中央に印刷する

用紙の上端に入力した文字を用紙の高さに対して中央や下などに印刷するには、ページの垂直方向の配置位置を指定する方法があります。この方法を使うと、用紙の上下の余白位置を調整しなくても印刷する位置を調整できて便利です。

文書を用紙の高さに対して中央に配置する

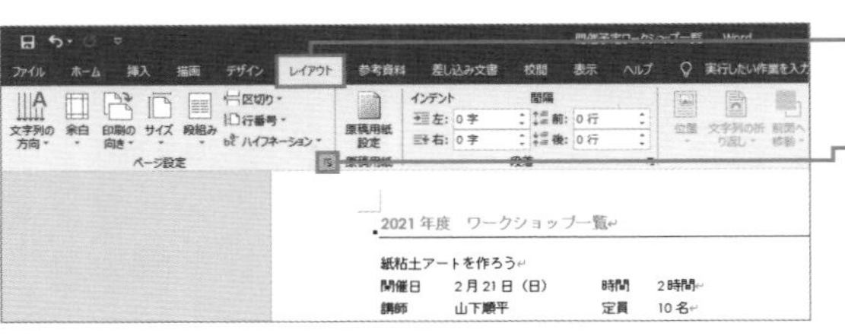

1. <レイアウト>タブをクリックします。
2. <ページ設定>の<ダイアログボックス起動ツール>をクリックします。

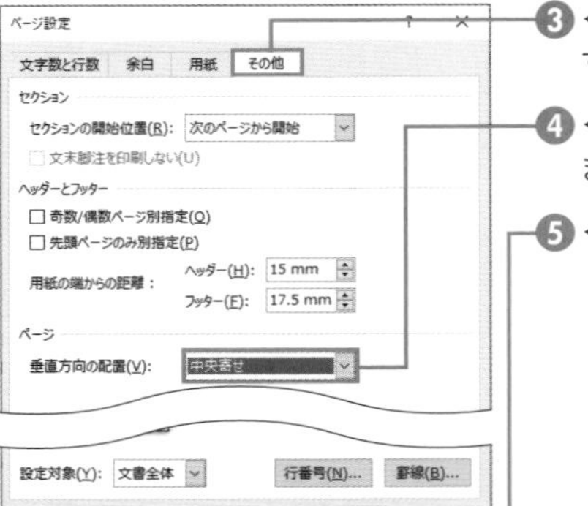

3. <その他>タブをクリックします。
4. <垂直方向の配置>を指定します。
5. < OK >をクリックします。

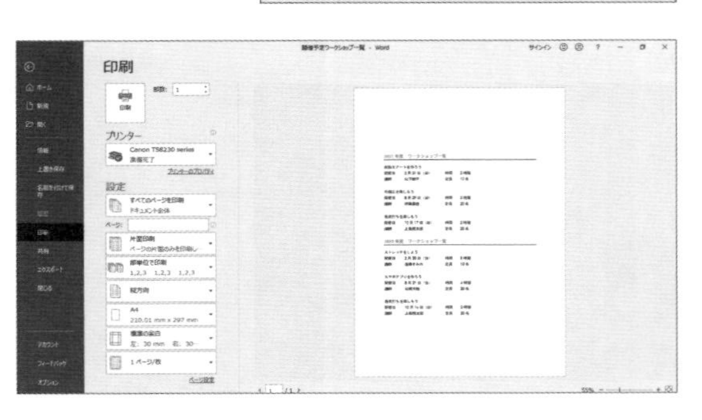

6. 文字の配置が変わります。文書の印刷イメージを確認します（P.272 参照）。必要に応じて印刷を行います。

MEMO 左右の余白

用紙の左右の余白位置を調整するには、P.120の方法で指定します。

SECTION 230 印刷

1枚に数ページ分印刷する

用紙を節約して印刷するには、用紙1枚に複数ページを割り当てたり、両面印刷の設定をしたりする方法があります。これらの設定をプリンター側で行っている場合は、Word側での設定は不要です。なお、プリンターによって設定できる内容は異なります。

用紙1枚に2ページ分印刷する

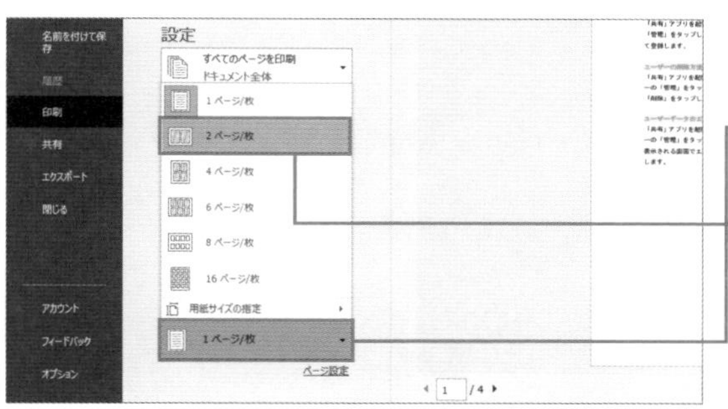

❶ P.272の方法で、印刷イメージを表示します。

❷ <1ページ/枚>をクリックします。

❸ 印刷するページ数を指定します。

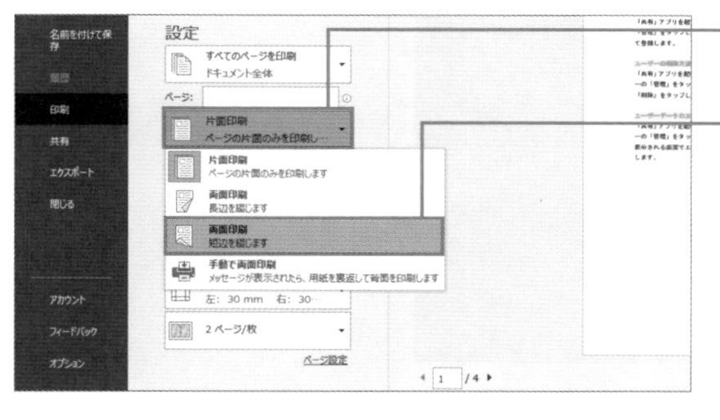

❹ 両面印刷にする場合は、<片面印刷>をクリックします。

❺ 両面印刷で用紙の長辺短辺どちらを綴じるか指定します。必要に応じて印刷を行います。

COLUMN

プリンターのプロパティ

印刷画面で<プリンターのプロパティ>をクリックすると、プリンターのプロパティ画面が表示されます。表示された画面でプリンター側の設定を行えます。

SECTION 231 印刷

印刷前にフィールドを自動的に更新する

文書に、目次や計算式などのフィールドを追加している場合、印刷時にフィールドが自動的に更新されるようにしておくとよいでしょう。印刷時にフィールドを更新する設定にすると、印刷を実行すると、目次がある場合などは更新方法を選択したりできます。

印刷時にフィールドを更新する設定にする

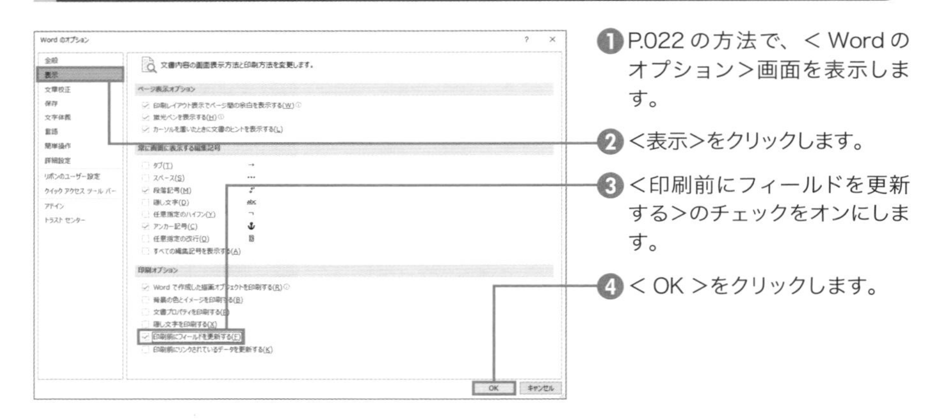

1. P.022 の方法で、< Word のオプション>画面を表示します。
2. <表示>をクリックします。
3. <印刷前にフィールドを更新する>のチェックをオンにします。
4. < OK >をクリックします。

COLUMN

フィールド

フィールドとは、文書に追加する命令文です。命令の内容によってさまざまな情報を自動的に表示します。たとえば、今日の日付（P.055参照）、脚注（P.157 ～ 158参照）、索引（P.162 ～ 163参照）、相互参照（P.161参照）、ページ番号（P.169参照）、目次（P.167 ～ 168参照）などはフィールドとして入力されています。なお、文書の編集中には、特にフィールドを意識していないこともあるでしょう。フィールドを確認するには、Alt + F9 キーを押します。

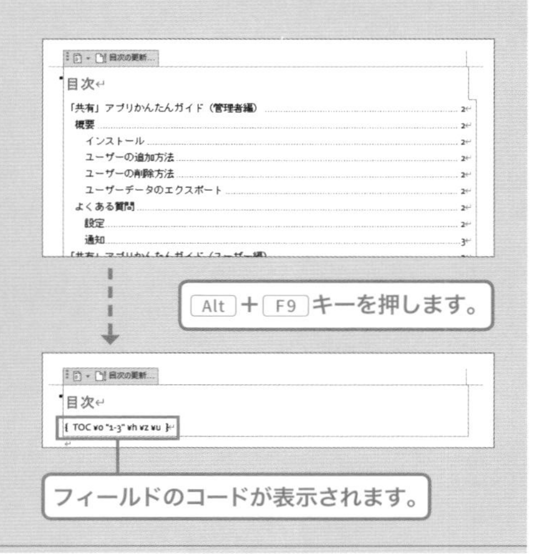

SECTION 232 印刷

指定したページのみ印刷する

複数ページにわたる文書を印刷するとき、指定したページや、指定した範囲のページだけを印刷するには、印刷時に指定します。2ページ目と4ページ目だけを印刷するには「2,4」、2ページ目～4ページ目を印刷するには、「2-4」のように指定します。

印刷するページを指定する

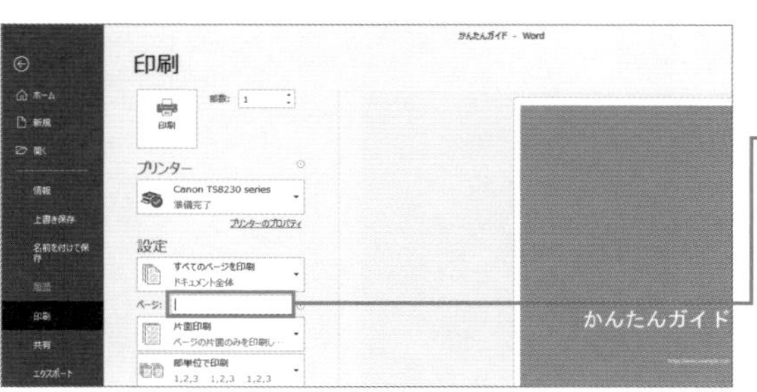

❶ P.272の方法で、印刷イメージを表示します。

❷ ＜ページ＞をクリックします。

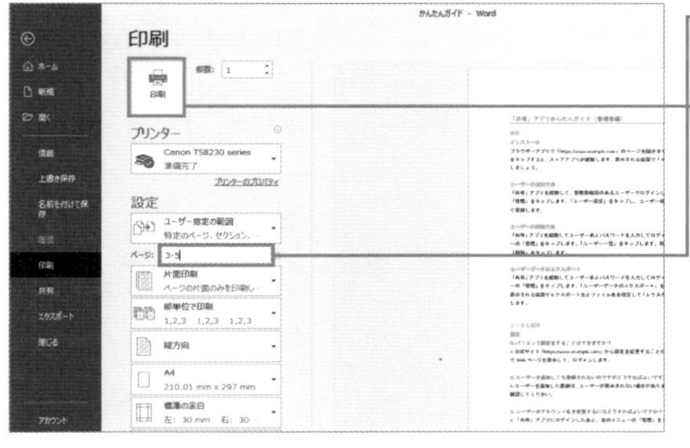

❸ ページを入力すると、印刷対象の指定が変わります。

❹ ＜印刷＞をクリックすると、印刷が実行されます。

MEMO その他の指定

2ページ目と4ページ目、6ページ目～8ページ目までを印刷する場合は、「2,4,6-8」のように指定します。また、「P1S1,P3S1」（セクション1のP1とP3）、のように指定することもできます。

COLUMN

現在のページを印刷

印刷イメージを表示している画面で、＜すべてのページを印刷＞をクリックすると、印刷する内容などを指定できます。たとえば、＜現在のページのみ＞をクリックすると、右に表示されているページだけを印刷できます。

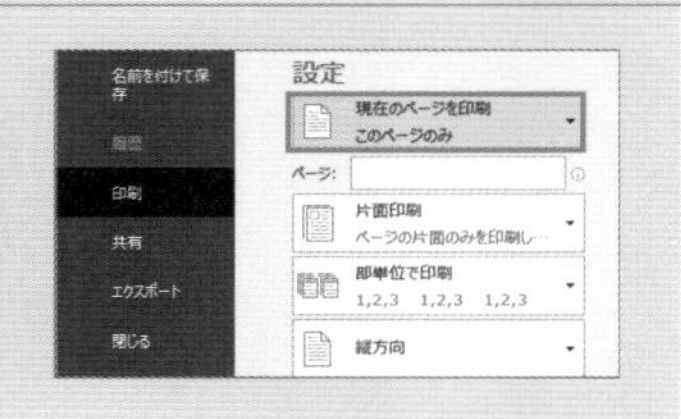

文書の背景の色などを印刷する

ページの背景に色を付けたり（P.146）背景に画像を指定している場合、画面上では背景の色や画像が見えます。しかし、文書を印刷すると、通常は、背景の色や画像は印刷されません。背景の色や画像を印刷したい場合は、設定を変更します。

ページの色を印刷するか指定する

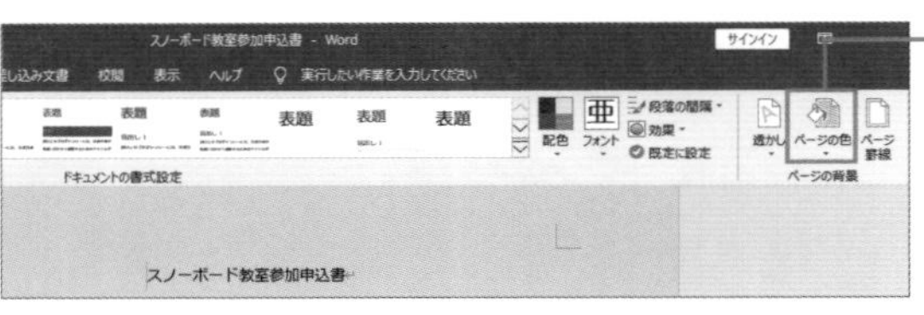

❶ ＜デザイン＞タブの＜ページの色＞からページの色を指定しておきます。

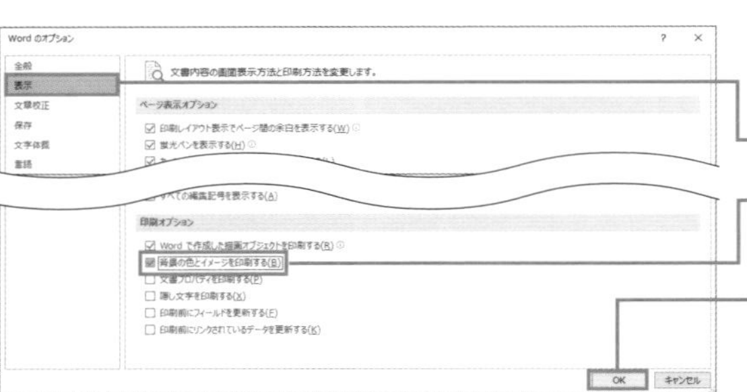

❷ P.022 の方法で、＜Word のオプション＞画面を表示します。

❸ ＜表示＞をクリックします。

❹ ＜背景の色とイメージを印刷する＞のチェックをオンにします。

❺ ＜ OK ＞をクリックします。

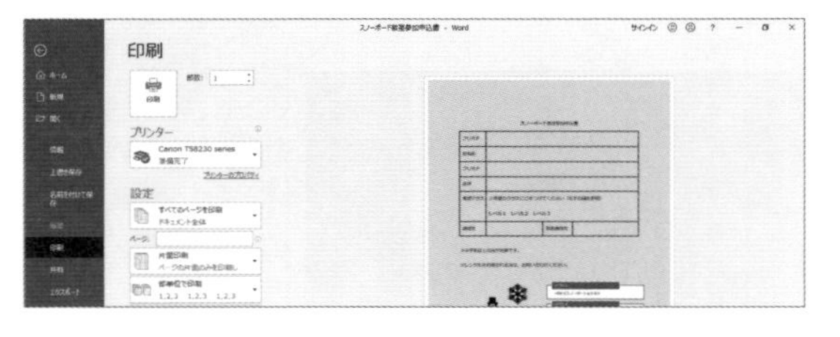

❻ P.272 の方法で印刷イメージを表示すると、背景の色が表示されます。必要に応じて印刷を行います。

> **COLUMN**
>
> **背景の色や画像を指定する**
>
> ページの背景の色を指定するには、P.146の方法で操作します。背景に画像を指定するには、ページの色を指定するときに＜塗りつぶし効果＞を選択し、＜図＞タブで表示する図を指定します。なお、ページの背景ではなくて文書に追加した画像は、ここで紹介した設定に関わらず、通常は印刷されます。

SECTION 234

印刷

透かし文字を入れて印刷する

用紙に「社外秘」などの透かし文字を入れて印刷するには、<透かし>の設定を行います。透かしの文字は一覧から選択できるほか、自分で入力して指定することもできます。また、透かし文字の代わりに画像を指定することもできます。

「社外秘」などの透かし文字を入れる

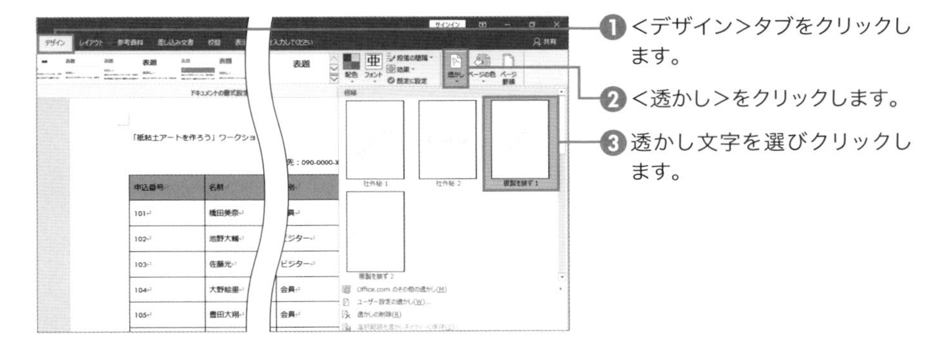

❶ <デザイン>タブをクリックします。

❷ <透かし>をクリックします。

❸ 透かし文字を選びクリックします。

❹ 透かし文字が表示されます。

COLUMN

ユーザー設定の透かし

手順❷で<ユーザー設定の透かし>をクリックすると、自分で透かし文字を指定する画面が表示されます。文字の色なども指定できます。

SECTION 235 印刷

印刷されない隠し文字を印刷する

文書の中で隠し文字として指定された箇所は、通常、印刷されません。隠し文字を印刷するには、設定を変更します。なお、画面で隠し文字が見えていない場合は、編集記号を表示する設定に変更すると（P.248参照）表示されます。

通常は見えない隠し文字が印刷されるようにする

❶隠し文字が指定されています。

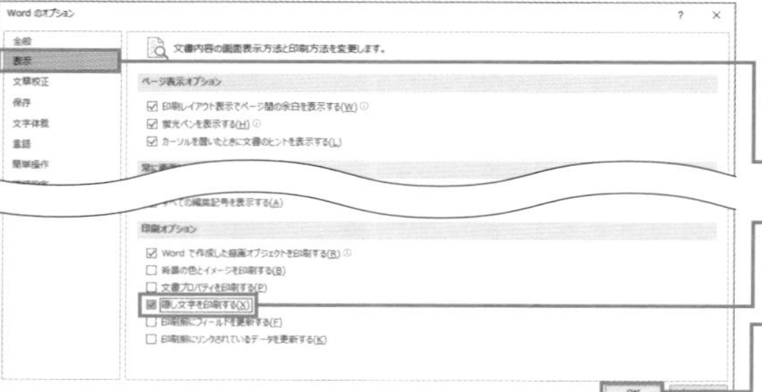

❷P.022 の方法で、＜Word のオプション＞画面を表示します。

❸＜表示＞をクリックします。

❹＜隠し文字を印刷する＞のチェックをオンにします。

❺＜ OK ＞をクリックします。

COLUMN

隠し文字を指定する

文書の指定した部分を隠し文字にするには、対象の範囲を選択し、＜ホーム＞タブの＜フォント＞グループの＜ダイアログボックス起動ツール＞をクリックし、＜隠し文字＞を選択して＜OK＞をクリックします。隠し文字は、通常は、画面に表示されず印刷にも表示されません。画面に表示するには、隠し文字の編集記号を表示します（P.248参照）。

宛先など文書の一部を差し替えて印刷するには

案内文書の宛名部分だけを差し替えて印刷したいとき、用意するのは、印刷する案内文書と宛名部分に表示する宛名をまとめたリストです。ここでは、案内文書を作成するときの注意点と、宛名を差し替えて印刷するときの手順を紹介します。

差し込み印刷とは何かを知る

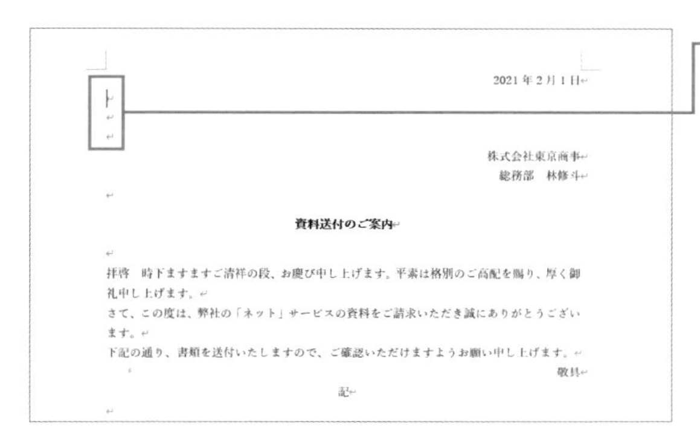

2021 年 2 月 1 日

株式会社東京商事
総務部　林修斗

資料送付のご案内

拝啓　時下ますますご清祥の段、お慶び申し上げます。平素は格別のご高配を賜り、厚く御礼申し上げます。
さて、この度は、弊社の「ネット」サービスの資料をご請求いただき誠にありがとうございます。
下記の通り、書類を送付いたしますので、ご確認いただけますようお願い申し上げます。
敬具
記

❶ 案内文などの文書を用意しておきます。会社名や宛名を表示する部分は改行を入れて空欄にしておきます。

2021 年 2 月 1 日
株式会社田中
大島直之　様

株式会社東京商事
総務部　林修斗

資料送付のご案内

拝啓　時下ますますご清祥の段、お慶び申し上げます。平素は格別のご高配を賜り、厚く御礼申し上げます。
さて、この度は、弊社の「ネット」サービスの資料をご請求いただき誠にありがとうございます。
下記の通り、書類を送付いたしますので、ご確認いただけますようお願い申し上げます。
敬具
記

❷ 差し込み印刷の設定を行うと、次のように自動的に宛名を表示できます。

MEMO　差し込み印刷

案内文の宛名の部分などを自動的に差し替えて印刷する機能のことを、「差し込み印刷」と言います。

COLUMN

宛名を差し替えるための手順

案内文の宛名を差し替えるには、案内文と宛名の情報をまとめたリスト（P.282 ～ 283参照）を用意しておきます。続いて、どの文書に、どの宛名リストのデータを表示するか設定します。さらに、指定した文書のどこにどの列のデータを表示するか指定し、宛名を差し替えた状態を確認します。印刷する宛名を指定することもできます。

SECTION 237 差し込み印刷

差し込み印刷用のリストを作成する

案内文の宛名部分を差し替えて印刷するには、表示する宛名のリストを用意します。リストには、会社名や姓名などの情報を入力します。Excelで作成した住所録を使うこともできます。また、Wordで作成することもできます。

Excelでリストを作成する場合

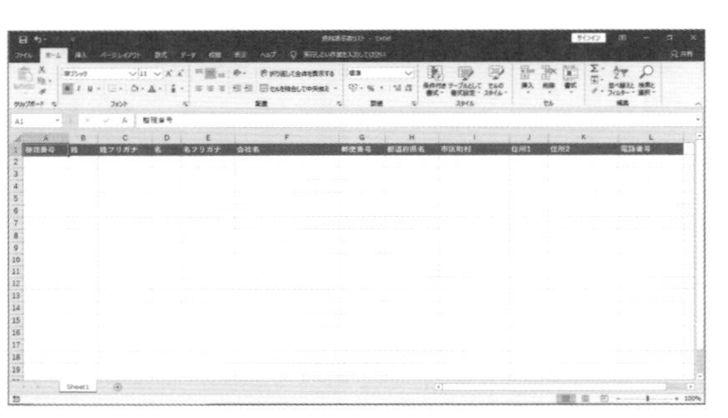

❶ Excelを起動し、次のようなリストを作成します。

MEMO 明細データの書式

宛名のデータを入力する行には、罫線などの書式を設定しないようにしましょう。書式が設定されていると空欄でもデータがあると認識されることがあります（P.298参照）。

❷ リストにデータを入力します

MEMO リストの作成

Wordに宛名を表示するための宛名リストをExcelで作成するときは、1行目にフィールド名（下のCOLUMN参照）を入力します。1件分のデータを1行で入力する形式にします。

COLUMN

フィールド名

住所録などのリストの各列のことをフィールドと言います。フィールドの名前をフィールド名と言います。Wordで差し込み印刷を行うときは、どこに、どのフィールドを表示するかをフィールド名で指定します。なお、Wordでは、フィールド名を頼りにどのようなデータが入力されているのかを認識します。そのため、フィールド名は、わかりやすいように設定しましょう。

Wordで新しいリストを作成する場合

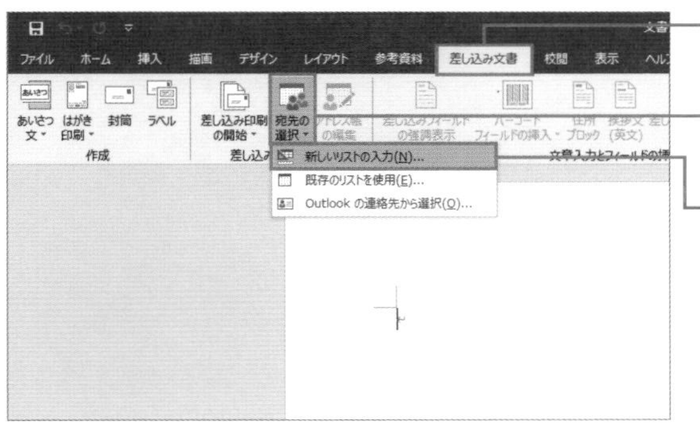

❶ <差し込み文書>タブをクリックします。

❷ <宛先の選択>をクリックします。

❸ <新しいリストの入力>をクリックします。

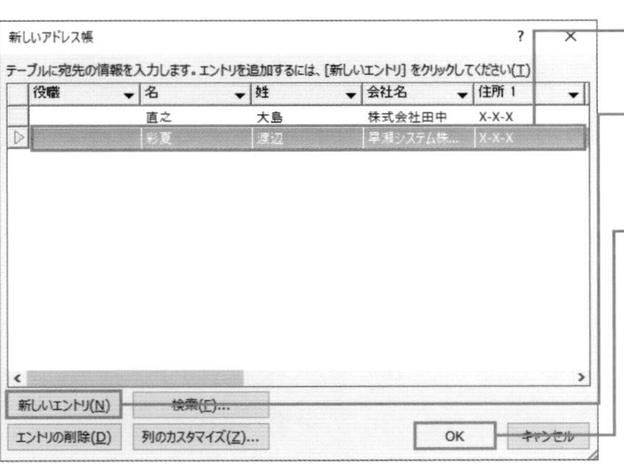

❹ リストが表示されるので、データを入力します。

❺ <新しいエントリ>をクリックすると新しいデータを入力できます。

❻ < OK >をクリックします。

MEMO データ数が多い場合

Wordでも宛名リストを作成できますが、Excelなどと比べると、入力効率がよいとは言えません。データ件数が多い場合は、Excelなどで宛名リストを作成した方が扱いやすくて便利です。

❼ 保存先を指定します。

❽ ファイル名を指定します。

❾ <保存>をクリックします。

MEMO リストのファイル形式

Wordで差し込み印刷用の宛名のリストを作成すると、「.mdb」という拡張子のついたデータベースのファイルとして保存されます。Accessなどのアプリでデータの内容を編集したりもできます。

SECTION 238

差し込み印刷

差し込み印刷用のリストを基に印刷をする

差し込み印刷をする文書を開いて、宛名リストのデータが表示されるように設定しましょう。ここでは、ウィザード画面を使って設定します。画面から表示される質問に答えていくだけで設定が完了します。手動で設定する方法は、P.294 〜 295を参照してください。

差し込み印刷の設定をする

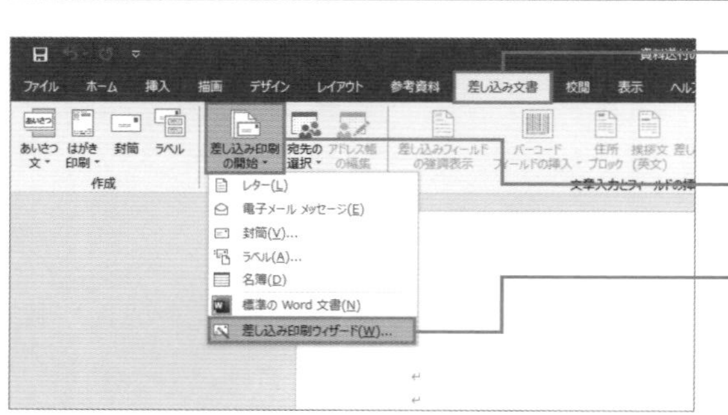

❶差し込み印刷をする文書を開き、＜差し込み文書＞タブをクリックします。

❷＜差し込み印刷の開始＞をクリックします。

❸＜差し込み印刷ウィザード＞をクリックします。

❹＜差し込み印刷＞ウィザードが表示されるので、文書の種類を選択します。

❺＜次へ：ひな形の選択＞をクリックします。

MEMO　文書の種類

印刷する文書の種類を選択します。案内文などの文書の場合は、「レター」を選びます。

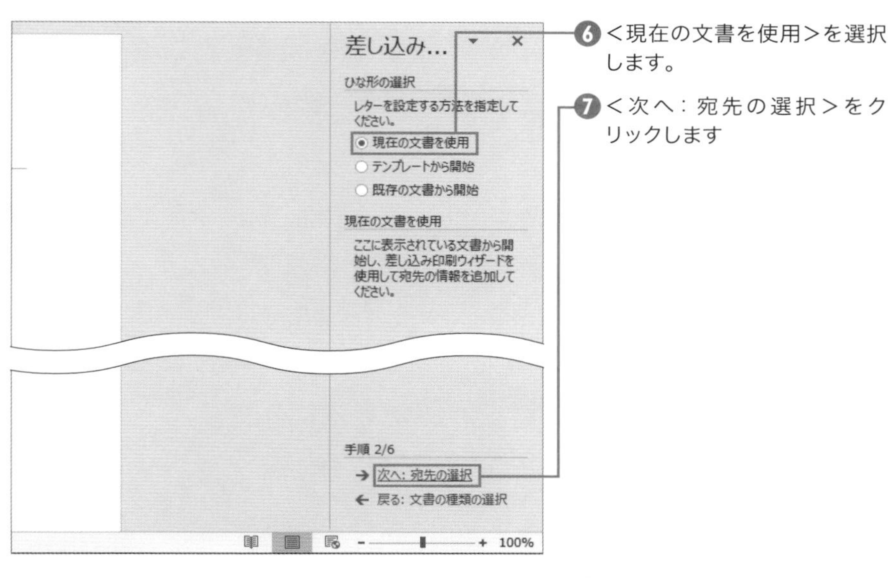

❻ <現在の文書を使用>を選択します。

❼ <次へ：宛先の選択>をクリックします

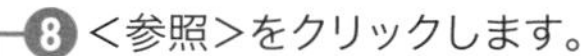

❽ <参照>をクリックします。

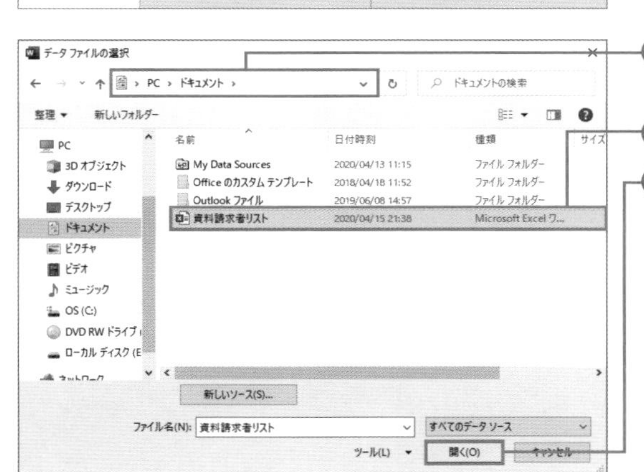

❾ 宛名リストの保存先を指定します。

❿ 宛名リストを選択します。

⓫ <開く>をクリックします。

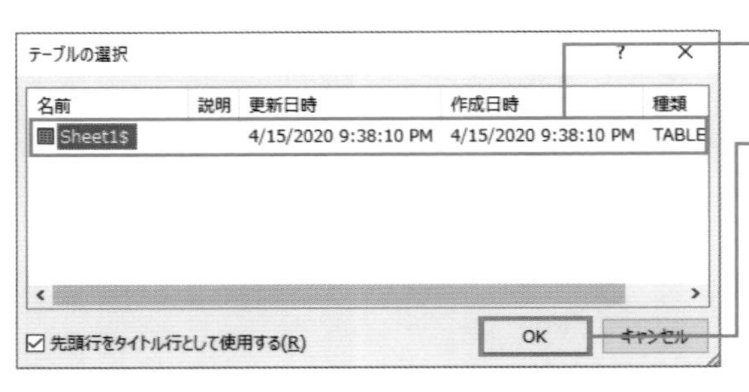

⑫ Excel ファイルを指定した場合は、シートを選択します。

⑬ < OK >をクリックします。

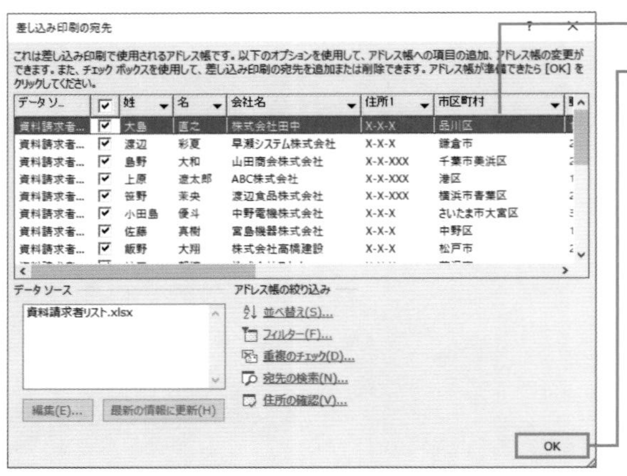

データソ..	☑	姓	名	会社名	住所1	市区町村
資料請求者...	☑	大島	直之	株式会社田中	X-X-X	品川区
資料請求者...	☑	渡辺	彩夏	早瀬システム株式会社	X-X-X	鎌倉市
資料請求者...	☑	島野	大和	山田商会株式会社	X-X-XXX	千葉市美浜区
資料請求者...	☑	上原	遼太郎	ABC株式会社	X-X-XXX	港区
資料請求者...	☑	笹野	菜央	渡辺食品株式会社	X-X-XXX	横浜市青葉区
資料請求者...	☑	小田島	優斗	中野電機株式会社	X-X-X	さいたま市大宮区
資料請求者...	☑	佐藤	真樹	宮島機器株式会社	X-X-X	中野区
資料請求者...	☑	飯野	大翔	株式会社高橋建設	X-X-X	松戸市

⑭ 宛名リストを確認します。

⑮ < OK >をクリックします。

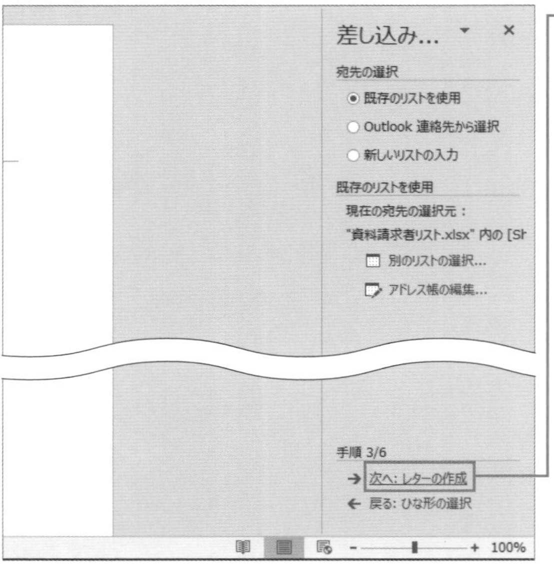

⑯ <次へ：レターの作成>をクリックします。

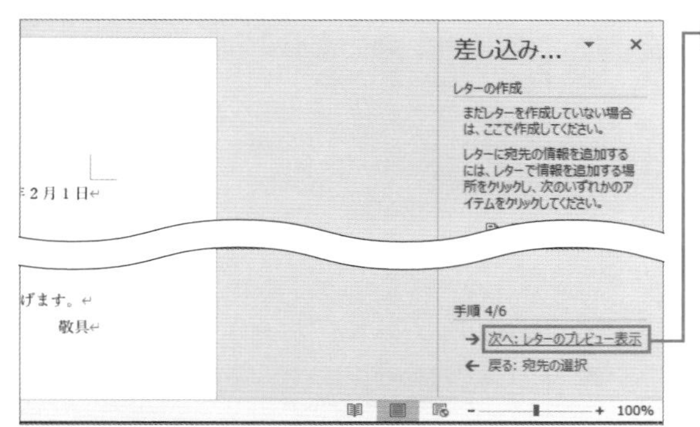

⑰<次へ：レターのプレビュー表示>をクリックします。

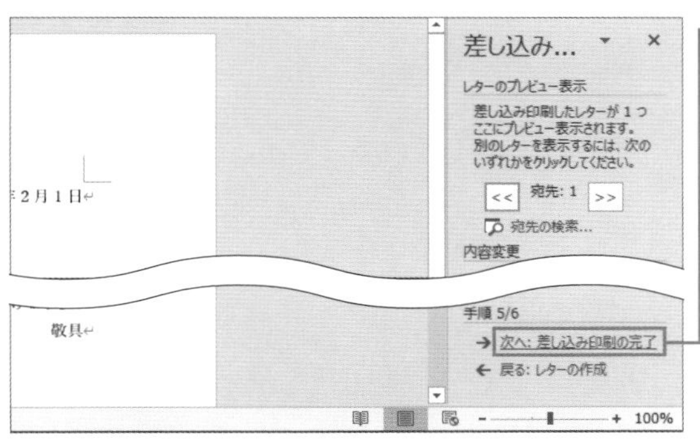

⑱<次へ：差し込み印刷の完了>をクリックします。

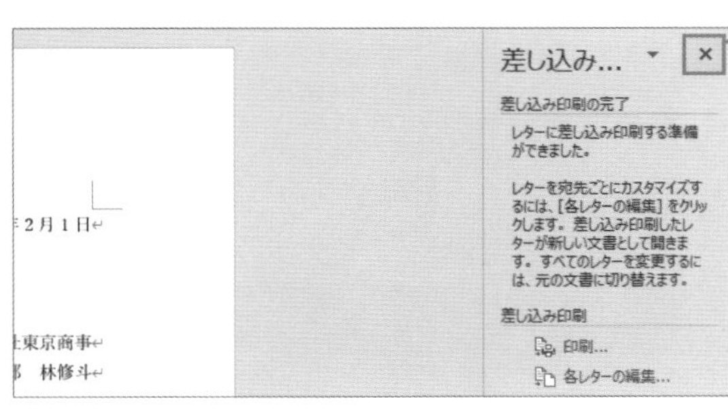

⑲差し込み印刷の設定が終わりました。<×>をクリックします。

⑳続いて、P.288の方法で差し込むフィールドを指定します。

COLUMN

文書を開いたときにメッセージが表示されたら

差し込み印刷の設定をした文書は、文書を開いたときに次のようなメッセージが表示されます。宛名リストのデータを利用する場合は、<はい>をクリックしてファイルを開きます。

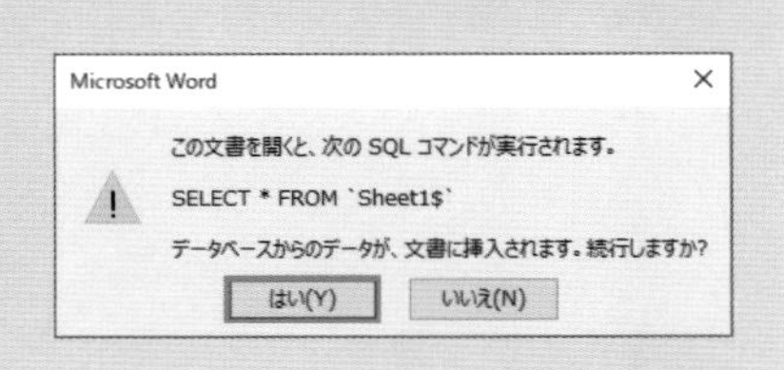

SECTION 239 差し込み印刷

文書に差し込む項目をリストから追加する

差し込み印刷に使う宛名リストを指定したら、文書のどこにどのフィールドの内容を差し込むかを指定します。差し込みフィールドの指定を終えたら、宛名が実際に表示されるかどうかを見てみましょう。宛名を切り替えて確認します。

差し込みフィールドを挿入する

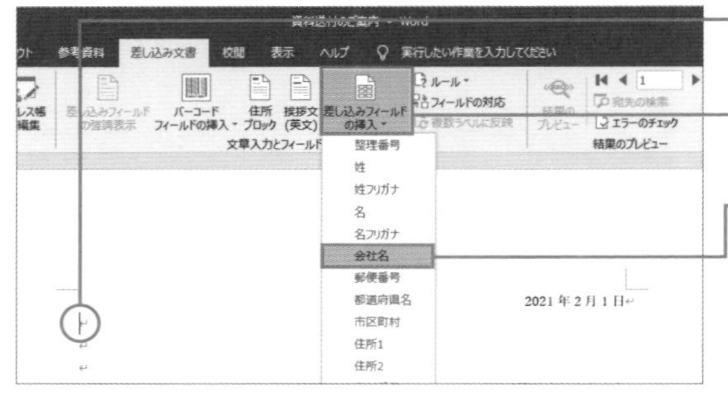

❶宛名を表示する箇所をクリックします。

❷＜差し込みフィールドの挿入＞をクリックします。

❸差し込むフィールドをクリックします。

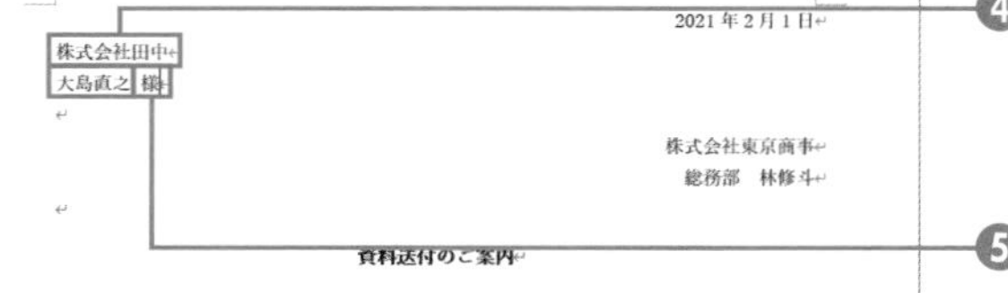

❹宛名リストの１件目の会社名のデータが表示されます。手順❷〜❸の操作を行い「姓」「名」のフィールドを追加します。

❺空白を入れた後「様」と入力します。

宛名を確認する

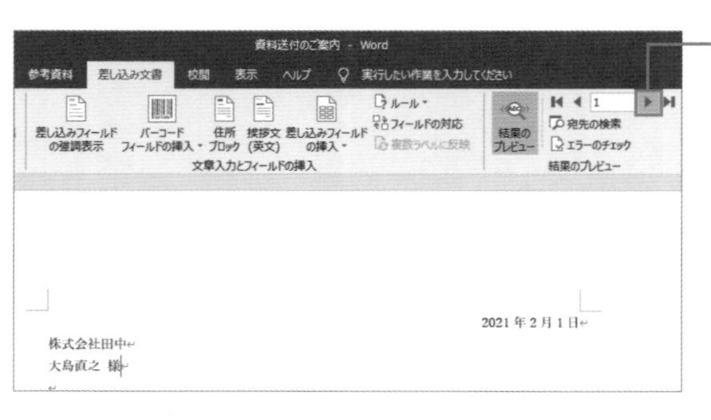

❶＜▶＞をクリックします。

MEMO 結果のプレビュー

宛名が表示されない場合は、＜差し込み文書＞の＜結果のプレビュー＞をクリックします。

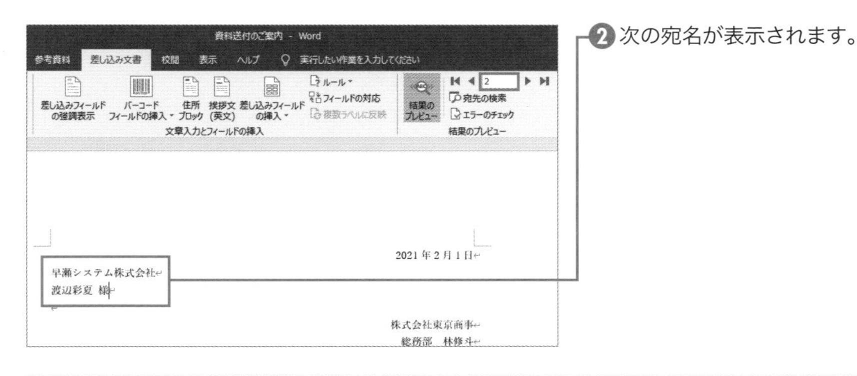

❷次の宛名が表示されます。

COLUMN

宛名を差し込んだ文書を印刷する

宛名を差し込んで印刷するには、＜差し込み文書＞タブの＜完了と差し込み＞をクリックして＜文書の印刷＞をクリックします。表示される画面で差し込むデータを選び＜OK＞をクリックします。なお、＜個々のドキュメントの編集＞を選択すると、新規文書に宛名が差し込まれた状態のページが追加されます。個々の宛名が表示されたページを編集したりできます。

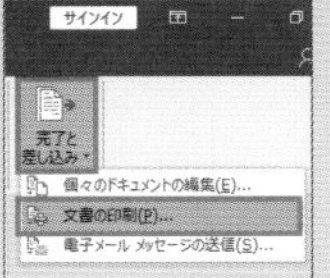

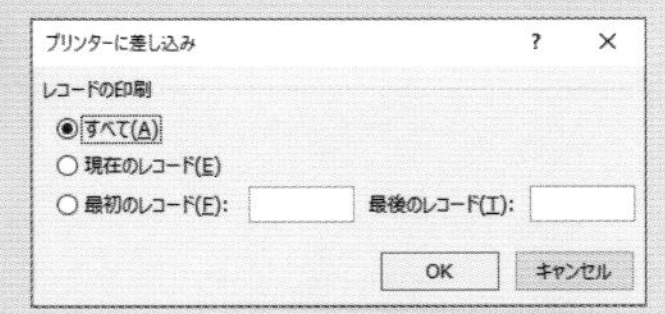

COLUMN

宛名が表示されない場合

差し込み印刷の設定をして差し込みフィールドを追加すると、フィールドという命令文が追加されます。宛名が表示されない場合は、Alt + F9 キーを押して、フィールドの表示方法を切り替えます。また、実際の宛名が表示されずにフィールド名が表示されている場合は、＜差し込み文書＞タブの＜結果のプレビュー＞をクリックします。

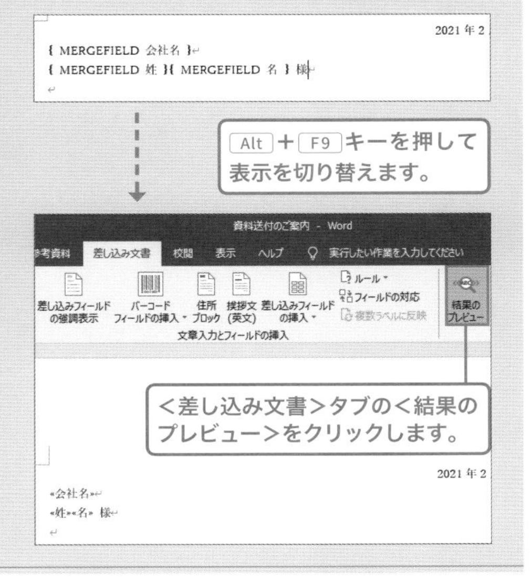

SECTION 240
差し込み印刷

差し込み印刷用のリストを編集する

差し込み印刷で設定した宛名リストの内容は、Wordの画面から編集することができます。ここでは、宛名リストを編集してみましょう。Wordから編集した場合でも、元の宛名リストの内容が変わりますので注意してください。

宛名リストを編集する

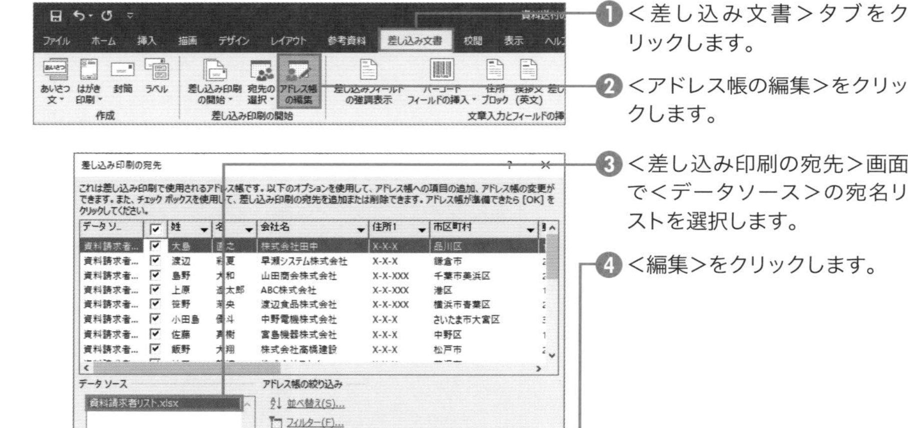

❶ ＜差し込み文書＞タブをクリックします。

❷ ＜アドレス帳の編集＞をクリックします。

❸ ＜差し込み印刷の宛先＞画面で＜データソース＞の宛名リストを選択します。

❹ ＜編集＞をクリックします。

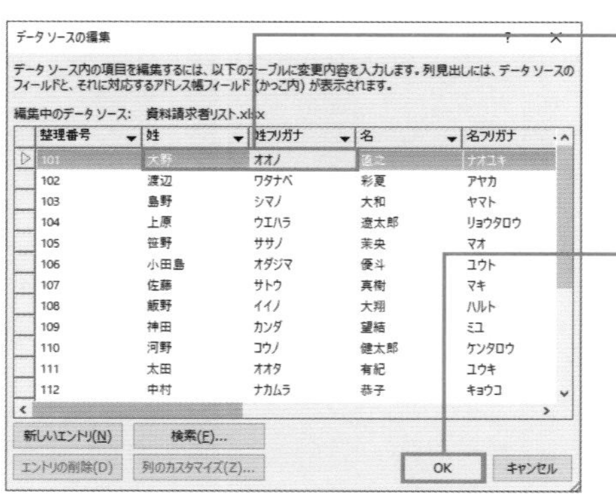

整理番号	姓	姓フリガナ	名	名フリガナ
101	大野	オオノ	直之	ナオユキ
102	渡辺	ワタナベ	彩夏	アヤカ
103	島野	シマノ	大和	ヤマト
104	上原	ウエハラ	遼太郎	リョウタロウ
105	笹野	ササノ	茉央	マオ
106	小田島	オダジマ	優斗	ユウト
107	佐藤	サトウ	真樹	マキ
108	飯野	イイノ	大翔	ハルト
109	神田	カンダ	望結	ミユ
110	河野	コウノ	健太郎	ケンタロウ
111	太田	オオタ	有紀	ユウキ
112	中村	ナカムラ	恭子	キョウコ

❺ ＜データソースの編集＞画面が表示されます。宛名のフィールドをクリックして編集します。ここでは、「大島」を「大野」に変更しています。

❻ ＜ OK ＞をクリックします。

MEMO 新しいデータ

新しいデータを入力するには、＜新しいエントリ＞をクリックしてデータを入力します。

❼ 変更を保存するかメッセージが表示されたら<はい>をクリックします。

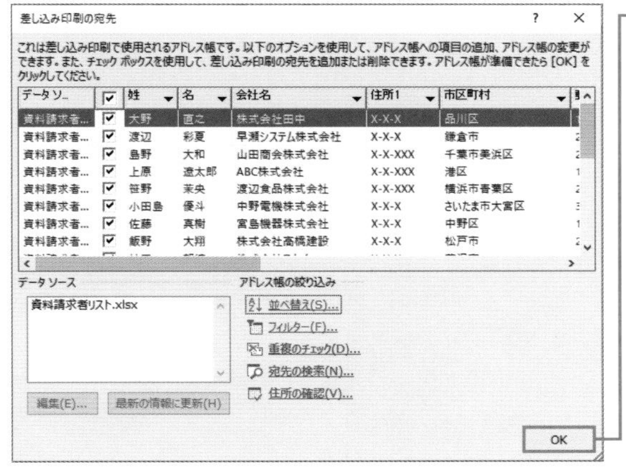

❽ < OK >をクリックします。

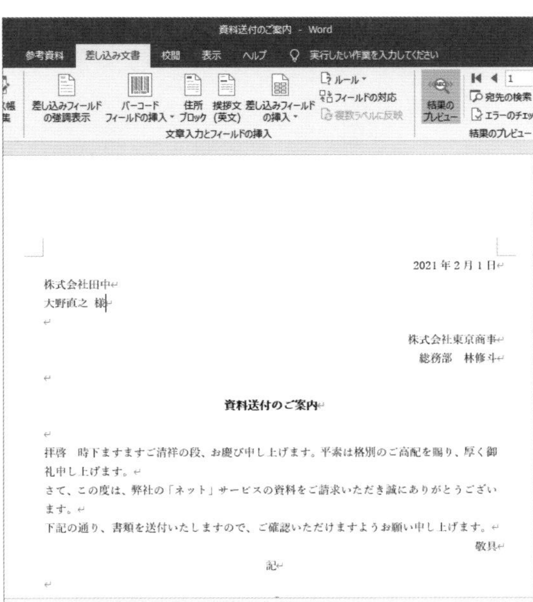

2021 年 2 月 1 日

株式会社田中
大野直之 様

株式会社東京商事
総務部　林修斗

資料送付のご案内

拝啓　時下ますますご清祥の段、お慶び申し上げます。平素は格別のご高配を賜り、厚く御礼申し上げます。
さて、この度は、弊社の「ネット」サービスの資料をご請求いただき誠にありがとうございます。
下記の通り、書類を送付いたしますので、ご確認いただけますようお願い申し上げます。
敬具

記

❾ 編集されたデータが表示されます。

MEMO 差し込みフィールドの強調

差し込みフィールドによって表示されたデータを強調して表示するには、<差し込み文書>タブの<差し込みフィールドの強調表示>をクリックします。すると、差し込みフィールド部分にグレーの網掛けの印がつきます。

SECTION 241 差し込み印刷

差し込み印刷用のリストのデータを整理する

差し込み印刷の宛名リストのデータを整理します。データを並べ替えたり、指定した条件に一致するデータのみを抽出したりしてみましょう。たとえば、東京都に住んでいる人にのみ案内文を送る場合などは、都道府県名に抽出条件を指定します。

宛名リストのデータの並び順や抽出条件を指定する

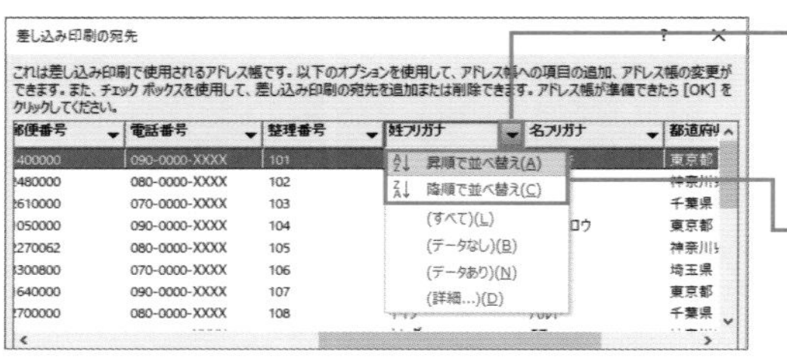

❶ P.290 の方法で、アドレス帳を表示します。並べ替えの基準にするフィールドの<▼>をクリックします。

❷ <昇順で並べ替え>または<降順で並べ替え>をクリックします。

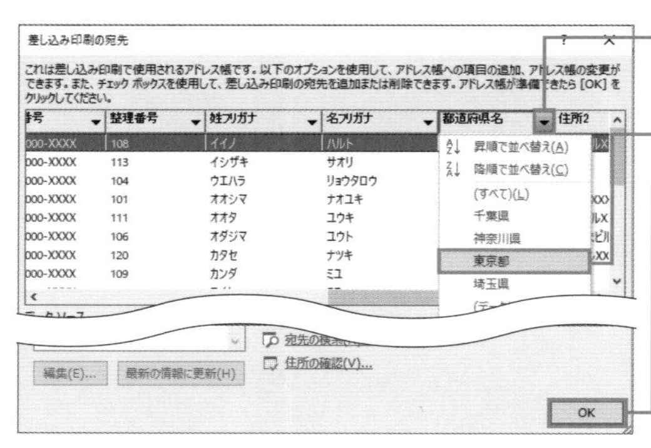

❸ データを抽出するフィールドの<▼>をクリックします。

❹ 抽出条件を選びクリックします。

❺ < OK >をクリックします。

MEMO　昇順と降順

昇順は、数字の場合は小さい順、日付の場合は古い順、文字の場合は五十音順で並べ替わります。降順は、昇順の逆です。

COLUMN

抽出条件を細かく指定する

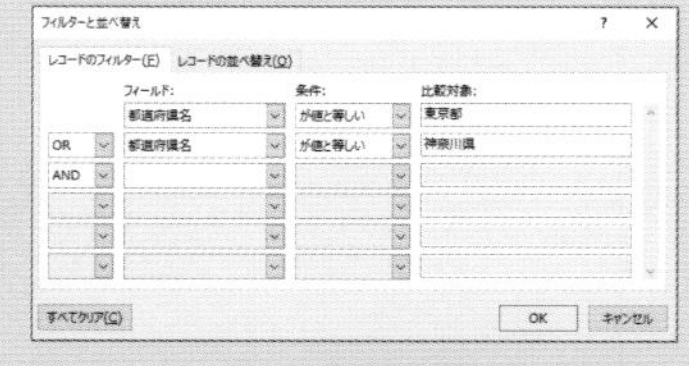

手順で<（詳細...）>をクリックすると、抽出条件の詳細を指定する画面が表示されます。たとえば、「都道府県名」フィールドが「東京都」または「神奈川県」のデータを抽出したり、「姓」フィールドが「田」からはじまるデータなどの条件を指定したりできます。なお、複数の抽出条件を指定するときは、AND条件またはOR条件で指定します。AND条件は複数の条件すべてを満たすデータが抽出されます。一方、OR条件は、複数の条件のいずれかをみたすデータが抽出されます。

SECTION 242 差し込み印刷

文書に差し込むデータを検索する

宛名リストの中から指定したデータのみを差し込んで印刷するには、印刷したい宛名のデータを検索してみましょう。検索されたデータを印刷するには、レコードを印刷するときの印刷対象を＜現在のレコード＞にして印刷します。

印刷する宛名を検索する

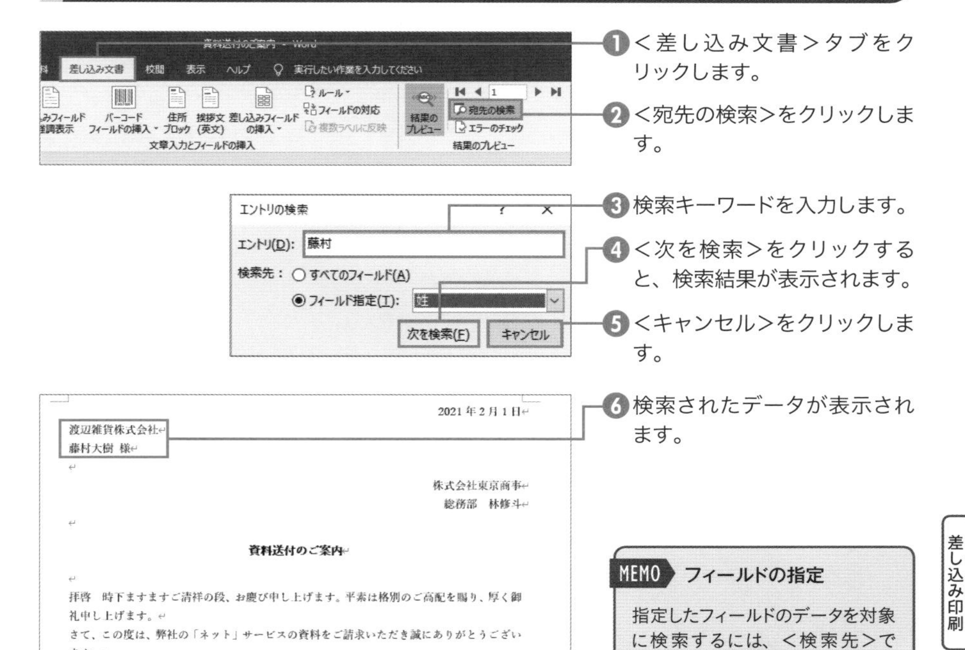

❶＜差し込み文書＞タブをクリックします。

❷＜宛先の検索＞をクリックします。

❸検索キーワードを入力します。

❹＜次を検索＞をクリックすると、検索結果が表示されます。

❺＜キャンセル＞をクリックします。

❻検索されたデータが表示されます。

MEMO フィールドの指定

指定したフィールドのデータを対象に検索するには、＜検索先＞で＜フィールド指定＞をクリックしてフィールドを選択して検索します。

COLUMN

検索したデータを印刷する

検索したデータを差し込んだ状態で印刷を行うには、P.289上のCOLUMNの方法で印刷画面を表示し、印刷対象を＜現在のレコード＞にして印刷します。

SECTION 243 差し込み印刷

既存の文書にリストの項目を差し込む

P.284 ～ 287では、差し込み印刷ウィザードを使用して差し込み印刷の設定を紹介しましたが、ここでは、開いている文書に既存の宛名リストを指定して宛名を表示する方法を紹介します。ウィザード画面を使わずに操作します。

第6章 第7章 第8章 第9章 第10章 差し込み印刷

既存の文書に対して差し込み印刷の設定を行う

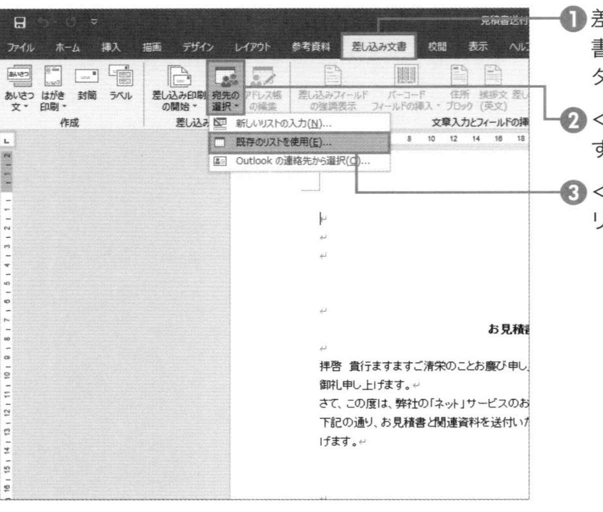

❶差し込み印刷の設定を行う文書を開き、<差し込み文書>タブをクリックします。

❷<宛先の選択>をクリックします。

❸<既存のリストを使用>をクリックします。

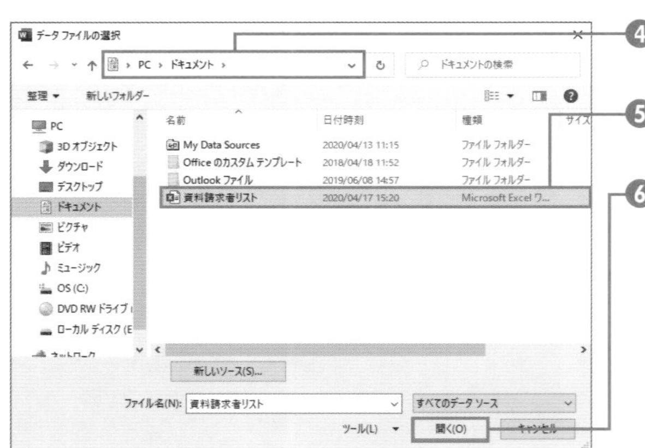

❹宛名リストのファイルの保存先を指定します。

❺宛名リストのファイルをクリックします。

❻<開く>をクリックします。

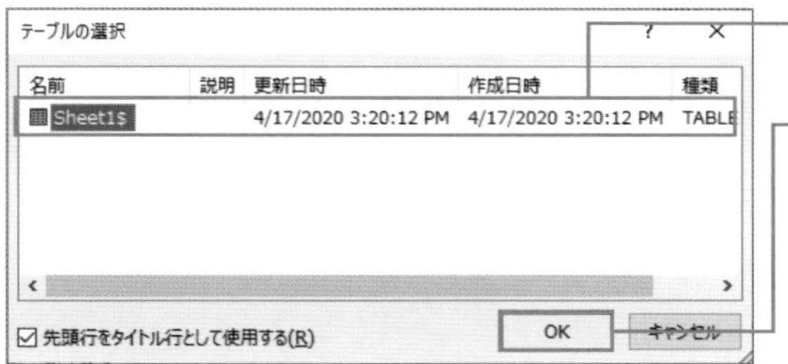

❼ Excelリストを指定した場合は、シートを選択します。

❽ < OK >をクリックすると、差し込み印刷の設定が完了します。

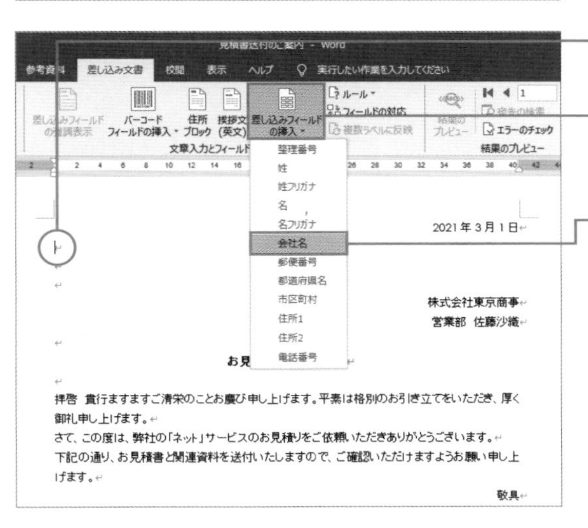

❾ 宛名を表示する位置をクリックします。

❿ <差し込み文書>タブの<差し込みフィールドの挿入>をクリックします。

⓫ 差し込むフィールドをクリックします。

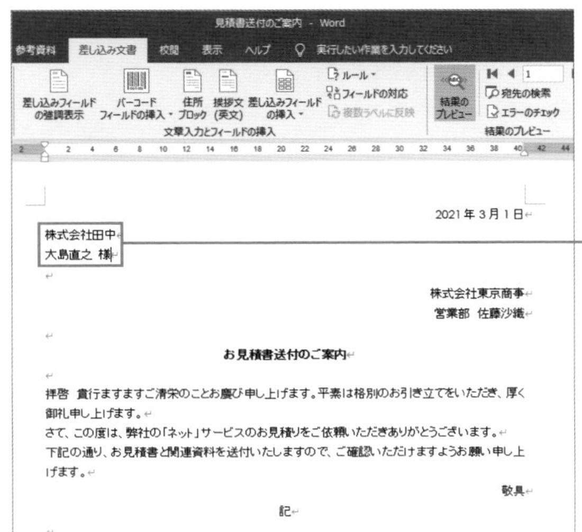

⓬ 宛名リストの1件目の会社名のデータが表示されます。

⓭ 手順❿～⓫の操作を行い「姓」「名」のフィールドを追加し、空白を入れた後「様」と入力します。

▶ COLUMN

プリンターの設定を確認しよう

文書のレイアウトを整えるときは、事前に用紙のサイズや向き、余白位置などを指定しましょう。用紙サイズや余白位置などによって設定できる段組みの段の数などは異なります。なお、使用しているプリンターによっては、印刷できる用紙のサイズや設定可能な余白位置などが異なります。お使いのプリンターで選択できる用紙サイズなどを確認するには、プリンターのプロパティを確認します。
プリンターのプロパティ画面を表示するには、Windows10の設定画面で＜デバイス＞、＜プリンターとスキャナー＞の順にクリックし、使用しているプリンターをクリックして＜管理＞をクリックします。＜プリンターのプロパティ＞をクリックすると、プリンター名や共有の設定などを確認できます。＜印刷設定＞をクリックすると、用紙サイズや印刷品質など、実際に印刷をするときのさまざまな設定を行えます。なお、プリンターのプロパティ画面の内容は、お使いのプリンターによって異なります。

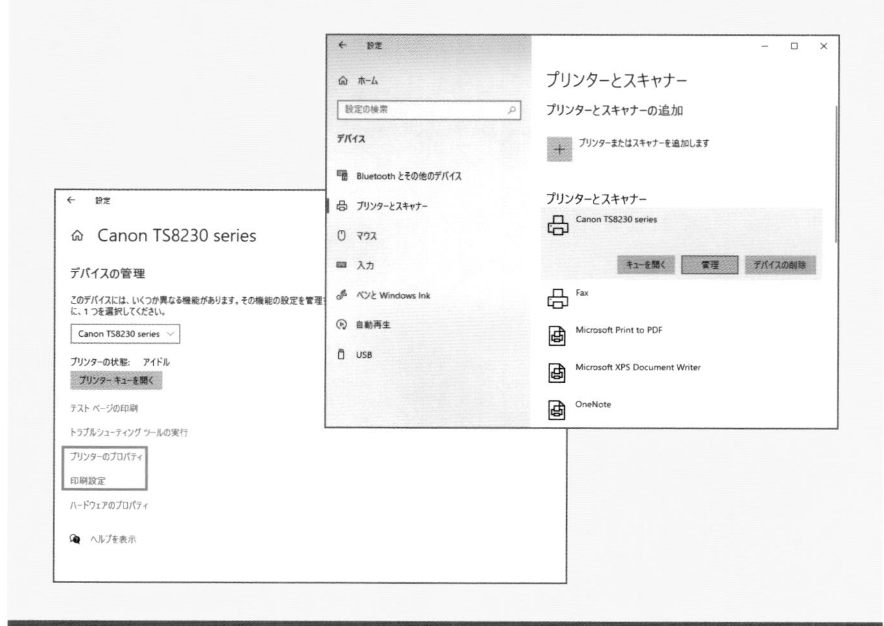

第11章

もう迷わない!
はがきとラベル
自由自在テクニック

SECTION 244 はがき印刷

はがきの宛名面を作成する

はがきの宛名面に宛名を印刷するには、＜はがき宛名面印刷ウィザード＞を使って設定をします。画面に表示される質問にひとつずつ答えていくだけで、宛名面が完成します。宛名に表示する宛名リストを事前に用意しておきましょう（P.282 ～ 283参照）。

宛名リストを準備しておく

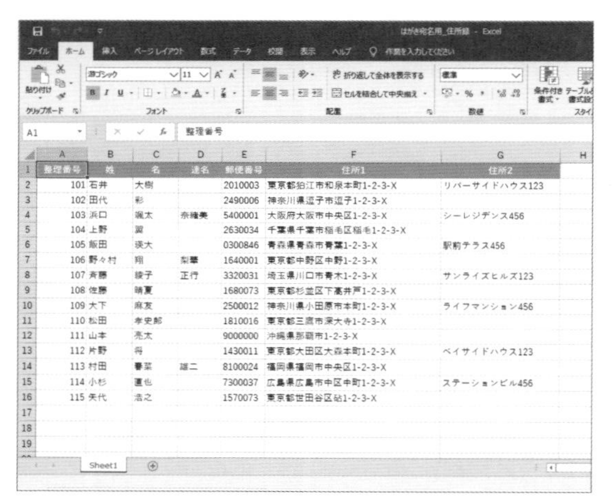

整理番号	姓	名	連名	郵便番号	住所1	住所2
101	石井	大樹		2010003	東京都狛江市和泉本町1-2-3-X	リバーサイドハウス123
102	田代	彩		2490006	神奈川県逗子市逗子1-2-3-X	
103	浜口	颯太	奈緒美	5400001	大阪府大阪市中央区1-2-3-X	シーレジデンス456
104	上野	翼		2630034	千葉県千葉市稲毛区稲毛1-2-3-X	
105	飯田	瑛大		0300846	青森県青森市青葉1-2-3-X	駅前テラス456
106	野々村	翔	梨華	1640001	東京都中野区中野1-2-3-X	
107	斉藤	綾子	正行	3320031	埼玉県川口市青木1-2-3-X	サンライズヒルズ123
108	佐藤	晴夏		1680073	東京都杉並区下高井戸1-2-3-X	
109	大下	麻友		2500012	神奈川県小田原市本町1-2-3-X	ライフマンション456
110	松田	孝史郎		1810016	東京都三鷹市深大寺1-2-3-X	
111	山本	亮太		9000000	沖縄県那覇市1-2-3-X	
112	片野	舜		1430011	東京都大田区大森本町1-2-3-X	ベイサイドハウス123
113	村田	春菜	雄二	8100024	福岡県福岡市中央区1-2-3-X	
114	小杉	直也		7300037	広島県広島市中区中町1-2-3-X	ステーションビル456
115	矢代	浩之		1570073	東京都世田谷区砧1-2-3-X	

❶ はがきの宛名に印刷する宛名リストを用意しておきます。ここでは、次のリストを例に操作を紹介します。

MEMO 罫線の表示

宛名リストに罫線やセルの塗りつぶしの色などを指定すると、空白でもデータがあるものと認識されることがあります。そのため、宛名リストのデータの行には、書式を設定しないでおきましょう。

宛名面を作成する

❶ ＜差し込み文書＞タブをクリックします。

❷ ＜はがき印刷＞をクリックします。

❸ ＜宛名面の作成＞をクリックします。

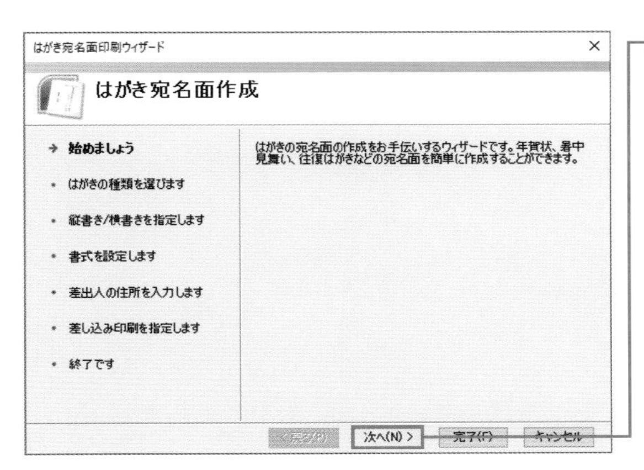

❹ ＜はがき宛名面印刷ウィザード＞が表示されます。＜次へ＞をクリックします。

MEMO はがき宛名印刷ウィザードが使用できない場合

Wordのバージョンや種類によっては、はがき宛名印刷ウィザードが使用できない場合もあります(P.318参照)。

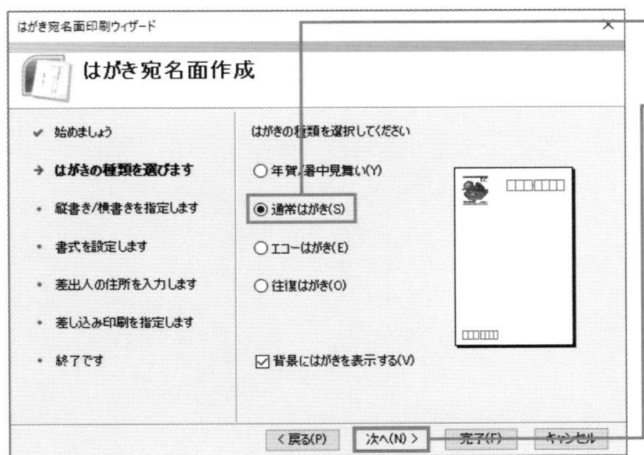

❺ 印刷するはがきの種類を選択します。

❻ ＜次へ＞をクリックします。

MEMO 背景にはがきを表示する

＜背景にはがきを表示する＞のチェックをオンにしておくと、背景にはがきのイメージが表示されます。イメージは印刷されません。

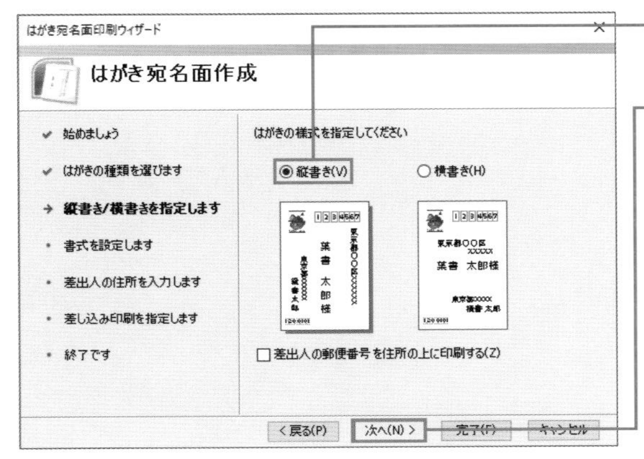

❼ 縦書きか横書きかを選択します。

❽ ＜次へ＞をクリックします。

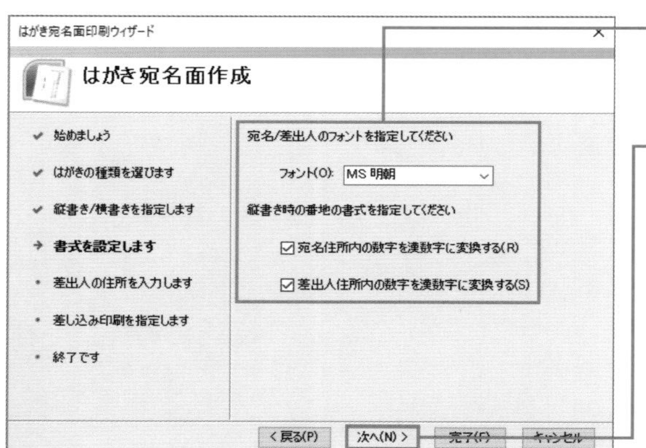

❾宛名や差出人の文字のフォント、住所内の数字の表示方法を選択します。

❿<次へ>をクリックします。

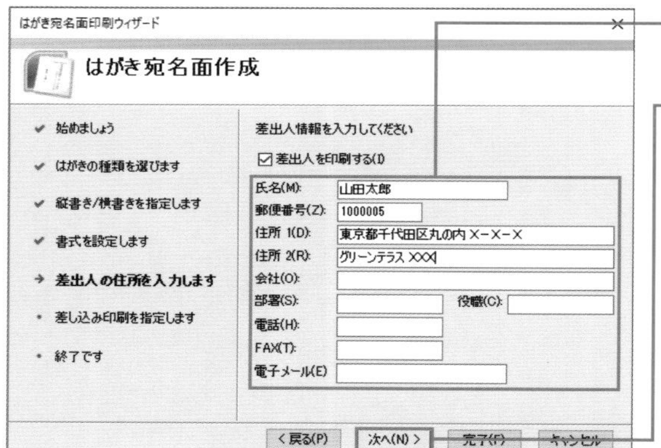

⓫差出人を印刷する場合は、その情報を入力します。

⓬<次へ>をクリックします。

MEMO 住所などの数字

住所や部屋の番号などを数字で入力するときは、全角で入力するとよいでしょう。半角で入力すると、はがきの差出人の数字の表示方法によっては、数字が横に寝てしまうので注意します。

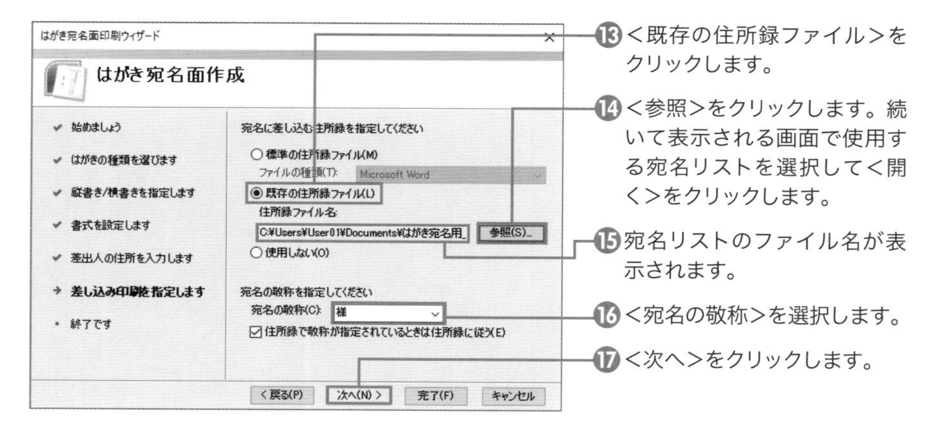

⓭<既存の住所録ファイル>をクリックします。

⓮<参照>をクリックします。続いて表示される画面で使用する宛名リストを選択して<開く>をクリックします。

⓯宛名リストのファイル名が表示されます。

⓰<宛名の敬称>を選択します。

⓱<次へ>をクリックします。

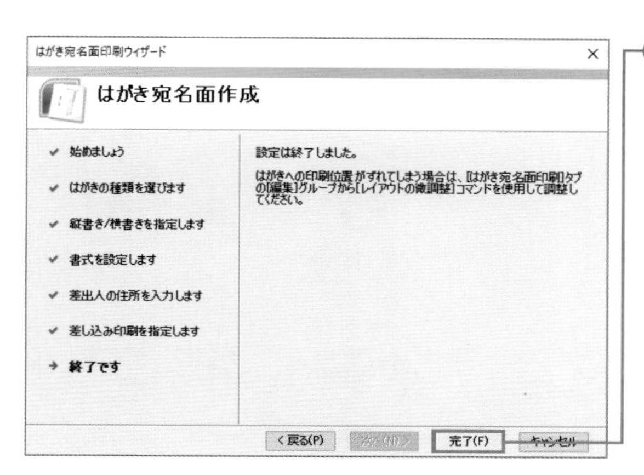

⑱ <完了>をクリックします。

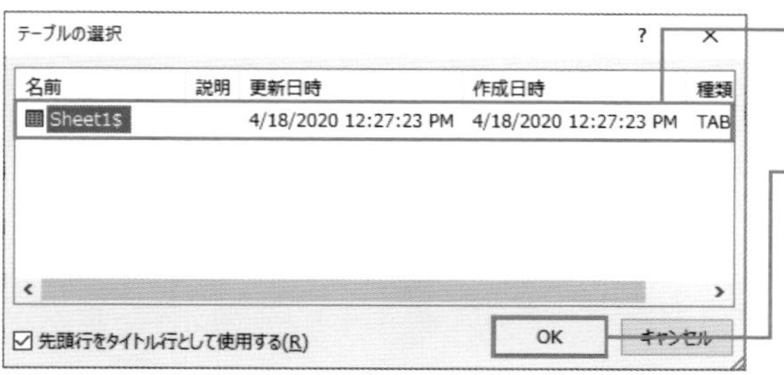

⑲ Excel ファイルを指定した場合は、宛名が表示されているシートを選択します。

⑳ < OK >をクリックします。

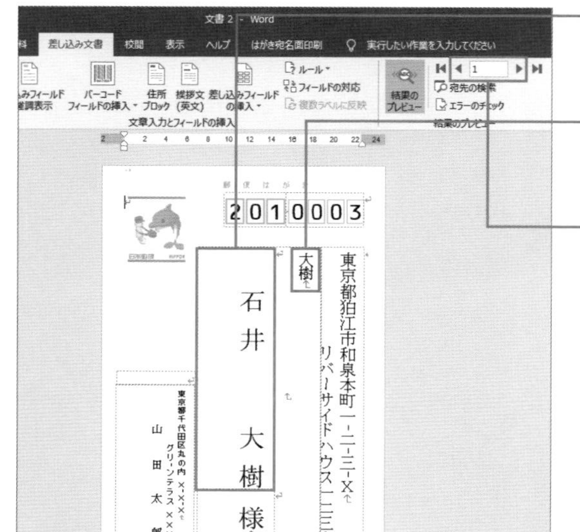

㉑ はがきの差し込み文書の設定が完了します。宛名が表示されます。

㉒ ここでは、会社名に名の情報が表示されてしまっています。P.302 で修正します。

㉓ <◀><▶>をクリックして、宛名の表示を切り替えます。

MEMO 結果のプレビュー

宛名が表示されない場合は、<差し込み文書>タブの<結果のプレビュー>をクリックします。

SECTION 245 はがき印刷

住所や氏名などが表示されない場合

宛名面を作成後、本来表示する内容と違うデータが表示されていたり、住所や氏名が正しく表示されなかったりする場合は、宛名リストのフィールドがWord側に正しく認識されていない可能性があります。表示するデータがどのフィールドに対応するか指定します。

フィールドの対応状況を確認する

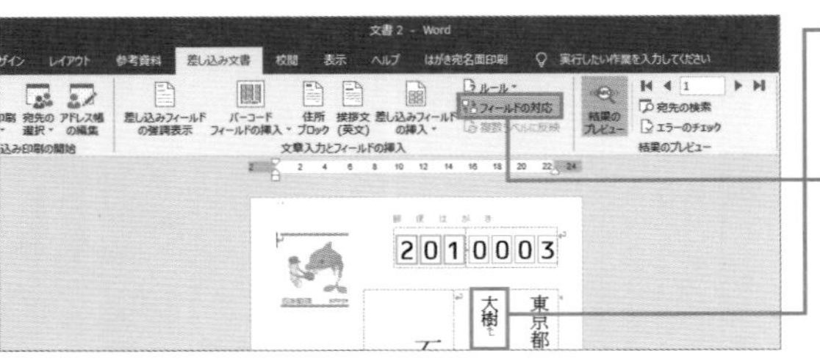

❶会社名が表示される場所に「名」の情報が表示されてしまっています。

❷＜差し込み文書＞タブの＜フィールドの対応＞をクリックします。

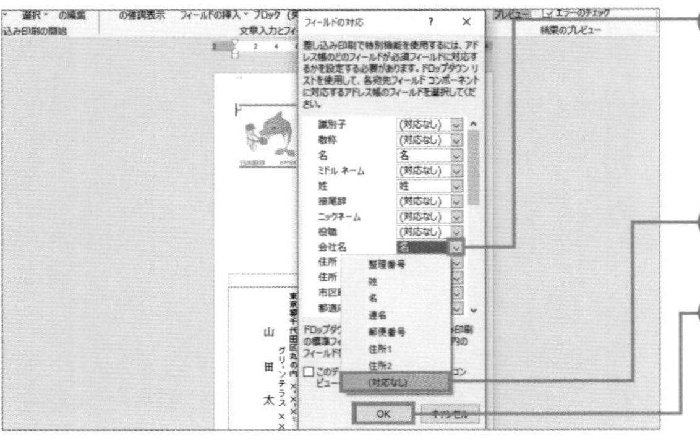

❸Wordで認識するフィールドが、宛名リストのどのフィールドに該当するかを指定します。ここでは、＜会社名＞の＜▼＞をクリックします。

❹＜（対応なし）＞をクリックします。

❺＜OK＞をクリックします。すると、「名」の表示が消えます。

COLUMN

どこにどのフィールドの情報が表示されるか確認する

＜差し込み文書＞タブの＜結果のプレビュー＞をクリックすると、どこにどのフィールドのデータが表示されるかを確認できます。また、表示されているフィールド名が宛名リストのどのフィールドに対応するのかは、このページで紹介した方法で指定します。

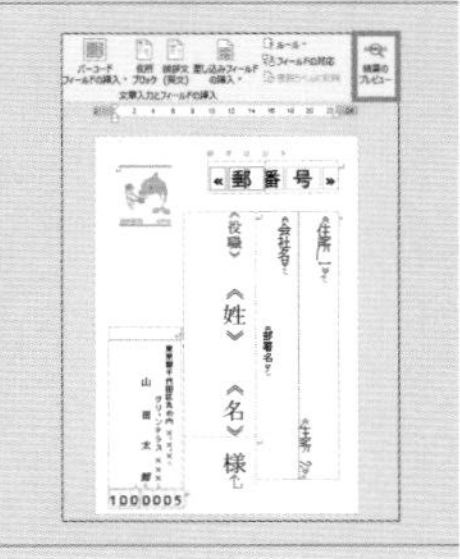

SECTION 246 はがき印刷

差出人を連名に修正する

差出人を連名で表示するには、連名に表示する名前を直接入力して指定します。名前を入力したあとは、名前の配置位置などを整えて完成させます。なお、はがきの宛名を連名にする方法は、P.304 〜 305で紹介しています。

差出人の横に連名を表示する

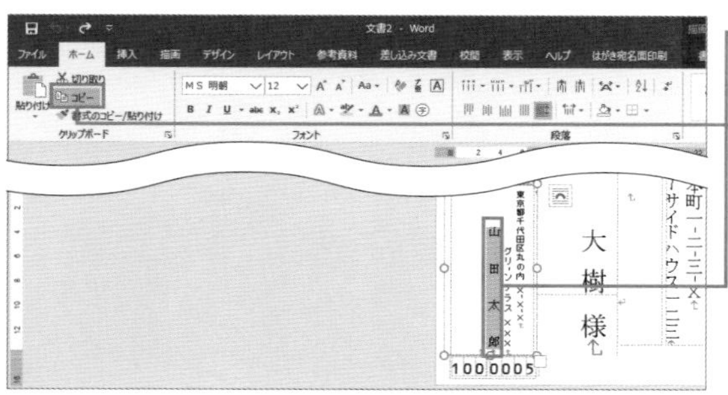

❶ 差出人の名前の部分を選択します。

❷ <ホーム>タブの<コピー>をクリックします。

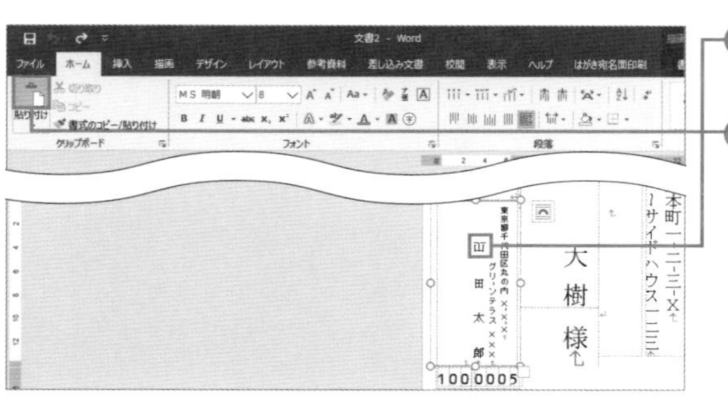

❸ 差出人の名前の先頭をクリックします。

❹ <ホーム>タブの<貼り付け>をクリックします。

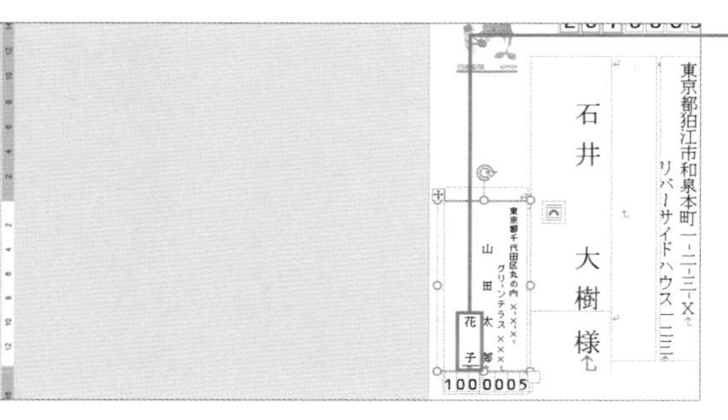

❺ 不要な文字を削除したり、空白文字を入れたりして文字を修正します。

SECTION 247 はがき印刷

宛先を連名に修正する

はがきの宛名の横に連名を表示するには、連名のデータが入力されているフィールドをはがきの宛名面に差し込みます。事前に、宛名リストのどのフィールドに連名のデータが入力されているかを確認してから操作します。

宛名の横に連名を表示する

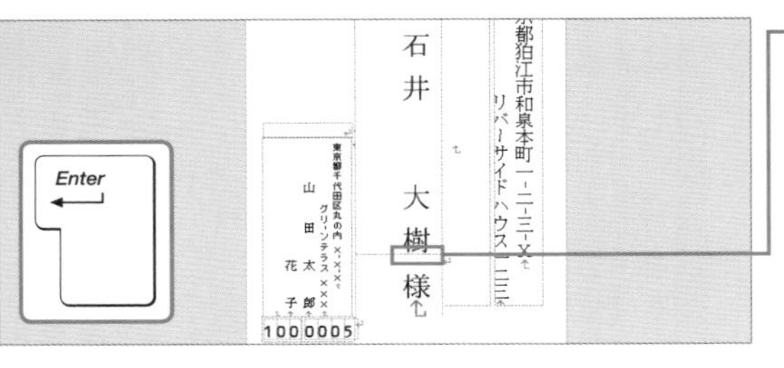

❶ 宛名面の名前の下をクリックします。

❷ Enter キーを押します。

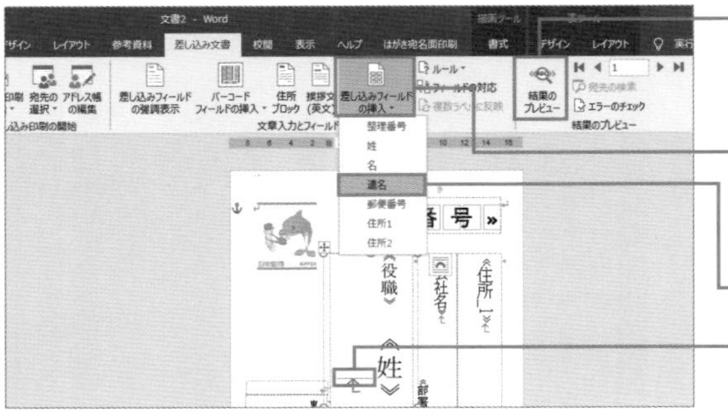

❸ ＜差し込み文書＞タブの＜結果のプレビュー＞をクリックします。

❹ ＜差し込み文書＞タブの＜差し込みフィールドの挿入＞をクリックします。

❺ ＜連名＞をクリックします。

❻ 連名が入力されているフィールドをクリックします。

❼ 連名が表示されます。連名の段落をクリックします。

❽ ＜ホーム＞タブの＜下揃え＞をクリックします。

連名の表示を整える

❶敬称の下をクリックします。

❷ Enter キーを押します。

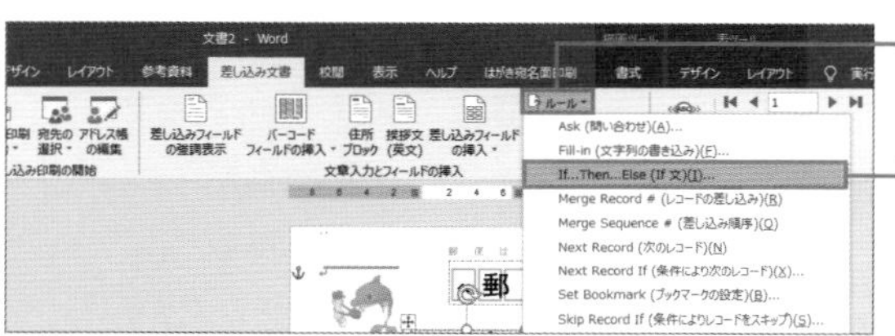

❸＜差し込み文書＞タブの＜ルール＞をクリックします。

❹＜If...Then…Else（If文）＞をクリックします。

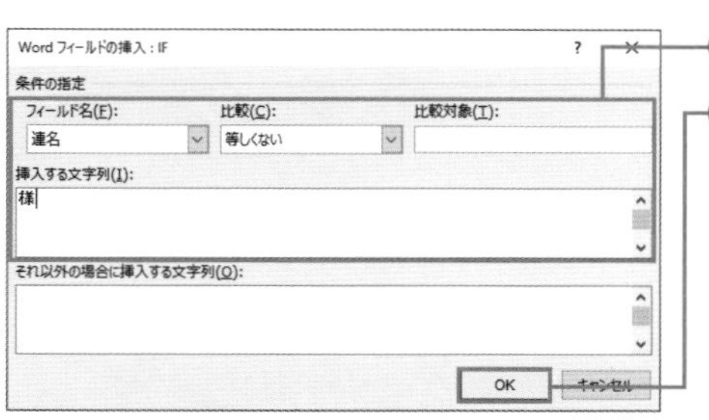

❺次のように条件を指定します。

❻＜OK＞をクリックします。

❼＜差し込み文書＞タブの＜◀＞＜▶＞をクリックして連名のある宛名を表示します。

❽連名と連名の後の「様」が表示されます。

MEMO　連名のデータがある場合

宛名リストには、「連名」のデータがある人とない人がいるとします(P.282～283参照)。ここでは、「連名」が空白でない場合のみ「様」の文字を表示しています。

SECTION 248

はがき印刷

宛名面の文字の位置などを修正する

宛名の住所が長すぎて正しく表示されないような場合や、文字の配置がずれてしまったような場合は、宛名面を修正しましょう。文字が表示されているテキストボックスという枠を選択して操作します。テキストボックスを移動することもできます。

文字の配置を指定する

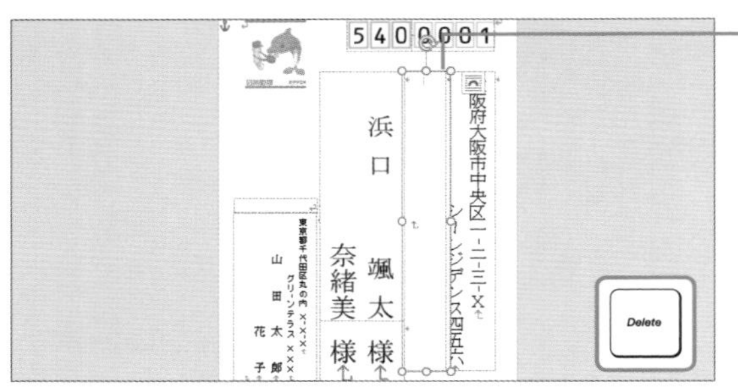

❶テキストボックスの外枠を選択します。

❷ Delete キーを押してテキストボックスを削除します。

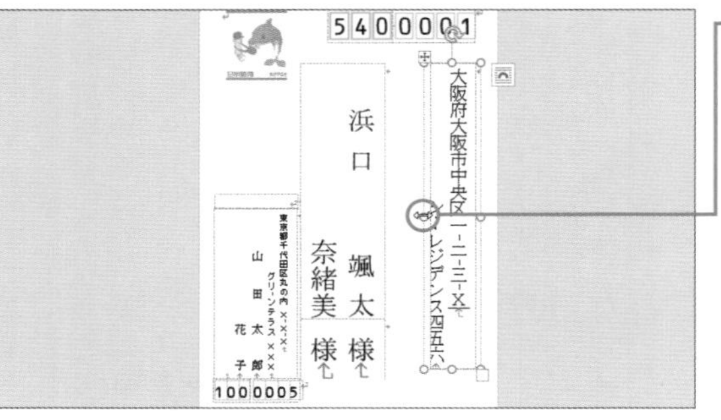

❸テキストボックスの外枠のハンドルをドラッグして大きさを変更します。

MEMO 文字が表示されている場合

ここでは、右から2つ目の枠には会社名や部署名のデータが表示されます（P.302参照）。会社名や部署名を表示する必要がない場合は枠を削除しても構いません。

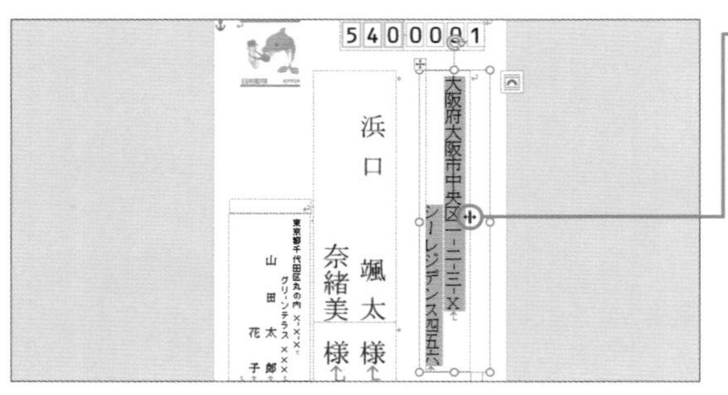

❹同様にテキストボックスの外枠のハンドルをドラッグして大きさを変更します。

MEMO キーボードで位置を調整する

テキストボックスを選択してキーボードの←→↑↓キーを押すと、テキストボックスの位置を少しずつずらして変えられます。

文字の大きさを変更する

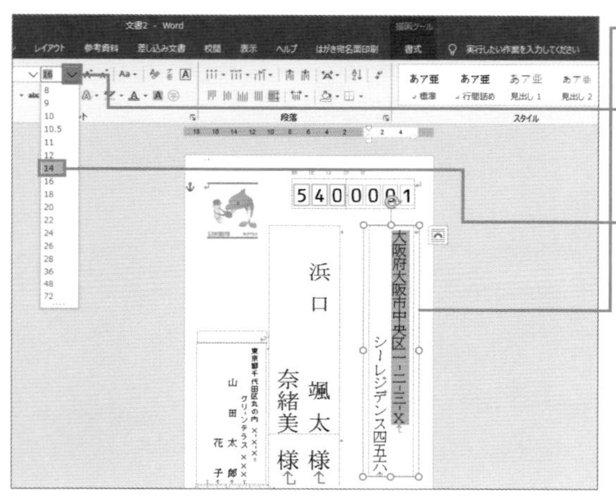

❶ テキストボックスの外枠をクリックします。

❷ <ホーム>タブの<フォントサイズ>の<▼>をクリックします。

❸ 文字の大きさを指定します。

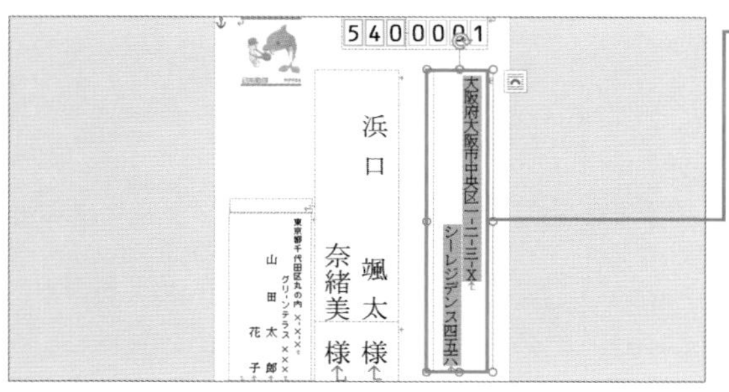

❹ 文字の大きさが変わります。

COLUMN

ほかのデータを確認する

文字の大きさを変更したりした後は、<差し込み文書>タブの<◀><▶>をクリックして他の宛名のデータを確認します。住所が一番長い宛名などを表示して文字が見えるか確認しましょう。

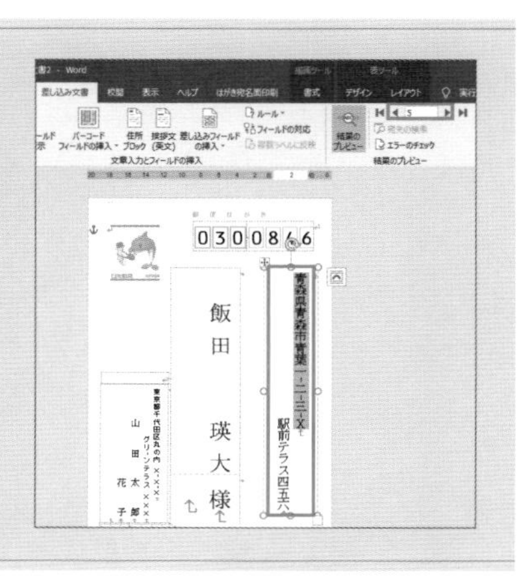

SECTION 249 はがき印刷

郵便番号の位置を調整する

郵便番号がはがきの郵便番号の赤い枠内に収まらない場合は、郵便番号の位置を調整します。ここでは、郵便番号の位置を微調整する機能を使って修正します。また、P.306の方法で郵便番号が表示されるテキストボックスをずらして調整することもできます。

郵便番号の数字をずらす

❶ ＜はがき宛名面印刷＞タブをクリックします。

❷ ＜レイアウトの微調整＞をクリックします。

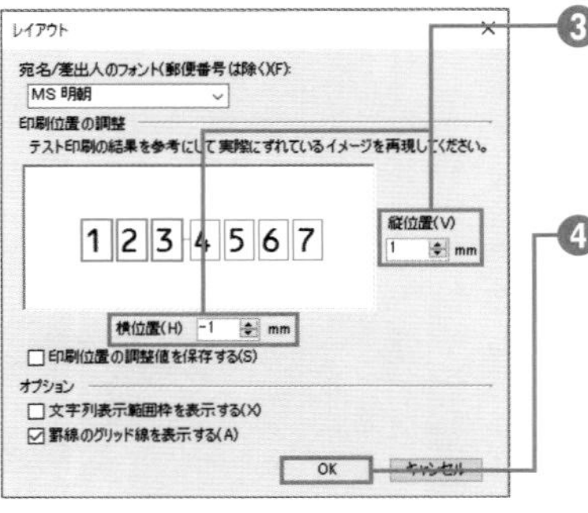

❸ ＜レイアウト＞画面で郵便番号の表示位置を見ながら＜縦位置＞や＜横位置＞を変更します。

❹ ＜ OK ＞をクリックします。

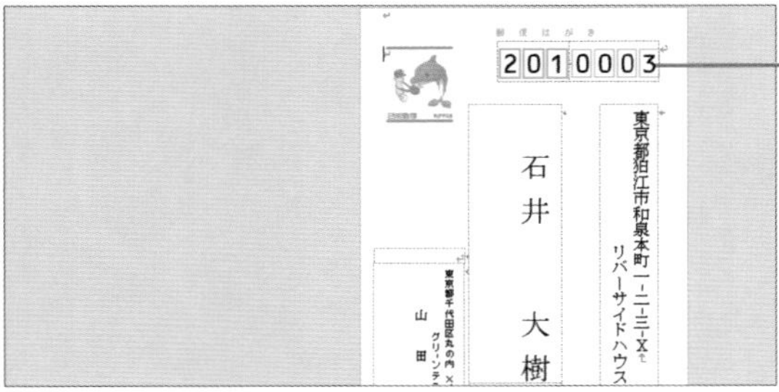

❺ 表示位置が変わりました。

MEMO 印刷する

宛名面を印刷する方法は、P.289を参照してください。特定の宛名を印刷するには、P.292を参照して宛名を抽出して印刷します。

差出人のラベルを印刷する

宛名ラベルに宛名を印刷する場合、差出人の宛名ラベルを印刷するときは、同じ住所を複数枚印刷することがあります。この場合、差し込み印刷の機能は使わずに簡単にラベルを作成できます。宛名リストの宛名を印刷する方法は、P.310 ～ 313で紹介しています。

宛名ラベルシールに同じ宛名を表示する

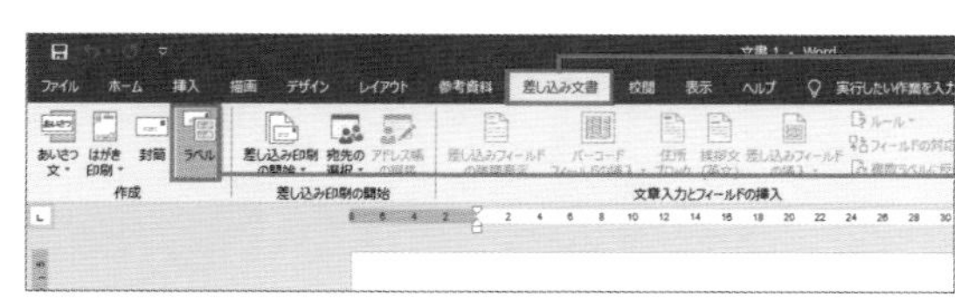

1. 新規文書を開き、＜差し込み文書＞タブをクリックします。
2. ＜ラベル＞をクリックします。
3. ＜オプション＞をクリックして宛名ラベルの品番を指定します（P.311 参照）。
4. ラベルに印刷する内容を指定します。
5. ＜新規文書＞をクリックします。
6. 宛名ラベルが表示されます。必要に応じて、P.272 の方法で印刷を行います。

第11章 その他の印刷
第12章

宛名ラベルに宛名を印刷する

封筒などに宛名を表示するには、封筒に宛名を印刷するよりもシールの宛名ラベルを使う方が簡単です。ここでは、宛名ラベルに宛名を印刷する方法を紹介します。印刷後には、宛名ラベルのシールをはがして封筒に貼り付けます。

宛名ラベルに宛名を表示する

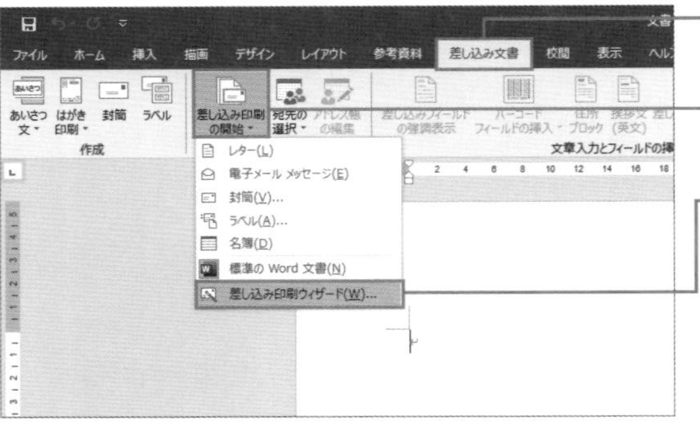

❶新規文書を開き、＜差し込み文書＞タブをクリックします。

❷＜差し込み印刷の開始＞をクリックします。

❸＜差し込み印刷ウィザード＞をクリックします。

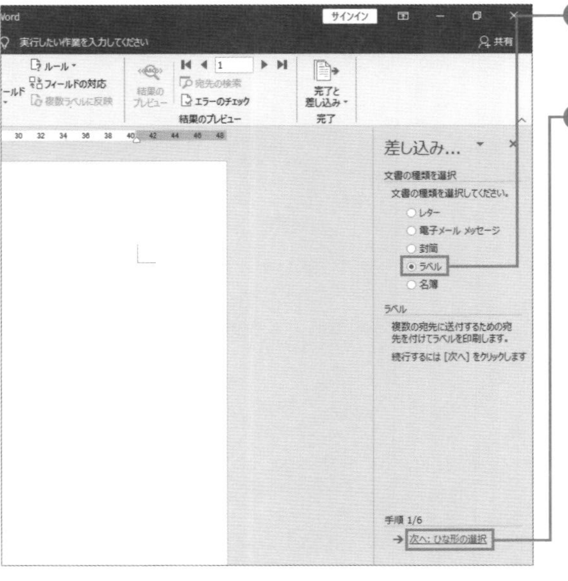

❹差し込み印刷ウィザードで文書の種類の＜ラベル＞をクリックします。

❺＜次へ：ひな形の選択＞をクリックします。

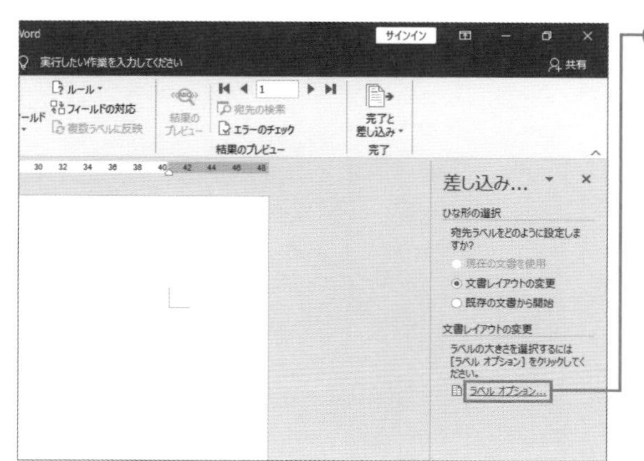

6 ＜ラベルオプション＞をクリックします。

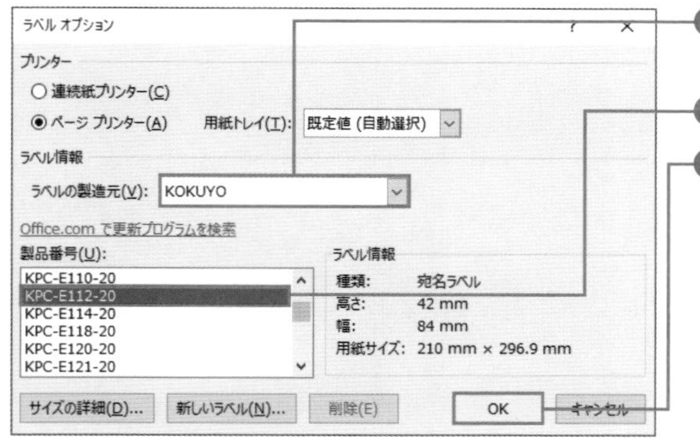

7 印刷する宛名ラベルのメーカー名を指定します。

8 品番を指定します。

9 ＜ OK ＞をクリックします。

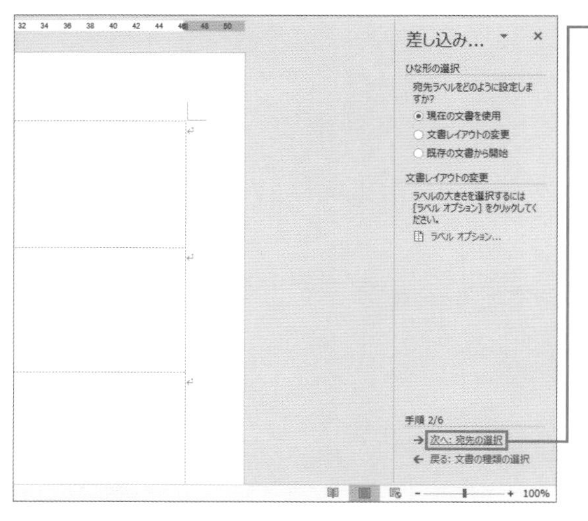

10 ＜次へ：宛先の選択＞をクリックします。

MEMO 宛名ラベルを確認する

宛名ラベルに宛名を印刷するには、印刷する宛名ラベルの品番を指定します。お使いの宛名ラベルを手元に用意して確認しましょう。

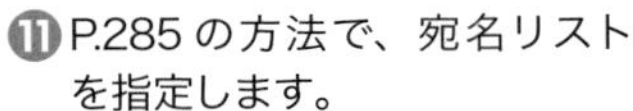

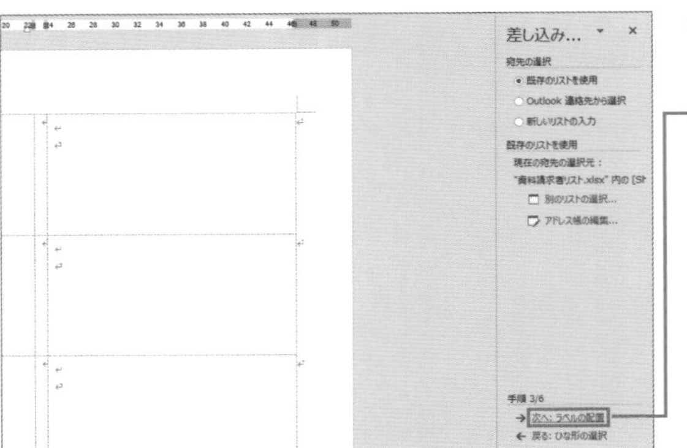

⑪ P.285 の方法で、宛名リストを指定します。

⑫ ＜次へ：ラベルの配置＞をクリックします。

MEMO 差し込みフィールドの挿入

＜差し込み印刷ウィザード＞の＜差し込みフィールドの挿入＞をクリックすると、どこにどのフィールドを表示するか指定できます。ここでは、ウィザード画面では行わず、あとから差し込みフィールドを設定します。

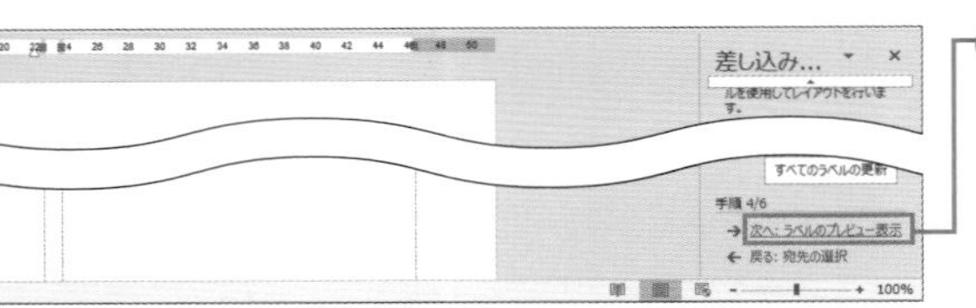

⑬ ＜次へ：ラベルのプレビュー表示＞をクリックします。

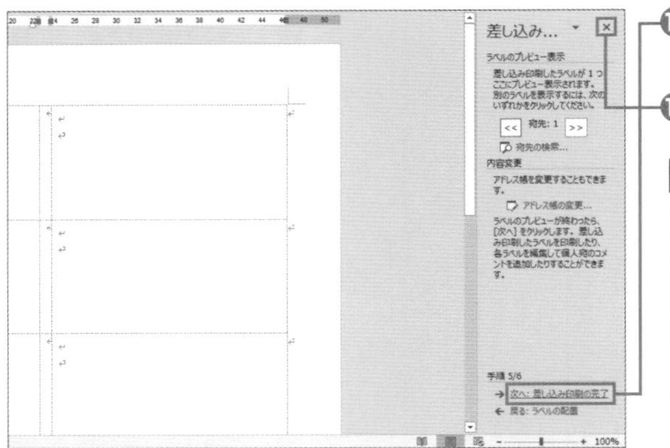

⑭ ＜次へ：差し込み印刷の完了＞をクリックします。

⑮ ＜×＞をクリックします。

MEMO 文字カーソルの移動

宛名ラベルのどこにどのフィールドのデータを表示するか指定します。データを表示する箇所に文字カーソルを移動して指定します。ここでは、タブの機能を使って文字カーソルを移動しています（P.111参照）。ラベル内でタブ位置まで文字カーソルを移動する場合は、Ctrl＋Tabキーを押します。空白などを入力して文字カーソルを移動しても構いません。

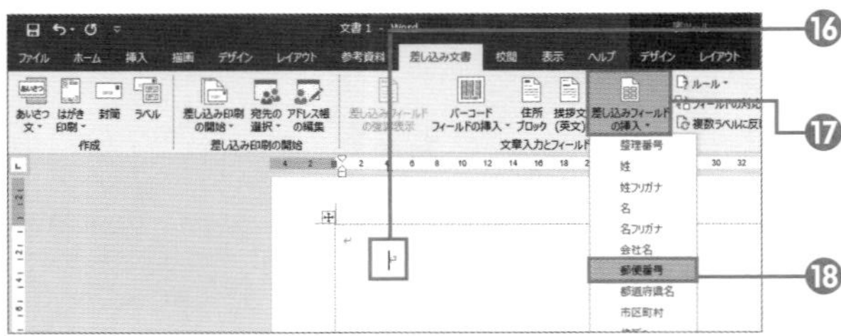

⑯ 郵便番号を表示する箇所に文字カーソルを移動します。

⑰ ＜差し込み文書＞タブの＜差し込みフィールドの挿入＞をクリックします。

⑱ 表示するフィールドをクリックします。

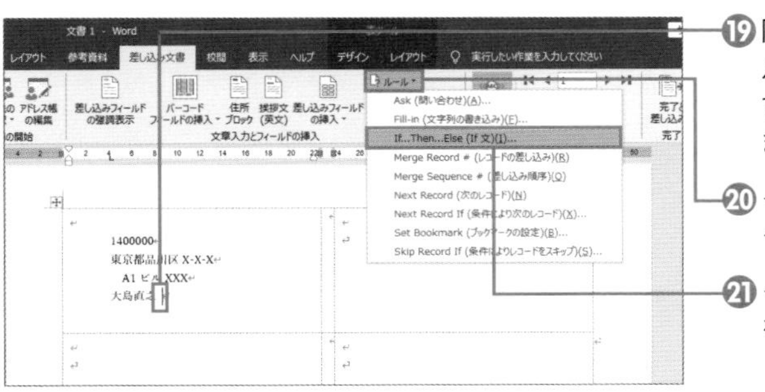

⑲同様の方法で、必要なフィールドを宛名ラベルに配置します。「名」の後に空白を入力します。

⑳＜差し込み文書＞タブの＜ルール＞をクリックします。

㉑＜If...Then…Else（If 文）＞をクリックします。

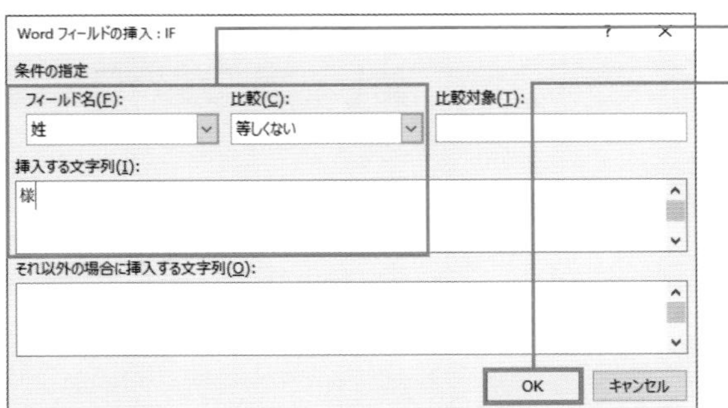

㉒次のように条件を指定します。

㉓＜ OK ＞をクリックします。

MEMO 「If...Then...Else（If 文）」

「様」の文字は、「姓」フィールドのデータが空欄でない場合のみ表示されるように指定します。それには、左の図のように、表示のルールを指定します。

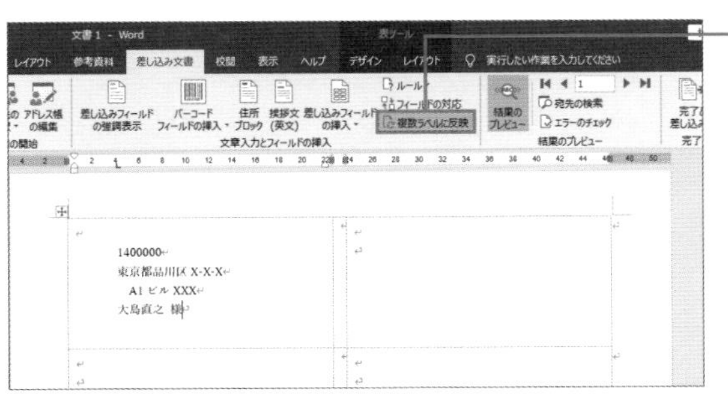

㉔＜差し込み文書＞タブの＜複数ラベルに反映＞をクリックします。

㉕他の宛名が表示されます。

MEMO 印刷する

宛名を印刷する方法は、P.289を参照してください。特定の宛名を印刷するには、P.292を参照して宛名を抽出して印刷します。

SECTION 252
その他の印刷

封筒に宛名を印刷する

封筒に宛名を表示するには、宛名ラベルに印刷する方法が手軽です（P.310～313参照）。また、お使いのプリンターが、印刷しようとしている封筒サイズの封筒の印刷に対応している場合は、封筒に直接印刷できます。印刷する封筒を手元に用意して設定します。

封筒に宛名を表示する

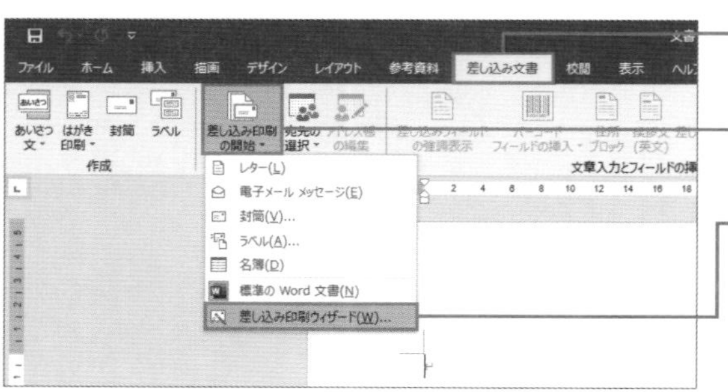

❶新規文書を開き、<差し込み文書>タブをクリックします。

❷<差し込み印刷の開始>をクリックします。

❸<差し込み印刷ウィザード>をクリックします。

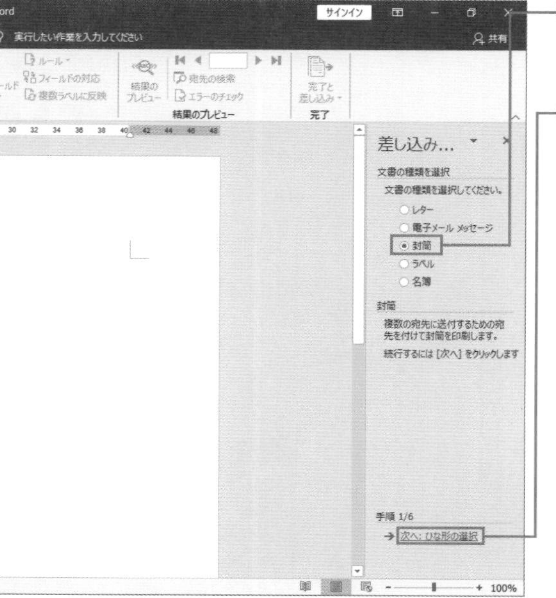

❹<差し込み印刷>ウィザードが表示されます。<封筒>をクリックします。

❺<次へ：ひな形の選択>をクリックします。

MEMO 宛名ラベル

宛名を宛名ラベルに印刷する方法は、P.310～313で紹介しています。

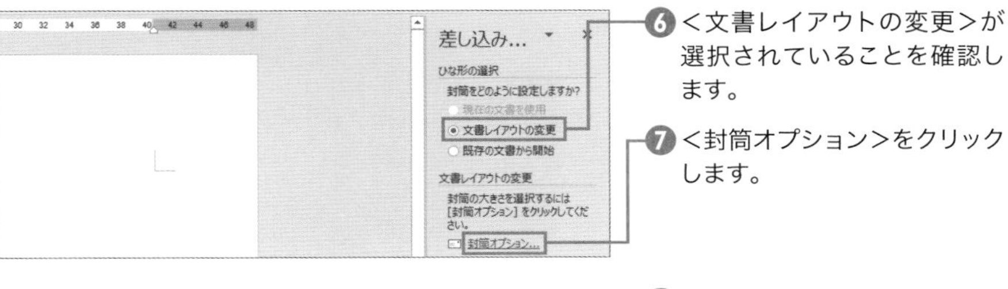

❻ ＜文書レイアウトの変更＞が選択されていることを確認します。

❼ ＜封筒オプション＞をクリックします。

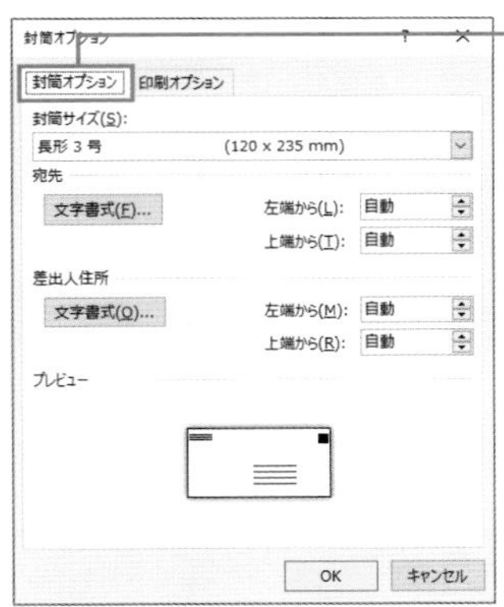

❽ ＜封筒オプション＞タブで封筒の大きさを指定します。

❾ ＜印刷オプション＞をクリックします。

❿ ＜封筒の置き方＞や＜用紙トレイ＞を指定します。

⓫ ＜ OK ＞をクリックします。

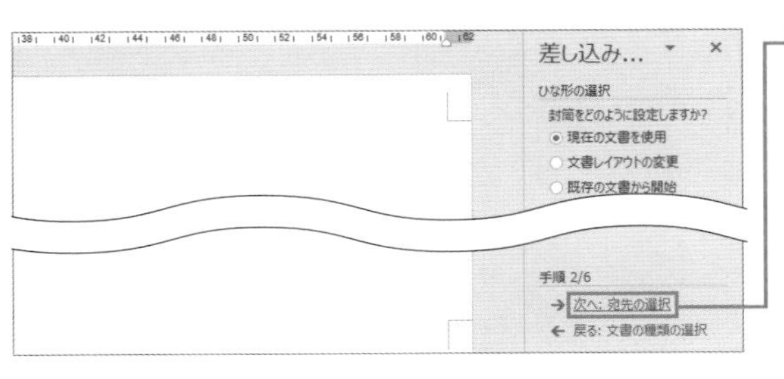

⓬ ＜次へ：宛先の選択＞をクリックします。

⓭＜参照＞をクリックして、P.285の方法で宛名リストのファイルを指定します。

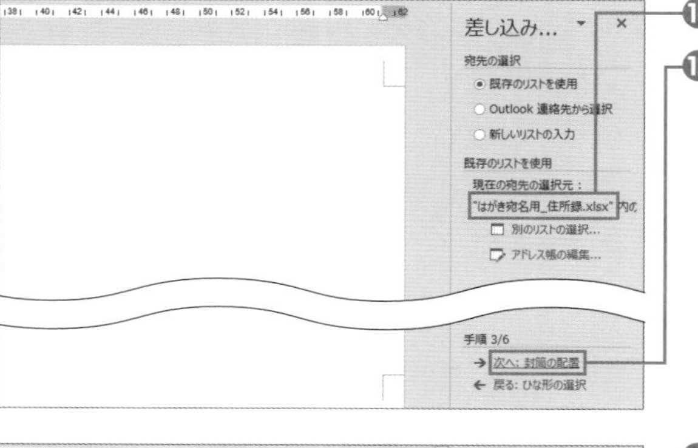

⓮宛名リストを確認します。

⓯＜次へ：封筒の配置＞をクリックします。

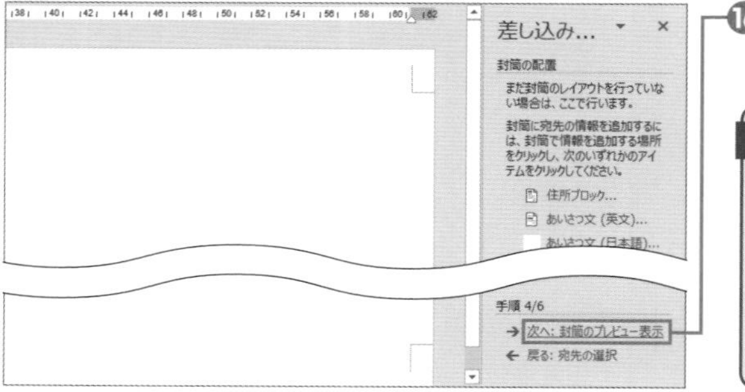

⓰＜次へ：封筒のプレビュー表示＞をクリックします。

MEMO 差し込みフィールドの挿入

＜差し込み印刷ウィザード＞の＜差し込みフィールドの挿入＞をクリックすると、どこにどのフィールドを表示するか指定できます。ここでは、ウィザード画面では行わず、あとから差し込みフィールドを設定します。

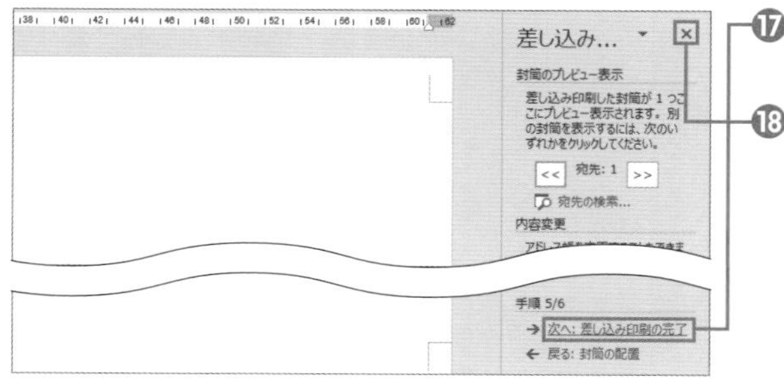

⓱＜次へ：差し込み印刷の完了＞をクリックします。

⓲＜×＞をクリックします。

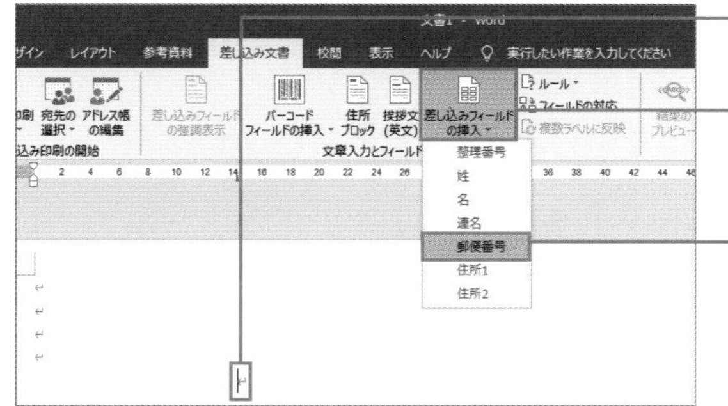

⑲郵便番号を表示する箇所に文字カーソルを移動します。

⑳<差し込み文書>タブの<差し込みフィールドの挿入>をクリックします。

㉑表示するフィールドをクリックします。

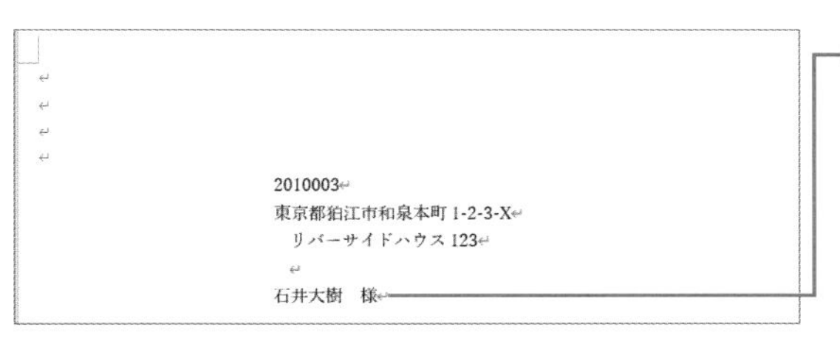

㉒同様に、どこにどのフィールドを印刷するのか指定します。宛名の敬称の「様」は、「If...Then...Else（If 文）」を入力して指定します（P.313の手順⑳～㉓を参照）。

MEMO 文字カーソルの移動

封筒のどこにどのフィールドのデータを表示するか指定します。データを表示する箇所に文字カーソルを移動して指定します。ここでは、タブの機能を使って文字カーソルを移動しています（P.111参照）。空白などを入力して調整しても構いません。

MEMO 「If...Then...Else（If文）」

「様」の文字は、「姓」フィールドのデータが空欄でない場合のみ表示されるように指定します。それには、「様」を表示する前をクリックし、P.313の方法で、表示のルールを指定します。

COLUMN

印刷を実行する

封筒に宛名を印刷するには、P.289上のCOLUMNのように印刷画面を表示して印刷します。画面に表示している宛名だけを印刷したりする方法は、P.293を参照してください。なお、印刷前には、プリンターのプロパティ画面で用紙サイズや用紙の種類などを指定します。印刷する封筒のサイズを指定しましょう。表示される設定画面はプリンターによって異なります。

COLUMN

Officeの種類やバージョンを確認するには

Wordには、いくつかの種類があります。多くの場合、Microsoft Officeというパッケージソフトに含まれているWordを利用していることでしょう。Microsoft Officeとは、WordやExcel、Outlookなどのアプリをセットした商品です。セットの内容によっていくつかの種類がありますが、Wordは、どのOfficeにも含まれています。また、Microsoft Officeを利用する方法にも、たとえば、次のような種類があります。どのOfficeを使っていてもWordの操作方法に大きな違いはありません。ただし、使用できる機能には、若干違いがあります。たとえば、「はがき宛名面印刷ウィザード」の機能は、Microsoft Storeアプリ版ではWordのバージョンによって利用できない場合があります。その場合は、デスクトップアプリを利用する方法があります。新たにアプリを購入しなくてもデスクトップアプリをインストールして利用できる場合もあります。詳細は、お使いのパソコンメーカーのホームページなどでご確認ください。

種類	内容
Microsoft 365	Officeを使用する権利を1年や1か月などの単位で取得するサブスクリプション版のOfficeです。常に新しいバージョンのOfficeを利用できます。個人向けや会社向けなどによっていくつかの種類があります。
デスクトップアプリ版	家電量販店などで販売されているOfficeの種類です。
Microsoft Store アプリ版（UWP版）	パソコンにあらかじめインストールされているプレインストール版のOfficeなどで使用されているOfficeの種類です。
Office Premium版	パソコンにあらかじめインストールされているプレインストール版のOfficeなどで使用されているOfficeの種類です。常に新しいバージョンのOfficeを利用できます。

お使いのOfficeがどの種類、どのバージョンのものかを確認するには、Backstageビューの<アカウント>を表示します。デスクトップアプリ版やMicrosoft Storeアプリは、Officeのバージョンによって種類が異なります。バージョンによって利用できる機能も異なります。

製品名：Officeの製品名が表示されます。
バージョン情報：Officeのバージョン、ビルド番号、インストールの種類などが表示されます。

第12章

これで安心!
ファイル操作実用テクニック

SECTION 253 ファイル回復

1度も保存せずに閉じてしまった文書を開く

ファイルを1度も保存せずにうっかり閉じてしまった。そんなとき、最後に自動回復されたバージョンを残す設定にしている場合、ファイルを復元できる可能性があります。次の方法で、ファイルが保存されていないかどうか確認してみましょう。

保存していない文書の回復を試す

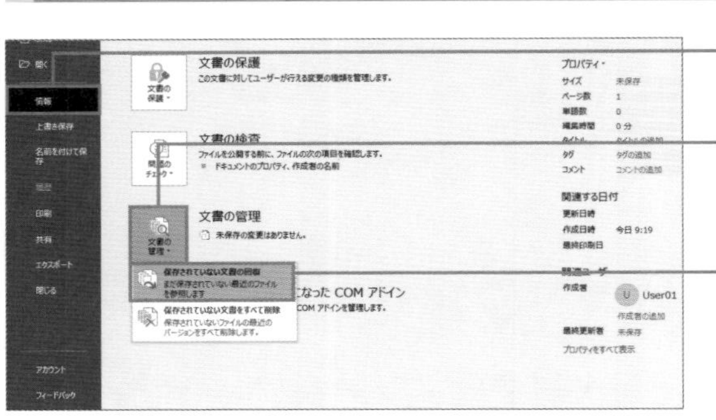

❶ Backstage ビューの<情報>をクリックします。

❷ <文書の管理（Word2013 以前は<バージョン>）>をクリックします。

❸ <保存されていない文書の回復>をクリックします。

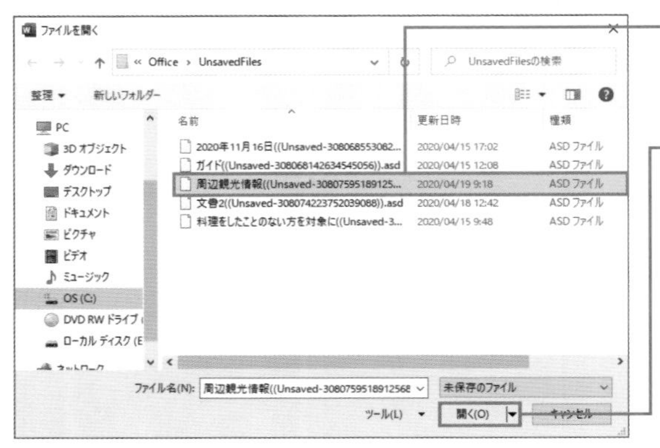

❹ 文書の更新日時などをみて保存せずに閉じた文書が見つかればクリックします。

❺ <開く>をクリックします。ファイルが開いたら、名前を付けて保存します。

COLUMN

自動回復用のファイルの保存

文書を保存せずに閉じてしまった場合の動作は、<Wordのオプション>画面で設定できます。P.321 COLUMNの<保存しないで終了した場合、最後に自動回復されたバージョンを残す>設定がオンになっているか、設定を確認しておきましょう。

SECTION 254 ファイル回復

上書き保存せずに閉じてしまった文書を開く

文書を上書き保存せずに間違って閉じてしまった場合、自動回復用ファイルを指定した間隔で保存する設定にしている場合、ファイルを復元できる可能性があります。次の方法で、ファイルを回復できるか試してみましょう。

上書き保存していない文書の回復を試す

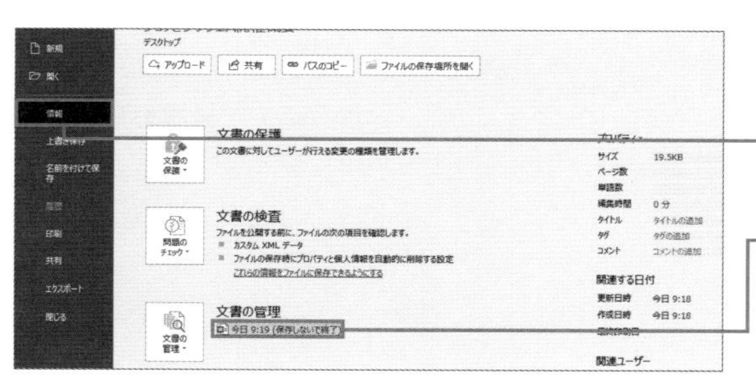

❶上書き保存せずに閉じたブックを開きます。

❷Backstageビューの＜情報＞をクリックします。

❸＜文書の管理（Word2013以前は＜バージョン＞）＞に、＜保存しないで終了＞の文書があればクリックします。

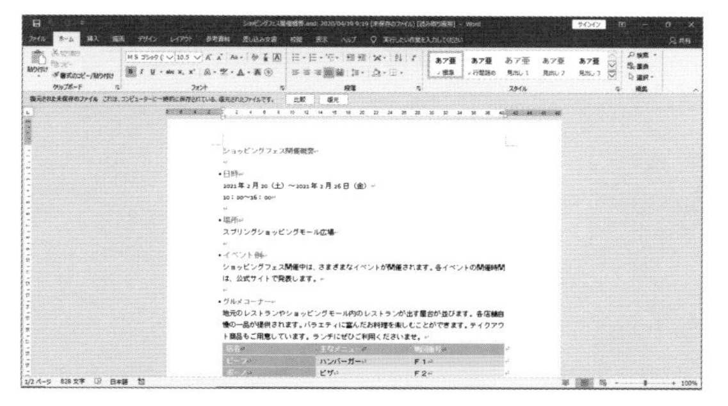

❹文書が開きます。

MEMO　ファイルが開いたら

保存していないファイルが開いたら、内容を確認します。この内容で上書きするには＜復元＞をクリックします。

COLUMN

自動回復用のファイルの保存

文書を上書き保存せずに閉じてしまった場合の動作は、＜Wordのオプション＞画面で設定できます。指定した間隔で自動回復用ファイルを保存する設定になっているかを確認しておきましょう。なお、自動回復用データは、必ず保存されるものではありません。ファイルを作成後は保存をして上書き保存を頻繁に行うことが重要です。

SECTION 255 コントロール

文書にテキストボックスやチェックボックスを追加する

指定のフォームに必要事項を記入してもらう文書などでは、文字を入力するテキストボックスや、クリック操作でチェックを付けられるチェックボックスなどを使ってデータを入力できるようにしておくと便利です。コントロールを追加する方法を紹介します。

コンテンツコントロールを配置する

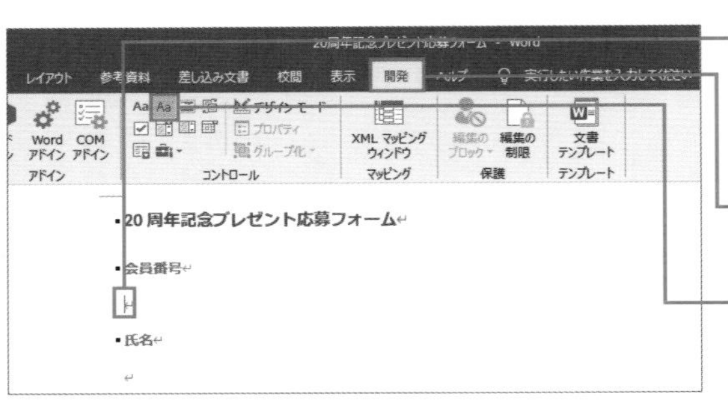

❶ P.026 の方法で＜開発＞タブを表示しておきます。テキストボックスを追加する箇所を選択します。

❷ ＜開発＞タブをクリックします。

❸ ＜テキストコンテンツコントロール＞をクリックします。

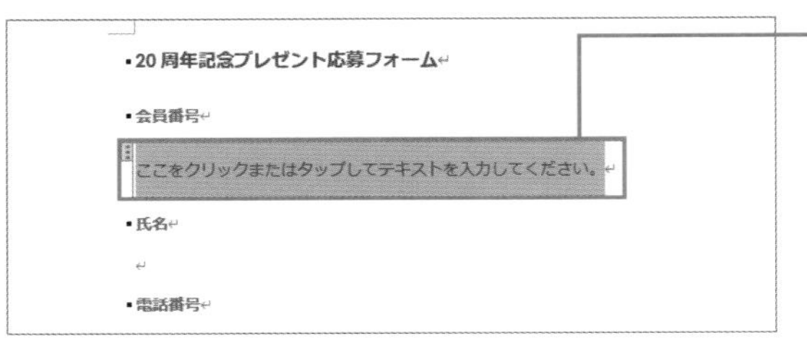

❹ テキストボックスが配置されます。

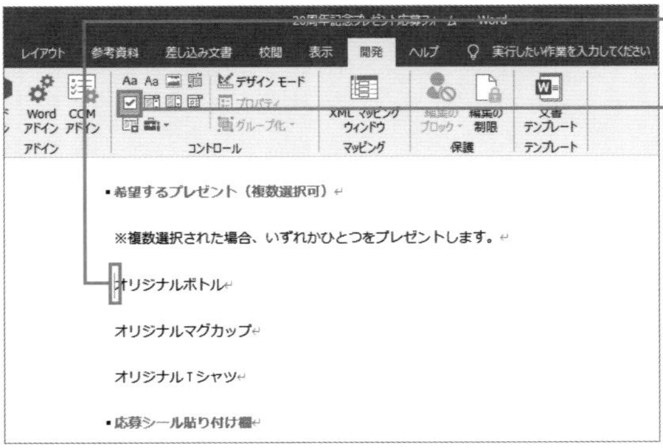

20周年記念プレゼント応募フォーム - Word
レイアウト 参考資料 差し込み文書 校閲 表示 開発 ヘルプ 実行したい作業を入力してください
希望するプレゼント（複数選択可）
※複数選択された場合、いずれかひとつをプレゼントします。
オリジナルボトル
オリジナルマグカップ
オリジナルTシャツ
応募シール貼り付け欄

❺ チェックボックスを配置する場所をクリックします。

❻ ＜開発＞タブの＜チェックボックスコンテンツコントロール＞をクリックします。

MEMO　コントロール

文字を入力するテキストボックスやチェックの有無を指定できるチェックボックスなど、データを入力するための部品をコントロールと言います。

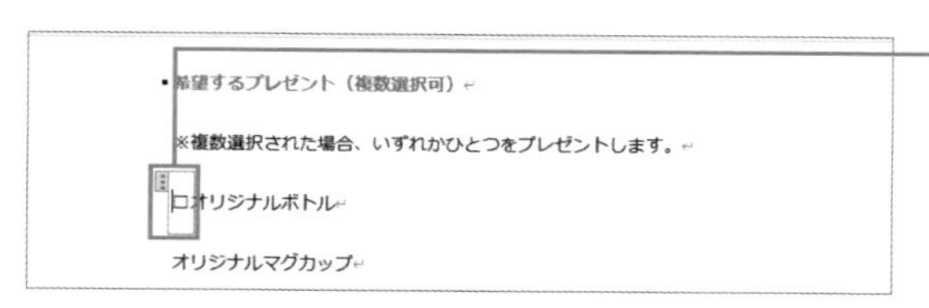

❼ チェックボックスが配置されます。

フォームの入力のみ許可する

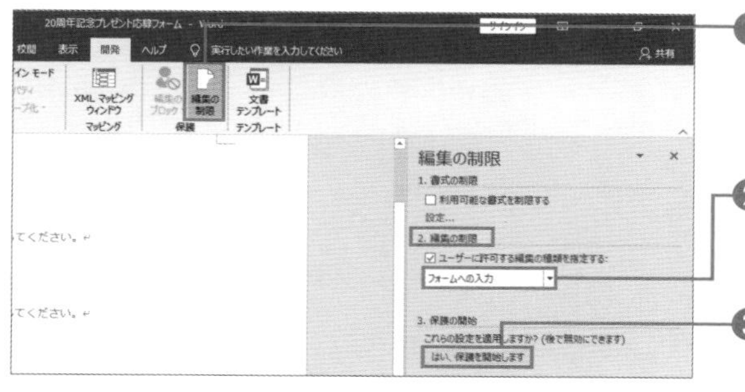

❶ 同様の方法で、必要なコントロールを追加します。＜開発＞タブの＜編集の制限＞をクリックします。

❷ ＜2. 編集の制限＞をクリックし、＜フォームへの入力＞を選択します。

❸ ＜はい、保護を開始します＞をクリックします。

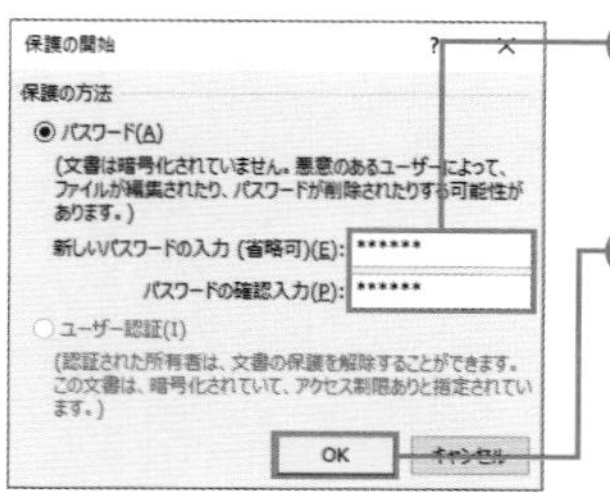

❹ 必要に応じて編集の保護を解除するためのパスワードを入力します。

❺ ＜ OK ＞をクリックします。

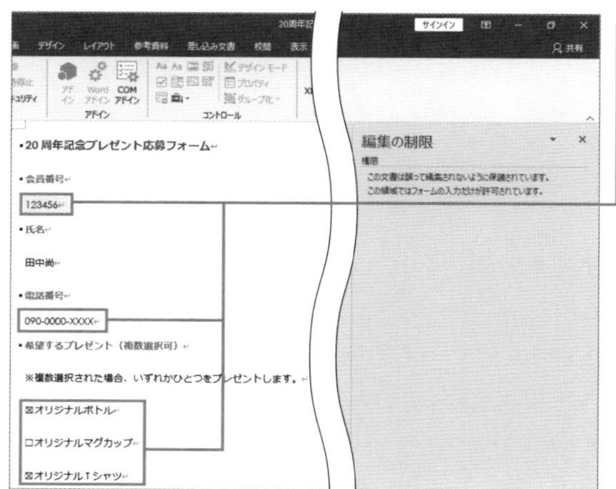

❻ コントロールのみ操作できるようになります。

MEMO 編集の制限

文書でコントロール内の編集だけができるようにするには、＜編集の制限＞ウィンドウで編集できる内容を限定する方法があります。文書を読み取り専用で変更できないように制限することもできます。

テンプレートを利用して新しい文書を作成する

テンプレートとは、目的別に作成された文書の原本のようなものです。テンプレートを開くと、通常は、テンプレートを元に作成された新しい文書が表示されます。文書に必要事項を入力して保存すると、原本とは別のファイルとして保存されます。

既存のテンプレートを使って文書を作成する

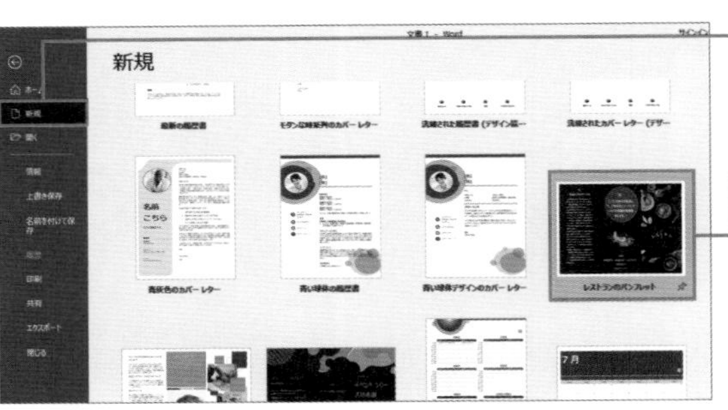

❶ Backstage ビューの<新規>をクリックします。テンプレートの一覧が表示されます。

❷ 使用したいテンプレートをクリックします。

❸ <作成>をクリックします。

> **MEMO　ファイルの保存**
>
> テンプレートをもとにファイルを作成すると、テンプレートのコピーが作成されます。内容を入力して上書き保存しようとすると、名前を付けて保存する画面が表示されます。原本とは別のファイルとして保存します。

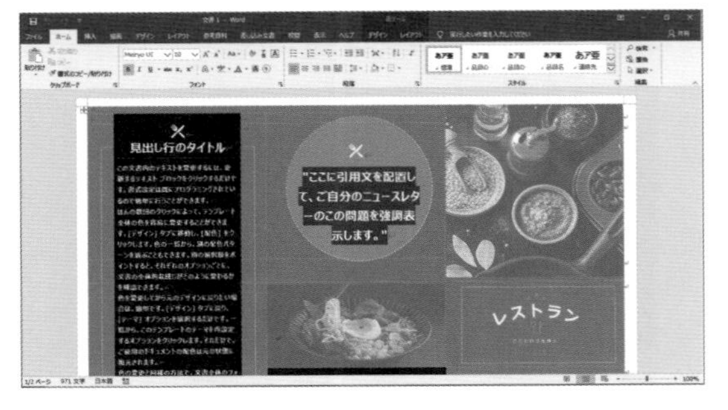

❹ テンプレートを元にした新しい文書が表示されます。

SECTION 257 テンプレート

オリジナルのテンプレートを作成する

申請書や申込書などの文書の原本を作るには、文書ファイルをテンプレートとして保存します。テンプレートとして保存されたファイルを開くと、ファイルのコピーが作成されます。原本が書き換えられてしまう心配がありません。

文書作成の原本となるテンプレートを作成する

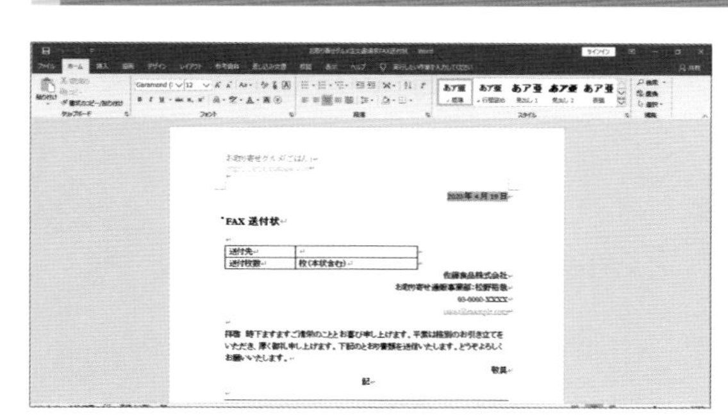

❶テンプレートとして保存する文書を作成します。

MEMO **テンプレートの作成**

テンプレートとして保存する文書を作成します。「申請書」や「申込書」などの入力項目以外の文字列を入力しておきます。

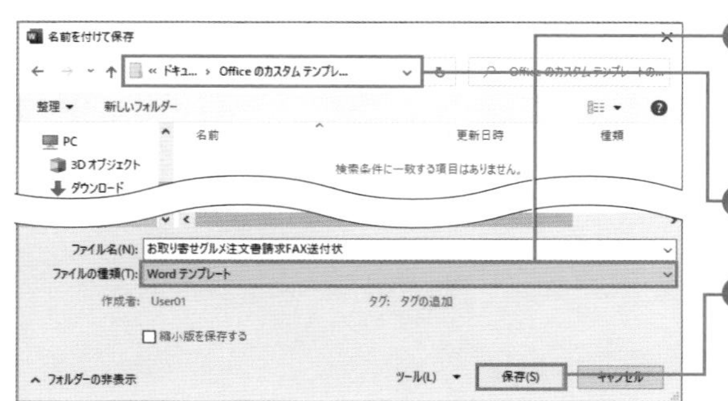

❷名前を付けて保存する画面を表示します（P.021参照）。＜ファイルの種類＞を＜Wordテンプレート＞にします。

❸ファイルの保存先が自動的に指定されます。

❹＜保存＞をクリックします。

COLUMN

テンプレートを利用する

保存したテンプレートを元に文書を作成するには、Backstageビューの＜新規＞をクリックし、＜個人用＞をクリックしてテンプレートを選択します。すると、テンプレートを元に作成された文書が表示されます。必要事項を入力して上書き保存をすると、ファイルに名前を付けて保存するための画面が表示されます。

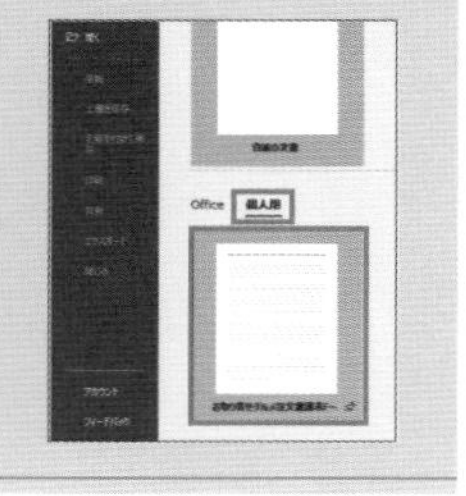

文書をPDFファイルとして保存する

文書をPDF形式のファイルとして保存するには、ファイルの保存時にファイル形式を指定します。PDF形式とは、案内文などの文書を保存するときに一般的に広く使われているファイル形式です。PDFファイルビューワーやブラウザーなどでも開けます。

PDF形式のファイルを作成する

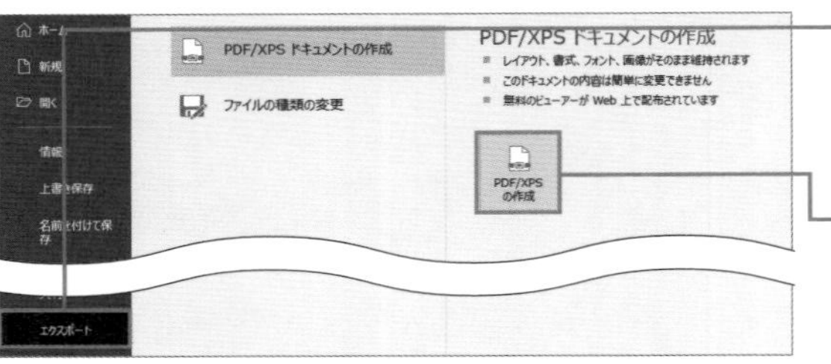

❶ PDF形式で保存したい文書を開いておきます。Backstageビューの＜エクスポート＞をクリックします。

❷ ＜PDF/XPSの作成＞をクリックします。

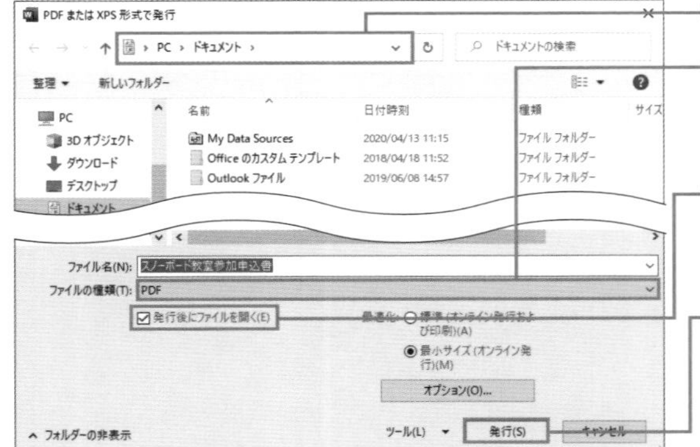

❸ 保存先を指定します。

❹ ＜ファイルの種類＞が＜PDF＞になっていることを確認します。

❺ ＜発行後にファイルを開く＞が選択されていることを確認します。

❻ ＜発行＞をクリックします。

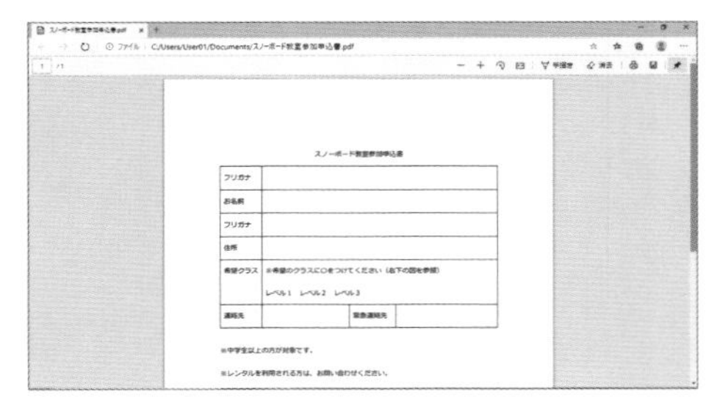

❼ PDF形式で保存されたファイルが開きます。

> **MEMO オプションの指定**
>
> ＜オプション＞をクリックすると、PDF形式で保存するページを指定したりもできます。

SECTION 259 保存

古い形式で保存した文書を最新バージョンに更新する

Wordのファイル形式には､いくつかの種類があります。Word97/2000/2002/2003のバージョンで使用されていた古いバージョンの形式で保存された文書を開き、Wordの新しい機能などを使用するには、文書を最新バージョンのファイル形式に変換する方法があります。

文書を最新のファイル形式に変換する

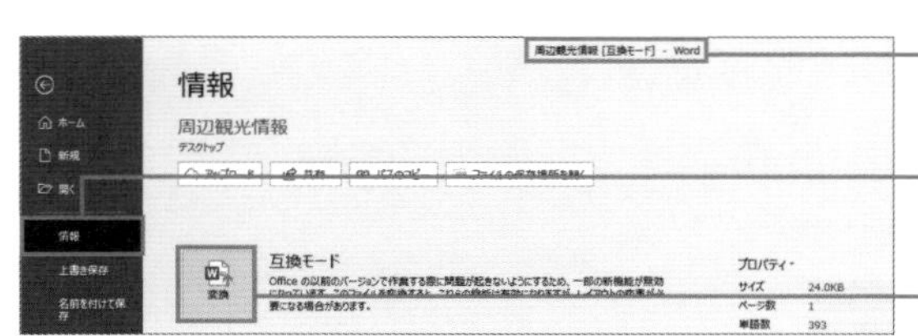

❶古い形式で保存されているWord ファイルを開きます。

❷Backstage ビューの＜情報＞をクリックします。

❸＜変換＞をクリックします。

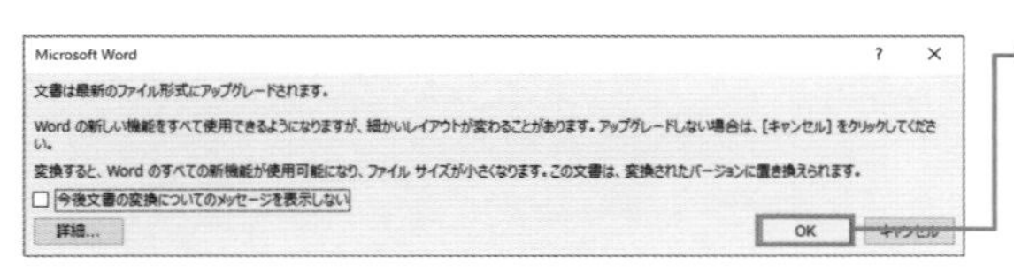

❹メッセージが表示されたら内容を確認し、＜OK＞をクリックします。

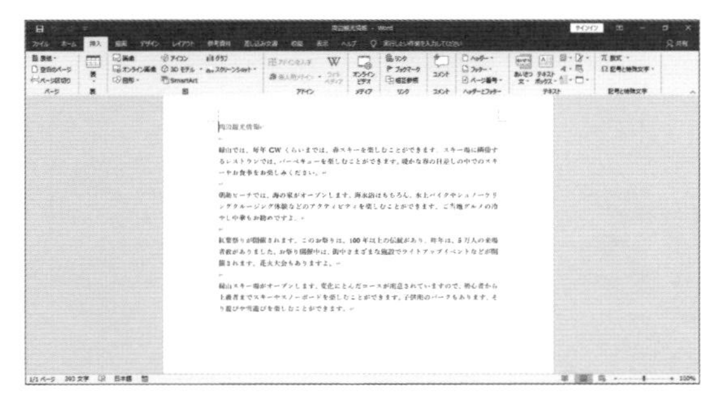

❺ファイルが新しいバージョンの形式に更新されました。

MEMO　古い形式のファイル

Wordの古い形式のファイルを開くと、タイトルバーに<互換モード>と表示されます。

COLUMN

ファイルを最新バージョンに更新する前に

ファイルの保存形式を、最新バージョンのファイルに変換すると、新しい機能を使用できるなどのメリットがありますが、文書全体のレイアウトが崩れてしまう可能性などデメリットもあります。最新バージョンのファイルに変換する前に、事前にファイルをコピーしてバックアップファイルを保存しておくと安心です。

文書の既定の保存先を指定する

Wordで文書を作成して保存しようとすると、特に指定しない場合、保存先は「ドキュメント」という名前のフォルダーになります。既定の保存先を「ドキュメント」フォルダー以外の場所にするには、＜Wordのオプション＞画面で指定します。

既定の保存先の場所を指定する

❶＜Wordのオプション＞画面を表示します（P.022参照）。＜保存＞をクリックします。

❷＜既定のローカルファイルの保存場所＞の＜参照＞をクリックして、既定の保存先を指定します。

❸＜OK＞をクリックします。

COLUMN

既定のファイルの保存先

既定のファイル場所を変更すると、次回、Wordを起動した直後などにファイルを保存しようとすると、指定した場所が表示されます。

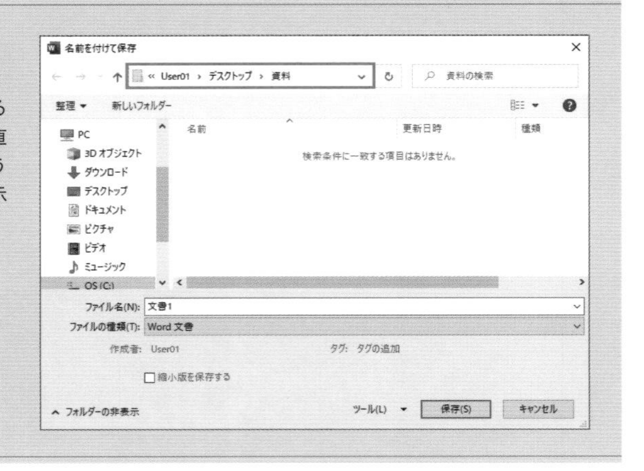

SECTION 261 保護

文書を開くのに必要なパスワードを設定する

ほかの人に勝手に見られたくない文書ファイルには、文書ファイルを開くのに必要なパスワードを設定しておきましょう。パスワードは、大文字と小文字が区別されます。パスワードを忘れるとファイルを開けなくなってしまうので注意します。

読み取りパスワードを設定する

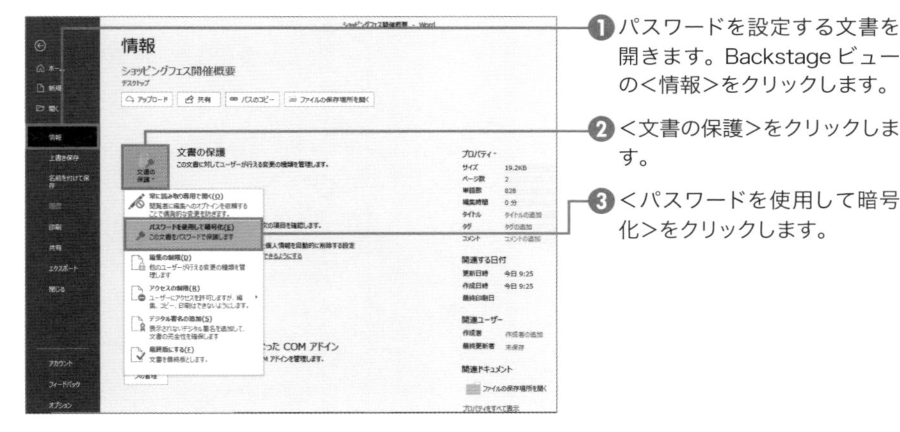

❶ パスワードを設定する文書を開きます。Backstage ビューの<情報>をクリックします。

❷ <文書の保護>をクリックします。

❸ <パスワードを使用して暗号化>をクリックします。

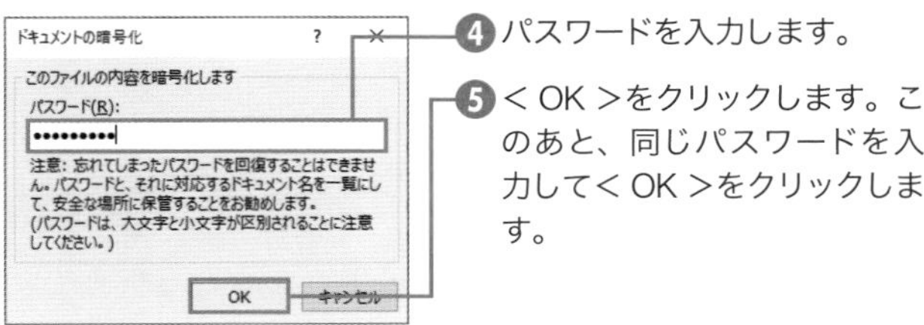

❹ パスワードを入力します。

❺ < OK >をクリックします。このあと、同じパスワードを入力して< OK >をクリックします。

COLUMN

パスワードを入力する

ここで紹介した方法でパスワードを設定したファイルを開こうとすると、パスワードの入力が促されます。正しいパスワードを入力すると、ファイルが開きます。

パスワード
パスワードを入力してください。
C:¥...¥ショッピングフェス開催概要.docx
OK　キャンセル

SECTION 262 保護

文書を書き換えるのに必要なパスワードを設定する

文書を勝手に書き換えられてしまうのを防ぐには、文書を編集して上書き保存するのに必要な書き込みパスワードを指定します。勘違いをしやすいのですが、書き込みパスワードだけが設定されているファイルは、誰でも開くことができますので注意してください。

書き込みパスワードを設定する

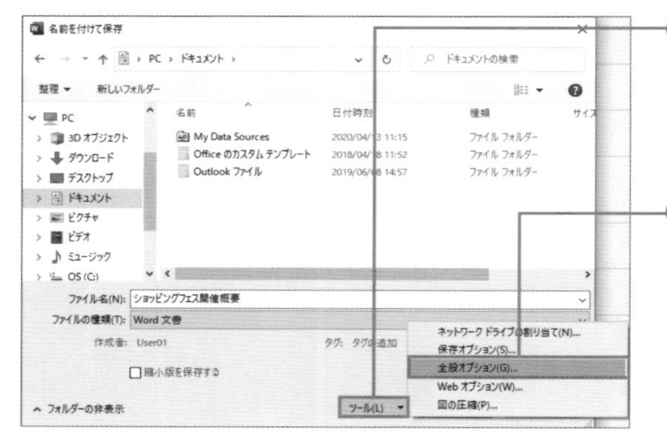

❶書き込みパスワードを設定する文書を開き、P.021 の方法で、名前を付けて保存をする画面を開き、＜ツール＞をクリックします。

❷＜全般オプション＞をクリックします。

> **MEMO　読み取りパスワードも指定する**
>
> パスワードを知らない人はファイルを開けないようにするには、「読み取りパスワード」も設定する必要があります。

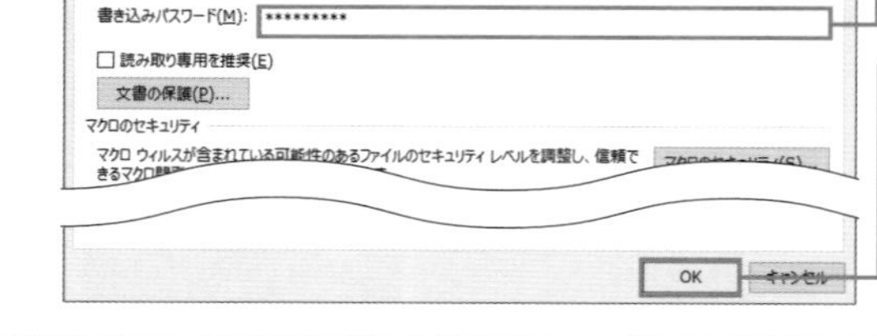

❸＜読み取りパスワード＞を指定します。

❹＜書き込みパスワード＞を指定します。

❺＜ OK ＞をクリックします。続いて表示される画面で同じパスワードを指定して保存します。

COLUMN　書き込みパスワードを入力する

書き込みパスワードを設定したファイルを開こうとすると、書き込みパスワードの入力が促されます。正しいパスワードを入力すると、ファイルを編集して上書き保存ができる状態で開きます。

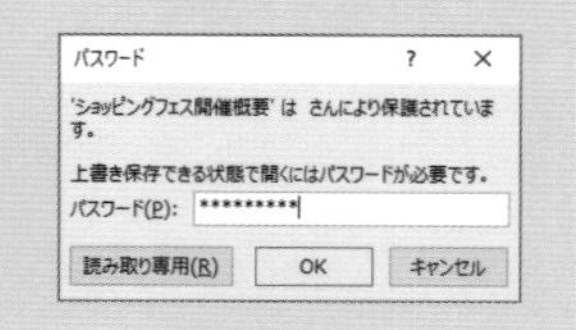

SECTION 263 保護

文書の保存時に個人情報を自動的に削除する

文書を作成して保存すると、ファイルのプロパティ情報（P.054参照）に、作成者名などの個人情報が保存されます。ここでは、文書に含まれる個人情報などを確認して削除する方法を紹介します。ファイルの保存時に個人情報が削除される設定になります。

ドキュメント検査を実行する

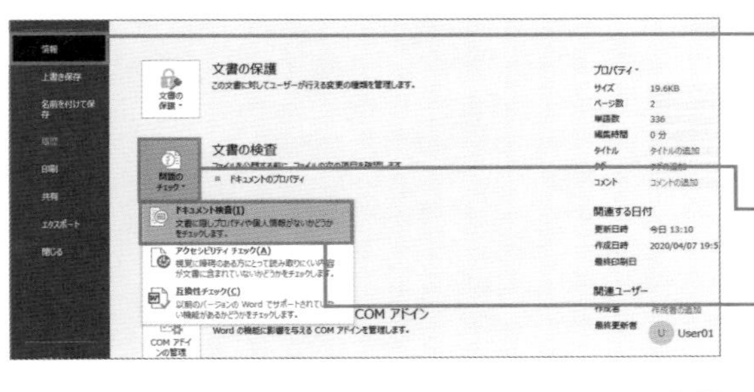

❶ 個人情報が含まれるか確認するファイルを開きます。Backstage ビューの＜情報＞をクリックします。

❷ ＜問題のチェック＞をクリックします。

❸ ＜ドキュメント検査＞をクリックします。

❹ ＜ドキュメントのプロパティと個人情報＞にチェックが付いていることを確認します。

❺ ＜検査＞をクリックします。

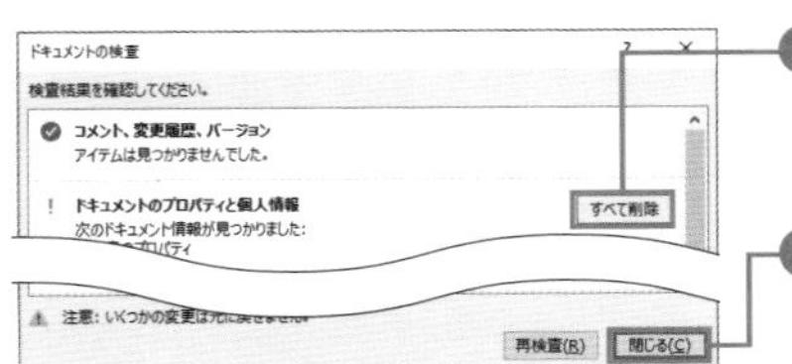

❻ 個人情報が見つかった場合は、＜すべて削除＞をクリックします。

❼ ＜閉じる＞をクリックします。

COLUMN 自動削除を解除する

上述の手順で個人情報を削除すると、このファイルを保存するときに個人情報などが削除される設定になります。作成者名などの情報を保存するには、＜これらの情報をファイルに保存できるようにする＞をクリックします。

SECTION 264 保護

文書を読み取り専用で開くことを推奨する

文書が誤って変更されてしまうのを避けるには、文書を読み取り専用で開くか選択できるようにする方法があります。この場合、書き込みパスワードを指定して文書の内容を強固に保護することにはなりませんが、文書を利用する人に注意を促す効果は期待できます。

文書を開くときにメッセージを表示する

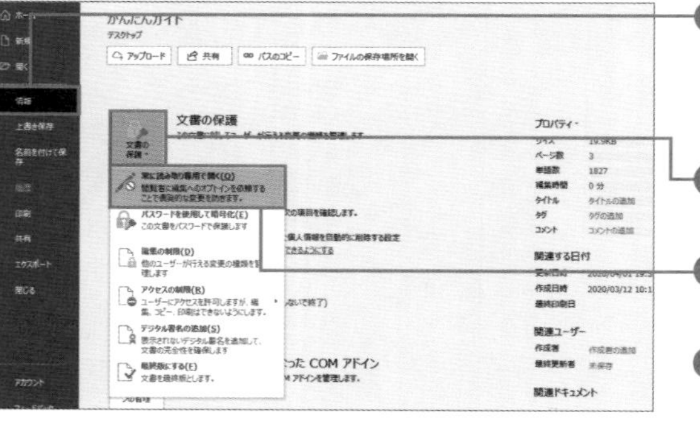

❶読み取り専用で開くかメッセージを表示したいファイルを開きます。Backstage ビューの<情報>をクリックします。

❷<文書の保護>をクリックします。

❸<常に読み取り専用で開く>をクリックします。

❹ファイルを上書き保存します(P.039 参照)。

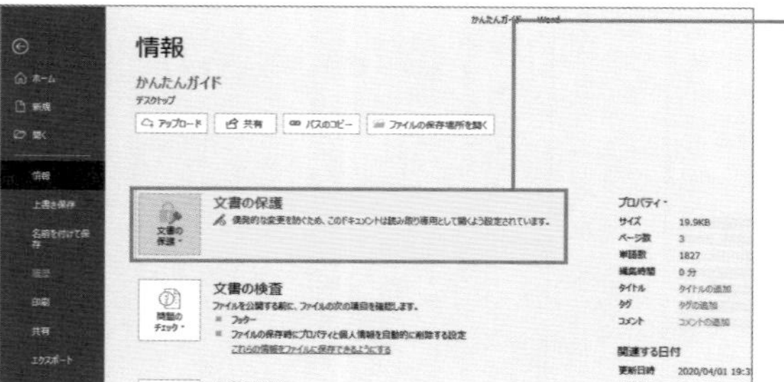

❺このファイルは、読み取り専用で開く設定になります。

MEMO　文書を保護するために

読み取り専用で開くことを推奨する設定にしても、無視すればだれでも編集が可能になります。編集して保存できないようにするには、書き込みパスワードを指定しましょう。

COLUMN

ファイルを開くとき

読み取り専用で開くことを推奨する設定にすると、文書を開くと次のようなメッセージが表示されます。<はい>をクリックすると読み取り専用で開きます。<いいえ>をクリックすると編集可能な状態で開きます。

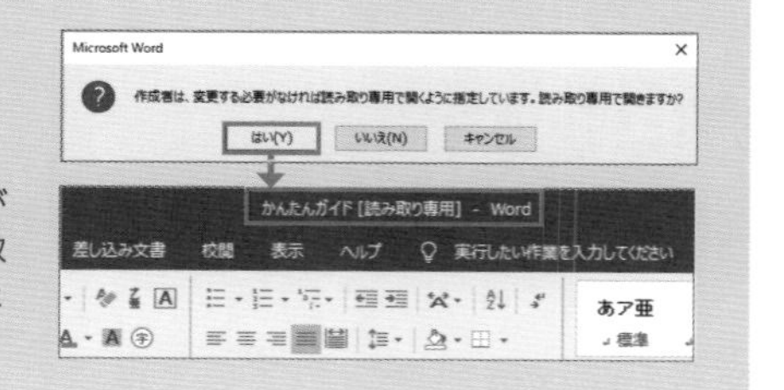

文書が編集されないように最終版として保存する

文書が完成したら、文書をうっかり書き換えてしまうことがないように最終版として保存する方法があります。最終版をして保存すると、ファイルを開いたときに編集できない状態で開きます。なお、編集できる状態に簡単に戻すこともできます。

最終版として保存する

❶ 最終版として保存する文書を開きます。Backstage ビューの<情報>をクリックします。

❷ <文書の保護>をクリックします。

❸ <最終版にする>をクリックします。

❹ 続いて表示されるメッセージを確認して< OK >をクリックします。P.039 の方法でファイルを上書き保存します。

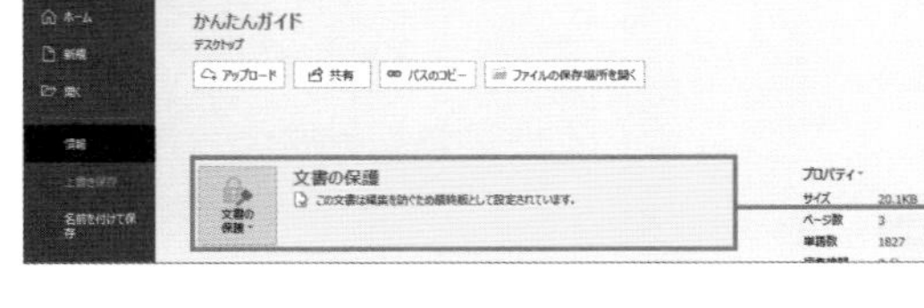

❺ 文書が最終版として保存されます

COLUMN 最終版として保存したファイルを開く

最終版として保存したファイルを開くと、次のようなメッセージが表示されます。編集できる状態にするには、<編集する>をクリックします。最終版として保存する機能は、あくまで、文書が完成していることがわかるようにしてうっかり書き換えてしまうのを防ぐためのものです。ファイルを保護する目的の場合は、パスワードを設定するなどして対応します（P.329 ～ 330参照)。

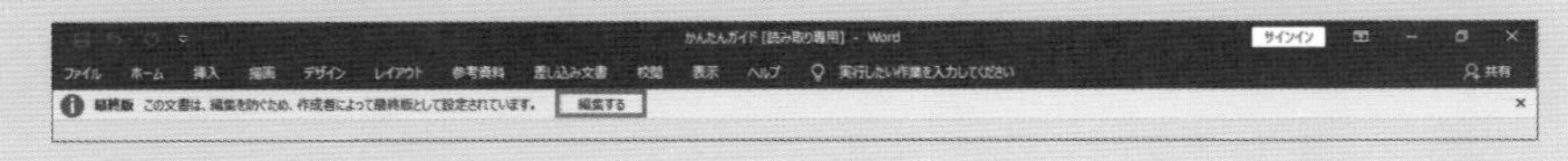

SECTION 266 マクロ

よく使う操作を記録してマクロを作成する

マクロとは、操作を自動化するために作成するプログラムのことです。マクロを作成するには、Wordで自動化したい操作を記録する方法と、VBAというプログラム言語でマクロを一から書く方法があります。ここでは、記録する方法で作成します。

マクロを作成する

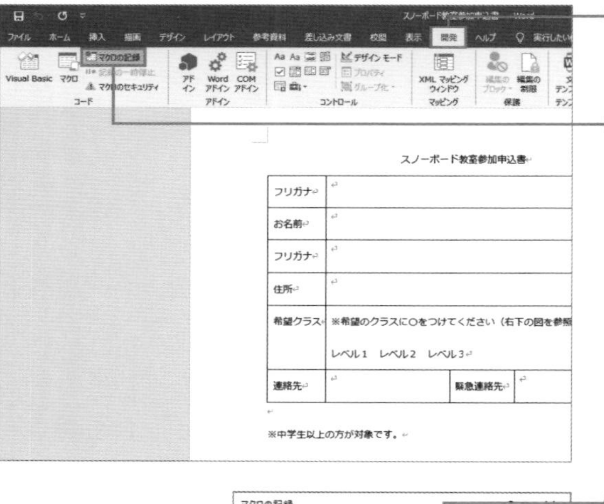

1 P.026の方法で＜開発＞タブを表示しておきます。＜開発＞タブをクリックします。

2 ＜マクロの記録＞をクリックします。

MEMO マクロの作成

ここでは、開いている文書を新しい別のウィンドウで開き、ページ全体を表示するマクロを作成します。マクロを記録して作成します。

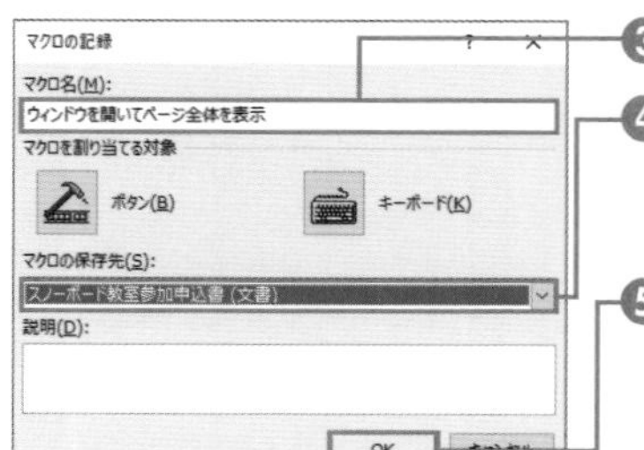

3 マクロ名を入力します。

4 マクロの保存先を指定します。ここでは、開いている文書を指定します。

5 ＜ OK ＞をクリックします。

MEMO 操作の記録

マクロを記録する前にマクロ名やマクロの保存先を指定します。マクロ名の先頭文字に数字を指定することはできません。保存先は、すべての文書から使えるマクロにする場合は＜すべての文書＞、開いている文書から使えるマクロにする場合は、文書のファイル名を選択します。＜OK＞をクリックするとマクロの記録が始まります。記録を終了するまでの操作が記録されます。

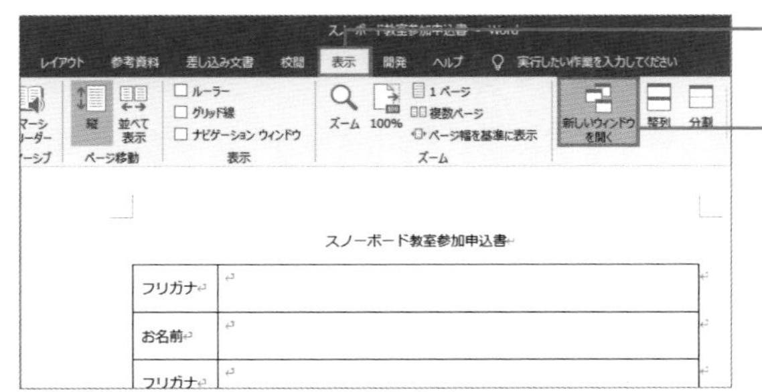

❻＜表示＞タブをクリックします。

❼＜新しいウィンドウを開く＞をクリックします。

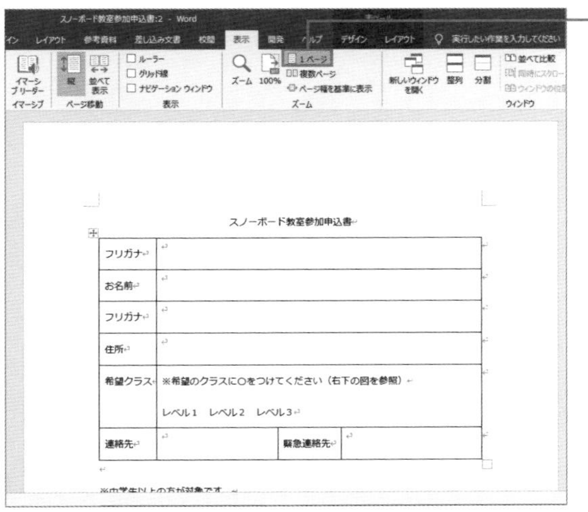

❽新しいウィンドウが開きます。＜表示＞タブの＜1ページ＞をクリックします。

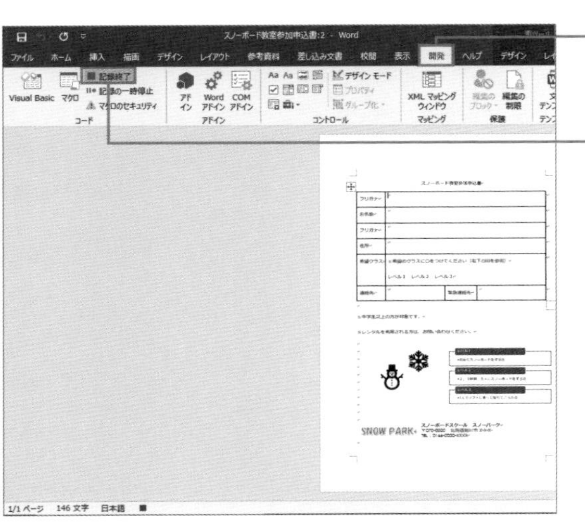

❾ページ全体が表示されます。＜開始＞タブをクリックします。

❿＜記録終了＞をクリックします。

第11章

マクロ 第12章

マクロを確認する

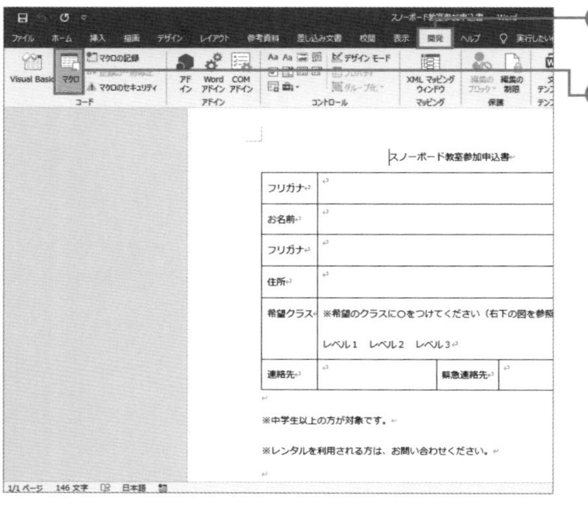

❶ ＜開発＞タブをクリックします。

❷ ＜マクロ＞をクリックします。

MEMO ＜開発＞タブ

＜開発＞タブには、マクロを作成したり編集したりするときに使うボタンが表示されます。マクロを頻繁に使うときは、表示しておくと便利です。

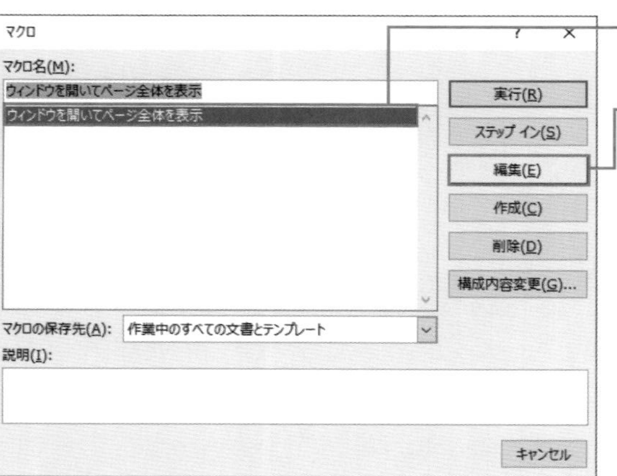

❸ 表示するマクロをクリックします。

❹ ＜編集＞をクリックします。

Microsoft Visual Basic for Applications - スノーボード教室参加申込書

スノーボード教室参加申込書 - NewMacros (コード)

```
Sub ウィンドウを開いてページ全体を表示()
'
' ウィンドウを開いてページ全体を表示 Macro
'
'
    NewWindow
    ActiveWindow.ActivePane.View.Zoom.PageFit = wdPageFitFullPage
End Sub
```

❺ VBE が起動してマクロの内容が表示されます。

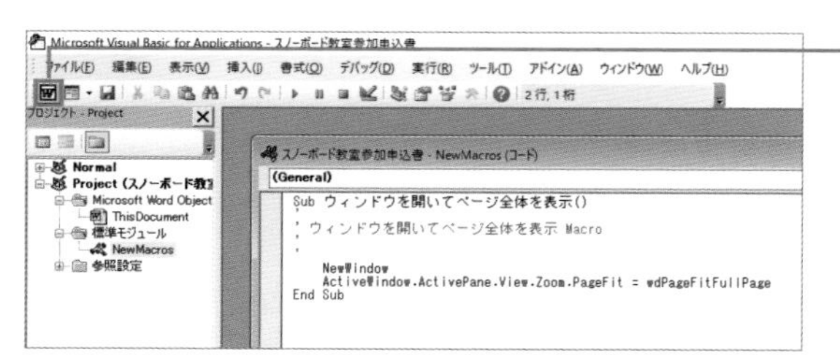

❻ <表示 Microsoft Word>をクリックします。

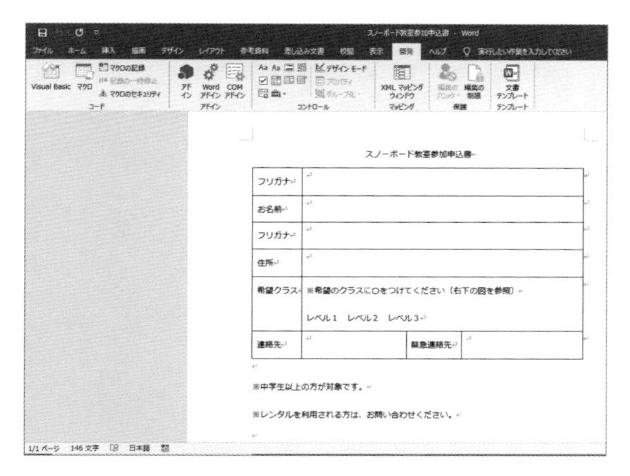

❼ Word の画面に戻ります。

第11章

第12章 マクロ

COLUMN

VBEとVBA

VBE（Visual Basic Editor）は、マクロを作成したり編集したりするのに使うツールです。Wordに付属しています。VBA（Visual Basic for Applications）は、Wordでマクロを作成するのに使うプログラム言語です。マクロを記録する方法で作成した場合も、記録した内容はVBAに変換されます。なお、記録したマクロは、<標準モジュール>という中のマクロを書くシートに保存されます。ここで作成したマクロの場合は、次のような内容になります。

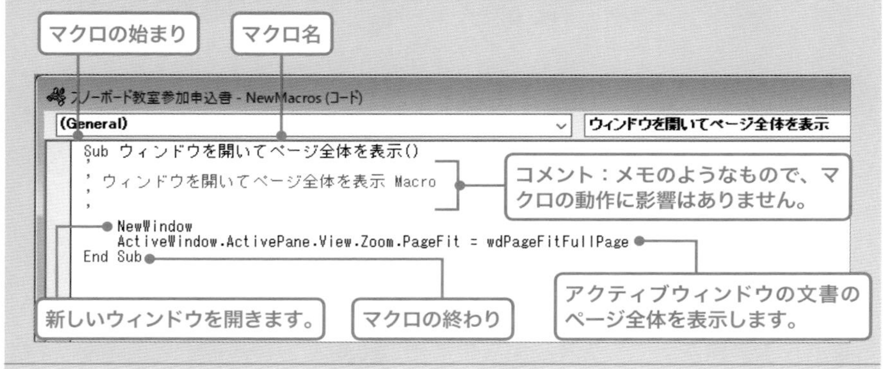

SECTION 267 マクロ

記録したマクロを実行する

記録したマクロを実行して動作を確認します。ここでは、P.334～337で作成したマクロを実行します。マクロを実行する前に、余計なウィンドウが開いている場合は閉じておきます。ウィンドウが1つだけ開いている状態で実行しましょう。

マクロを実行する

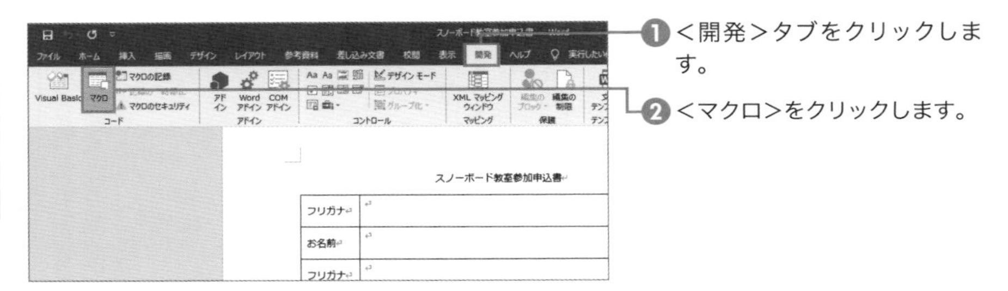

❶<開発>タブをクリックします。

❷<マクロ>をクリックします。

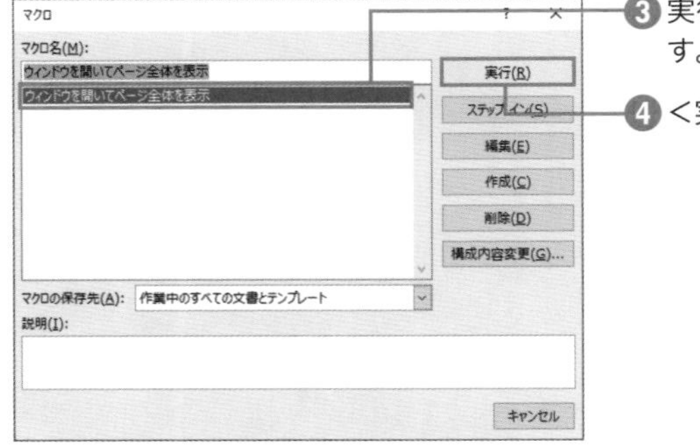

❸実行するマクロをクリックします。

❹<実行>をクリックします。

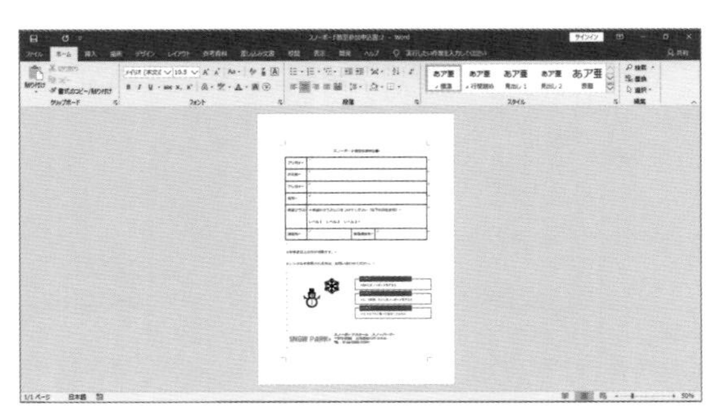

❺マクロが実行されます。ここでは、新しいウィンドウが開いて文書がページ全体で表示されます。

SECTION 268 マクロ

マクロが入っている文書を保存する

マクロが含まれる文書は、通常のWordのファイルとして保存することはできません。マクロの内容を保存するときは、「Wordマクロ有効文書」のファイル形式で保存します。通常の形式で保存するとマクロが消えてしまうので注意します。

マクロ有効文書として保存する

❶マクロを新規に追加した文書を上書き保存しようとするとメッセージが表示されます。＜いいえ＞をクリックします。

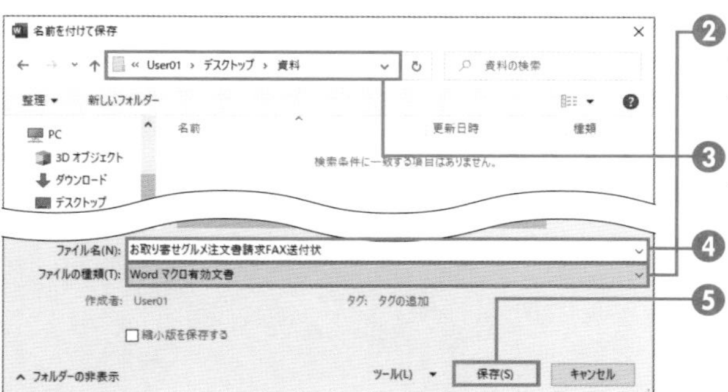

❷ファイルの種類から＜Wordマクロ有効文書＞を選択します。

❸ファイルの保存先を指定します。

❹ファイル名を指定します。

❺＜保存＞をクリックします。

COLUMN

マクロが入った文書を開く

マクロが入った文書を開くと、通常はマクロが無効の状態で開きます。＜コンテンツの有効化＞をクリックするとマクロを実行できるようになります。次回以降は、通常はマクロが有効の状態でファイルが開きます。なお、マクロのセキュリティに関する内容は、＜開発＞タブの＜マクロのセキュリティ＞をクリックすると表示される＜トラストセンター＞画面で指定できます。

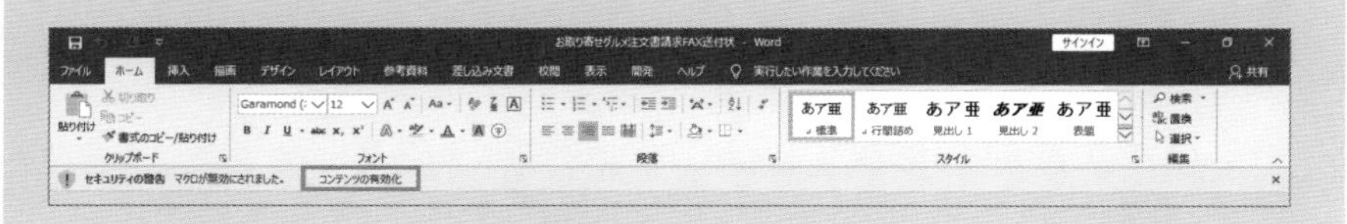

指定した操作をショートカットキーに割り当てる

よく使う機能は、手早く実行できるように、機能を実行するショートカットキーを覚えておくと便利です。ショートカットキーが割り当てられていない場合は、指定することもできます。ここでは、P.334～337で作成したマクロを実行するショートカットキーを指定します。

マクロにショートカットキーを割り当てる

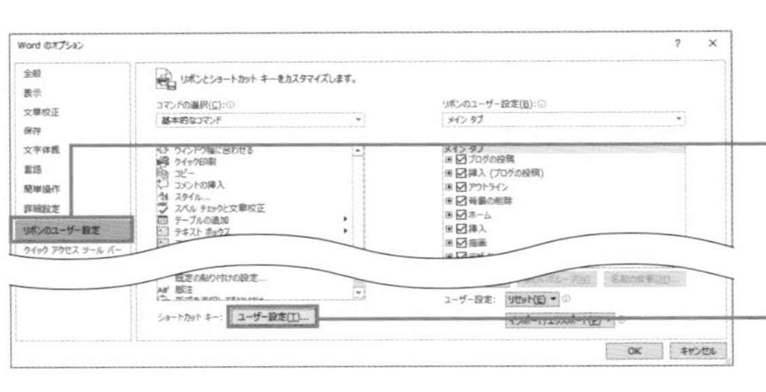

❶ P.339で保存したファイルを開いておきます。

❷ ＜Wordのオプション＞画面を表示します（P.022参照）。＜リボンのユーザー設定＞をクリックします。

❸ ＜ユーザー設定＞をクリックします。

❹ ＜マクロ＞をクリックします。

❺ 保存先を指定します。

❻ ショートカットキーを割り当てるマクロをクリックします。

❼ ＜割り当てるキー＞をクリックして割り当てるキーを押します。

❽ ＜現在の割り当て＞が［未定義］であることを確認します。

❾ ＜割り当て＞をクリックします。

❿ ＜閉じる＞をクリックします。

COLUMN

ショートカットキー

ショートカットキーは、Ctrlまたは Alt キー、またはその両方とほかのキーを組み合わせて指定します。既に割り当て済みの機能がある場合、それを無視してしまうと、元々指定されていた機能のショートカットキーは利用できなくなるので注意します。

SECTION 270 OneDrive

OneDriveの保存スペースを使う

Officeにサインインすると（P.040参照）、OneDriveというインターネット上のファイル保存スペースを利用できます。WordからOneDriveにアクセスしてOneDriveにファイルを保存したり、OneDriveに保存したファイルを開いたりできます。

ファイルを保存する場合

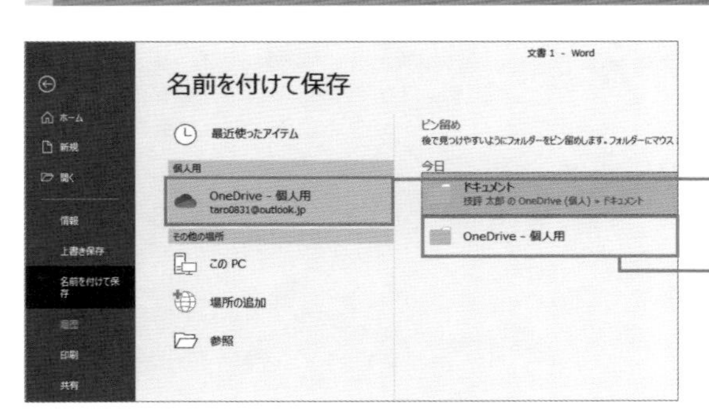

❶ファイルに名前を付けて保存する画面を開きます（P.021参照）。

❷ファイルの保存先として < OneDrive >を選択します。

❸OneDriveのフォルダーを選択してファイルを保存します。

ファイルを開く場合

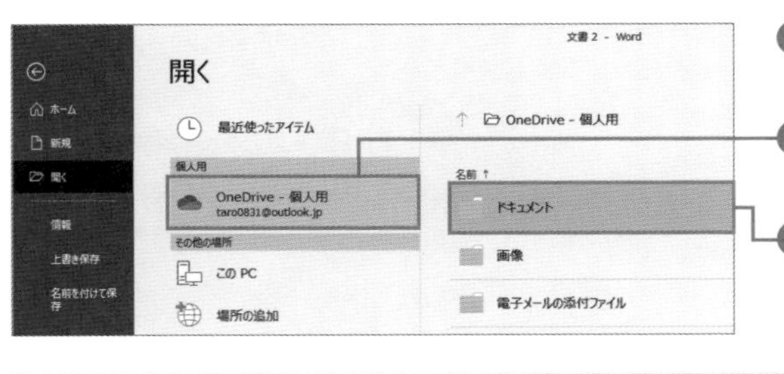

❶ファイルを開く画面を開きます（P.035参照）。

❷ファイルの保存先として < OneDrive >を選択します。

❸OneDriveのフォルダーを選択してファイルを選択して開きます。

COLUMN

ブラウザーで開く

ブラウザーでOneDriveのホームページ（https://onedrive.live.com/about/ja-jp/）を開いてログインすると、OneDriveの中を確認できます。下の例は、OneDriveの<ドキュメント>フォルダーを開いたものです。

SECTION 271 OneDrive

文書を他の人と共有する

OneDriveのファイルを、ほかの人と共有するには、共有相手を指定して編集を許可するか表示を許可するのかアクセス権を指定します。共有方法はいくつかありますが、ここでは、Wordから指定するかんたんな方法を紹介します。

OneDriveで共有する

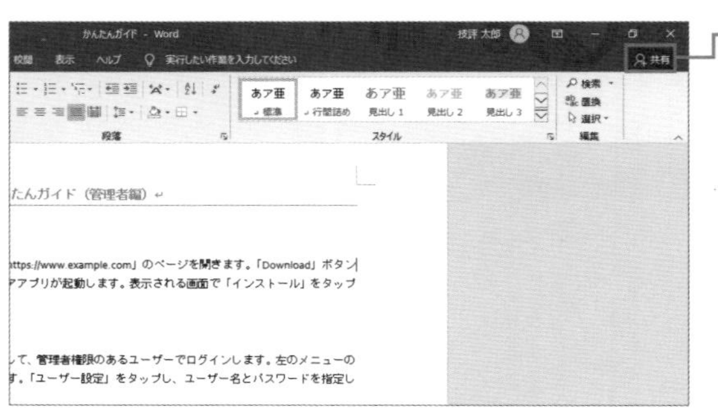

❶ OneDriveに保存した共有するファイルを開きます。＜共有＞をクリックします。

MEMO　メールが送られる

共有相手のメールアドレスやアクセス権を指定して＜共有＞をクリックすると、共有相手に文書が共有されたことを示すメールが自動的に送信されます。

❷ 共有相手のメールアドレスを入力します。

❸ アクセス権を指定します。

❹ 必要に応じてメッセージを入力します。

❺ ＜共有＞をクリックすると、共有相手にメールが送られます。

❻ 共有相手の情報が表示されます。文書が共有されました。

共有相手側の操作

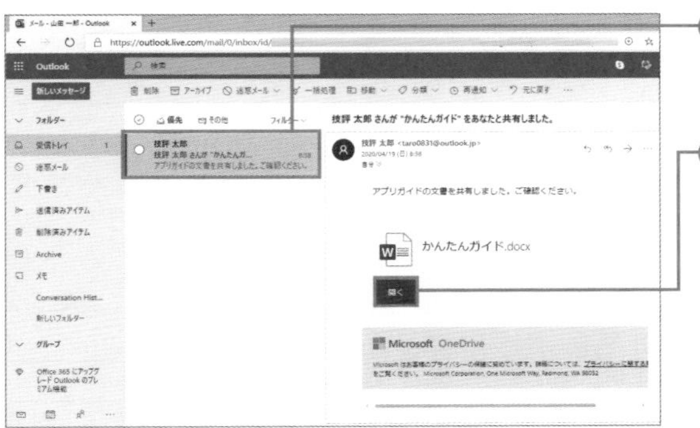

❶ P.342 の方法でファイルを共有すると、共有相手に次のようなメールが届きます。

❷ 共有相手側は、メール本文の<開く>をクリックします。

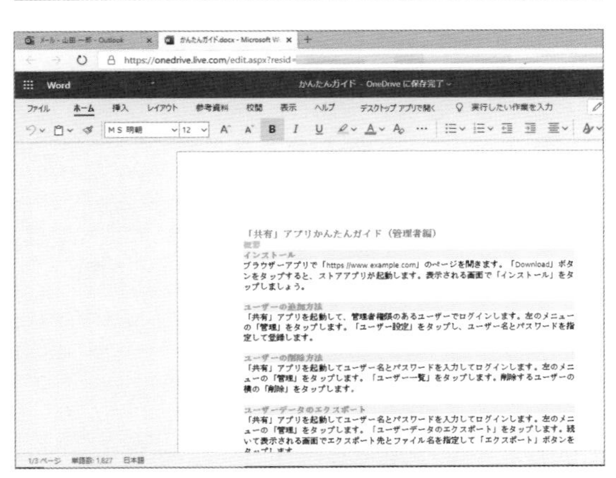

❸ 共有された文書がブラウザーで開きます

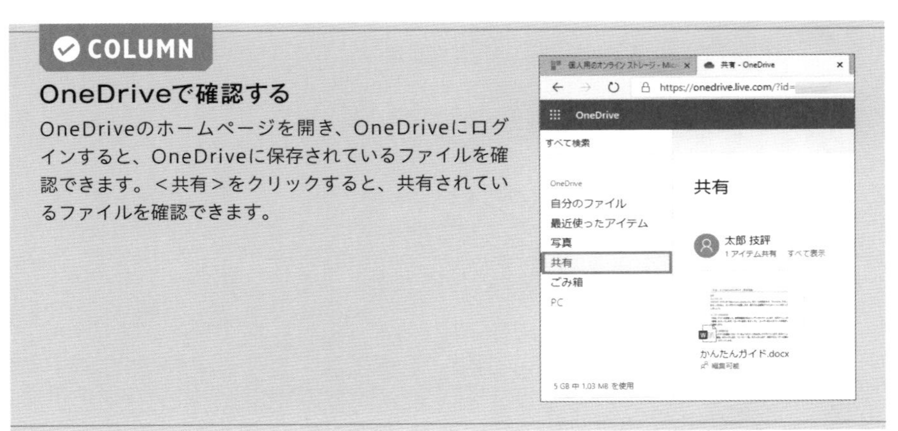

COLUMN

OneDriveで確認する

OneDriveのホームページを開き、OneDriveにログインすると、OneDriveに保存されているファイルを確認できます。<共有>をクリックすると、共有されているファイルを確認できます。

キーボードショートカット一覧

ファイル操作

操作	キー
新規文書を開く	Ctrl + N
文書を開く画面を表示する	Ctrl + O
文書を保存する画面を表示する。保存している文書の場合は、上書き保存をする	Ctrl + S
文書を閉じる	Ctrl + W
Word を綴じる	Alt + F4

文字の入力

操作	キー
日本語入力のオンとオフを切り替える	半角/全角
変換中の文字を変換前の状態に戻す／入力中の文字入力をキャンセルする	Esc
同じ段落内で改行を入れる	Shift + Enter
改ページを入れる	Ctrl + Enter
段区切りを入れる	Ctrl + Shift + Enter

文字カーソルの移動

操作	キー
1 単語分左に移動する	Ctrl + ←
1 単語分右に移動する	Ctrl + →
1 段落上に移動する	Ctrl + ↑
1 段落下に移動する	Ctrl + ↓
行の末尾に移動する	End
行の先頭に移動する	Home
次のページの先頭に移動する	Ctrl + Page Down
前のページの先頭に移動する	Ctrl + Page Up
文書の先頭に移動する	Ctrl + Home
文書の末尾に移動する	Ctrl + End
前に変更した箇所に移動する	Shift + F5
画面の先頭に移動する	Ctrl + Alt + Page Up
画面の一番下に移動する	Ctrl + Alt + Page Down
ウィンドウを 1 画面上にスクロールして先頭に移動する	Page Up
ウィンドウを 1 画面下にスクロールして末尾に移動する	Page Down

文字の選択

操作	キー
文書全体を選択する	Ctrl + A
隣接する文字を選択する	Shift +方向キー
左の単語を選択する	Ctrl + Shift + ←
右の単語を選択する	Ctrl + Shift + →
現在の行の先頭までを選択する	Shift + Home
現在の行の末尾までを選択する	Shift + End
現在の段落の先頭までを選択する	Ctrl + Shift + ↑
現在の段落の末尾までを選択する	Ctrl + Shift + ↓
選択している箇所から文書の先頭までを選択する	Ctrl + Shift + Home
選択している箇所から文書の末尾までを選択する	Ctrl + Shift + End

文字の編集

操作	キー
選択した文字を切り取りクリップボードに保存	Ctrl + X
選択した文字をコピーしてクリップボードの保存	Ctrl + C
クリップボードにコピーしたデータを貼り付け	Ctrl + V
直前に行った操作を元に戻す	Ctrl + Z
元に戻した操作を戻す前の状態にする	Ctrl + Y

文字の書式設定

操作	キー
文字書式を解除する	Ctrl + Space
文字に太字を設定	Ctrl + B
文字を斜体にする	Ctrl + I
文字に下線を引く	Ctrl + U
文字に二重下線を引く	Ctrl + Shift + D
文字の大きさを大きくする	Ctrl + Shift + >
文字の大きさを小さくする	Ctrl + Shift + <
文字の大きさを 1 ポイント小さくする	Ctrl + [
文字の大きさを 1 ポイント大きくする	Ctrl +]
文字を隠し文字にする	Ctrl + Shift + H
選択した書式をコピーする	Ctrl + Shift + C
コピーした書式情報を貼り付ける	Ctrl + Shift + V

キーボードショートカット一覧

段落の配置

操作	キー
段落を中央に揃える	Ctrl + E
段落を左揃えにする	Ctrl + L
段落を右揃えにする	Ctrl + R
段落を両端揃えにする	Ctrl + J
段落にインデントを設定する	Ctrl + M
段落のインデントを解除する	Ctrl + Shift + M
段落の行間を 1 行にする	Ctrl + 1（テンキー以外）
段落の行間を 2 行にする	Ctrl + 2（テンキー以外）
段落の行間を 1.5 行にする	Ctrl + 5（テンキー以外）

段落の書式

操作	キー
段落書式を解除する	Ctrl + Q
標準スタイルを設定する	Ctrl + Shift + N
＜見出し 1 ＞スタイルを適用する	Ctrl + Alt + 1（テンキー以外）
＜見出し 2 ＞スタイルを適用する	Ctrl + Alt + 2（テンキー以外）
＜見出し 3 ＞スタイルを適用する	Ctrl + Alt + 3（テンキー以外）

表の操作

操作	キー
次のセルに移動する	Tab
前のセルに移動する	Shift + Tab
行の最初のセルに移動する	Alt + Home
行の最後のセルに移動する	Alt + End
列の最初のセルに移動する	Alt + Page Up
列の最後のセルに移動する	Alt + Page Down

画面の表示

操作	キー
印刷画面を表示する	Ctrl + P
リボンの表示／非表示を切り替える	Ctrl + F1
すべての編集記号を表示する	Ctrl + Shift + 8(テンキー以外)
文書のウィンドウを分割する	Ctrl + Alt + S
文書のウィンドウの分割を解除する	Ctrl + Alt + S または Alt + Shift + C
印刷レイアウト表示に切り替える	Ctrl + Alt + P
アウトライン表示に切り替える	Ctrl + Alt + O
下書き表示に切り替える	Ctrl + Alt + N

ダイアログボックスの表示

操作	キー
＜ジャンプ＞画面を表示する	Ctrl + G キー または、F5 キー
＜置換＞画面を表示する	Ctrl + H キー
＜フォント＞画面を表示する	Ctrl + D キー または Ctrl + Shift + F キー
＜開く＞画面を表示する	Ctrl + Alt + F2 キー または Ctrl + F12 キー
＜名前を付けて保存＞画面を表示する	F12 キー

作業ウィンドウの表示

操作	キー
＜ナビゲーションウィンドウ＞を表示して文書内を検索する	Ctrl + F キー
＜スタイルの適用＞作業ウィンドウを表示する	Ctrl + Shift + S キー
＜スタイル＞作業ウィンドウを表示する	Ctrl + Alt + Shift + S キー
＜書式の詳細＞作業ウィンドウを表示する	Shift + F1 キー
＜ Word ヘルプ＞作業ウィンドウを表示する	F1 キー
スペルチェックと文書校正を行い、＜エディター＞作業ウィンドウを表示する	F7 キー
＜類義語辞典＞作業ウィンドウを表示する	Shift + F7 キー
＜翻訳ツール＞作業ウィンドウを表示する（Word2013 以降)。	Alt + Shift + F7 キー
＜選択＞作業ウィンドウを表示する	Alt + F10 キー

索引

さ行

た行

索引

な行

は行

ま行

や行

ら行

わ行

お問い合わせについて

本書に関するご質問については、本書に記載されている内容に関するもののみとさせていただきます。本書の内容と関係のないご質問につきましては、一切お答えできませんので、あらかじめご了承ください。また、電話でのご質問は受け付けておりませんので、必ずFAXか書面にて下記までお送りください。
なお、ご質問の際には、必ず以下の項目を明記していただきますよう、お願いいたします。

① お名前
② 返信先の住所またはFAX番号
③ 書名（今すぐ使えるかんたんEx Word プロ技 BEST セレクション［2019/2016/2013/365 対応版］）
④ 本書の該当ページ
⑤ ご使用のOSとソフトウェアのバージョン
⑥ ご質問内容

なお、お送りいただいたご質問には、できる限り迅速にお答えできるよう努力いたしておりますが、場合によってはお答えするまでに時間がかかることがあります。また、回答の期日をご指定なさっても、ご希望にお応えできるとは限りません。あらかじめご了承くださいますよう、お願いいたします。

問い合わせ先

〒162-0846
東京都新宿区市谷左内町21-13
株式会社技術評論社　書籍編集部
「今すぐ使えるかんたんEx Wordプロ技 BESTセレクション［2019/2016/2013/365 対応版］」質問係
FAX番号：03-3513-6167
URL：https://book.gihyo.jp/116

お問い合わせの例

FAX

①お名前
技術　太郎
②返信先の住所またはFAX番号
03-××××-××××
③書名
今すぐ使えるかんたんEx Word
プロ技 BEST セレクション
［2019/2016/2013/365
対応版］
④本書の該当ページ
100ページ
⑤ご使用のOSとソフトウェアのバージョン
Windows 10
Word 2019
⑥ご質問内容
結果が正しく表示されない

※ご質問の際に記載いただきました個人情報は、回答後速やかに破棄させていただきます。

今すぐ使えるかんたんEx
Word プロ技 BESTセレクション
［2019/2016/2013/365 対応版］

2020年8月1日　初版　第1刷発行

著者…………………………… 門脇　香奈子
発行者………………………… 片岡　巌
発行所………………………… 株式会社 技術評論社
東京都新宿区市谷左内町21-13
電話　03-3513-6150　販売促進部
03-3513-6160　書籍編集部
装丁・本文デザイン……… 菊池　祐（ライラック）
DTP ……………………… 技術評論社制作業務課
編集…………………………… 宮崎　主哉
製本／印刷………………… 日経印刷株式会社

定価はカバーに表示してあります。

ISBN978-4-297-11444-2 C3055
Printed in Japan